中国石油天然气集团有限公司统编培训教材

天然气与管道业务分册

油气管道工程施工质量管理技术

《油气管道工程施工质量管理技术》编委会 编

石油工业出版社

内 容 提 要

本书从施工质量管理角度出发，介绍了油气管道施工过程中的质量管理特点和多层级管理体系，明确了施工准备阶段质量管理内容和控制要点，详细阐述了油气管道工程施工中的主要工序的施工工法、关键质量风险点识别、质量风险管控要点，结合智慧管网、智能管道建设的总体思路，介绍了目前智能管道施工质量管理新技术和新方法。

本书主要适用于从事油气管道工程施工质量管理的人员进行学习及培训，也可作为相关人员的参考用书。

图书在版编目（CIP）数据

油气管道工程施工质量管理技术 /《油气管道工程施工质量管理技术》编委会编 . —北京：石油工业出版社，2023.8

中国石油天然气集团有限公司统编培训教材

ISBN 978-7-5183-6099-4

Ⅰ . ①油… Ⅱ . ①油… Ⅲ . ①石油管道 – 管道施工 – 技术培训 – 教材 Ⅳ . ① TE973.8

中国版本图书馆 CIP 数据核字（2023）第 121656 号

出版发行：石油工业出版社

（北京市朝阳区安华里 2 区 1 号　100011）

网　　址：www.petropub.com

编辑部：（010）64256770

图书营销中心：（010）64523633

经　　销：全国新华书店

印　　刷：北京晨旭印刷厂

2023 年 8 月第 1 版　2023 年 8 月第 1 次印刷

710×1000 毫米　开本：1/16　印张：29.75

字数：520 千字

定价：98.00 元

（如出现印装质量问题，我社图书营销中心负责调换）

版权所有，翻印必究

《油气管道工程施工质量管理技术》编委会

主　　编：代炳涛　李　勇

副 主 编：江　敏　王小斌　张　智　赵　杰

编写人员：李海鹏　吴　疆　李伍林　王兆伟

　　　　　郗祥远　王　坤　王铁军　司　岩

　　　　　赵燕平　李存锋　王　霞　摆丽娟

　　　　　田晓龙　范卫潮　谭斯文　韩明一

　　　　　庞博君　常　征　宋慧明

审定人员：何自华　叶可仲

序

　　企业发展靠人才，人才发展靠培训。当前，集团公司正处在加快转变增长方式，调整产业结构，全面建设综合性国际能源公司的关键时期。做好"发展""转变""和谐"三件大事，更深更广参与全球竞争，实现全面协调可持续，特别是海外油气作业产量"半壁江山"的目标，人才是根本。培训工作作为影响集团公司人才发展水平和实力的重要因素，肩负着艰巨而繁重的战略任务和历史使命，面临着前所未有的发展机遇。健全和完善员工培训教材体系，是加强培训基础建设，推进培训战略性和国际化转型升级的重要举措，是提升公司人力资源开发整体能力的一项重要基础工作。

　　集团公司始终高度重视培训教材开发等人力资源开发基础建设工作，明确提出要"由专家制定大纲、按大纲选编教材、按教材开展培训"的目标和要求。2009年以来，由人事部牵头，各部门和专业分公司参与，在分析优化公司现有部分专业培训教材、职业资格培训教材和培训课件的基础上，经反复研究论证，形成了比较系统、科学的教材编审目录、方案和编写计划，全面启动了《中国石油天然气集团有限公司统编培训教材》（以下简称"统编培训教材"）的开发和编审工作。"统编培训教材"以国内外知名专家学者、集团公司两级专家、现场管理技术骨干等力量为主体，充分发挥地区公司、研究院所、培训机构的作用，瞄准世界前沿及集团公司技术发展的最新进展，突出现场应用和实际操作，精心组织编写，由集团公司"统编培训教材"编审委员会审定，集团公司统一出版和发行。

　　根据集团公司员工队伍专业构成及业务布局，"统编培训教材"按"综合管理类、专业技术类、操作技能类、国际业务类"四类组织编写。综合管理类侧重中高级综合管理岗位员工的培训，具有石油石化管理特色的教材，以自编方式为主，行业适用或社会通用教材，可从社会选购，作为指定培训教材；专业技术类侧重中高级专业技术岗位员工的培训，是教材编审的主体，按照《专业培训教材开发目录及编审规划》逐套编审，循序推进，计划编审300余门；操作技能类以国家制定的操作工种技能鉴定培训教材为基础，侧重主体专业（主要工种）骨干岗位的培训；国际业务类侧重海外项目中外员工的培训。

"统编培训教材"具有以下特点：

一是前瞻性。教材充分吸收各业务领域当前及今后一个时期世界前沿理论、先进技术和领先标准，以及集团公司技术发展的最新进展，并将其转化为员工培训的知识和技能要求，具有较强的前瞻性。

二是系统性。教材由"统编培训教材"编审委员会统一编制开发规划，统一确定专业目录，统一组织编写与审定，避免内容交叉重叠，具有较强的系统性、规范性和科学性。

三是实用性。教材内容侧重现场应用和实际操作，既有应用理论，又有实际案例和操作规程要求，具有较高的实用价值。

四是权威性。由集团公司总部组织各个领域的技术和管理权威，集中编写教材，体现了教材的权威性。

五是专业性。不仅教材的组织按照业务领域，根据专业目录进行开发，且教材的内容更加注重专业特色，强调各业务领域自身发展的特色技术、特色经验和做法，也是对公司各业务领域知识和经验的一次集中梳理，符合知识管理的要求和方向。

经过多方共同努力，集团公司"统编培训教材"已按计划陆续编审出版，与各企事业单位和广大员工见面了，将成为集团公司统一组织开发和编审的中高级管理、技术、技能骨干人员培训的基本教材。"统编培训教材"的出版发行，对于完善建立起与综合性国际能源公司形象和任务相适应的系列培训教材，推进集团公司培训的标准化、国际化建设，具有划时代意义。希望各企事业单位和广大石油员工用好、用活本套教材，为持续推进人才培训工程，激发员工创新活力和创造智慧，加快建设综合性国际能源公司发挥更大作用。

《中国石油天然气集团有限公司统编培训教材》
编审委员会

前 言

近年来，油气管道工程"低老坏"质量问题依然存在，给管道工程施工质量管理敲响了警钟。油气管道工程施工工序涵盖的内容较多，且各个环节之间相互关联，一旦某个工序出现质量问题将会给后期管道运行带来安全隐患。同时，随着智慧管网、智能管道建设的不断推进，对管道施工质量管理提出了更高的要求。因此，迫切需要一本系统介绍油气管道施工质量管理技术的培训教材。

本书从施工质量管理角度出发，介绍了油气管道施工过程中的质量管理特点和多层级管理体系，明确了施工准备阶段质量管理内容和控制要点，详细阐述了油气管道工程施工中的主要工序的施工工法、关键质量风险点识别、质量风险管控要点，结合智慧管网、智能管道建设的总体思路，介绍了目前智能管道施工质量管理新技术和新方法，是一本指导油气管道工程施工质量管理的参考书。

本书共分为七章，主要包括质量管理概述、施工准备阶段质量管理、线路工程质量管理、站场工程质量管理、质量验收与创优管理、质量案例、质量管理创新发展等内容。本书结合油气管道工程施工管理的实际情况，主要围绕质量行为、实体质量、质量验收三方面进行编写，并综合考虑管道工程责任主体质量行为、实体质量和质量验收的相互关联性，明确油气管道线路工程和站场工程施工中关键工序质量控制的内容、质量风险管控要点，介绍了质量验收与创优管理机制相关内容。结合智慧管网、智能管道建设的总体思路，利用二维码、大数据分析等信息化技术，将二维码、信息平台、项目管理助手等质量管理的新理念、新技术和新方法融入本书内，有助于规范项目质量关键人员、机具设备、材料、关键工序的质量管控。内容上，工程技术、质量管理、管理理念和工程案例相结合，以满足员工培训的要求。

本书由中油朗威工程项目管理有限公司承担编写任务，代炳涛、李勇任主编。第一章由李勇、王小斌编写，第二章由江敏、赵杰编写，第三章由张智、李海鹏、吴疆、李伍林、王兆伟编写，第四章由王小斌、王坤、司岩、赵燕平、李存锋编写,第五章由王霞、摆丽娟、田晓龙编写,第六章由王坤、谭斯文编写,第七章由范卫潮、韩明一编写。何自华、叶可仲参与了本书的审定工作。

参与本书编写和审定的人员均为工作多年的质量管理人员和项目管理人员,虽然有较为丰富的质量管理经验,由于编者水平有限,其中难免存在不当之处,恳请读者批评指正。

说 明

本书可作为中国石油天然气集团有限公司所属油气管道工程各建设单位、监理单位、施工单位等单位开展质量培训的专用教材。本书主要针对从事油气管道工程建设项目的项目管理人员、质量管理人员、施工作业人员编写的，也适用于技术人员的培训。为便于正确使用本书，在此对培训对象进行了划分，并规定了各类人员应该掌握或了解的主要内容。

培训对象主要划分为以下几类：

（1）项目管理人员，包括项目经理、项目总监、项目总工、技术负责人等。

（2）质量管理人员，包括质量工程师、监理工程师、专业工程师等。

（3）施工作业人员，包括技术员、质检员、焊工、防腐工等。

各类人员应掌握或了解的主要内容：

（1）项目管理人员，要求掌握第一章、第五章、第六章、第七章的内容，要求了解第二章、第三章、第四章的内容。

（2）质量管理人员，要求掌握第二章、第三章、第四章、第五章、第六章的内容，要求了解第一章、第七章的内容。

（3）施工作业人员，要求掌握第三章、第四章、第五章、第六章的内容，要求了解第一章、第二章、第七章的内容。

各单位在培训中要密切联系工程实际，在课堂培训为主的基础上，还应增加工程现场的实习、实践环节。建议根据本书内容，进一步收集和整理油气管道施工相关照片或视频，以进行辅助培训，从而提高教学效果。

目 录

第一章 质量管理概述 ...... (1)
第一节 建设工程质量责任主体 ...... (1)
第二节 管道工程质量特点及影响因素 ...... (7)
第三节 管道工程建设多层级管理体系 ...... (10)

第二章 施工准备阶段质量管理 ...... (26)
第一节 质量控制内容 ...... (26)
第二节 质量控制要点 ...... (28)

第三章 线路工程质量管理 ...... (31)
第一节 交桩、测量放线 ...... (31)
第二节 管沟开挖 ...... (36)
第三节 管道组对焊接 ...... (45)
第四节 无损检测 ...... (58)
第五节 防腐补口 ...... (69)
第六节 下沟回填 ...... (83)
第七节 清管、测径、试压及干燥 ...... (92)
第八节 管道连头 ...... (102)
第九节 阴极保护 ...... (111)
第十节 线路附属工程 ...... (120)
第十一节 大开挖施工 ...... (139)
第十二节 定向钻穿越 ...... (149)
第十三节 隧道穿越 ...... (157)
第十四节 盾构施工 ...... (168)
第十五节 跨越工程 ...... (172)

第四章 站场工程质量管理 ...... (184)
第一节 站场工艺管道 ...... (184)

第二节　站场设备安装 ……………………………………（210）
　　第三节　消防系统安装工程 ………………………………（231）
　　第四节　给排水工程 ………………………………………（260）
　　第五节　暖通工程 …………………………………………（264）
　　第六节　通风与空调工程 …………………………………（269）
　　第七节　电气工程 …………………………………………（275）
　　第八节　自动化仪表工程 …………………………………（307）
　　第九节　通信工程 …………………………………………（332）
　　第十节　安全预警系统 ……………………………………（345）
　　第十一节　储罐工程 ………………………………………（348）
　　第十二节　建筑工程 ………………………………………（365）
第五章　质量验收与创优管理 …………………………………（392）
　　第一节　概述 ………………………………………………（392）
　　第二节　工程质量验收 ……………………………………（396）
　　第三节　创优管理 …………………………………………（399）
第六章　质量案例 ………………………………………………（414）
　　第一节　常见质量问题 ……………………………………（414）
　　第二节　典型案例 …………………………………………（422）
第七章　质量管理创新发展 ……………………………………（431）
　　第一节　智慧管网建设 ……………………………………（431）
　　第二节　施工智能化建设 …………………………………（433）
　　第三节　样板引路 …………………………………………（458）
参考文献 …………………………………………………………（462）

第一章 质量管理概述

质量管理是指确定质量方针、目标和职责，并通过质量管理体系中的质量策划、控制、保证和改进来使其实现的全部活动。工程项目质量管理是在工程质量方面策划、控制、组织和协调的活动，是为实现工程目标而采取的管理手段，它是一项综合性的工作，通过确定和建立质量方针、质量目标和职责，并在质量管理体系中采用质量策划、质量控制、质量保证和质量改进等方法，实现质量管理的全部职能。

第一节 建设工程质量责任主体

一、基本概念

（一）质量责任主体

质量责任主体是指从事新建、扩建、改建房屋建筑工程和市政基础设施工程建设活动的单位中，有违反法律、法规、规章所规定的质量责任和义务的行为，以及勘察、设计文件和工程实体质量不符合工程建设强制性技术标准的情况的，无论是建设单位、勘察单位、设计单位、施工单位、施工图审查机构、工程质量检测机构和监理单位，都属建设工程质量责任主体。

（二）五方责任主体项目负责人

建设工程五方责任主体项目负责人是指承担建设工程项目建设的建设单位项目负责人、勘察单位项目负责人、设计单位项目负责人、施工单位项目经理、监理单位总监理工程师。

（三）五方责任主体项目负责人终身责任

建设工程五方责任主体项目负责人质量终身责任，是指参与新建、扩建、改建的建设工程项目负责人按照国家法律法规和有关规定，在工程设计使用年限内对工程质量承担相应责任。

符合下列情形之一的，县级以上地方人民政府住房城乡建设主管部门应当依法追究项目负责人的质量终身责任：

（1）发生工程质量事故。

（2）发生投诉、举报、群体性事件、媒体报道并造成恶劣社会影响的严重工程质量问题。

（3）由于勘察、设计或施工原因造成尚在设计使用年限内的工程不能正常使用。

（4）存在其他需追究责任的违法违规行为。

二、质量责任主体责任和义务

《建设工程质量管理条例》对质量责任主体的责任和义务进行了明确。

（一）建设单位的质量责任和义务

建设单位项目负责人对工程质量承担全面责任，不得违法发包、肢解发包，不得以任何理由要求勘察、设计、施工、监理等单位违反法律法规和工程建设标准，降低工程质量，其违法违规或不当行为造成工程质量事故或质量问题应当承担责任，其责任和义务具体为：

（1）建设单位应当将工程发包给具有相应资质等级的单位，并不得将建设工程肢解发包。

（2）建设单位应当依法对工程建设项目的勘察、设计、施工、监理以及与工程建设有关的重要设备、材料等的采购进行招标。

（3）建设单位必须向有关的勘察、设计、施工、工程监理等单位提供与建设工程有关的原始资料，原始资料必须真实、准确、齐全。

（4）建设工程发包单位不得迫使承包方以低于成本的价格竞标；不得任意压缩合理工期；不得明示或者暗示设计单位或者施工单位违反工程建设强制性标准，降低建设工程质量。

（5）建设单位应当将施工图设计文件报县级以上人民政府建设行政主管部门或者其他有关部门审查，施工图设计文件未经审查批准的，不得使用。

（6）实行监理的建设工程，建设单位应当委托具有相应资质等级的工程监理单位进行监理。

第一章 质量管理概述

（7）建设单位在领取施工许可证或者开工报告前，应当按照国家有关规定办理工程质量监督手续。

（8）按照合同约定，由建设单位采购建筑材料、建筑构配件和设备的，建设单位应当保证建筑材料、建筑构配件和设备符合设计文件和合同要求。建设单位不得明示或者暗示施工单位使用不合格的建筑材料、建筑构配件和设备。

（9）涉及建筑主体和承重结构变动的装修工程，建设单位应当在施工前委托原设计单位或者具有相应资质等级的设计单位提出设计方案；没有设计方案的，不得施工。房屋建筑使用者在装修过程中，不得擅自变动房屋建筑主体和承重结构。

（10）建设单位收到建设工程竣工报告后，应当组织设计、施工、工程监理等有关单位进行竣工验收。建设工程经验收合格的，方可交付使用。

（11）建设单位应当严格按照国家有关档案管理的规定，及时收集、整理建设项目各环节的文件资料，建立、健全建设项目档案，并在建设工程竣工验收后，及时向建设行政主管部门或者其他有关部门移交建设项目档案。

（二）勘察、设计单位的质量责任和义务

勘察、设计单位项目负责人应当保证勘察设计文件符合法律法规和工程建设强制性标准的要求，对因勘察、设计导致的工程质量事故或质量问题承担责任。其责任和义务具体为：

（1）从事建设工程勘察、设计的单位应当依法取得相应等级的资质证书，在其资质等级许可的范围内承揽工程，并不得转包或者违法分包所承揽的工程。

（2）勘察、设计单位必须按照工程建设强制性标准进行勘察、设计，并对其勘察、设计的质量负责。注册建筑师、注册结构工程师等注册执业人员应当在设计文件上签字，对设计文件负责。

（3）勘察单位提供的地质、测量、水文等勘察成果必须真实、准确。

（4）设计单位应当根据勘察成果文件进行建设工程设计。设计文件应当符合国家规定的设计深度要求，注明工程合理使用年限。

（5）设计单位在设计文件中选用的建筑材料、建筑构配件和设备，应当注明规格、型号、性能等技术指标，其质量要求必须符合国家规定的标准。除有特殊要求的建筑材料、专用设备、工艺生产线等外，设计单位不得指定生产厂、供应商。

（6）设计单位应当就审查合格的施工图设计文件向施工单位作出详细说明。

（7）设计单位应当参与建设工程质量事故分析，并对因设计造成的质量事故，提出相应的技术处理方案。

（三）施工单位的质量责任和义务

施工单位项目经理应当按照经审查合格的施工图设计文件和施工技术标准进行施工，对因施工导致的工程质量事故或质量问题承担责任。其责任和义务具体为：

（1）施工单位应当依法取得相应等级的资质证书，在其资质等级许可的范围内承揽工程，并不得转包或者违法分包工程。

（2）施工单位对建设工程的施工质量负责。施工单位应当建立质量责任制，确定工程项目的项目经理、技术负责人和施工管理负责人。建设工程实行总承包的，总承包单位应当对全部建设工程质量负责；建设工程勘察、设计、施工、设备采购的一项或者多项实行总承包的，总承包单位应当对其承包的建设工程或者采购的设备的质量负责。

（3）总承包单位依法将建设工程分包给其他单位的，分包单位应当按照分包合同的约定对其分包工程的质量向总承包单位负责，总承包单位与分包单位对分包工程的质量承担连带责任。

（4）施工单位必须按照工程设计图纸和施工技术标准施工，不得擅自修改工程设计，不得偷工减料。施工单位在施工过程中发现设计文件和图纸有差错的，应当及时提出意见和建议。

（5）施工单位必须按照工程设计要求、施工技术标准和合同约定，对建筑材料、建筑构配件、设备和商品混凝土进行检验，检验应当有书面记录和专人签字；未经检验或者检验不合格的，不得使用。

（6）施工单位必须建立、健全施工质量的检验制度，严格工序管理，做好隐蔽工程的质量检查和记录。隐蔽工程在隐蔽前，施工单位应当通知建设单位和建设工程质量监督机构。

（7）施工人员对涉及结构安全的试块、试件以及有关材料，应当在建设单位或者工程监理单位监督下现场取样，并送具有相应资质等级的质量检测单位进行检测。

（8）施工单位对施工中出现质量问题的建设工程或者竣工验收不合格的

第一章　质量管理概述

建设工程，应当负责返修。

（9）施工单位应当建立、健全教育培训制度，加强对职工的教育培训；未经教育培训或者考核不合格的人员，不得上岗作业。

（四）工程监理单位的质量责任和义务

监理单位总监理工程师应当按照法律法规、有关技术标准、设计文件和工程承包合同进行监理，对施工质量承担监理责任。其责任和义务具体为：

（1）工程监理单位应当依法取得相应等级的资质证书，在其资质等级许可的范围内承担工程监理业务，并不得转让工程监理业务。

（2）工程监理单位与被监理工程的施工承包单位以及建筑材料、建筑构配件和设备供应单位有隶属关系或者其他利害关系的，不得承担该项建设工程的监理业务。

（3）工程监理单位应当依照法律、法规以及有关技术标准、设计文件和建设工程承包合同，代表建设单位对施工质量实施监理，并对施工质量承担监理责任。

（4）工程监理单位应当选派具备相应资格的总监理工程师和监理工程师进驻施工现场。未经监理工程师签字，建筑材料、建筑构配件和设备不得在工程上使用或者安装，施工单位不得进行下一道工序的施工。未经总监理工程师签字，建设单位不拨付工程款，不进行竣工验收。

（5）监理工程师应当按照工程监理规范的要求，采取旁站、巡视、平行检查、见证取样等形式，对建设工程实施监理。

三、管道工程质量管理依据

（一）管道工程建设项目质量管理的法律法规及相关规定

1. 国家法律

管道工程建设项目质量管理依据的法律有：《中华人民共和国建筑法》《中华人民共和国民法典》《中华人民共和国安全生产法》《中华人民共和国环境保护法》《中华人民共和国产品质量法》《中华人民共和国特种设备安全法》。

2. 行业法规

（1）中华人民共和国国务院令第279号《建设工程质量管理条例》；

（2）中华人民共和国国务院令第373号《特种设备安全监察条例》；
（3）中华人民共和国国务院令第393号《建设工程安全生产管理条例》；
（4）中华人民共和国国务院令第397号《安全生产许可证条例》；
（5）中华人民共和国国务院令第493号《生产安全事故报告和调查处理条例》；
（6）国家质量技术监督局令第13号《特种设备质量监督与安全监察规定》。

3. 中国石油天然气集团有限公司企业相关规定

（1）《中国石油天然气集团公司工程建设项目质量管理规定》；
（2）《中国石油天然气集团公司工程建设项目质量计划管理规定》；
（3）《中国石油天然气集团公司质量事故管理规定》；
（4）《中国石油天然气集团公司工程建设项目质量监督管理规定》；
（5）《中国石油天然气集团公司质量管理办法》；
（6）《中国石油天然气集团公司计量管理办法》。

（二）管道工程建设项目质量管理的标准规范

1. 国家标准

（1）GB 50369—2014《油气长输管道工程施工及验收规范》；
（2）GB/T 50326—2017《建设工程项目管理规范》；
（3）GB/T 50319—2013《建设工程监理规范》；
（4）GB/T 50358—2017《建设项目工程总承包管理规范》；
（5）GB/T 50430—2017《工程建设施工企业质量管理规范》。

2. 行业标准

（1）SY 4200—2007《石油天然气建设工程施工质量验收规范通则》；
（2）SY/T 4208—2016《石油天然气建设工程施工质量验收规范—长输管道线路工程》；
（3）SY 4116—2016《石油天然气管道建设监理规范》。

3. 企业标准

（1）Q/SY 06337—2018《输油管道工程项目建设规范》；
（2）Q/SY 06338—2018《输气管道工程项目建设规范》；
（3）Q/SY 06349—2019《油气输送管道线路工程施工技术规范》；

第一章　质量管理概述

（4）Q/SY 05093—2017《天然气管道检验规程》；
（5）Q/SY 05180—2019《管道完整性管理规范》。

第二节　管道工程质量特点及影响因素

一、管道工程建设项目质量的特点

管道工程建设项目质量的特点是由工程本身特点和建设工程施工的特点决定的，管道工程项目的显著特点是：规模大、结构复杂、参与方多、建设工期长、投资金额大、施工易受环境影响、不确定性和风险性高，而管道建设项目的施工特点又具有施工作业的单一性和连续性；野外作业，作业线长；施工作业速度快，流动性大；自然障碍多。因而形成了管道工程项目质量本身的特点：

（一）影响因素多

管道工程质量往往受到多种因素的影响，如：决策、设计、材料、机具设备、施工方法、施工工艺、技术措施、人员素质、工期、工程造价等，这些因素直接或间接地影响着工程项目的质量。

（二）质量波动大

由于管道工程单一性和流动性的特点，管道工程质量容易产生波动且波动大。同时由于影响工程质量的偶然性因素和系统性因素较多，其任一因素发生变动，都会使工程质量产生波动，从而造成管道工程质量事故。为此，要严防出现系统性因素的质量变异，要把质量波动控制在偶然性因素范围内。

（三）质量隐蔽性

管道工程在施工过程中，分项工程交接多、隐蔽工程多，因此质量存在隐蔽性。若在施工过程中不及时进行质量检查，事后只能从表面上检查，较难发现内在的问题，导致容易产生判断错误，将不合格品误认为是合格品。

（四）终检的局限性

管道工程因其本身的特性，不能像一般工业产品那般依靠终检或拆卸、解体检查其内在质量,管道工程的质量无法在终检(竣工验收)时进行工程内在质量的全部检验,隐蔽的质量缺陷无法于验收时全部发现。因此,工程质量的终检存在一定的局限性,必须在工程建设中予以控制,以预防为主,防患于未然。

(五)评价方法的特殊性

管道工程质量的检查评定与验收是按检验批、分项工程、分部工程、单位工程进行的。检验批的验收是整个管道工程质量检验的基础,检验批是否合格主要取决于主控项目和一般项目经抽样检验的结果。隐蔽工程在隐蔽前要检查后方可验收,涉及结构安全的试块、试件以及有关材料,应按规定进行见证取样检测,涉及结构安全和使用功能的重要分部工程要进行抽样检测。竣工验收则由建设单位组织有关单位及人员进行检查确认验收。这种评价方法体现了"验评分离、强化验收、完善手段、过程控制"的指导思想,加强了工程质量的保证。

二、影响管道工程质量的因素

在管道工程建设中,影响质量的因素主要有"人、材料、机械设备、施工方法和施工环境"等五大方面,事先对这五方面的因素严格予以控制,是保证项目工程质量的关键。

(一)人的因素

在这五大因素中,机械由人控制,材料由人管理,方法由人创造,环境由人治理,"人"是处于中心地位的,做好"人"的工作是建设工程质量管理工作的关键因素。"人的因素第一"即具体作业者、管理者的素质及其组织效果在工程建设中起着主导作用,为避免人的失误,调动人的主观能动性,增强人的责任感和质量观,达到以工作质量保工序质量、保工程质量的目的。

对"人"的因素的控制涵盖建设工程项目全过程的各类参与人员,其中主要包括直接参与工程建设的决策者、组织者、指挥者、操作者。

(二)材料因素

材料(包括原材料、工程成品、半成品、构配件)是工程施工的物质条件,材料质量是工程质量的基础。材料的选择和使用不当,均会严重影响工程质量或可能造成质量事故。为此,必须针对管道工程特点,根据材料的性能、

第一章 质量管理概述

质量标准、使用范围和对施工要求等方面进行综合考虑，慎重的选择和使用材料。

加强材料的质量控制是提高管道工程质量的重要保证，是创造正常施工条件，实现工程项目投资控制和进度控制目标的前提。

材料质量控制的内容主要有：材料的质量标准，材料的性能，材料取样、试验方法，材料的适用范围和施工要求等。

（三）机械设备因素

机械设备的控制应从设备的选择采购、设备运输、设备检查、设备安装和设备调试方面考虑。

施工机械设备是实现施工机械化的重要物质基础，在项目施工阶段，必须综合考虑施工现场条件、结构形式、机械设备性能、施工工艺和方法、施工组织与管理、技术经济等各种因素选择施工机械，使之合理装备、配套使用，有机联系，以充分发挥机械的效能，力求获得较好的综合经济效益。并主要从机械设备的选项、机械设备的主要性能参数、机械设备的使用操作、机械设备的完好状态加以控制，以确保设备的质量。

（四）施工方法因素

建设项目质量的方法控制主要包含工程项目建设采取的技术方案、工艺流程、组织措施、检测手段、施工组织设计等的控制。方法控制必须结合工程实际，从技术、组织、管理、工艺、操作、经济等方面进行分析，综合考虑，力求方案技术可行、经济合理、工艺先进、措施得力、操作方便，有利于提高质量、加快进度、降低成本。施工方法集中反映在承包商为工程施工所采取的技术方案、工艺流程、检测手段、施工程序安排等。

施工方法的控制，着重抓住关键点：施工方案随工程进展不断细化和深化，对主要项目拟定几个可行方案，突出主要矛盾，摆出主要优劣点，从而可以反复比较与讨论，选出最佳方案，对主要项目、关键部位和难度较大的项目，制定方案时要充分估计到可能发生的施工质量问题和处理方法。

施工方法是实现工程建设的重要手段，无论方案的制定、工艺的设计、施工组织设计的编制、施工顺序的开展和操作要求等，都必须以确保质量为目的。

（五）施工环境因素

影响管道工程质量的环境因素主要有：工程技术环境，如工程地质，现场水文、气象变化及其他不可抗力等自然环境因素；工程管理环境，如质量保证体系、质量管理制度等；劳动环境，如施工现场的通风、照明、劳动组合、劳动工具、工作面、安全卫生防护设施等劳动作业环境。环境因素对工程质量的影响一般难以完全避免，它具有复杂多变的特点，往往前一工序就是下一工序的环境，前一分项、分部工程也就是下一分项、分部工程的环境。因此，要尽量消除其对施工质量的不利影响，应根据工程特点和具体条件，主要采取预测预防的控制方法。

第三节 管道工程建设多层级管理体系

质量管理体系是组织内部建立的、为实现质量目标所必需的、系统的质量管理模式，是组织的一项战略决策。质量管理体系将资源与过程相结合，以过程管理方法进行系统的管理，并且根据企业特点选用若干体系要素加以组合，一般由与管理活动、资源提供、产品实现以及测量、分析与改进活动相关的过程组成，也可以理解为涵盖了确定顾客需求、设计、生产、检验、销售、交付之前全过程的策划、实施、监控、纠正与改进活动的要求。质量管理体系一般以文件化的方式，成为组织内部质量管理工作的要求。

管道工程建设项目质量管理体系是指导工程项目质量管理工作开展的纲领性文件，其建立的主体是企业所组建的项目部。项目质量管理体系以具体顾客（项目建设单位）的特定需求为关注焦点，以提高工程实体质量的形成能力、避免返工、提高项目建设效益等为目标。

一、多层级管理体系

（一）建设单位质量管理体系

建设单位是工程建设的总负责方，具有确定建设项目的规模、功能、外观、选用材料设备，按照国家有关规定选择承包商、支付工程款等权力，对工程建设的各个环节负责综合管理工作，在整个建设中处于主导地位。为保证工程质量，建设单位应建立健全质量管理体系，对工程建设各个阶段的质量进行管理、检查、复核和认可。因此，建设单位质量管理体系应侧重质量的管理与检查，也常称为质量检查体系。建设单位质量管理体系的建立应注重质

第一章　质量管理概述

量目标，质量管理组织机构，建设单位建立的质量管理体系与参建各方的质量体系的关系，建设单位的质量管理体系应明确各阶段的质量管理重点。

1. 质量目标

高品质的项目质量开始于项目启动阶段，所以建设单位应在项目启动阶段就明确项目的质量目标。工程项目的质量目标可以从两个角度制定：一是从时间上实现全过程的控制，把建设项目的质量要求与承包方的总体施工计划联系在一起，按照施工进度的要求，分解质量目标，同时在关键时期建立质量目标考核点，以便考核质量目标的完成情况；二是从空间上实现全方位及全员的质量目标管理，要求承包商把质量目标分解到项目实施的各方面，包括项目的各专业部门、作业班组、各工序及各岗位，全面落实质量目标。

2. 质量管理组织机构

不管是组织比较完善的建设单位项目管理班子来控制工程建设，还是组织少数几个监督管理或工程监理人员构成建设单位项目管理班子，建设单位应该设置自己的质量管理机构：首先应建立以项目公司总经理为第一责任人，总工程师为分管领导的质量管理组织结构的第一层次；其次设置质量管理部门，负责工程质量管理工作，适量配备专职质量管理人员或专业质量工程师作为组织机构的第二层次；再次工地配备专职质量检查员（或委托监理工程师），班组设兼职质量检查员（或委托监理工程师）作为管理组织机构的第三层次（图1-1）。

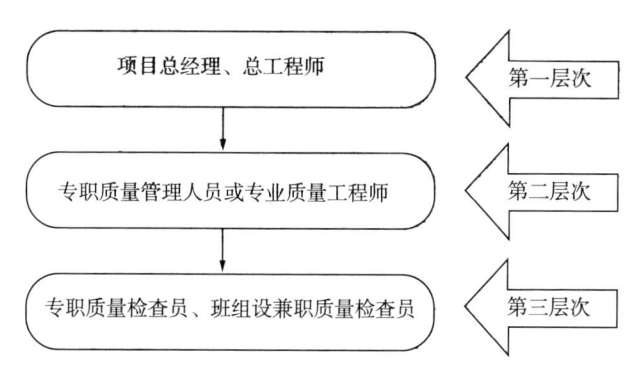

图1-1　建设单位质量管理组织机构

3. 建设单位建立的质量管理体系与参建各方的质量体系的关系

工程建设质量管理如果要走向系统化、程序化、规范化的轨道，就必须在工程建设质量管理中建立健全以建设单位为核心的各方的质量体系（图1-2）。

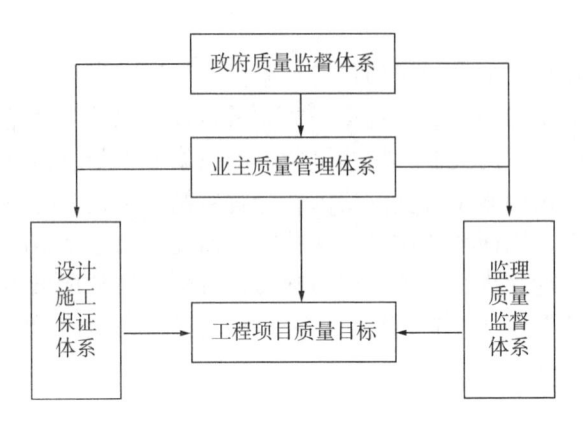

```
         ┌──────────────────┐
         │  政府质量监督体系  │
         └──────────────────┘
                  │
                  ▼
         ┌──────────────────┐
    ┌────│  业主质量管理体系  │────┐
    │    └──────────────────┘    │
    │             │              │
    ▼             ▼              ▼
┌────────┐  ┌──────────┐  ┌────────┐
│设计施工│  │工程项目   │  │监理质量│
│保证体系│─▶│质量目标   │◀─│监督体系│
└────────┘  └──────────┘  └────────┘
```

图1-2　工程项目参与各方质量体系的关系

政府部门的质量监督体系是对上述体系的监督。这些体系之间应该是相互配合、相互监督、相互协调的关系。都是为了一个共同的质量目标，对建设项目进行质量保证、监督、管理。

4. 建设单位的质量管理体系应明确各阶段的质量管理重点

1）项目启动阶段

项目启动阶段是项目整个生命周期的起始阶段，需要从总体上明确项目的质量目标方向。这一阶段工作的好坏关系到项目全局。包括：

（1）确定承担可行性研究任务的单位的资质等级，提出对选定单位提供保证可行性研究工作的质量保证措施和保证体系的具体要求。

（2）可行性研究工作的质量监督、检查和考核的内容。

（3）制定审核可行性研究报告充分反映自己对质量的要求的标准。

2）设计阶段

设计是从技术方面来定义工程项目，包括对工程项目的功能、工艺等各个总体和细节问题。这些工作包括目标的设计和各阶段的技术设计。一个工程项目的设计质量直接决定了工程项目最终所能达到的质量水准，所以建设单位的质量管理体系应在设计阶段明确自己的质量管理工作。

（1）编制根据项目建设要求的有关批文、资料，编制出设计大纲或方案文件，选择组织设计招标或方案竞争，评定设计方案的方法。

第一章 质量管理概述

（2）确定勘查、设计、科研单位的资质等级，优选勘查、设计、科研单位的方法，编制签订合同和按合同实施中可能出现的问题及预防办法。

（3）设计方案审查标准。控制设计质量，审查设计方案，以保证项目设计符合设计大纲要求，符合国家有关工程建设的方针政策，符合现行设计规范、标准，符合国情，结合工程实际，工艺合理，技术先进，能充分发挥工程项目的社会效益、经济效益、环境效益。

（4）设计图纸的审核标准。设计图纸是设计工作的成果，又是施工的直接依据。所以，设计阶段质量控制最终要体现在设计图纸的审查上。

3）施工阶段

工程施工是使建设单位及工程设计意图最终实现并形成工程实体的阶段，也是最终形成工程产品质量和工程项目使用价值的重要阶段。因此可以认为施工阶段的质量管理不但是承包商重要的核心工作内容，也是建设单位工作的重点内容之一。

工程施工阶段，建设单位的项目管理机构对质量的管理主要包括审查确认承包商的质量保证体系，进场材料、设备的质量控制，监理规划、监理实施细则以及对监理工程师日常监理工作审查与检查等几个方面。

（1）审查确认承包商质量保证体系。

着重检查承包商已建立起质量保证体系，制定了明确的质量目标和计划以及质量保证体系行之有效等。

（2）工程材料和设备的质量控制。

检查承包商根据设计图纸的规定和合同的要求制定了材料和设备的检验和检查制度，并在实际工作中严格对材料和设备的采购、进场、使用、组装调试进行质量控制。

（3）审查监理规划和监理实施细则。

监理规划和监理实施细则直接影响监理工作的质量和项目管理机构对施工现场的有效管理，建设单位要重视对监理规划和监理工作实施细则的审查。

（4）检查质量管理内容落实情况。

规定建设单位质量管理人员应定期到工地了解情况，重点对施工单位质量体系运行和监理单位履职情况进行检查。

（5）建立质量信息交流制度。

工程项目施工过程是一个复杂的过程，参与的人员多，影响质量的因素多，所以建设单位应该建立一个信息交流平台，参建各方通过此平台将信息共享，进行信息交流与沟通，从而避免不必要的工作与矛盾。

施工阶段是项目建设的重要环节，通过建立科学、完善、详细的管理制度和信息交流制度，使项目管理机构的各部门形成良性互动，激发项目管理人员的团队精神，以平等、公正和诚信思想取得参建单位的共识，圆满完成项目管理的任务。

4）竣工验收阶段

项目竣工验收是项目施工阶段的最后一个程序，是全面考核建设单位、检查设计、工程质量符合要求，审查投资使用合理的重要环节，是投资成果转入生产或使用的标志。通过竣工验收，可以检查承包合同执行情况，促进建设项目及时投产和交付使用，及时发挥投资效益；总结建设经验，全面考核建设成果，为今后的建设工作积累经验。

由于工程的竣工验收是工程项目的最后一道环节，对工程的施工质量具有重要的意义，所以质量管理体系应明确：

（1）规定工程资料的分类整理、归档工作内容。

工程资料在项目建设过程中如实记录了整个工程的质量情况，这些是鉴定工程质量等级的依据，对工程交付使用后的管理、维护和运行来说都是必不可少的。

（2）明确建设项目竣工验收质量标准。

明确竣工验收质量标准，竣工验收阶段要对工程项目的建设情况和预验收的处理情况进行现场复查，按照规定的验收标准对整个项目的质量进行验收和评定。

（二）监理质量管理体系

监理受建设单位委托，按照监理合同对工程建设各方的行为进行监控和督导，工程质量控制是监理工作的中心和重点之一。由于工程质量的不可逆性，监理应对施工过程实行全面控制，而且要做到工程质量预控。因此，监理的质量管理体系应侧重质量的控制。

监理属服务性行业，监理企业的主要产品是服务，它提供的是附带增值的监理服务，这与一般的工业企业是不同的。其产品包括两个方面，即监理服务过程和过程中产生的文件、资料。监理工作实际主要是过程控制，是在所监理项目产品形成中对该过程的各环节进行有效控制的过程，并在控制过程中形成各种质量记录监理资料。

由于监理"产品"的特殊性，决定了对过程进行有效控制既需技术能力

第一章　质量管理概述

和管理水平来保证，又需要科学的监理工作制度和监理工作标准来约束。而质量管理体系的运行恰恰是对过程的控制，质量管理体系是通过一系列过程来实施的。因此，只有通过建立和实施质量管理体系，才能正确识别监理服务的每个过程，并通过明确各项管理职责及建立健全可操作的质量管理工作程序，才能对监理服务过程进行有效控制，进而才能确保监理服务质量，从而创立良好的行业声誉，增强企业的市场竞争能力。监理质量管理体系的建立应注重以下问题：

1. 管理范围和管理职责

应从监理的过程入手，明确管理范围和质量管理职责，细化工作流程。要充分识别监理的每一个过程，如监理资料的形成过程、资源（人员及设施等）管理过程、监理服务实现过程、监理服务质量的测量分析和改进过程等，识别各个过程的前后顺序以及关联程度、重要程度，确定控制过程，明确控制各过程的责任人及管理范围和责任，并针对这些过程，根据监理规范的要求和本项目的特点制定监理工作流程。

2. 管理目标

管理目标实际上就是管理要达到的效果。就监理而言，管理目标可落实到监理服务实现过程中，如顾客满意度具体指标、监理人员的服务标准、形成监理资料的具体要求等，管理目标应是可测量的，而且相关职能部门和监理部的管理目标应尽可能量化，以便比较实施效果，真正了解监理服务质量的高低，进行持续改进。

3. 监理体系文件

就监理单位而言，体系文件主要描述监理服务产品形成并提交建设单位的全过程，包括对监理服务实现过程的策划（监理大纲、监理规划、监理实施细则等）、三控三管一协调的实施、监理资料的交付、工程项目的交付、保修期的监理工作等活动内容，监理体系文件应覆盖工程监理的全过程，同时应体现各职能部门间相互关系和支撑过程。

应强化监理记录的及时性、完整性、准确性和真实性。监理记录主要是指监理企业对工程项目实施监理过程中直接形成的监理档案（各种原始记录），它不仅是监理工作情况的真实反映，还是监理企业规避风险的重要依据，具有保存和利用价值的。所以一定要在监理质量管理体系中，体现监理资料收集、整理和移交归档工作，保证监理质量管理活动的可追溯性。

(三) 设计质量管理体系

图纸是设计单位的产品，设计单位应就审查合格的施工图文件向施工单位做出详细说明，解决施工中对设计提出的问题，负责设计变更。参与工程质量事故分析，并对因设计造成的质量事故，提出相应的技术处理方案。设计质量管理体系应关注以下几个问题：

1. 管理职责的确定

任何一个管道工程项目都会涉及设计单位土建、线路、工艺、电气等不同的专业和部门。设计质量管理体系，在由最高管理者提出本项目的质量方针和质量目标的同时，各设计部门根据项目的特点，层层分解质量目标，明确各部门、各岗位的职责。做到管理有目标，岗位有责任，事事有人管，确保整个管理体制的贯彻执行。

2. 文件控制

国家标准、规程、规范以及各地方相关主管部门制定的法规，是设计工作的依据。设计应及时掌握新的标准文件信息，并下发到各实际操作人员。

设计质量记录是一类特殊的文件，甲方委托书、甲方提供的相关信息、设计要求、设计要点、合同协议书、方案原始记录、设计审查报告、工程回访记录等都是重要的记录。

3. 方案及图纸审查、审签

制定相关规章制度，在方案或图纸审查、审签中，可以增加一些预防措施，如大型设计项目必须要有各设计专业人员、各专业副总、总工到场方可进行。对不同级别的项目可分别实行"一校三审"制度、"一校二审"制度、"一校一审"制度。

4. 不合格品控制

在设计图纸审查中，可从方案开始，经各专业副总、总工审查。发现不合格项，即从报告编制、报告审核、到报告批准，都要能发现不合格信息并及时报告。这样采用事前、事中、事后分阶段检查的方法，可及时发现过程中出现的不合格，及早对不合格品进行控制、纠正，避免严重不合格。

(四) 承包商质量管理体系

施工承包商受建设单位委托，按照承包合同的要求负责相应的工作。由于承包商的工作是工程质量形成的过程，所以承包商的质量保证体系是工程

第一章　质量管理概述

质量管理体系的基础和关键。承包商应建立和运用系统工程的观点和方法，以保证工程质量为目的，将企业内部各部门，各环节的生产、经营管理等活动严密组织起来，明确他们在保证工程质量方面的任务、责任、权限、工程制度和方法，形成一个有机的质量保证体系，并采取必要的措施，使其有效运行，从而保证工程质量。因此，施工承包商质量管理体系的建立应侧重质量的保证。施工承包商质量管理体系建立应注重以下几个问题：

1. 在产品实现过程中重视施工图的审查

施工图审查是一道不能逾越的程序，对下一步的施工组织和质量控制的重要性不言而喻。通过图纸审查可以做到：

（1）尽量将设计错误消灭在前期，这是保障质量、投入最少、提高综合效益的捷径。

（2）为施工方案、质量计划进行技术铺垫。

（3）充分理解设计意图，为施工组织创造条件。

2. 施工计划编制

从质量的角度来看，施工计划如果能做到均衡安排、流水作业、岗位固定是最理想的状态，也是最易于进行质量控制的。但工程项目的实际情况千变万化，合理安排施工过程，使计划既能保证总工期，又能在过程中随着情况的变化具有适度的灵活性。计划的制订须考虑质量停检点的时间和空间。关键的质量控制点验收往往是多方参加，应充分考虑自检、整改、报验的周期。

3. 施工方案

施工方案是质量控制的源头也是重要的管控施工质量的依据，一切应以设计文件为准绳，过低达不到设计要求，过高增加成本。

应强调施工方案的有效性，即必须将经过批准的施工方案传递出去，组织有关技术及操作人员认真领会，熟悉施工方法，掌握质量要求，在开始施工前就有合格的概念和标准。杜绝将施工方案束之高阁，使施工作业人员与管理人员在施工方案的认知上出现两张皮的现象。

4. 原材料入场

由于施工承包商的角色，很多原材料的技术协议、实物质量不可能完全做到从源头上控制，而原材料的品质对施工质量、施工工期有着举足轻重的影响，因此，施工承包商更应在原材料的质量控制上下足功夫。

1）原材料入场验收

无论甲供还是乙供材料，施工承包商要主动积极组织或参加原材料检验。由于原材料供应有一定周期，对于不合格品的采购、补充周期会更长。因此，施工承包商在原材料的"质"和"量"上越早心中有数，越有利于施工组织和质量控制。

2）及时获取相关资料

施工承包商要及时收集与原材料有关的技术协议、合同要求、材料合格证书等资料，便于对特殊材料的辨识、保管、使用，便于技术准备、资料归档和竣工资料的整理。

3）验收记录和台账

施工承包商要认真阅读资料，仔细做好标记，及时记录并建立台账。合格品是施工的需要，不合格品是索赔的依据。

5. 施工过程

施工过程是质量控制的最关键的环节。把合格的原料、合适的资源合理地组织成符合技能要求的优质"作品"是利益相关者的共同目的。但这个过程需要施工承包商进行大量细致的工作。

1）交底到位

交底到位是施工过程质量控制的前提。施工前，工艺要求、细部做法、质量标准必须让作业人员了解、掌握才能做出合格产品。

2）全员参与

全员参与是施工过程质量控制的基础。只有施工过程的每一个环节都做到合格，项目整体质量才会得到保障。

3）自检互检

自检互检是质量保证的重要环节。每一道工序都能及时进行自检互检，有利于减少偏差累加、及时发现和补救，同时也能确保返修用的原料消耗、工时损耗控制在最小的程度。

4）重点工序旁站

质量管理人员旁站是施工过程质量控制的有效手段之一，可以起到指导、监督、警示的作用，能在一定程度上帮助作业者提升工效和改进质量。

5）资料整理及时

资料的真实性、完整性是施工过程质量控制的难点。施工过程的资料涉及专业多、数量大、具有可追溯性，如果不能及时收集，整理过程资料将影

第一章 质量管理概述

响下道工序的展开和竣工资料的归档。为此,按施工管理规范的要求填写、签证、记载,能做到及时、准确、完整、自圆其说是对施工质量的保证,也是对成本和工期的节约。但往往施工承包商在施工过程中对资料收集、整理不够重视,没有进行同步管理;当项目结束时不能及时撤场,需留下主要技术或质量人员进行事后补救,增加了成本。

6. 质量控制的方法和手段

质量控制的方法和手段很多,最好的质量控制方法和手段就是能达到控制效果、适合企业、适应项目所在环境,在保证施工质量的前提下,降低成本、提高工效和经济效益。

1）制定质量管理制度

管理制度是员工的行为准则。适宜、有效的质量管理制度是形成、提高企业质量管理的手段之一。质量管理制度的贯彻、执行和不断改进,可以提升员工的质量意识和应用质量管理方法的能力。

2）薪酬与质量挂钩

薪酬与质量有效的关联能加强管理者对工作质量、作业人员对施工质量的关注度,对提高一次合格率、降低不必要的返工或整改、提升整体工效产生积极效应。因此,在制定薪酬办法时,施工承包商对作业班组已完工程量的确认、计酬应与质量挂钩,不能仅仅只有量的认可,必要时应有对工序间"质"的验收签证后,再予以兑现。

3）确定质量管控层级及职责

施工承包商应根据自身特点制定质量管理构架,划清管理界面、明确质量管理责任,有利于整体质量管理水平的提升和工程质量的控制。

确定质量管控层级：

第一级：决策者。

第二级：项目经理。

第三级：专职质量管理人员。

第四级：技术人员。

第五级：班组及作业人员。

7. 质量管理人员素质满足要求

施工单位质量管理人员应满足下列要求：

（1）对质量体系的建立、维护、运行有一定的经验和技巧。

（2）对合同要求的质量责任、范围、尺度有全局的视野。

（3）对施工项目的技术、方法、要求等能有充分的了解，主要工序具有一定的经验。

（4）能熟练应用质量管理的方法、手段，能辨识一般质量问题、突出质量问题，针对质量问题和事故能及时采取对策。

（5）能驾驭项目内质量管理氛围，对各方提出高于设计或合同要求的行为，能识别并制订合理的解决方案。

（6）对施工承包商内外，有协调力、判断力、执行力。

（五）政府监督质量管理体系

政府质量监督是一个完善的工程建设项目质量监控体系的组成部分之一，政府监督质量管理体系的建立应注重以下几个方面：

（1）应对建设单位的质量管理体系及运行情况进行监督，保证建设单位在组织项目实施过程中严格按照国家基本建设程序的要求，做到规范化、科学化。

（2）应对承包商和监理机构的资质、质量管理体系及特殊执业人员的资格进行检查和监督，确保参与工程建设的单位及个人的基本条件符合国家有关规定。

（3）应定期不定期地对施工单位工程质量和监理机构的工作质量进行监督和指导，参与对工程建设过程中关键点的控制。

（4）应对关键隐蔽工程、重要分部工程、单位工程验收及质量评定情况进行监督、检查和审核，不断地推动和规范工程建设的质量管理工作。

（六）不同管理模式举例

结合管道建设项目的实际情况，长输管道建设项目的管理模式主要有三种：EPC 管理模式（含分段 EPC）、E+PC 管理模式和 E+P+C 管理模式。

1.EPC 管理模式

EPC（Engineering Procurement Construction）是指承包方受建设单位委托，按照合同约定对工程建设项目的设计、采购、施工、试运行等实行全过程或若干阶段的承包。EPC 总承包在总价合同条件下，对所承包工程的质量、安全、投资造价和进度及施工过程中政府审批手续负责，其中还包括设备和材料的选择和采购。

EPC 合同模式下承包商对设计、采购和施工进行总承包，在项目初期和设计时就考虑到采购和施工的影响，避免了设计和采购、施工的矛盾，减少

第一章　质量管理概述

了由于设计错误、疏忽引起的变更，可以显著减少项目成本，缩短工期。

根据工程规模和前期工作准备情况，具体实施可分为整体EPC管理模式和分段EPC管理模式。

1）整体EPC管理模式

（1）实施前提条件：工程规模较大、建设条件复杂、建设单位项目管理人员不足、工期紧张的管道工程；工程前期工作较充分，初设已审批，招标用设计资料齐全；招标时间和开工准备时间较充裕合理。

（2）EPC工作范围：包括施工图设计、范围内物资采购、甲供物资管理、中转站管理、征地及地方关系协调、线路施工、站场与阀室所有专业工程施工、通信工程施工、外电工程、生产准备人员培训、工程试运投产保驾，负责组织全线的试运投产、竣工验收和移交，并协调管理建设单位先期确定的控制性工程施工承包商和SCADA系统等供应商。

（3）EPC总承包商选择：具备EPC总承包能力的独立法人；设计院牵头与油建单位组成的联合体。

（4）EPC总承包商管理要求：

EPC总承包商在开工前必须对初步设计进行全面确认，明确建设单位与EPC承包商的责任和界面。

EPC总承包商须认可建设单位先期确定的控制性工程施工承包商和SCADA系统等供应商，并负责协调管理。

EPC总承包商在选择专业工程施工承包商、EPC集中采购物资，须按照《EPC总承包商招标管理》等规定采用招标方式确定，其招标计划、投标人短名单、开评标结果、中标人推荐等需报项目部批准。

（5）模式特点：

①便于统一设计、统一采办和统一管理协调；

②工程竣工结算简单，利于工程保质按期完成；

③管理工作界面清晰，减少建设单位协调工作量，建设单位风险低；

④有效规避过程审计提出的关于拆分标段、非评标排名第一投标人中标等问题。

2）分段EPC管理模式

（1）实施前提条件：工程规模较大、条件较复杂的管道工程；工程前期工作较充分，初设已审批，招标用设计资料齐全；招标时间和开工准备时间较充裕合理。

（2）分段EPC工作范围：包括分段内施工图设计、范围内物资采购、甲供物资管理、中转站管理、征地及地方关系协调、线路施工、站场与阀室所有专业工程施工、通信工程施工、外电工程和试运投产保驾，并协调管理分段内建设单位先期确定的控制性工程施工承包商和SCADA系统等供应商。

为统一设计、统一采购和统一试运投产，将全线设计统一界面、标准、施工图审核，全线EPC集中采购物资、全线投产、竣工验收移交工作，交给某段EPC拿总，统一组织管理。在招标时将此部分工程量单独提出，由各投标人报价。

（3）分段EPC承包商选择：具备EPC承包能力的独立法人；设计院牵头与施工单位组成的联合体。

（4）分段EPC承包商管理要求：

与整体EPC承包商管理要求基本一致。对于拿总EPC承包商要求具备以下条件：中标两段或以上；具备较强的EPC总承包能力且报价合理。

（5）模式特点：

除具备整体EPC管理模式的特点外，还包括：

①管理工作界面相对简单，减少建设单位协调工作量，建设单位风险较低，但相对整体EPC管理模式，建设单位协调工作量稍大；

②规避国内管道建设市场一家独大局面，培育多个EPC承包商，形成良好的市场竞争；

③在招标文件和合同中，需明确拿总EPC的管理工作责任、界面。由拿总EPC制定全线统一设计标准和具体规定，负责全线EPC购物资（甲供物资和施工单位自购物资外）采购，负责组织全线的试运投产、竣工验收和移交。

3）管理职责分工

（1）建设单位的主要权利和义务。

建设单位委托咨询工程师提供各专业完整的设计，但设计阶段只到初步设计或扩大初步设计的深度，不出详细设计即施工图。

业务应按合同规定的日期，向承包商提供工程勘察所取得的现场水文及地表以下的资料。

建设单位代表有权指令或批准变更。对施工文件的修改或对不符合合同的工程进行纠正，通常不构成变更。

业务有权检查与审核承包商的施工文件，包括承包商绘制的竣工图纸。

建设单位应根据与承包方的约定，合理的安排建设资金到位及支付。

（2）承包商的主要权利和义务。

承包商应让设计人员和设计分包商使用符合建设单位要求的规定和标准。

第一章　质量管理概述

承包商应编制足够详细的施工文件，符合建设单位代表的要求，并对施工文件的完备性、正确性负责。

负责与建设单位以及其他承包商的协调，负责安排自己及分包商、建设单位其他承包商在现场的工作场所和材料存放地。

在施工过程中对于可能产生的造价增加因素需进行有效控制。

2.E+PC 管理模式

根据工程规模和前期工作准备情况，具体实施可分为 E+PC 管理模式和 E+nPC 管理模式。

1）E+PC 管理模式

E+PC 管理模式实施的前提条件是，工程规模不大、条件不复杂，但要求开工紧急的管道工程，需要提前开展施工图设计，确定设计单位。与整体 EPC 管理模式比较，建设单位增加了设计单位管理、E 和 PC 之间协调等工作。

2）E+nPC 管理模式

E+nPC 管理模式实施的前提条件是，工程规模较大、条件较复杂，但要求开工紧急的管道工程，需要提前开展施工图设计，确定设计单位。与分段 EPC 管理模式比较，建设单位增加了设计单位管理、E 和 nPC 之间协调等工作。

3.E+P+C 管理模式

该模式适用于开工时间紧、任务急、长度约 500km 以下的长输管道工程。承包商可选择石油系统内的设计单位、物资采购单位和石油石化系统的施工单位，选择范围大。

工作划分中，设计承包商负责施工图设计；施工承包商负责标段内的管道施工和部分物资自购；建设单位协调管理工作量大，工程结算工作量大，前期需要分别确定设计、工程施工承包商，同时甲供物资的管理、物资中转站管理需要另行确定。

二、项目质量计划

为了描述在整个工程项目执行过程中，对预期的质量目标如何进行计划、执行以及记录质量管理活动，以符合 ISO 9001 质量管理体系、国家法律法规以及合同的要求，制定质量计划。质量计划适用于工程项目的项目管理、设计、采购、施工、预试车、试车、移交和投产的所有活动。

（一）概念

工程项目质量计划是指在项目实施阶段建设单位、工程总承包单位、施工单位对项目质量管理工作的策划和部署安排，是项目实施阶段质量管理工作的指南和依据。

（二）职责要求

（1）工程建设项目的工程总承包单位、施工单位负责编制质量计划，并履行相关审批手续和质量计划的执行。

（2）工程建设项目其他各参建方按照法律法规、标准规范履行质量计划管理的相关责任和义务。

（三）编制与审批

（1）项目可行性研究报告批复后或项目申请报告核准备案后（油气田项目在初步设计批复后），建设单位应策划和部署工程质量管理工作；工程总承包单位、施工单位的工程质量管理工作应在收到中标通知书后开始策划和部署。

（2）项目开工前，建设单位、工程总承包单位、施工单位应完成质量计划编制及报批工作。对于建设内容复杂、建设周期长的项目，质量计划可采用版次方式编制和报批，适时升版并履行报批手续和及时发布。

（3）建设单位质量计划应依据国家法律法规、标准规范，集团公司、专业分公司、建设单位相关管理规定，合同及勘察设计文件等，由项目经理组织工程质量、勘察设计、采购、施工等管理部门（或人员）编制。

（4）工程总承包单位、施工单位质量计划应由项目经理组织工程质量、勘察设计、采购、施工等管理部门（或人员），依据国家法律法规、标准规范，勘察设计文件、合同、建设单位项目质量管理文件（含质量计划）以及承包商公司相关规定等编制，设定的质量目标不应违背建设单位、承包商质量方针和目标。

（四）执行与监督

（1）工程总承包单位、施工单位质量计划应依据所承包范围按单项工程进行编制（如承包范围仅为一个单位工程的按单位工程编制），也可以按照同一项目中所承包全部单元编制一个质量计划。

（2）工程建设项目实施过程中质量计划所涉及的内容有重大调整变化

第一章 质量管理概述

（包括建设内容或合同范围、项目组织机构和管理人员、工程质量验收标准等重大调整）时，应及时修订和发布新版质量计划，并重新履行相关审批手续。

（3）建设单位质量计划应履行内部审批程序后方可实施；工程总承包单位质量计划应报监理单位、工程项目管理单位（以下简称 PMC，适用于项目管理承包项目）审核，建设单位批准；施工单位质量计划应经承包合同的发包方及监理单位批准，建设单位直接发包的项目须经监理单位、PMC 单位审核后由建设单位批准。

第二章 施工准备阶段质量管理

第一节 质量控制内容

施工准备阶段的质量控制是指项目正式施工活动开始前，对各项准备工作及影响质量的各因素和有关方面进行的质量控制。工程项目的建设是一个复杂、庞大的系统工程，施工前准备阶段的质量控制是事前控制的重要工作，施工前的有效准备，不仅可以有效提供工程质量，还可以有效控制成本和工程安全事故率。

一、技术资料、文件准备的质量控制

（1）施工单位项目部应组织技术、质量等有关人员对施工现场进行查勘，了解工程现场的自然环境、道路交通情况、施工难点等，编制施工组织设计和专项施工方案，制定质量控制措施。

（2）施工单位项目部应按要求，编制质量计划。质量计划应由项目经理组织工程技术、质量、安全、采办等管理人员编制，并报监理单位审核，建设单位批准。

（3）施工单位项目部应在开工前配备齐全本工程适用的法律法规、施工技术标准、施工规范、施工质量验收标准以及施工记录表格。

（4）施工单位项目部应编制设计文件使用管理办法，建立接收及发放台账。技术负责人应组织有关专业人员熟悉设计文件及施工图，整理疑点和问题，参加图纸会审和设计交底。

二、设计交底和图纸审核的质量控制

（1）施工单位项目部应配备符合建设单位及合同要求的管理人员和操作人员，并逐层进行施工技术交底。

第二章　施工准备阶段质量管理

（2）项目部技术、质量、安全负责人应对项目管理人员进行技术、质量、安全交底，并做好交底记录。

（3）施工机组（队）技术员、质检员应对施工操作人员进行专项施工技术、质量、安全交底，并做好交底记录。

三、人员、机具入场质量控制

（1）施工单位项目部应完成开工前全员培训，特种作业人员应完成上岗前培训考核，并取得上岗证书。

（2）施工单位项目部应制定设备配置计划，配备满足工程需要的施工机具、设备及检测器具，并进行入场检验。

四、合规手续及开工条件质量控制

（1）施工单位项目部应识别项目施工利益相关方，办理工程施工所需的合规手续。

（2）施工单位项目部应按规定完成开工前需报审、报验的手续，在开工申请报告批复后组织开工。

（3）施工单位项目部应检查落实开工条件，编报开工报告。

（4）施工单位项目部应按照施工现场平面布置图要求，制作并布设各种标志牌、标识牌、警示牌。

五、工程设备、材料质量控制

（1）工程材料进场前必须进行报验，验收合格后方可使用。

（2）材料到货后，施工单位项目部应对外观和随机资料进行检查，配合完成设备、材料验收工作，并做好记录。

（3）施工单位项目部对进场甲供材料质量有疑问时，应报监理单位进行确认。

（4）施工单位项目部应在入库前对工程材料及设备的型号、规格、外观质量、数量等进行检查；进入仓库保存时应合理划分库储布置，保持通风和干燥，保证一定的安全距离，对易燃易爆、防火防潮物品采取相应的措施。材料存放应做到防火、防雨、防盗、防变质、防损坏。

（5）防腐管露天存放时间超过3个月时应采取防护措施。
（6）材料及设备使用前应按照施工图纸进行核对，防止错用。
（7）设备、材料出入库时应办理出入库手续，填写收发记录。

第二节 质量控制要点

一、施工工序质量控制点设置

将油气管道工程施工工序分为：A、B、C、D四级控制点。

A级：对工程有重要影响且需要建设单位确认的设计、采购过程，对结构安全和使用功能有重要影响的关键工序和部位，或重要的隐蔽工程。A级点验收由工程总承包单位提出申请，监理单位组织，建设单位等参加验收并签字确认。

B级：对工程有较大影响且需要监理单位确认的设计、采购过程，对结构安全和使用功能有较大影响的重要工序和部位。B级点验收由工程总承包单位提出申请，监理单位组织验收并签字确认。

C级：是指比较重要的设计、采购过程，以及施工工序和部位。C级点验收由施工单位提出申请，工程总承包单位组织验收并签字确认。

D级：是指一般的施工工序和部位。D级点验收由施工单位作业班组提出申请，施工单位专职质量检查人员组织验收并签字确认。

质量控制矩阵表见表2-1。

表2-1 质量控制矩阵表（示例）

序号	专业及主要施工工序	使用表格	控制点 A	控制点 B	控制点 C	控制点 D	建设单位	监理单位	工程总承包单位	施工单位	设计单位
一	开工准备										
1	QHSE体系报审	竣工资料表格	AR				○	○	△	○	
2	施工组织设计报审	竣工资料表格	AR				○	○	△	○	
3	施工方案报审	竣工资料表格		BR				○	△	○	
4	施工机具进场报验	竣工资料表格		BR				○	△	○	

第二章 施工准备阶段质量管理

续表

序号	专业及主要施工工序	使用表格	控制点 A	控制点 B	控制点 C	控制点 D	建设单位	监理单位	工程总承包单位	施工单位	设计单位
5	特种作业人员进场报验	竣工资料表格		BR							
	……										
二	线路工程										
1	测量放线	竣工资料表格		BR				○	○	△	○
2	作业带清理及扫线	竣工资料表格			CR			○	○	△	
3	进场材料检验	竣工资料表格		BR				○	○	△	
4	管沟开挖	竣工资料表格					○	○	○	△	
5	管口组对	竣工资料表格			CR			○	○	△	
6	焊接	竣工资料表格		BR				○	○	△	
7	连头口	竣工资料表格		BR				○	○	△	
8	返修口	竣工资料表格		BR				○	○	△	
9	防腐补口/补伤	竣工资料表格		BR				○	○	△	
10	防腐检漏	竣工资料表格		BR			○	○	○	△	
11	竣工成果测量	竣工资料表格		BR				○	○	△	
12	管道下沟	竣工资料表		BR			○	○	○	△	
13	管道回填	竣工资料表格				DR		○	○	△	
14	管道清扫	竣工资料表格		BR			○	○	○	△	
15	管道测径	竣工资料表格		BR				○	○	△	
16	试压	竣工资料表格		BR				○	○	△	
17	干燥	竣工资料表格		BR				○	○	△	
18	水工保护	竣工资料表格		BR			○	○	○	△	○
19	三桩埋设	竣工资料表格			CR			○	○	△	
20	地貌恢复	竣工资料表格			CR		○	○	○	△	○
	……										
三	××工程										
	……										

注：1. 表中"△"代表组织单位；"○"代表单位。
 2. "R"代表资料审查及检查后留有记录痕迹（交工技术文件、施工过程技术文件及监理规范中规定的各类表格）。

29

二、施工准备阶段质量控制要点

施工准备阶段质量控制要点见表2-2。

表2-2 施工准备阶段质量控制要点

序号	控制要点	控制内容	控制依据及见证资料
1	项目管理机构组织情况	管理机构、施工单位人员已到位,并正常开展工作	进场报验单
2	资源投入	主要设备材料已定货、到货,进场施工人员、机具满足施工需要,已报审,特殊工种取得上岗证	订货单、进场报验单
3	施工组织设计和质量计划,及创优计划	按规定编制,得到批复	施工组织设计批复单
4	项目管理程序文件	按规定编制,得到批复	项目管理程序文件批复单
5	施工图会审和技术交底	已完成施工图会审和技术交底	施工图审查记录、交底记录
6	现场准备	三通一平、临时用地手续齐全	现场准备记录
7	特种设备安装告知	办理告知手续	特种设备安装告知手续文件
8	开工条件	开工条件落实和开工报告编制	开工报告已批复

三、工程设备、材料质量控制要点

(1)工程设备、材料材质、规格、型号应符合设计文件、技术规格书、标准规范要求。

(2)工程设备、材料质量证明文件应齐全、合法有效。

(3)按照规范规定,实施复验的材料,应具有对应批次的复检报告。

第三章 线路工程质量管理

第一节 交桩、测量放线

一、工艺工法概述

（一）工序流程

线路交桩与测量放线是长输管道工程开工前必须进行的一项重要工作，目的是准确确定线路的走向、中心线位置和施工作业带界限。测量放线应由专门作业队伍完成。线路交桩与测量放线的工序流程如下：

准备工作→仪器检查校定→现场交桩→定桩→放线→与沿线地方政府协调→移桩→填写施工记录→下道工序。

（二）主要工序及技术措施

1. 线路交桩

在设计单位完成管道的详细勘察、管线路径已得到地方政府有关部门同意，并得到建设单位认可后，设计方向施工承包商进行交桩工作。

线路交桩由建设单位或监理组织，设计单位和施工承包商共同参加，在现场进行交接桩工作。现场交桩内容包括：线路控制桩、转角桩，沿线路设置的临时性、永久性水准点。交桩过程中，依照设计方提供的管道施工图、断面图、测量成果表及相关文件等复查设计标桩的位置和高程，确保交接桩正确无误，并做好交桩记录。

线路交桩的主要工序及技术措施如下：

（1）充分准备野外接桩工作所必需的车辆、图纸、GPS定位仪、通信设备、生活用品，以及必要的现场标志物（如木桩、油漆等）和记录表格及有关工具等。

（2）转角桩可以采取就地标注或选用参照物（树木、石块）标注，但不得污染其他现有设施（电线杆、水利设施）上的原有标志，同时不得涂有容易使人产生误会的标志。

（3）在转角桩容易丢失的地方，可采用钢钎就地深扎眼，然后灌生石灰的办法，同时在中心线两侧边界洒上标记。

（4）对丢失的控制桩和水准基标由设计单位恢复后，予以交接。交桩后发生的丢失，由施工承包商在施工前依据接桩原始记录用测量的方法予以恢复。

（5）接桩人员应做好线路接桩的原始记录，达到指导放线和施工的目的。

（6）施工人员应对线路的定测资料、线路平面、断面图进行详细审核，并与现场情况进行一一校对，防止失误。

（7）每段线路交桩完毕，应填写交接桩记录，由建设单位现场代表或监理工程师、设计代表、施工人员共同会签。

2. 测量放线

测量放线就是采用专用仪器，由专业人员来确定沿线管道实地安装的中心线位置，并划出施工作业带界限。管道测量放线要按一定的操作程序进行，以便提高工程质量。

测量放线主要工序及技术措施如下：

1）准备工作

测量放线由施工承包商自行组织完成，由参加接桩的测量技术人员主持。测量放线之前应做好以下准备工作：

（1）备齐放线区段完整的施工图。

（2）备齐交接桩记录及认定文件。

（3）检查校正全站仪。

（4）备足木桩、花杆、彩旗和白石灰。

（5）备齐定桩、撒灰工具和用具。

（6）准备防晒、防雨、防风沙用具。

（7）准备满足野外作业的车辆、通信设备。

2）仪器检查与校定

测量放线常用仪器为：GPS定位仪、经纬仪、水准仪、全站仪，使用前必须经法定检验部门检定合格并在有效期内方可使用。

3）测量放线

（1）施工承包商应对线路定测资料、线路平面和断面图进行室内详细审核与现场核对。放线的基准点为设计单位设置的线路控制桩、转角桩和沿线路设立的临时性、永久性水准基标及与水准基标相联系的固定水准基标。对

第三章 线路工程质量管理

于交桩后丢失的转角桩和水准基标，施工承包商应根据定测资料于施工前采用测量放线的方法补齐；验收合格后，要采取必要措施对测量控制桩和转角桩进行全过程保护。

（2）在转角桩测量放线验收合格后，施工承包商根据转角桩测定管道中心线，并在转角桩之间按照图纸要求设置百米桩、纵向变坡桩、变壁厚桩、变防腐涂层桩、穿越标志桩、曲线加密桩。各种桩可采用片状木桩或竹桩，用油漆注明桩类别、编号、里程等不同桩的标注要素后，在测量仪器的指挥下定位于指定位置。

（3）水平或竖向转角的处理方式依照图纸按以下要求进行：

①原则上在没有地面障碍物的情况下，转角为 3°～10°，采用弹性敷设，曲率半径大于 DN1000mm。

②采用冷弯弯管时，在弧长超过 1 根管长时，放线时要考虑两弧线之间的直管段长度。

（4）对于定测资料及平、断面图已标明的地下构筑物（区）和施工测量中发现的构筑物（区），应进行调查、勘测，并在线路与障碍物（区）交叉范围两端设置标志。在标志上应注明构筑物（区）类型、埋深和尺寸等。

（5）曲线段应采用公兵法、偏角法或坐标法测量放线。

（6）隐蔽工程、防护工程处应设桩和标志。

（7）施工测量的精度应满足下列要求：

①管线点相对于邻近控制点的测量点位中误差不应大于 5cm。

②方向测量的导线水平转角值与原测值相差在 ±2′ 之内；转角桩间要求通视良好。

③高程测量的闭合差小于 20mm。

4）放线

应采用白石灰或其他鲜明、耐久的材料按线路控制桩和曲线加密桩放出线路中线和施工作业带边界线。

施工作业带的宽度可根据不同的地质、地貌、管径、施工工艺来确定。管沟宽度由管沟的边坡比、管沟深度和沟底宽度来确定。

5）协调与变更

（1）放线过程中，应与有关部门联系，取得管线穿越公路、铁路、河流、光缆、地面及地下障碍物、林区、经济作物区等的通过权。必要时可与地方各有关部门和人员联系，共同看线，现场确认。

（2）对与地方政府有重大争议的地段，施工承包商应及时向监理、设计和建设单位反映,并采取措施。

(3)如有重大改线,应由勘察、设计方重新定测线路,出具设计变更通知单和变更图,并按设计变更通知单和变更图向施工承包商重新交桩。

6)移桩

在清理施工作业带前,必须把所有管线桩移出。具体要求为:

(1)在放线完毕,清扫施工作业带之前,将所有管线桩等距平行移至施工作业带堆土一侧,位于施工作业带边界线内0.3m的位置,转角桩按转角的角平分线方向移动。

(2)个别地段移桩(标记)困难时,可采用引导法定位。即在转角桩四周植上四个引导桩(标记),构成四边形,四边形对角线的交点为原转角桩的位置。

二、关键质量风险点识别

(一)线路交桩

1. 主要控制点

进场人员(测量人员),测量工具,作业文件(施工组织设计、专项方案等),现场交桩位置与设计图纸的符合性。

2. 重点管控内容

(1)人员:设计人员、施工单位、监理、建设单位等人员均到现场。

(2)设备机具:车辆、通信设备、现场标志物等数量满足交桩要求,且完好。测量仪器(GPS等标高及坐标测量仪器等)已报验合格,并在有效检定日期内。

3. 工序关键环节控制

(1)核对控制(转角)桩桩号、里程、高度、转角角度,与施工图对应。

(2)检查沿线临时或固定水准点应与施工图对应。

(3)交桩后,施工单位采取保护措施,对已经丢失的桩进行复测补桩。

(4)及时填写现场交桩记录,内容完整且真实准确。

(二)测量放线

1. 主要控制点

进场测量人员,测量工具,作业文件(施工组织设计、专项方案等),

第三章 线路工程质量管理

放线后复测符合规范要求。

2. 重点管控内容

（1）人员：测量及查验人员具备测量员资格证，并与报验人员名单一致。

（2）设备机具：测量仪器（GPS、全站仪、经纬仪、水准仪、激光测距仪等）已报验合格，经法定部门计量检定合格，并在有效检定日期内。

3. 工序关键环节控制

（1）检查依据设计控制（转角）桩或其副桩进行测量放线，测量定位准确。

（2）检查根据施工图放出线路轴线（或管沟开挖边线）和施工作业带边界线；在线路轴线（或管沟开挖边线）和施工作业带边界线上加设百米桩，桩间拉线或撒白石灰线。

（3）在采用预制弯管的管段，应根据曲率半径和角度放出曲线。

（4）弹性敷设曲率半径不得小于钢管外直径的1000倍。垂直面上弹性敷设管道的曲率半径应大于管子在自重作用下产生的挠度曲线的曲率半径。

（5）针对山区和地形起伏较大地段的管道，其纵向转角变坡点根据施工图或管道施工测量成果表所标明的变坡点位置、角度、曲率半径等参数放线。

（6）在河流、沟渠、公路、铁路穿（跨）越段的两端，地下管道、电缆、光缆穿越段的两端，线路阀室两端及管线直径、壁厚、材质、防腐层变化分界处设置临时标志桩，其设置位置在管道组装焊接一侧，施工作业带边界线以内1m处，标志桩表面应写明桩号及如"变壁厚""变防腐等级""障碍物名称、埋深和尺寸信息"等注释。

三、质量风险管理

交桩、测量放线的质量风险管理内容见表3-1。

表3-1 质量风险管理表

序号	管控要点	建设单位	监理	施工单位
1	人员			
1.1	特种设备（挖掘机等）、操作手具备特种作业操作证，人员配备与报验人员名单一致	监督	确认	报验
1.2	专职质量检查员到位且具有质检资格	监督	确认	报验
2	设备、机具			

续表

序号	管控要点	建设单位	监理	施工单位
2.1	现场施工设备（挖掘机、推土机）应报验合格，保证设备正常运转，并具有设备保养记录	必要时检验	确认	报验
2.2	现场检测工器具（全站仪、GPS，经纬仪、水平仪、钢尺）应报验合格，并在有效检定日期内	必要时检验	确认	报验
3	材料			
3.1	钢筋、水泥、砂、石等的合格证，质量证明文件，复检报告齐全，材料的外观质量、品种、数量、规格符合设计要求	必要时验收	确认	报验
3.2	砂浆、混凝土配比报告应满足设计要求	必要时验收	确认	报验
4	施工方案			
4.1	现场有经过审批合格的施工方案	必要时审批	审查/审批	编制、审核
5	测量放线			
5.1	高程控制桩点应与交桩高程数据一致	监督	平行检查	施工
5.2	测量放线建筑物的长度、宽度轴线及外边线应符合设计要求	监督	平行检查	施工
5.3	建筑物纵向、横向轴线及开间尺寸应与图纸一致，各轴线间距偏差应符合规范要求	监督	平行检查	施工
6	施工记录			
6.1	现场施工记录数据采集上传及时，内容完整、真实、准确		验收	填写

第二节 管沟开挖

一、工艺工法概述

（一）工序流程

管沟土石方工程是埋地管道线路工程中一项重要工序，管沟质量的好坏直接影响卖地到管道的施工质量。管沟开挖的工序流程如下：

准备工作→验桩及校对→管沟开挖→管沟检查验收→填写施工记录→下道工序。

第三章 线路工程质量管理

（二）主要工序及技术措施

1. 准备工作

在管沟开挖前，每个标段的施工单位应根据如下因素编制周密的管沟开挖整体计划：

（1）建设单位要求管线工程完成的工期计划。

（2）由建设单位负责提供的防腐成品管的供应计划。

（3）为提高工效，降低工程成本，施工承包商应依据施工现场的开挖试验确定管沟的边坡比；只要保证管沟深度，可以对设计和规范进行现场修订。

（4）各类地质状况和地貌的管沟开挖最佳开工、竣工日期。

（5）在山前区、冲刷段、特殊地段、管沟开挖与管道组装焊接、下沟回填工序的衔接。

（6）在山区石方地段、沼泽地段、管沟开挖与施工作业带相结合的最佳方案。

（7）除石方地段外，为保证管线组焊时在管道两侧有顺畅的机械化流水作业面，应先组焊管线，后开挖管沟。管沟开挖工序和管道组焊工序的距离以 80～500m 为宜。这样，与先开挖管沟，后管线相比，工作效率可以提高工效 40%～50%。

2. 验桩及校对

由监理、施工单位组成联合小组，依照设计图纸对开挖管段的所有标志桩（已平移到距离堆土侧边界线内 0.3m）进行验收和校对。此外应对各类标志桩作明显标记，避免管沟开挖弃土掩埋标志桩。

3. 管沟开挖

1）一般规定

（1）在管沟开挖前，应进行移桩。转角桩按转角的角平分线方向移动，其余桩应平移至堆土侧边界线内 0.3m 处。对于移桩困难的地段可采用增加引导桩、参照物标记等方法来确定原位置。

（2）管沟开挖行进方向应按管道中心灰线进行控制。管沟开挖深度应按开挖通知书的要求并结合线路控制桩、标志桩标示及设计图纸综合考虑进行开挖控制。管沟开挖应制定切实可行的施工安全措施，并加以落实。

（3）沼泽地段、沙漠地段、湿陷性软土地段，地下水位小于沟深地段及深度超过 5m 的管沟坡比，可根据相邻工序的施工方案，采用明渠排水、井点降水、管沟加支撑等方法，在管沟开挖前做试验，由建设单位或监理现场认定，批准后方可实施。

（4）有地下障碍物时，障碍物两侧5m范围内，应采用人工开挖，当人工开挖确认难以进行时，可先通过人工开挖确定地下物体准确位置，对地下物体采取隔离措施后，隔离物外侧可机械开挖。对于穿越地下管道、光（电）缆等重要设施，开挖前应征得其管理部门的同意，必要时应在其监督下开挖。

（5）对不同的土质，在开挖初始阶段做试验时，应考虑施工机械的侧压、震动、管沟暴露时间等因素。

（6）管沟开挖应编制计划，向施工人员做好技术交底，并做好安全教育工作。以自动焊为主的管径大、管沟深的工程建设项目，管沟开挖应适应自动焊的要求。

（7）深度在5m以内（不加支撑）的一般地段，管沟最陡边坡的坡度和管沟沟底加宽裕量可分别参考表3-2和表3-3中的规定。

表3-2　沟底加宽裕量值　　　　　　　　　　　　　　　　单位：m

条件因素	沟上焊接				沟下手工电弧焊接				沟下半自动焊接处管沟	沟下焊接弯头、弯管机碰口处管沟
	土质管沟		岩石爆破管沟	热煨弯头、冷弯管处管沟	土质管沟		岩石爆破管沟			
	沟中有水	沟中无水			沟中有水	沟中无水				
沟深3m以内	0.7	0.5	0.9	1.5	1.0	0.8	0.9	1.6	2.0	
沟深3～5m	0.9	0.7	1.1	1.5	1.2	1.0	1.1	1.6	2.0	

表3-3　沟深小于5m时的管沟边坡最陡坡度

土壤类别	边坡坡高（高：宽）		
	坡顶无荷载	坡顶有静荷载	坡顶有动荷载
中密的砂土	1∶1.00	1∶1.25	1∶1.50
中密的碎石类土（填充物为砂土）	1∶0.75	1∶1.00	1∶1.25
硬塑的粉土	1∶0.67	1∶0.75	1∶1.00
中密的碎石类土（填充物为黏性土）	1∶0.50	1∶0.67	1∶0.75
硬塑的粉质黏土	1∶0.33	1∶0.50	1∶0.67
老黄土	1∶0.10	1∶0.25	1∶0.33
软土（经井点降水后）	1∶1.00	—	—
硬质岩	1∶0	1∶0	1∶0

第三章　线路工程质量管理

当管沟沟深超过 5m 时，应根据土壤类别及物理力学性质确定底宽，并将边坡适当放缓或加筑平台。

（8）管沟开挖时，应将挖出的土石方堆放在与施工机具相对的一侧，距沟边不小于 1m。

（9）对于地势平坦、土质松软且能连续施工的地段，应尽量采用轮斗挖掘机，除此之外则用单斗挖掘机。

（10）有地下设施或石方地段宜先进行管沟开挖。

（11）在靠近道路、建筑物地段开挖管沟时，必须设置明显的标志，夜间必须设置照明、警示设施。

（12）当开挖的管沟土质比施工图土质等级高时，承包商应通知建设单位或监理现场确认。

2）农田耕作区管沟的开挖

在耕地、园地、林地段开挖管沟时，应进行表土剥离，表土剥离厚度不小于 0.3m。表层土应靠作业带边界线堆放，下层土应靠近管沟堆放。两层土分离时用一台挖掘机挖土，用另一台挖掘机将耕植土或腐殖土倒土到作业带的边缘位置单独堆放。如管沟开挖产生大量扬尘时，应采取抑尘措施。剥离的表层耕作土只能用于表层土恢复，不得用于任何其他用途。

3）山前区平原地段的管沟开挖

山前区平原地段管沟开挖，应尽量避开雨季施工。若在雨季施工，应加强与当地气象部门的联系，防止洪水对管沟的冲刷，避免将管沟变成排水沟，冲走已布好的管子，将大量淤泥冲进焊好的管线内。个别项目管线施工时都出现了这种情况，所以要高度重视山前区管沟在雨季的开挖工作。在雨季施工时，管沟开挖应与管道组对、焊接、下沟、回填紧密结合，开挖一段，完成一段，每段长度不宜超过 5km。每段回填后应及时进行水工保护施工，进行有序排水。

4）山区管沟开挖

（1）一般要求。

①石方段的管沟，为保护管体防腐涂层，其爆破开挖管沟的工序应先于布管、管线组焊工序；石方管沟开挖时，应与施工作业带清理工序一同考虑。

②山区石方段管沟开挖，宜采用松动爆破与机械清沟相结合的方法，也可采用岩石挖掘机开挖。

③石方、卵石段管沟深度应比设计要求的深度超挖 300mm，以便设置铺

垫层来保护管道防腐层。管沟沟壁不得有欲坠落的石头。

④施工机械在纵坡上挖沟，必须根据坡度的大小、土壤的类别、性质及状态，计算施工机械的稳定性，并采取相应措施，确保安全操作。

（2）施工方法。

①土质稳定的黄土地段：黄土质管沟开挖以单斗挖掘机开挖、人工清理为主，坡度较大或狭窄地段采取人工开挖方式进行。纵向坡度较大的管沟沟底应进行夯实处理，以保证沟底扰动土层的稳定。

②土覆石和地下水位较高地段：部分地段表层覆土较薄，下覆卵砾石或基岩。先用挖掘机和人工配合方式清除表面覆盖层，此表层土可装袋储存，以便恢复地表植被。对坚硬的基岩，采取爆破法开挖。对山脚河谷地段，当地下水位较高时，开挖过程中可采取明沟排水措施排出管沟内的积水；在沟底一侧开挖排水沟、集水井，使水流入集水井中，用水泵排走，用人工对沟底进行修整；抽水工作持续到整个地段管线下沟、回填工序结束。

③石方地段：

a.石方段管沟开挖，采用松动爆破与机械清沟或人工清沟相结合的方法，或者采用带粉碎装置的岩石挖掘机开挖；采用爆破方法进行管沟开挖时，制定相应的安全防护措施，对可能受到影响的重要设施事前通知有关部门和人员，采取安全保护措施，并征得其同意后实施爆破作业。爆破作业由取得相应资质的单位实施，爆破施工单位在施工前必须取得当地公安部门的审核批准。爆破开挖管沟应在布管前完成。对横坡和狭窄的山脊段管沟，管沟开挖与作业带开拓同步进行，开挖的弃渣直接用于作业带的填筑，以减少施工作业带宽度，从而相应减少爆破工作量，减轻对原有地貌的破坏程度。

b.破碎性风化岩采用液压破岩锤破碎，岩石挖掘机配合挖凿，人工清沟。

c.灰质基岩先用人工剥离覆盖层，采用松动爆破，配以岩石挖掘机挖掘、人工清理的方式成沟。

d.对粒径较大的漂石和河谷板岩，先进行爆破，再以机械配以人工的方式清除，然后开挖管沟。

④弃渣堆放。

由于作业带的宽度有限，无论采取哪种开挖方式，开挖出的土石方均不宜直接在管沟两侧堆放。同时考虑回填及地貌恢复等后继工序，可采取以下措施：

a.纵坡坡度小于25°的地段，机械设备可以顺作业带行走配合施工，开

第三章 线路工程质量管理

挖出的土石方平摊在施工作业带上，作为作业带降坡填方；作业带两侧横向坡度较大时，在堆坡底部要先用块石或袋装土堆砌成稳定基础。

b.纵坡坡度大于25°、坡长小于50m的地段，开挖的土石方在坡脚处堆放。坡长大于50m时，管沟开挖后土石方若滑落在坡脚处或全部运走，管沟回填土石方回运量大，为此可根据坡长情况沿作业带修筑临时土石方堆放平台；堆放平台的具体面积和设置间距根据实际地形进行合理设置。

c.横坡段管沟挖方一般用于作业带填方，多余量采取在作业带外侧修筑临时堆放平台或顺作业带外运至宽阔处集中堆放等措施。

5）山坡上开挖管沟

山坡开挖管沟按管道的埋设走向，主要分为纵坡挖沟和横坡挖沟两大类。常采用推土机和挖掘机进行挖沟。

（1）在纵坡上用机械开挖管沟。

施工机械在纵坡上挖沟，必须考虑其稳定，能正常操作施工机械的稳定性和坡度的大小，土壤的类别、土壤的性质及状态、机械和土壤接触的状态有关。施工机具正常操作的极限坡度，就是机具在斜坡上开始自动打滑的临界坡度。

也有一些特殊的情况。例如：雨天在松土地面上挖沟时，不论坡度如何，施工机械必须用拖拉机等拖住施工，该拖拉机必须放在斜坡顶部。

（2）在横坡上开挖管沟。

在横坡上开挖管沟时，如果横坡坡度等于或大于8°，要先修台基，为线路提供施工场地，并满足管线运行时所需的正常维护条件。台基一般宽9m左右，内侧3m宽部分供修筑边沟和管沟，外侧6m宽部分供施工机械通行。弯曲地段上台基宽度应增加1.4～3m。

台基修筑分两种类型，一类是一半是挖方，一半是填方，填方用于通行施工机械；另一类是不利用弃土，台基全部开挖出来。第一种类型适用于坡度在18°以下的斜坡，第二类适用于坡度超过18°的斜坡地带。

4.管沟检查验收

管沟开挖完毕后，挖沟施工单位应根据设计要求进行自检。自检合格后向监理单位或建设单位提交管沟验收申请报告，监理和建设单位收到申请报告后应及时组织检查验收，并填写管沟开挖施工验收记录，办理交接手续，进行下道工序。管沟检验项目、检验点数量、检验方法及合格标准应符合表3-4中规定。

表 3-4 管沟开挖允许偏差表

检验项目	检验数量	检验方法	合格标准
外观	全部	观察检查施工记录	直线段管沟顺直，曲线段圆滑过渡，无凹凸和折线；沟壁和沟底平整，无沟坎阶梯，无锐器物；沟内无塌方、无杂物，转角设计符合要求
管沟中心线偏移	每千米不少于 5 处	用经纬仪检查	<100mm
沟底宽度	每千米不少于 5 处	用尺检查	-100mm
沟底标高	每千米不少于 5 处	用水准仪检查	+50mm，-100mm
变坡点位移	全部	用尺检查	<500mm（小型穿越小于 300mm）

5. 管沟沟底宽度计算

当沟下组装弯管及连头、碰死口时，管沟两侧加宽应根据管道外径、开挖方式、组装工艺及工程地质等因素确定。必要时管沟两侧加支持防护措施。深度在 5m 以内管沟沟底宽度应按照下式确定：

$$B=D_m+K$$

式中　B——沟底宽度，m；

　　　D_m——钢管的结构外径（包括防腐、保温层的厚度），m；

　　　K——沟底加宽余量，m，应按表 3-5 取值。

表 3-5 沟底加宽余值 K 值　　　　　　　　　　　单位：m

条件因素		沟上焊接			沟下焊条电弧焊接			沟下半自动焊接处管沟	沟下焊接弯头、弯管及连头处管沟
		土质管沟		岩石爆破管沟	弯头、冷弯管处管沟	土质管沟		岩石爆破管沟		
		沟中有水	沟中无水			沟中有水	沟中无水			
K 值	沟深 3m 以内	0.7	0.5	0.9	1.5	1.0	0.8	0.9	1.6	2.0
	沟深 3～5m	0.9	0.7	1.1	1.5	1.2	1.0	1.1	1.6	2.0

注：当采用机械开挖管沟时，计算的沟底宽度小于挖斗宽度时，沟底宽度按挖斗宽度计算。

深度超过 5m 的管沟，沟底宽度应根据工程地质情况进行处理。

6. 管沟开挖的安全要求

（1）交叉作业及石方爆破时，沿途应设警戒人员，各主要路口应设警示牌，并设专人看护。

第三章　线路工程质量管理

（2）开挖管沟是应由实验确定边坡比，以免发生塌方事故。开挖过程中如遇到流沙、地下管道、电缆以及不能辨识的物品时，应停止作业，采取必要措施后方准施工。

（3）管沟开挖作业应自上而下进行，不准掏洞。两人在沟内作业间距为2～3m，挖出的土方应堆在无焊接管一侧，且距沟边不小于0.5m，堆积高度不准超过1.5m。

（4）雨后及解冻后开挖管沟时，必须仔细检查沟壁，如发现裂纹等不正常情况，应采取支撑或加固措施，在确认安全可靠后，方准施工。非工作人员不准在沟内停留。

（5）在靠近道路、建筑物等地段开挖管沟时，应设置昼夜醒目标志，并征得有关部门同意。

（6）当先焊管线后挖管沟时，沟边与焊接管边缘的净距离应不小于1.0m，并应有防滚管措施。

二、关键质量风险点识别

（一）主要控制要点

主要控制要点包括：进场人员（如挖掘机操作人员、爆破人员等）、进场机具设备（挖掘机等）、爆破材料、作业文件（管沟开挖方案、爆破方案等）、作业环境（天气状况、风速、温湿度、爆破物品运输情况等）。

（二）重点管控内容

1. 进场人员

核查进场人员数量、上岗证、资格证满足作业要求，并已履行报验程序。

2. 进场设备机具

核查进场机具设备、检测工器具数量、性能规格与施工方案相符，报验手续完备，并已报验合格，设备运转正常，保养记录齐全。

3. 爆破材料

核查爆破物品购买、使用、运输等许可证书。

4. 工序关键环节控制

（1）开展了技术交底记录和班前安全讲话。

(2)检查管沟开挖前移桩情况。

(3)深度超过5m以上的管沟边坡可根据实际情况,采取边坡适当放缓,加支撑或采取阶梯式开挖措施。

(4)在耕作区开挖管沟时,应将表层耕作土和下层土分开堆放。

(5)爆破开挖在布管前完成。安全措施应到位,爆破安全距离符合要求。

(6)检查管沟开挖深度/沟底标高、坡比、沟底宽度、变坡点位移、水平/纵向转角位置符合设计及规范要求;对弹性敷设的地段监督承包商做好测量记录并和图纸核对。

(7)核查现场施工记录及时,内容完整、真实、准确。

三、质量风险管理

管沟开挖的质量风险管理内容见表3-6。

表3-6 质量风险管理表

序号	控制要点	建设单位	监理	施工单位
1	人员			
1.1	专职质量检查员到位且具有质检资格	监督	确认	报验
2	设备、机具			
2.1	进场机具设备、检测工器具数量、性能规格应与施工方案相符,检定证书在有效期内,并已报验合格,设备运转正常,保养记录齐全	必要时检验	确认	报验
3	材料			
3.1	进场材料经报验合格,质量证明文件(合格证、检验报告等)完整,并符合设计文件规定	必要时检验	确认	报验
4	方案			
4.1	现场有经过批准的施工方案	必要时审批	审查/审批	编制、审核
5	开挖下沟回填			
5.1	管沟开挖前,应对地下的构筑物、电缆、管道等进行定位,并在开挖过程中采取保护措施	监督	平行检查	施工
5.2	单管敷设时,管底宽度应按照管道公称直径加宽300mm,但总宽不应小于500mm;多管同沟敷设,管沟宽度应为两边管外扩加500mm;管沟中心线允许偏差±100mm,管底表格允许偏差±100mm,沟底宽度允许偏差±100mm	监督	平行检查	施工
5.3	管道下沟前,应清理沟内塌方、硬土石块、排除积水,管道防腐层经电火花检漏合格	监督	平行检查	施工

续表

序号	控制要点	建设单位	监理	施工单位
5.4	管沟回填前，应完成以下工作：焊缝经无损检测合格，外防腐绝缘层检漏合格，隐蔽工程经施工、监理、建设等各方验收合格	监督	平行检查、旁站	施工
5.5	管沟回填应在管道两侧同时进行，并夯实，回填土分层夯实厚度200～300mm，夯实后土壤密实度不低于原土的90%	监督	平行检查、旁站	施工
6	施工记录			
6.1	现场施工记录数据采集上传及时，内容完整、真实、准确		验收	填写

第三节 管道组对焊接

一、工艺工法概述

（一）工序流程

管子的组对焊接就是把布好的管子一根一根地组焊起来，是保证管道工程质量和施工速度的一个重要环节。因此，如何选择合理的施工组织方法、较佳的焊接工艺和严格的质量检查程序和方法，对整个管道施工进程具有重要意义。

管道组对与焊接的工序流程如下：

准备工作→坡口加工→对口组对→预热→管道焊接→焊后保温→焊缝检验→下道工序。

（二）主要工序及技术措施

1. 坡口加工（自动焊）

管端坡口应采用坡口机在施工现场进行加工，管端坡口的角度和尺寸符合焊接工艺要求。

坡口加工前应根据"焊接工艺规程"编制"坡口加工作业指导书"。应对加工的焊接坡口表面进行外观检查，坡口表面粗糙度要求平滑无加工沟槽，不应有分层、裂纹等缺欠。拐点处的坡口沟槽应为逐点检查点。出厂钢管的管端坡口不符合焊接工艺规程要求时，应由熟悉操作程序的专业人员进行坡口制作的工作，严格按照"坡口加工作业指导书"规定的坡口形式加工并检查坡口，按要求填写记录。管端坡口如有机械加工形成的内卷边，应用锉刀或电动砂轮机清除整平。

现场坡口采用坡口机进行加工，坡口机宜"一用一备"或"两用一备"。坡口机应能够满足自动焊工艺所需要的坡口形式和加工精度要求。管端150mm范围内的内外制管焊缝，应采用机械方法修磨至与母材平齐。

对加工完成的坡口按照焊接工艺规程要求对坡口角度、钝边厚度、尺寸精度等进行检查，如果不合格需要重新加工，直至达到要求。坡口机操作人员要定期对坡口机进行检查，防止因刀架松动、浮动轮磨损、刀片磨损超标而引起的坡口尺寸精度不够。

加工好的坡口宜在24h内使用，避免坡口锈蚀及污物腐蚀对焊接质量的影响。必要时采取干燥防水材料对管口进行保护，防止返锈。

对于钢管表面凹坑，凹坑处有尖点或凹坑位于焊缝处，或凹坑深度超过管道公称直径2%的管段应切除，并重新进行坡口加工。

2. 对口组对

1）对口

管道焊接前，两条焊管道必须按坡口间隙及管口错边量的要求对口，以保证焊接工作的顺利进行。对口的方法有内对口器法、外对口器法和手工对口法。不论采用何种对口方式，管道环焊缝错边量不得超过±1.6mm；若考虑焊接变形，管道对口时其错边量不得超过±1.0mm。

（1）内对口器。

首先将内对口器放入已焊成的管线管口内，然后将操作杆穿过待接口的管子，调整吊管机将管口对正，对口间隙由厚度垫片控制。将空压机风管和操纵杆相连，转动操纵杆将压缩空气送进气缸，推动撑臂，在强大的张力作用下，两管口被胀紧和对齐。经检查合格后即可进行根焊，对口工作即完成。定位焊后，反向转动操纵杆排气，松开撑臂，向行走电动机供气，对口器在行走装置的作用下驶至管口，在控制装置作用下，自行停车到达下一工作位置。内焊机组对时，不应在钢管内表面留下刻痕、磨痕和油污。不应用锤击法校正错口。相邻环焊缝间的距离应大于1.0倍钢管直径，且不应小于0.5m。错边宜沿钢管圆周均匀分布。应使用轨道定位器辅助进行焊接小车轨道的安装，

第三章 线路工程质量管理

应确保焊炬在整个管周对准焊接坡口中心。

（2）外对口器。

外对口器结构简单，但在对口前必须进行找圆。外对口器分为液压外对口器、手动外对口器、外卡箍式外对口器等。

2）管道组对

组对前，应清理管内的泥沙、冰雪、杂物等。钢管内外表面坡口及两侧150mm范围内应清理干净，不应有起鳞、磨损、铁锈、渣垢、油脂、油漆和影响焊接质量的其他有害物质，坡口及两侧20mm范围内应采用机械法清理至显现金属光泽。并再次核对钢管类型、壁厚及坡口质量，所有参数必须与现场使用要求相符合。除连头和弯头（管）处外，管道组对宜采用内对口器。为保证起吊管子的平衡，起吊管子的尼龙吊带应放置在活动管已划好的中心线处，其活动管子的轴线应与已组焊管线的轴线"对正"，这样可以方便、快捷地进行管子组对。管子组装要求见表3-7。

表 3-7 管道组对规定

序号	检查项目	规定要求
	管内清扫	无污物
	管口清理（10mm范围内）和修口	管口完好无损，无铁锈、油污、油漆、毛刺
1	管端螺旋缝或直缝余高打磨	端部10mm范围内余高打磨掉，并平缓过渡；采用自动超声波检测时，端部不少于150mm范围内余高应打磨掉
2	两管口螺旋焊缝或直缝间距	错开间距大于或等于100mm
3	错边和错边校正要求	小于等于壁厚的1/8，且连续50mm范围内局部最大不应大于3mm，错边沿周长应均匀分部
4	钢管短节长度	不应小于管子外径且不应小于0.5m
5	钢管对接角度偏差	不得大于3°

特殊地段的管道组装要求如下：

（1）当在纵向坡度大于15°的坡地进行组装时，钢管组焊应之下向上进行，同时应对施工机具采取锚固或牵引等措施，以防止发生倾覆或滑移。

（2）当管线在横向坡角上组装时，应依据地质条件，计算施工机械抗倾覆的角度，若不满足，应采取"土方削方"措施。

（3）水平转角大于5°的弹性弯曲管段，在沟上组装时，应在曲线的末端留段。

3.管道焊接

1）安装轨道

管道组对完成后，在管端附近安装焊接小车轨道。安装轨道时要保证轨道到管端的距离满足要求，轨道端面与管口端面平行，管道圆周到钢管表面的距离均匀。若焊接前需要预热，则安装轨道时不宜过紧，以免因钢管受热膨胀而损坏轨道，待预热好之后再拧紧轨道。

2）焊前预热

为确保焊接质量，除去焊道水膜，管口需预热。一般采用火焰加热器预热或中频专用加热线圈预热。

管口预热的范围为坡口两侧各75mm（具体执行焊接工艺规程），预热温度为100～150℃（以工程所使用焊接工艺规程为准）。温度测量采用接触式测温仪或数字显示红外线测温仪在距管口50～60mm处测量，需测量圆周上均匀分布的8个点。预热完成后应立即进行根焊道的焊接。

如果管材属于高强度钢（X65管线钢以上），管道焊接前应进行适当的预热才可保证焊接质量。管口预热的范围为坡口两侧个75mm（环境温度在5℃以上时，预热宽度宜为坡口两侧50mm；当环境温度低于5℃时，宜采用感应加热或电加热方式进行，预热宽度宜为坡口两侧各75mm），预热温度为100～150℃。管口预热采用中频电感应加热或环形管口火焰预执器加热，以保证管口受热均匀。温度测量采用测温笔或表面测温计，并在距管口50mm处测量。预热完成后应立即进行根焊道的焊接。预热时不应破坏钢管的防腐层，预热后应清除表面污垢。采用红外测温仪、接触式测温仪或测温笔监测预热温度符合工艺规程要求。监测层（道）间温度宜在焊接方向前方距施焊处200mm左右的焊缝金属上进行。中断焊接，当重新开始焊接时的层（道）间温度冷却至焊接工艺规程要求的最低温度以下时，应重新将焊口加热至预热温度。

3）焊接设备、焊接材料和焊接轨道的检查

对焊接设备的电路、气路、机械传动部分及自动控制部分进行检查，保证电路、气路畅通，机械传动部分运转平稳，自动控制部分控制灵活。

需检查、校核的控制系统中所存储的焊接参数主要包括焊接电流、焊接电压、焊接速度、送丝速度、摆动频率、摆幅、边缘停留时间等。对焊矩的摆动宽度也要进行检查和调整，其要点是焊丝干伸长要保证在10倍焊丝直径左右，调节焊枪纵向移动位置，使焊丝头几乎贴到焊道上；调节焊枪横向移动位置和摆动幅度,使焊丝摆幅等于坡口边缘宽度。

检查气瓶内保护气体压力大于0.15MPa,否则要更换气瓶。检查保护气(Ar/CO_2)的气体配比和气体流量,使之符合规范要求,检查气路是否畅通。施焊前,将焊车锁定在起焊位置,预先排气约10s,如果是第一次焊接,预先排气时间为30s左右,这样可避免空气存于气管中,影响焊接质量。检查焊丝受潮,焊丝盘上的剩余焊丝量能够完成一层焊道的焊接。

检查焊接轨道,将焊接小车在轨道上上下拉动,确保小车行走通畅。若不通畅,则应检查轨道在一个平面上,轨道固定螺栓与管道焊缝错开,小车管径调节器所对应的管径与实际焊接管径相符。

焊丝的储存应按照生产厂家产品说明书的要求执行,凡有损坏或变质迹象的焊丝不应用于焊接。

拆除包装的焊丝宜连续用完,受潮、生锈的焊丝不应使用。

当日未使用完的焊丝可不从送丝机上拆除,但应采取防雨、防潮措施,次日焊接时应去除至少2m长焊丝后,方可进行焊接。

4)焊接操作

(1)内焊机根焊。

焊接时,必须保证焊丝对准坡口组对中心。组对间隙较大的局部位置可用焊条等随着内焊机焊接电弧移动,防止烧穿。焊接完成后,检查根焊道有无焊透、烧穿等缺陷。如果有,要及时打磨、修补。

(2)全自动根焊。

根焊焊接人员在焊接前再次对组对好的焊口进行复查,做到心中有数。如果坡口错边量较大,须在相应的焊接位置调节焊炬的位置。

自动焊根焊时的引弧方法有两种,一种是在引弧时焊丝正对焊缝中心,另一种是在坡口面上引弧后立即将焊炬移到焊道中间。采用第二种方法引弧时不易穿丝。焊接时,必须保证焊丝中心与坡口组对中心相对。一般焊枪应垂直钢管圆弧切线方向,焊接到5(7)点~6点位置时,可适当调节焊枪角度以取得最好的焊接成型。

在平焊焊接时,从顶点(0点位置)起弧时焊丝干伸长应略短,一般为6~8倍焊丝直径,焊接20mm以后逐步提高焊丝干伸长至10倍焊丝直径。焊接过程中应根据熔池的变化来控制焊接过程。当熔池变厚时,说明行走速度过慢或未焊透,这时须慢慢加快行走速度,减小焊丝干伸长度,减小摆幅,保证焊缝背面形成圆滑过渡。当熔池变薄并有烧穿迹象时,说明行走速度过快,这时须慢慢减小行走速度,增加焊丝干伸长度至正常焊接状态,增大摆幅,使焊丝左右摆动时，铁水能更多地停留在坡口两边。

在立焊、爬坡焊焊接时，应慢慢压低焊丝干伸长度，到一定长度时会听到轻微的"嚇啪"声并有细小的飞溅，这说明焊丝干伸长度过小，在此基础上将枪头稍微提高一点，则此时的焊丝干伸长度为理想长度。焊丝干伸长度过大会出现未焊透或熔合不好，过小会出现焊缝背面成型高且粗糙。

在仰焊位置5(7)点～6点位置焊接时，焊缝成型中间凸出，两边出现沟槽，这时要慢慢加快行走速度，同时焊丝干伸长逐步拉长至11～13倍焊丝直径。

若局部位置组对间隙较大，可增加焊接时的摆幅防止烧穿。无间隙时，焊炬不摆动。

坡口钝边的加工不均匀，组对时错边量大，焊接时干伸长压得低都可能引起烧穿现象的产生。如果发生烧穿，焊工要及时调整干伸长继续焊接，焊接后再用角向砂轮机将烧穿处打磨成斜坡，用焊车加摆幅进行修补。

若防风效果不好或保护气体本身纯度不够，可能会引起气孔，所以一定要注意做好焊接时的防风。

（3）外焊机填充焊。

自动焊焊接时，若采用复合坡口，变坡口拐点处易出现未熔合缺陷。所以该层参数设置时，其摆幅、停留时间都不应过小，焊接速度也不应过大。当使用"V"形坡口时，在最后一层填充时，若是未将"V"形坡口顶部完全熔合，没有形成圆滑过渡，在盖面时就容易出现未熔合缺陷。

在平焊焊接位置时，焊机行走速度应相对较快，以减少铁水填充量，促使焊缝成型薄而平。如行走速度过慢，则焊缝成型较高，会影响下一道焊接。而在立焊位置焊接时，因受重力的影响，此时焊机行走速度应相对减慢，以避免焊缝高度过低。其每层厚度不宜超过3mm，以避免出现气孔及夹渣等缺陷。在仰焊焊接时，一定要注意坡口边缘的熔合，因铁水重力的影响，焊缝成型窄、中间高、两边形成沟槽。应立即增大摆幅，使两边熔合好，同时适当调节摆动速度与行走速度。

填充焊成型以中间稍凹为好，影响成型的问题主要是摆幅过窄、成型平、与坡口之间角度过小，边缘出现细小黑色沟槽，容易出现未熔缺陷。但其成型也不能过于凹陷，否则将会出现焊丝无法到达焊道中心，只能与其两边相触熔化，自行流入焊道中心，因温度过低无法熔合，造成焊道中心大范围层间未熔。

焊炬的摆幅宽度以焊丝不碰到坡口边缘的最大限度为好，这样成型为中间稍凹又与坡口边缘充分熔合。焊接时应注意熔池的变化，使熔池不要偏离焊道中心。如偏离中心太多，同样也会出现与坡口边缘熔合不好的现象，形成细小黑色的沟槽，出现缺陷未熔。

在焊接过程中，应仔细注意焊道变化。自动焊轨道在架设时，肯定会有一定误差以及焊接变形等因素，所以焊接时焊工应随时注意，一旦发现焊炬不在中心时，应立即进行横向调节。而纵向调节则是根据焊丝长度符合焊接工艺规程中的规定来决定。

（4）外焊机盖面焊。

在盖面焊过程中，自动焊与手工焊及半自动焊接一样，仰焊最难操作。由于熔池自身重力的作用，熔池往下坠，所以必须将焊接速度调大。但这样一来，摆动速度以及摆幅就相对减小，使得仰焊难成型，并且容易出现未熔合、咬边等缺陷。但考虑人的反应及控制能力，摆动速度也不能过快，所以只能加大摆幅和送丝速度，这样将能更好地控制仰焊焊缝成型，不过也使得焊缝波纹变粗。

（5）焊接参数的选择。

自动焊焊接过程中，焊接工艺参数设定不合理，会影呵焊接质量。送丝速度、焊接电流、焊接电压、焊接速度、摆动频率等工艺参数对焊缝成型的影响具有一定的规律性。

①送丝速度。送丝速度与焊接电流成正比，电流增大，送丝速度增大，则金属熔敷量大，电弧穿透力增强。在焊接中，热焊层送丝速度的选择应能保证足够的焊接电流及熔深，以确保与根焊缝（尤其仰焊两侧有深的夹角）良好的熔合，又不至于焊道过厚或烧穿根焊道。随着填充层数的增加，送丝速度应适当递增，以保证焊道内侧及层间的良好熔合。但盖面焊时的送丝速度以较小为宜，以保证良好的外观成型及消除外观缺陷。

②焊接电压。焊接电压影响液态金属的铺开程度（即熔宽）。电压过小时，熔宽小，焊道两侧会产生夹角；电压过大时，熔宽大，气体保护效果差，易产生气孔等缺陷。电压选择以焊道两侧无夹角，中间无高的鱼脊梁为宜，且随填充层数增加，坡口宽度增加，电压应递增。但盖面焊电压不宜过高，以免产生咬边。

③焊接速度。若焊接速度过快，气体保护效果不好，且熔合较差，易产生气孔，未熔合其至熔池不连续等焊接缺陷；若焊接速度过慢则导致熔池金属下坠而造成层间未熔。

④摆频。摆频即焊炬摆动频率，直接影响焊道的外观成型及两侧熔合情况。摆动频率过高则焊道外观花纹细腻，但两侧熔合不好（电弧在两端停留时间

短），且焊道中间（尤其仰焊位）有鱼脊梁。频率过小则焊道花纹粗糙，且两侧过多的熔化金属在重力作用下流向焊缝中间。在一定的焊机行走速度下，合理的枪头摆动频率既能保证电弧在两侧有一定的停留时间以消除边缘未熔合，又能使焊道成型圆滑而无中间鱼脊梁。

（6）保护气体的选择。

自动焊通常采用富氩混合气作为保护气体，采用配比器将 CO_2 与 Ar 混合。但这种施工方法成本较高，操作复杂。因此在根焊、热焊过程中可以采用配比好的 CO_2 与 Ar 混合气瓶，但在填充、盖面焊时必须使用两种气瓶通过配比器混合提供保护气体。

（7）焊接层数的选择。

14.6mm 壁厚的钢管采用自动焊方法，如果焊接 5 层，由于单层焊道厚度大，焊接速度慢，焊缝表面熔渣多，打磨量大。将焊接层数改为 6 层，焊层变薄，缺陷出现的概率减小，焊缝表面熔渣少，打磨量也随之减少。建议以焊接工艺规程为准。

5）焊接缺陷

（1）气孔。

自动焊焊接过程容易出现密集气孔，尤其是采用角摆式自动外焊机时。其特征是从 5（7）点～6 点位置的密集气孔，6 点位置最为严重。通过保证保护气体纯度、气瓶倒置排水等措施，采用低电压、高气流量、低送丝速度的工艺参数匹配，能够很好地解决气孔问题。

在环境温度较低的情况下，对 CO_2 保护气的加热器进行保温，可以降低气孔出现的概率。随着已焊管线的增长，会由于环境温度的变化在管道内产生内压，从而影响根焊的焊接质量。在根焊焊接时适当敞开管线两端的盲板，可以解决根焊偏吹、气孔等问题。

（2）未熔合。

未熔合经常出现在 2 点～4 点的立焊位置，在仰焊位置很少出现，其产生与坡口打磨质量、预热温度、摆宽、干伸长和焊接速度等都有关系。

预防未熔合的措施是：控制焊丝的干伸长在 6～10mm 的范围内（增大焊接过程中线能量的输入）；正确调节摆动宽度和速度，保证坡口两侧及焊道层间熔合良好；仔细清理焊道表面的熔渣；注意保持正确的焊接电压；层间温度不得低于 80℃，冬季施工应将预热温度适当提高到 120～150℃。对夹角过深的地方应进行打磨处理，打磨时注意不要破坏坡口形状。

(3）夹渣。

如果焊丝存放时间过长，焊接时焊层厚度又比较厚，焊后会在焊缝表面产生较厚的熔渣，且非常难清，这是产生大范围层间夹渣的主要原因。

解决措施是在较高的温度下施焊，并采用尽量多的焊层数，或不使用存放时间较长的焊丝。

（4）自动焊常见焊接缺陷及处理措施见表3-8。

表 3-8　自动焊常见焊接缺陷及处理措施

常见缺陷	易发生部位	产生的原因	处理方法
气孔	管子下半部	1. 防风棚密封不良 2. 保护气纯度不够 3. 保护气流量偏低 4. 焊接参数过大 5. 气路非正常泄漏	由简到难逐项检查
根部未焊透	整圈焊道，特别是立焊位置	1. 焊接参数不匹配 2. 焊接时偏离焊缝	1. 调整焊接速度 2. 确保盯准焊缝 3. 确保轨道与管口平行
层间未熔合	起弧点和立焊位置	1. 接头打磨不规则 2. 焊层过厚	1. 接头打磨到位 2. 调整焊接参数
边缘未熔合	坡口两拐弯处	1. 摆动宽度不合适 2. 焊接时偏离焊缝	1. 调整摆动宽度 2. 观察熔池位置
内部单边未熔	对口错边量较大处	1. 内涵机焊枪未对准焊缝 2. 对口错边量过大	1. 调整内焊机定位装置 2. 减小错边量
外咬边	仰焊位置	1. 焊接参数不合适 2. 焊枪角度不合适 3. 焊材硅锰含量低	1. 减小焊接参数 2. 调整焊枪角度 3. 更换焊材
内焊焊穿	从内部看，仰焊位置	1. 坡口尺寸不合适 2. 内焊参数不合格	1. 调整坡口尺寸提高坡口加工质量 2. 减小易焊穿部位的焊接参数

6）特殊条件下焊接技术措施

（1）环境风速较大时：允许施焊的环境风速为小于8m/s。当环境风速影响到焊接操作时，应采取有效的防风措施进行焊接区域的防护。通常采用的方法是每道工序都用防风棚进行防护。

（2）环境湿度较大时：允许施焊的环境湿度要求小于90%。当环境湿度较大时，应采取必要的加热措施将管口烘干，具体方法同管口预热方法。

（3）环境温度较低时：允许施焊的环境温度不低于5℃，如无防护措施应停止焊接作业，当环境温度低于5℃时，X65以上的管线钢，不但要对管口进行预热，还应对焊道进行焊后保温。

7）焊后保温

焊后先不打药皮，这样可起到焊道缓冷的作用。待焊道完全冷却后再敲掉药皮，把焊道清理干净。

当环境温度低于5℃时，应采取焊后在焊道上加盖保温被的措施以防止焊道急剧降温。具体做法是：用喷灯烘烤石棉被至80℃以上，然后立即趁热裹上即将完成的焊口并盖上毛毡，用橡皮带捆紧。保温时间至少在半小时以上。

4. 焊缝检验

管口焊接完成后应及时进行外观检查。检查前，先用锉刀清除干净接头表面的熔渣、飞溅及其他污物。焊缝外观应均匀一致，焊缝及其热影响区表面上不得有裂纹、未熔合、气孔、夹渣、飞溅、夹具焊点等缺陷。焊缝表面不应低于母材表面，焊缝余高一般不应超过2mm，局部不应在50mm范围内连续超过3mm；余高超过3mm时，应进行打磨，打磨后应与母材圆滑过渡，但不得伤及母材。焊缝表面宽度每侧应比坡口表面宽0.5～2mm。焊后错边量不应大于1.6mm，焊缝宽度比外表面坡口宽度每侧增加0.5～1.8mm。电弧烧伤应打磨掉，打磨后应使剩下的管壁厚度减小到小于材料标准允许的最小厚度。否则，应将含有电弧烧痕的这部分管子整段切除。表3-9为咬边的最大尺寸。

表3-9 咬边的最大尺寸

深度	长度
小于或等于0.4mm或小于等于管壁厚的6%，取二者中的较小值	任何长度均为合格
大于管壁厚的6%小于等于12.5%或大于0.4mm小于等于0.8mm，取二者的较小值	在焊缝任何300mm连续长度上不超过50mm或焊缝长度的1/6，取二者中的较小值
大于0.8mm或大于管壁厚的12.5%，取二者的较小值	任何长度均不合格

5. 焊缝返修

返修焊接应严格执行返修焊接工艺规程的各项规定。

1）返修前焊口预热

返修焊接前，应对补焊处进行预热，预热温度100～120℃。预热可用任何方式进行，但应均匀加热，并且在实际施焊期间温度最低值不降至100℃。

2）返修焊接

返修焊接应按返修工艺指导书进行，主要包括以下内容：缺陷的性质、

第三章 线路工程质量管理

位置、尺寸及探伤方法；清除缺陷的方法；返修焊接前的无损检验方法；预热及层间处理要求；焊条型号、规格及名称；焊接工艺参数；层间无损探伤要求；焊后热处理要求等。

应使用电动角向砂轮机去除缺陷，打磨部位及长度应符合"返修通知单"的要求，缺陷应彻底清除，并修磨出便于焊接的坡口形状，坡口及周围25mm处应露出金属光泽。每处返修的焊缝长度应大于50mm，同一部位的补修及返修累计次数不得超过2次，根部只允许返修1次。对所有带裂纹的焊口应按照有关规定从管线上切除。割掉重焊的焊口应执行连头焊接工艺。

3）返修后复检

返修后的焊口须采用同样的检测方法进行100%无损检验（包括超声波探伤和RT射线探伤）。返修焊接及检测须有记录和管接头标记。

二、关键质量风险点识别

（一）主要控制要点

进场人员（主要管理人员、焊工、吊管机/焊接车/起重机械操作手、电工、管工等），进场机具设备（吊车、焊机、发电机、对口器、加热设备、检测工器具等），进场材料（管材、焊材、管件等），作业文件（焊接作业指导书、焊接工艺指导卡、焊接工艺规程等），作业环境（风速、温湿度、层间温度等）。

（二）重点管控内容

1. 人员

核查进场人员数量、上岗证、资格证满足作业要求，并已履行报验程序。

2. 设备机具

核查进场机具设备、检测工器具数量、性能规格与施工方案相符，检定证书在有效期内，报验手续完备，并已报验合格，设备运转正常，保养记录齐全。

3. 材料

核查材料质量证明文件（材质证明书、合格证、检验报告等），并应进行外观检查，应抽检管道外径、壁厚、椭圆度等钢管尺寸偏差等符合规范和设计文件要求；焊材的外观质量、烘干情况以及保护气体的纯度、干燥度应符合规范及焊接工艺规程要求；管件外观、外形尺寸等应符合规范及设计文件要求。

4. 工序关键环节控制

（1）开展技术交底记录和班前安全讲话。

（2）检查焊接工艺指导卡（检查明确了焊接质量的管理的要求：包括严禁焊接时不预热或预热温度达不到焊接工艺要求；严禁当环境温度低于5℃时，不采取缓冷措施；严禁连续作业时强行组对；严禁违反返修工艺工程进行返修，或违反规定私自进行返修；严禁对同一焊缝位置进行二次返修；严禁违反无损检测规定，干扰检测的真实结果等）。

（3）检查焊口编号按照有关规定标注、记录。

（4）检查现场焊接与焊接作业工艺规程相一致，并符合设计图纸。

（5）组对前应检查管口清理、管内清洁符合规范要求。

（6）检查对口间隙、错边量等满足焊接工艺规程。

（7）检查焊前环境温湿度、风速、管口预热温度、施焊层间温度、外对口器撤离、焊后保温缓冷满足焊接工艺规程。

（8）检查焊接时焊接电流、电压、焊接方向、层间使用的焊材满足焊接工艺规程。

（9）在施工机组"三检"合格后检查外观质量符合规范要求。

（10）检查返修工艺符合相关焊接工艺规程。

（11）对于沟下焊接，配备专兼职监护人员，使用防塌棚或采取放坡、加固沟壁等措施，防止发生塌方，设置逃生梯、逃生绳等应急物资，并在沟下作业前检查管沟开挖宽度、深度达到沟下作业空间要求，并符合受限空间作业规范要求。

三、质量风险管理

管道组对焊接的质量风险管理内容见表3-10。

表3-10 质量风险管理表

序号	管控要点	建设单位	监理	施工单位
1	人员			
1.1	焊工具备特种作业资格证，焊工取得项目上岗证，施焊项目与考试项目一致	监督	确认	报验
1.2	管工具有类似管径组对施工经验，或经过培训且合格	监督	确认	报验

第三章 线路工程质量管理

续表

序号	管控要点	建设单位	监理	施工单位
1.3	专职质量检查员到位且具有质检资格	监督	确认	报验
2	设备、机具			
2.1	施工设备（吊管机、焊接车、加热设备、坡口机、对口器）已报验合格，焊接设备性能满足焊接工艺要求，设备运转正常，保养记录齐全	必要时检验	确认	报验
2.2	检测仪器（风速仪、测温仪、焊道尺、温湿度计、千分尺/游标卡尺、钳形电流表等）已报验合格，并在有效检定日期内	必要时检验	确认	报验
2.3	特殊条件施工措施（防风保温棚、保温被等）到位，数量、完好程度满足焊接作业要求	必要时检验	确认	报验
3	材料			
3.1	焊材具有完整的质量证明文件并经过复检合格（产品合格证、焊材复检报告）	必要时验收	确认	报验
3.2	钢管材质、规格、防腐层等级以及焊材材质、规格等符合设计及焊接工艺规程要求，管口保护器完整（管道变壁厚、变防腐层等级位置应与设计相符）	必要时验收	确认	报验
3.3	管口二维码标识完整，与实际所用钢管相符	必要时验收	确认	报验
4	执行工艺			
4.1	现场有经过批准的与现场施焊相符的焊接工艺规程	必要时审批	审查/审批	编制、审核
5	焊接施工			
5.1	管墩高度符合施工及规范要求（平原地段为0.4～0.5m），且管墩与管道的接触部分（厚度300mm范围内）采用粒径小于20mm的细土或沙袋等软体材料作为管墩，管墩应稳固，现场的取土坑要设置安全警示标志	监督	巡视	施工
5.2	坡地布管时，应采取措施，防止滚管和滑管。沟上布管时，管道的边缘至管沟边缘的安全距离应满足标准要求：干燥硬实土大于1m，潮湿软土大于1.5m	监督	巡视	施工
5.3	管口清理、管内清洁符合规范要求（管口应完好无损，两侧10mm范围内、采用AUT检测要求管两侧150mm范围内，应无铁锈、油污、油漆、毛刺，管内无污物）	监督	巡视	施工
5.4	钢管短节长度不小于管子外径且不小于1m	监督	巡视	施工
5.5	焊口组对参数（坡口形式、坡口角度、组对间隙、钝边、错边量）符合焊接工艺规程及规范要求（对接偏差不大于3°、管端螺旋焊缝或直缝错开间距≥100mm，错边量≤壁厚的1/8，且连续50mm范围内局部最大不应大于3mm，错边沿周均匀分布）	监督	巡视	施工
5.6	焊接环境（天气、湿度、风速、环境温度）满足焊接工艺规程及规范要求	监督	巡视	施工

续表

序号	管控要点	建设单位	监理	施工单位
5.7	焊前预热温度、层间温度、加热方法、加热宽度、测温要求符合焊接工艺规程及规范要求（当焊接两种不同预热要求的材料时，应以预热温度要求高的材料为准。预热宽度为坡口两侧各50mm）	监督	巡视	施工
5.8	冬季施工时，焊缝预热应采取中频加热措施，焊后应采取耐温阻燃型保温棉被对已焊完焊道进行覆盖保温、缓冷，覆盖前对保温棉被进行烘烤加热	监督	巡视	施工
5.9	焊口两侧缠绕一周宽度为0.5m的保护层，满足防腐层保护要求	监督	巡视	施工
5.10	施焊时采用的焊接工艺参数（焊接极性、电流、电压、干伸长度、焊接速度等）符合焊接工艺规程	监督	巡视	施工
5.11	对口器的撤离应符合焊接工艺规程要求，采用内对口器时，根焊全部焊完后方可撤离，采用外对口器时，根焊至少焊完70%以上方可撤离，热焊完后方可撤离吊管机。当日已组焊的焊口必须连续焊接完成，不允许留有未焊口	监督	巡视	施工
5.12	焊缝外观质量（表面缺陷、余高、宽度、错边量等）满足规范要求，余高打磨未伤及母材。其中：（1）焊缝及其热影响区表面不得有裂纹、未熔合、气孔、夹渣、飞溅、夹具焊点等缺陷，表面不低于母材；（2）余高一般不超过2mm，局部连续50mm范围内不得超过3mm，余高超过3mm时，应进行打磨，打磨后应与母材圆滑过渡，但不得伤及母材；（3）焊缝宽度每侧应比坡口宽0.5～2mm	监督	巡视	施工
5.13	现场施工记录数据采集上传（环境条件、工艺参数、外观质量等）及时，内容完整、真实、准确	监督	验收	填写
6.	焊口返修			
6.1	应具有相应的焊口返修工艺规程	必要时审批	审查/审批	编制、审核
6.2	返修的焊口及部位应与返修通知单、检测报告一致	复核	复核	施工

第四节 无损检测

一、工艺工法概述

（一）工序流程

为保证长输管线的焊接质量，对管道环焊缝进行无损检测是一项非常重要的工序。在长输管道施工现场，管道环焊缝质量检查的工序流程如图 3-1 所示。

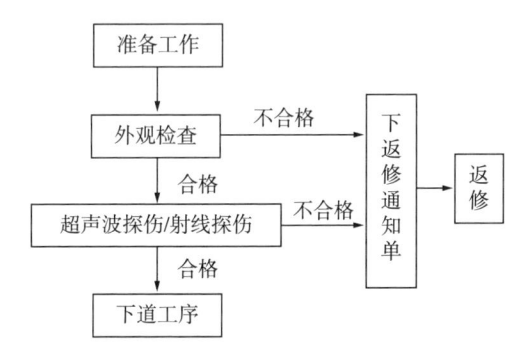

图 3-1　管道环焊缝质量检查的工序流程

（二）主要工序及技术措施

1. 准备工作

（1）熟悉本工程焊缝质量检查的标准和规范，熟练掌握无损检测的操作规程。

（2）无损检测人员必须持证上岗，详细检查并保证检测设备的完好性、准确性。

（3）焊口返修人员应熟悉并掌握本工程焊缝返修工艺。

2. 外观检查

长输管道环焊缝外观检查常用目视法和焊接检验尺检查法检查焊缝表面成型质量。外观检查主要检查焊缝高度和宽度、焊缝咬边、焊缝的偏移、裂缝、外部气孔和夹渣等符合要求。

焊缝表面不得有裂纹、未熔合、低于母材等严重缺陷，若有必须返修。外观检查合格后，方能进行无损探伤检测。焊缝要求标准见表 3-11。

表 3-11　焊缝要求标准

项目	标准
焊缝余高	0～2.0mm，局部不得大于 3mm，但长度不得大于 50mm
焊缝宽度	宜比外表面坡口宽度每侧增加 1.0mm～2.0mm
错边量	≤2.0mm

续表

项目	标准
咬边深度	小于或等于0.4mm，小于或等于管壁厚的6%，取二者中的较小值，允许任何长度；大于0.4mm小于或等于0.8mm，大于管壁厚的6%小于或等于管壁厚的12.5%，取二者中的较小值，在焊缝任何300mm连续长度上不超过50mm，或焊缝长度的1/6，取二者中的较小值；大于0.8mm，大于管壁厚的12.5%，取二者中的较小值，任何长度均不合格

3. 无损检测

在长输管道环焊缝的外观检查合格后，需对环焊缝进行无损检测。一般，不论采取何种焊接工艺，常出现的焊缝缺陷如下：

（1）气孔：包括内部气孔、表面气孔和焊缝接头气孔。内部气孔有两种形状——球形气孔和虫形气孔。球形气孔产生于焊缝中部，主要是由于焊接电流过大和电弧过长以及运弧速度过快等原因造成的。虫形气孔产生于焊缝根部，主要是由于焊接电流不足、焊接部位有油污和铁锈等原因引起的。在焊缝表面出现气孔的主要原因是：焊接电流过大，后部焊条变红而产生气孔；低氢型焊条未烘干；焊接部位有油污和铁锈等。

（2）裂缝：焊缝金属产生的裂缝有三种：刚性裂缝、碳与硫元素造成的裂缝和毛细裂缝。管道焊缝多出现刚性裂缝，它主要是由于寒冷季节温度过低、焊缝金属冷却过快而引起的。

（3）咬边：它是指基本金属和焊缝金属交界处的沟槽。原因是焊接速度过快、电弧电压过低和焊丝（焊条）运条不到位。

（4）焊瘤：指焊缝边缘上与基本金属熔合的堆积金属。

（5）弧坑：指焊缝接头处低于基本金属的弧坑。它是因为电流过低、焊接速度过快、焊丝（焊条）与管子的切线夹角过小、坡口间隙过大造成的。

（6）夹渣：即焊渣夹在焊缝金属中。防范措施：用钢丝刷清理每层焊道表面，手工根焊时用电动砂轮机清理，但不可过度。

（7）烧穿：烧穿是因为电流过高、焊接速度过慢、焊丝（焊条）与管子的切线夹角过大。

（8）焊缝高度和宽度超高：焊缝高度的和宽度超高是因为电流过小、焊接速度过慢。

（9）未焊透：未焊透包括根部未焊透和错边未焊透。根部未焊透是因为电流过低、电压过高、焊接速度过快、焊丝（焊条）运条未到位；错边未焊透是因为对口错边量过大。

第三章 线路工程质量管理

（10）未熔合：未熔合包括根部未熔合、坡口未熔合及热焊层未熔合。根部未熔合原因：①内焊机坡口过小或焊接速度过慢，熔池的焊缝金属满溢出来，流到两侧的母材上，形成冷焊层。②个别内焊枪未对准中心焊缝，焊枪位置不正确，坡口位置不正确。③内焊熔深、熔宽不够，焊接速度过快或焊偏导致。热焊层未熔合：坡口钝边局部过厚、不均匀或错变量过大。坡口未熔合：①自动焊无跟踪，焊枪未对中心焊缝，焊工操作技能不熟练。②坡口开口宽度不均匀，局部位置开口过大。③焊接电源的起弧电流设置不当。④焊接参数设置不当，如摆宽、摆动频率、边缘停留时间三个参数与送丝速度、焊接速度的匹配性。

4. 无损探伤检查

无损探伤检查就是利用专用设备在不破坏焊缝的情况下进行焊缝检测，以发现这些焊缝缺陷。常用的检测方法有射线探伤（RT）、超声波探伤（UT）和磁粉探伤。

1）射线探伤（RT）

射线探伤一般分为 X 射线探伤和 γ 射线探伤。射线探伤是利用射线通过焊缝时，焊缝内的缺陷对射线的吸收和衰减不同来检查焊缝的。因为透过焊缝的射线强度不一样，胶片的感光程度不一样，胶片冲洗后，就可判断焊缝的质量。在底片上，焊缝为白色，其中黑色条纹为焊缝缺陷。裂纹为略带曲折、波浪状黑色条纹，有时呈直线条纹，轮廓较分明，两端尖细，中部稍宽，很少有分支，两端黑度较浅，最后消失。未焊透在底片上是一条断续或连续的黑直线，其位置多偏离中心线，黑度不均匀，线条状纹一端较直而且发黑。气孔在底片上呈圆形和椭圆形黑点。

（1）照透方式。

射线探伤的照透方式分为中心照透法、双壁单影透照法和双壁双影透照法。应优先采用中心透照方式，当中心透照方式不可行时，方可采用双壁透照方式。

大口径管道可采用内爬行器，应用中心照透法，环向对接接头作中心周向曝光时，可在胶片侧至少均匀布置 4 个像质计。若采用多张胶片一次透照时应保证每张胶片处均放置有像质计，像质计间隔距离可适当调整，但应保证焊缝 6 点位放置有像质计。

双壁单影透照法是射线源焦点在管道的一侧，而胶片在管道的另一侧，射线通过两侧管壁透射到胶片上。

（2）照透条件。

照透焊缝时，应根据透照厚度选择管电压。在满足穿透力的前提下，宜使用较低管电压。射线源至被检部位工件表面的距离（投射距离）L_1，被检部位工件表面至胶片的距离为 L_2。

每次透照所检测的焊缝长度称为一次透照长度 L_3。通常一次透照长度 L_3 除满足几何清晰度的要求外，还应满足透照厚度比 K 等于或小于 1.1 的要求。

对于公称直径大于 100mm 小于等于 400mm 的管道环向焊接接头，透照厚度比 K 值最大可为 1.2。采用倾斜透照椭圆成像时，当 T/D_0 小于或等于 0.12 时，应至少相隔 90° 透照 2 次。当 T/D_0 大于 0.12 时，应至少相隔 120° 或 60° 透照 3 次。垂直透照重叠成像时，应相隔 120° 或 60° 透照 3 次。每次透照时胶片对相邻区域的覆盖不宜少于 30mm。

（3）识别系统。

识别系统由定位标记和识别标记构成。焊缝透照定位标记包括搭接标记（↑）和中心标记（+）。当铅质搭接标记用英文字母或数字表示时，可不用中心标记。识别标记包括工程编号、桩号、焊缝编号（焊口号）、部位编号（片号）、施工单位代号、板厚、透照日期等。返修部位还应有返修标记 R1、R2……（其脚码表示返修次数）。

定位标记和识别标记均需在底片适当位置显示，并离焊缝边缘至少 5mm。搭接标记均放于胶片侧。工件表面的定位标记，通常沿介质流动方向从平焊位置用记号笔顺时针划定。

（4）透照工艺。

透照工艺管道透照前，应根据设备穿透能力、增感方式、管道直径、壁厚等选择最佳曝光条件，并进行工艺试件透照。像质计、标记、搭接标记的摆放应符合下列规定：

①底片应清晰显示像质计、中心标记和焊缝编号的影像。百分之百透照时，还应显示搭接标记的影像。

②像质计应放在胶片的 1/4 处；当放置在胶片的一侧时，应做对比试验以达到相应的像质指数。

③对管径大的环焊缝，应在底片上清楚显示 100% 检查的标记。

散射线的屏蔽应符合下列规定：

④为减少散射线的影响，应采用适当的屏蔽方法限制受检部位的照射面积，以减少前方散射线。当工件与地面较近时，可加厚增感屏的后屏厚度或在暗袋后加薄铅板等，以减少后方散射线。

第三章 线路工程质量管理

对初次制定的检测工艺，或使用中检测工艺的条件、环境发生改变时，应进行背散射防护检查。为检查背散射，可在暗盒背面贴附"B"铅字标记，"B"铅字的高度宜为13mm，厚度宜为1.6mm，并按检测工艺的规定进行透照和暗室处理。若在底片上出现黑度小于周围背景的"B"影像，说明背散射防护不够，应采取有效措施防护背散射。若底片上不出现"B"字影像或出现黑度大于周围背景黑度的"B"字影像，则说明背散射防护符合规定。

（5）胶片的处理。

胶片的处理应按胶片说明书或有效方法进行。处理溶液应保持在良好的状况中，应注意温度、时间和抖动对冲洗效果的影响。自动冲洗时，应准确调节显影温度和冲洗周期，以获得良好的冲洗效果。

（6）底片的质量。

底片黑度 D（包括胶片本底的灰雾度 $D_0 \leqslant 0.3$）：底片有效评定区域内黑度应符合表3-12的规定。

表3-12 底片有效评定区域内的黑度

透照技术	评定方法	黑度 D	备注
单胶片透照技术	单底片评定	2.0～4.5	单底片黑度
双胶片透照技术	双底片评定	2.7～4.5	双底片叠加黑度
双胶片透照技术	单底片评定	1.3～4.5	单底片黑度

注：底片有效评定区域内的黑度，指搭接标记之间焊缝和热影响区的黑度。

底片上的像质计和识别系统齐全，位置准确，且不得掩盖受检焊缝的影像。底片上至少应识别出规范规定的像质指数且长度应不小于10mm。底片有效评定区域内不得有胶片处理不当或其他妨碍底片准确评定的伪像（如水迹、划伤、指纹、脏物、皱褶等）。

（7）底片的观察。

评片环境：评片应在专用的评片室进行，室内光线应暗淡且室内照明不应在底片上产生反射。

评定范围亮度：当底片评定范围内的黑度 $D \leqslant 2.5$ 时，透过底片评定范围内的亮度应不低于30cd/m²。当底片评定范围内的黑度 $D>2.5$ 时，透过底片评定范围内的亮度应不低于10cd/m²。

（8）射线管道爬行器。

射线管道爬行器的整套设备包括：驱动主车、控制器、传感器、报警系统、射线产生装置、电池车、发电车。

2）超声波探伤（UT）

超声波探伤室利用超声波能透入金属材料深部，并由一截面进入另一截面时在界面边缘发生反射的特点来检查焊缝的。当超声波束自工件的表面通至金属内部，遇到材料缺陷和工件底面是，就分别发出发射波束，在荧光屏上产生脉冲波形。根据波形即可判断缺陷的位置和大小。

超声波探伤可分为全自动相控阵超声波探伤（AUT）和普通超声波探伤（UT）。

（1）全自动超声波探伤（AUT）系统。

①现场布置。

a. 现场校准。

检测前，将扫查器放在试块上校准，看试块校准图是否满足标准要求。若满足，则进行检测；若不满足，则针对某通道进行调试，直到满足要求为止。

试块的材料是由建设单位提供该项目管线全自动超声检测管道的一段，试块材料与受检材料的声速差不应超过±50m/s。建设单位应向检测公司提供检测项目的焊接工艺及试块的附加要求。检测公司提供试块的设计图样（含图样修改），经建设单位认可。

根据焊缝坡口形式及焊接填充次数来分区。每个区高度一般为2～3mm，设置2个对应的人工反射体用来调节灵敏度和缺陷定位。这个反射体对该区探头来讲，称为主反射体（邻近区反射体对该区反射体来讲，不能称为主反射体）。人工反射体在深度方向的布置应使显示信号达到独立的程度，但邻近区反射体不得互相干扰。

b. 受检表面状态。

焊缝表面状态满足标准要求时，则进行检测；若不满足，待处理完后进行检测。如果发现有现场无法迅速解决的情况，应详情记录在施工日志中备查。

c. 画参考线、标识原点和扫查方向。

在焊接之前，应在管端表面标注一条平行于管端的参考线，参考线与坡口中心线的距离不宜小于40mm，参考线位置误差应为±0.5mm，作为准确安装轨道的基准。在平焊位置画出标识原点和扫查方向，注意扫查起点必须与标识原点重合。

d. 安装轨道及扫查器。

安装轨道及扫查器必须由分别位于管子两侧的两人同时进行。安装轨道时，调整轨道位置必须用铜锤或胶锤敲击轨道边缘。扫查器安装完，看扫查器能否在轨道上自由移动，若能方可扫查。扫查器在轨道上运行时，若出现卡或滑的现象，应立即按下急停钮；找出原因，调整完毕后，重新扫查。扫查器扫查一周后，移回到原点。

②扫查。

检测人员负责操作系统兼分析扫查数据及评定结果。发现有判废缺陷的焊缝应在现场扫查完后及时标识并打印出结果。打印出的报告在信息栏中的各项信息必须完整、准确；特别是壁厚、坡口和操作者等信息必须与实际情况一致。一旦发现存储数据丢失，除及时上报项目部外，还必须重新扫查该焊缝，直到采集的数据完整为止。校入/校出之间或校准图与焊缝扫查图显示温差范围应为 ±10℃，若焊缝温度超过 ±10℃，只需对温度超差的焊缝重新检测，若校出图和校入图温度超过 ±10℃，应对期间所有的焊接接头重新检测。

检测过程每隔 1h 或扫查完 5 道焊口后（以时间短者为准）以及检测工作结束后，利用试块进行校准：每个主反射体的波幅应在满幅度的 70%～99% 之间，相邻反射体间的覆盖应在 5%～40% 之间，若满足，则符合要求；主反射体的波幅若低于满幅度的 70%，应对上次校准扫查后检查的焊缝重新检测；主反射体的波幅若高于满幅度的 99%，应对其检测结果重新评定。

检查焊缝表面质量检查合格并接到无损检测委托。

检查现场安全警示标识设置。

核查射线检测记录与底片对应统一，评定结果真实、正确。

管道自动焊应采用全自动超声检测，检测比例应为 100%。

全自动超声波检测人员在上岗前，应取得建设单位认可的资格证书；检测承包商的全自动超声波检测工艺，应通过建设单位认可的认证机构的评定方可实施检测。

根据环评要求，环境敏感点进行 100% 射线检验及全自动超声波检验。

应对焊工当日所焊焊缝的 20% 全周长复验。在工程实施初期，全自动超声波检测机组检测的前一百道焊口应采用 100% 射线检测进行复检。射线检测复检仅对全自动超声波检测的工艺执行情况进行判定，焊缝的验收应按《石油天然气管道工程全自动超声波检测技术规范》（GB/T 50818—2013）的要求进行评判。

当射线检测复检结果与全自动超声波检测结果不一致时，应采用以下方法处理：

射线检测检出缺陷，全自动超声波发现缺欠指示，焊缝合格按照《石油天然气管道工程全自动超声波检测技术规范》（GB/T 50818—2013）要求判定。

射线检测检出缺陷，全自动超声波未发现缺欠指示，应对全自动超声波检测工艺及执行情况准确性进行确认，并对当日检测焊缝全部重新采用全自动超声波检测。

在开工前对 AUT 检测人员进行上岗考试，主要进行理论知识及实际操作考试，考试合格核发上岗证后方可实施 AUT 检测作业。

AUT 检测超声试块加工图纸应由业主组织审核后方可委托有资质的单位进行加工制作，制作的对比试块按照《石油天然气管道工程全自动超声波检测技术规范》（GB/T 50818—2013）进行校验。

施工前，AUT 检测设备应通过校核，AUT 检测工艺应通过评定。

AUT 检测过程中，应按《石油天然气管道工程全自动超声波检测技术规范》（GB/T 50818—2013）的规定进行 AUT 灵敏度校验、调试，并对校验、调试结果做好记录。

AUT 检测机组与自动焊机组的间隔不宜超过 10 道焊口，AUT 机组应实时反馈自动焊的不合格信息。

通过在中俄东线工程中的应用，全自动相控阵超声波在长输管道工程中体现了以下优势：

——检测速度快，整个过程约 5min。全自动超声波检测对面积型缺陷很敏感，检测率很高。从断裂力学来考虑，面积型缺陷危害性大，并且全自动焊接主要产生的缺陷时面积型缺陷。

——缺陷定位准确，检测灵敏度高。缺陷定量精度高，检测结果接近客观值（自动记录缺陷的长度、深度和位置）。

——检测结果直观，可实现实时显示。在扫查的同时可对焊缝进行分析、评判；也可打印、存盘，实现检测结果的永久性保存；避免 X 射线底片不易携带、不易保存的缺点；完全车载，作业强度小，无辐射、无污染。

——可检测射线无法穿透的壁厚。对管道环焊缝、球罐、储罐等对接焊缝的检测，效率高、效果好。

——设备的"弹性"大，可以通过软件的调整或升级，来适应新的检测参数，另外检测费用比 RT 低很多。

（2）超声波探伤（UT）系统。

①检测准备。

a. 探伤面。

检测区域的宽度应是焊缝本身加焊缝两侧各不小于 5mm 的热影响区。

采用一次反射法检测时，探头移动区不应小于 1.25P，P 应按下式计算：

第三章　线路工程质量管理

$$P=2K \cdot T$$

式中　P——跨距，mm。

　　　T——板厚，mm。

　　　K——声束在工件中的折射角 β 的正切值，$\tan\beta$。

采用直射法检测时，探头移动区不应小于 0.75P。

检验频率应在 2.0～5.0MHz 范围内选择；探头角度应依据被检管线壁厚、预期探测的缺陷种类来选择。

b. 耦合剂。

应选用适当的液体作为耦合剂。耦合剂应具有良好的透声性和适宜的流动性，对材料和人体无损伤，同时应便于检测后清理。典型的耦合剂为机油、甘油等。

在试块上调节仪器和在管材检测时应采用同一种耦合剂。

②缺陷评定及检测结果的等级分类。

如果缺陷信号具有裂纹等危害性缺陷特征，其波幅不受幅度限制，均评为Ⅳ级。如不能准确判定，应辅以其他检测作综合判定。缺陷反射波幅位于定量线以下的非危害性缺陷均评为Ⅰ级。最大反射波位于Ⅱ区的缺陷以及波高不大于试块人工矩形槽反射波峰值点的缺欠，应根据缺陷的指示长度，按表 3-13 的规定予以评定。波高大于等于试块人工矩形槽反射波峰值点的缺陷应评为Ⅳ级。反射波幅位于判废线或Ⅲ区的缺陷，无论指示长度如何均评为Ⅳ级。

表 3-13　缺陷等级分类

评定等级	表面缺欠指示长度	非开口缺陷（条形缺陷）
Ⅰ	不允许	不允许
Ⅱ	≤T 且≤12.50mm，300mm 范围内累计不大于 25mm	≤2T 且≤250mm，300mm 范围内累计不大于 50mm
Ⅲ	≤2T 且≤200mm，300mm 范围内累计不大于 30mm	≤2T 且≤300mm，300mm 范围内累计不大于 75mm
Ⅳ	大于Ⅲ级者	

3）磁粉探伤

磁粉探伤时首先将焊缝处充磁。对于断面尺寸相同、内部材料均匀的管道，磁力线的分布是均匀的；如果焊缝有裂纹等缺陷，磁力线发生弯曲，而且穿过焊缝表面形成"漏磁"，从而吸收散在表面的磁粉到缺陷处。这时可根据磁粉的形状、多少、厚薄程度来判断缺陷的大小和位置。

磁粉探伤适用于高压管或焊缝表面裂纹的检验。但难于发现气孔、夹渣及隐藏在深处的缺陷。

磁粉探伤根据施工载体的不同可分为干法和湿法两种。干法是在磁化的焊缝上撒上磁粉。湿法是在磁化的焊缝上涂上磁粉混浊液。

二、关键质量风险点识别

（一）主要控制要点

进场人员（探伤人员），进场机具设备（探伤机、超声波检测仪、黑度计、爬行器等），进场材料（底片、显影液、耦合剂等），作业文件（无损检测施工组织设计、无损检测工艺卡等），作业环境（管内积水、检测设备作业空间等）。

（二）重点管控内容

1. 人员

核查进场人员数量、上岗证、资格证满足作业要求，并已履行报验程序。

2. 设备机具

核查进场机具设备、检测工器具数量、性能规格与施工方案相符，检定证书在有效期内，报验手续完备，并已报验合格，设备运转正常，保养记录齐全。

3. 材料

核查材料质量证明文件（材质证明书、合格证、检验报告等），底片规格型号等需要符合投标承诺等。

4. 工序关键环节控制

（1）检查编制了无损检测工艺卡，组织进行了技术、安全交底。

（2）检查射线源保管和使用符合安全要求。

（3）检查焊缝表面质量检查合格并接到无损检测委托。

（4）检查现场安全警示标识设置。

（5）核查射线检测记录与底片对应统一，评定结果真实、正确。

（6）根据合同要求，对一般焊口无损检测底片按不低于20%比例进行抽检复评。对连头口、返修口的无损检测底片应进行100%复评，并做好详细记录。

三、质量风险管理

无损检测质量风险管理见表3-14。

表3-14　无损检测质量风险管理

序号	管控要点	建设单位	监理	施工单位
1	人员			
1.1	进场人员数量、上岗证、资格证满足作业要求	监督	确认	报验
1.2	专职质量检查员到位且具有质检资格	监督	确认	报验
2	设备、机具			
2.1	检测设备已报验合格，设备性能满足检测工艺要求，设备运转正常，保养记录齐全	必要时检验	确认	报验
3	材料			
3.1	核查材料质量证明文件(材质证明书、合格证、检验报告等)，底片规格型号等需要符合投标承诺等	必要时验收	确认	报验
4	执行工艺			
4.1	现场有经过批准的与现场相符的检测工艺规程	必要时审批	审查/审批	编制、审核
5	无损检测			
5.1	无损检测方式及检测合格标准执行设计规定要求	监督	审查	检测
5.2	核查检测焊口与施工焊口一致性（检测申请、检测指令、检测报告应一致）	监督	确认	检测
5.3	检测报告的评定、审核人员资质应满足合同要求	监督	确认	报验
5.4	监理单位应对无损检测结果进行20%复核（其中百口磨合、穿越段、高后果区、高风险段应100%复核）	监督	复核	检测

第五节　防腐补口

一、工艺工法概述

（一）工序流程

防腐补口工艺流程图如图3-2、图3-3所示。

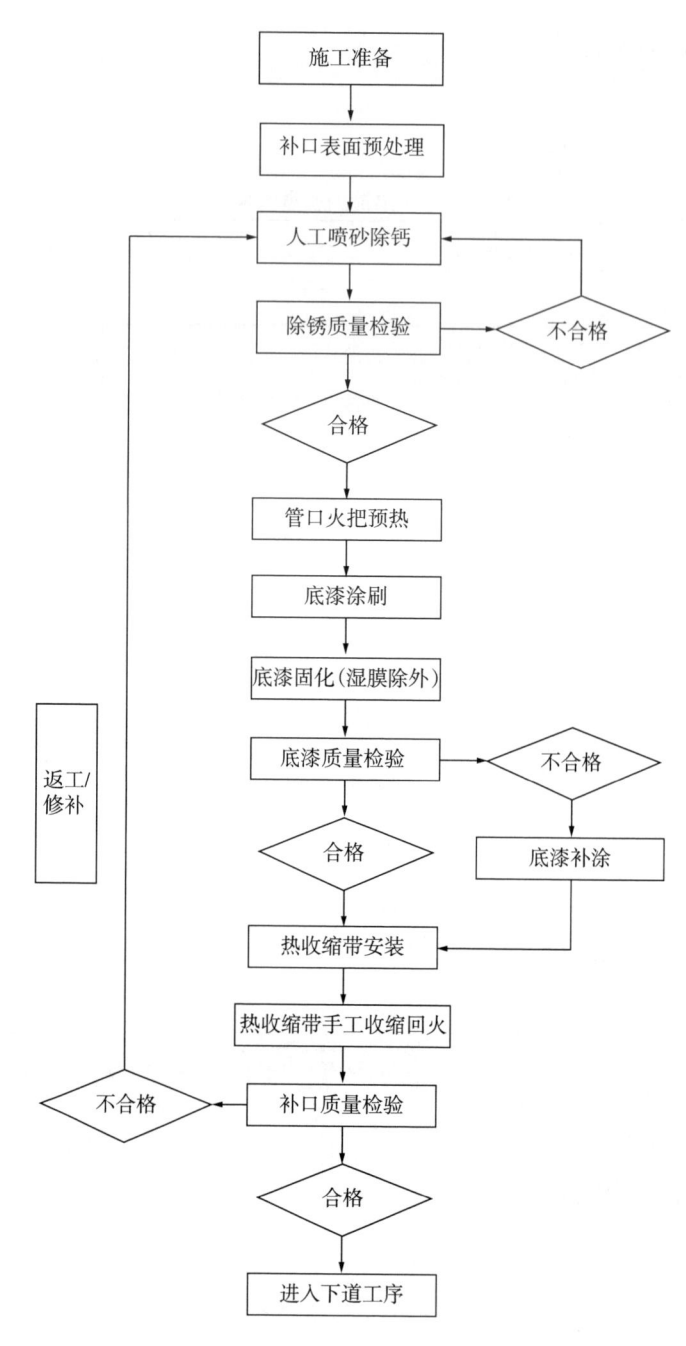

```
                    ┌──────────┐
                    │ 施工准备 │
                    └────┬─────┘
                         ↓
                    ┌──────────────┐
                    │ 补口表面预处理 │
                    └──────┬───────┘
                           ↓
                    ┌──────────────┐
       ┌───────────→│ 人工喷砂除钙 │
       │            └──────┬───────┘
       │                   ↓
       │            ┌──────────────┐    ┌────────┐
       │            │ 除锈质量检验 │──→│ 不合格 │
       │            └──────┬───────┘    └────────┘
       │                   ↓
       │               ╱ 合格 ╲
       │               ╲     ╱
       │                   ↓
       │            ┌──────────────┐
       │            │ 管口火把预热 │
       │            └──────┬───────┘
       │                   ↓
       │            ┌──────────────┐
       │            │  底漆涂刷   │
       │            └──────┬───────┘
       │                   ↓
       │            ┌──────────────────┐
       │            │ 底漆固化(湿膜除外)│
       │            └──────┬───────────┘
    ┌─────┐                ↓
    │返工/│          ┌──────────────┐    ┌────────┐
    │修补 │          │ 底漆质量检验 │──→│ 不合格 │
    └─────┘          └──────┬───────┘    └───┬────┘
                            ↓                ↓
                        ╱ 合格 ╲       ┌──────────┐
                        ╲     ╱        │ 底漆补涂 │
                            ↓           └──────────┘
                     ┌──────────────┐
                     │ 热收缩带安装 │
                     └──────┬───────┘
                            ↓
                  ┌──────────────────┐
                  │热收缩带手工收缩回火│
                  └──────┬───────────┘
                         ↓
    ┌────────┐    ┌──────────────┐
    │ 不合格 │←──│ 补口质量检验 │
    └────────┘    └──────┬───────┘
                         ↓
                     ╱ 合格 ╲
                     ╲     ╱
                         ↓
                  ┌──────────────┐
                  │ 进入下道工序 │
                  └──────────────┘
```

图 3-2 手工补口工艺流程图

第三章　线路工程质量管理

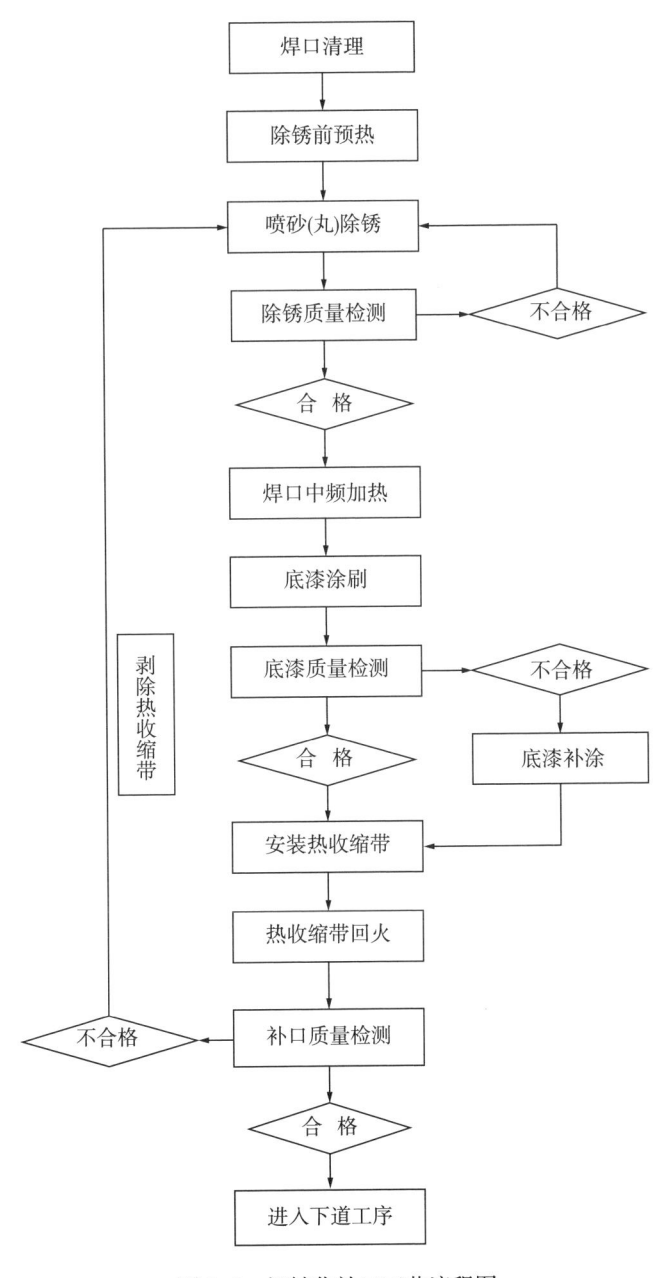

```
焊口清理
   ↓
除锈前预热
   ↓
喷砂(丸)除锈 ← ─────────────┐
   ↓                      │
除锈质量检测 → 不合格 ──────┤
   ↓合格                   │
焊口中频加热                │
   ↓                      │
底漆涂刷                    │
   ↓                      │
底漆质量检测 → 不合格 → 底漆补涂
   ↓合格
安装热收缩带
   ↓
热收缩带回火
   ↓
补口质量检测 → 不合格 → 剥除热收缩带
   ↓合格
进入下道工序
```

图 3-3　机械化补口工艺流程图

（二）主要工序及技术措施

1. 施工准备

（1）防腐机组应依据施工图纸核实防腐层等级符合设计要求。

（2）管道补口必须在将要补口的焊道无损检测合格后向监理部提出焊口防腐补口申请后进行施工，不得将无损检测不合格的焊口提前进行补口。

2. 管口清理及除锈

（1）喷砂除锈前，应对焊口进行清理，将焊口及其两侧的油污、泥土等清理干净。焊缝及其附近的毛刺、焊渣、焊瘤、飞溅物应打磨干净。管子端部防腐层有翘边、开裂等缺陷时，应进行切削修理，直至防腐层与钢管完全黏附并进行坡口处理，坡口坡度小于30°。当对防腐管进行除盐处理时，应对处理后的钢管表面按GB/T 18570.9—2005规定的方法进行盐分含量检测，检测结果不应超过20mg/m^2。

（2）在进行表面除锈前，补口部位的钢管表面应干燥，且表面温度不低于露点以上5℃。如不满足该条件应对补口部位钢管进行预热，预热温度宜在40～60℃（预热后管口温度应采用接触式测温仪或经接触式测温仪对比的红外线测温仪测量）。

（3）在符合施工条件的环境下，对补口部位钢管及管道防腐层搭接区表面进行喷砂处理，处理宽度应与热收缩带原始宽度一致。喷砂处理后，应用干燥、清洁的压缩空气或清洁刷扫去浮尘。采用自动喷砂设备，磨料宜为铸钢砂，循环使用磨料不应被铁锈、盐分和其他杂质污染。

（4）补口部位的表面除锈等级应达到GB/T 8923.1—2011规定的Sa2.5级，锚纹深度应达到40～90μm，表面灰尘度等级应不低于GB/T 18570.3—2005规定的2级。

（5）表面除锈与补口施工应跟进作业，表面除锈与补口施工间隔时间宜不超过2h，表面返锈时，应重新进行表面处理。

（6）补口搭接部位的聚乙烯层宜处理至表面粗糙，但不应损伤干线管道涂层。

3. 防腐预热

（1）启动中频加热设备前，预先检查各冷却系统畅通。将中频加热线圈放置在补口部位，启动中频加热器开始加热，同时启动计时器。

（2）使用中频加热器对管口及搭接区对其进行预热，使管体温度达到

75℃±5℃停止加热，撤去中频加热器。加热后应采用接触式测温仪，至少应测量补口部位表面周向均匀分布的四个点的温度，其结果均应符合要求，当加热时间或预热温度达到所确定的参数时，关闭中频加热器停止加热。

（3）采用烤把对补口部位进行预热，加热完毕后，测量加热后钢管表面和搭接部位周向均匀分布的4个点温度，达到补口工艺规程要求。

4. 涂刷底漆

（1）在管体预热的同时，根据使用说明书提供现场配套用量进行环氧底漆的配制，即将B组分倒入A组分中，充分搅拌均匀。如果环境温度较低，可保温存放A组分（温度宜35℃±5℃），或对罐体适当加热但不可将罐体加热至燃烧，再将B组分（宜用与A组分相同的温度存放或相同的方式加热）倒入并搅拌均匀，混合时间宜为2～3min。

（2）配置好的环氧底漆宜从管顶位置倾倒至管体表面，使用配套的涂装工具同时在管体两侧迅速混涂，底漆涂敷宜采用多道涂装方式，涂覆应均匀且覆盖整个补口钢管表面（应注意管底区域或其他易涂薄区域的涂覆），环氧底漆涂敷前管体温度为70～75℃为宜。

（3）环氧底漆应涂刷至管体3LPE防腐层坡口处不超过10mm，不允许涂敷在3PE防腐层搭接区。

（4）根据情况确定需要中频二次加热底漆固化，温度不超过60℃。

（5）采用测厚仪对底漆干膜厚度进行检测，不满足要求处应进行补涂。

（6）底漆实干并检测合格后方可进行热收缩带补口安装。

5. 安装热收缩带

（1）热收缩带安装前进行外观检查，表面应无麻坑、无裂纹、无氧化变质等现象，胶层应无裂纹，内衬护膜应完好，且应有明确的标识（生产厂商、产品名称、材料规格等），安装时，才能将热收缩带从小包装中取出。

（2）热收缩带安装前用中频加热器对管体及搭接区进行加热，使底漆表面温度达到90～100℃，两端要搭接的PE防腐层温度用火把继续预热至100～110℃，如加热后PE防腐层搭接区毛面受损，需对防腐层搭接区进行拉毛处理（温度测试使用经现场比对的红外测温仪）。

（3）热收缩带安装前，应在管口顶部和时钟2点、10点处放置支撑块。避免热收缩带与管口粘连。

（4）用火焰加热器烘烤热收缩带有搭接线的一端，待热熔胶熔融黏结在补口处并放置胶条。热收缩带的中点应与焊缝对齐，确保两侧搭接宽度相同，避免收缩后出现一侧搭接长度不够的现象。

（5）用火焰加热器加热热收缩带另一端热熔胶使其软化，绕包钢管后端部搭接在搭接线上，搭接位置应位于管口时钟2点或10点处，避免热收缩带倾斜，用手抹平并用压辊压实端部。

（6）将固定片轻微加热后对折，胶面朝外，将对折的固定片轻贴在热收缩带端部，上沿与固定片搭接线对齐，翻开固定片的一边用火焰加热器烘烤至胶面充分熔化，用手把固定片拍平，粘实；同样方法安装固定片的另一边，并排出固定片底下的气泡，用聚四氟辊轮压平。

6. 手工收缩 + 中频回火 / 人工回火

（1）采用人工火把烘烤对热收缩带进行收缩，机组配备的防腐工分别在管体四周采用火焰加热器均匀烘烤热收缩带，从中间向两边收缩，加热至两边与管体无缝隙，用聚四氟辊轮对已产生的气泡进行处理。

（2）收缩带基材表面温度降至85℃时，启动中频加热器对热收缩带进行回火，将加热器吊装到管道补口区，吊装过程中应避免损伤管体防腐层、热收缩带和加热器。收缩带基材表面温度应在95～100℃之间（随环境温度变化），胶层温度为115～125℃之间。反复启停设备保持回火时间不低于5min。

（3）采用聚四氟辊轮辊压排除热收缩带下固定片处、焊缝处、PE层坡口处的气泡，应使热收缩带表面无皱折、无气泡、无空鼓。用火焰加热器继续全面回火（首先着重两侧搭接区回火），火焰撤离2s后的防腐层表面温度为160～180℃（根据环境温度），并配合指压法判断胶层充分熔化（环境温度较低，温降较快时，应多次加热热收缩带至胶黏剂充分熔融，并赶压排出气泡。合理控制赶压力大小，避免胶层被大量赶出，影响粘贴效果）。

（4）安装完成后，将2条配套胶条用火焰加热器安装在固定片周向两端，并与热收缩带溢出的胶成整体，用底漆将固定片四周接缝处均匀涂装以达到最佳密封。

（5）收缩回火要求：

①热熔胶型热收缩带收缩后与管体防腐层的搭接宽度应不小于100mm，固定片周向搭接宽度应不小于80mm。

②收缩回火过程中，应注意观察基材表面状态，控制火焰强度，缓慢加热，不应对热收缩带上任意一点长时间烘烤。

③低温或恶劣天气需要根据现场情况可适当在该温度范围内增加回火时

间，以保证胶层完全熔融。

7. 防腐补口质量要求

1）表面处理

应按照 GB/T 8923.1—2011 的规定对补口逐一进行目视检查，表面除锈等级应达到 GB/T 8923.1—2011 规定的 Sa2.5 级。补口裸露管体表面和 PE 搭接区表面的粗糙度应每 4h 班至少检测 1 次，补口金属表面锚纹深度达到 40～90μm；PE 搭接区表面不应有连续光滑表面。应对每道口检测钢管表面灰尘等级，检测结果应不低于 GB/T18570.3—2005 规定的 2 级。

2）过程检验

应记录每道口的管口及搭接区聚乙烯预热温度、热收缩带回火温度及时间，检测结果应符合补口工艺规程的要求。应对每道干膜安装补口的底漆厚度进行检测。厚度检测结果以周向均匀分布 4 点厚度的平均值大于等于设计厚度（400μm）、最薄点读数值不低于设计厚度规定值的 80% 为合格。对检出厚度不满足要求处应进行补涂。厚度检测合格后进行底漆电火花检测，底漆检漏电压为 5V/μm，无漏点为合格。

3）热收缩带补口安装质量检验

热收缩带补口安装质量检验包括外观、漏点、厚度及剥离强度等 4 项内容，剥离强度检测应在补口安装 24h 后进行。外观检验：补口的外观应逐个目测检查，热收缩带表面应平整；无皱折、气泡、空鼓、烧焦炭化等现象；热收缩带轴向应有胶黏剂均匀溢出。固定片与热收缩带搭接部位的滑移量不应大于 5mm。热收缩带与管体防腐层搭接宽度应不小于 100mm。

漏点检验：每一个补口均应用电火花检漏仪进行漏点检查，检漏电压 15kV，检漏电压为 15kV，扫描电极移动速度为 200～300mm/s，发现漏点，应重新补口并检漏，直至合格。

厚度检测：分别测量补口处管体均匀分布四个点的平均厚度及焊缝处圆周方向四个点的厚度，管体补口涂层厚度不应低于底漆和热收缩带设计总厚度 3100μm，焊缝处涂层厚度不应低于设计总厚度的 80%。

剥离强度检验：按《埋地钢质管道聚乙烯防腐层》GB/T 23257—2017 规定的方法进行，检测部位包括管体和与管体防腐层搭接区，检测时的管体温度宜为在 15～25℃之间，对钢管和管体防腐层的剥离强度均应不小于 50N/cm 并应有 80% 表面呈内聚破坏，当剥离强度超过 100N/cm 时，基材与胶可以呈界面破坏，剥离面的底漆应完整附着在钢管表面。每天每机组应抽测1道口，如不合格加倍抽检，若加倍抽检仍有不合格，该机组当天补口应全部返修。检验合格后应将剥离条加热恢复到原来的部位，然后再包覆1条热收缩带所有检验不合格的热收缩带应重新进行补口。检查验收方法：用刀将需要进行剥离的部位割透，尺寸为20mm×100mm，将试验条翘起。使用大力钳将试验条前段卡住，使用拉力计进行拉剥。

管道下沟前，应用电火花检漏仪对管线外防腐层全部进行检漏，检漏电压为15kV（热煨弯管处检漏电压4kV）。如有漏点应进行修补至合格，并填写记录。

热煨弯管补口操作：

对于热煨弯管处管道补口，应先将热煨弯管两端预留的双层熔结环氧粉末涂层表面打磨粗糙，再按照机械化补口的要求进行热收缩带的施工。热收缩带收缩后，热收缩带与双层熔结环氧粉末涂层搭接宽度应≥100mm。

3LPE补伤操作：

（1）直径30mm内的补伤操作要点。

①对于直径不超过10mm的漏点或损伤深度不超过管体防腐层的50%时，可用管体聚乙烯供应商提供的配套聚乙烯修补棒进行修补。

②对于直径大于10mm且直径小于或等于30mm的损伤应使用补伤片配套的胶黏剂+辐射交联聚乙烯补伤片进行修补，修补方法如下。

a.用小刀把破损处的边缘修齐，边缘坡角小于30°。

b.将损伤区域的污物清理干净，并把搭接宽度100mm范围内的防腐层打毛。

c.用火焰加热器预热破损处管体表面，温度宜为60-100℃。

d.在破损处填充尺寸略小于破损面的密封胶，用火焰加热器加热密封胶至熔化，用刮刀将熔化的密封胶刮平。

e.用一块补伤片，补伤片尺寸应保证其边缘距防腐层破损边缘不小于100mm。剪去补伤片四角，将补伤片的中心对准破损面贴上。

f.用火焰加热器加热补伤片，边加热边挤出内部空气。

g.按压四个角，能产生轻微的压痕即可停止加热，然后用辊子按压各个边。

（2）直径30mm以上的补伤操作要点。

①对于直径大于30mm的损伤，应使用补伤片配套的胶黏剂+补伤片+热收缩带，热收缩带包裹的宽度应比胶黏剂的两边至少各大于50mm。

②补伤片的性能应满足《油气管道工程辐射交联聚乙烯热收缩带/套（热熔胶型）及补伤片技术规格书》的要求。

第三章　线路工程质量管理

（3）补伤结果检验。

①补伤后的外观应逐个检查，表面应平整、无皱褶、无气泡、无烧焦炭化现象；补伤片四周应黏接密封良好。不合格的应重补。

②每一个补伤处均应用电火花检漏仪进行漏点检查，检漏电压为15kV，以无漏点为合格。不合格应重新修补并检漏，直至合格。

③采用补伤片补伤的剥离强度按《埋地钢质管道聚乙烯防腐层》GB/T 23257—2017附录K规定的方法进行检验，管体温度为15～25℃时的剥离强度应不低于50N/cm。补伤片修补后，按照规范，1/20比例剥离试验，试验检测后即使合格也需要剥离掉全部重新修补。

（4）现场施工过程的补伤，每20个补伤抽查一处剥离强度，不合格时，应加倍抽查。加倍抽查仍出现不合格时，则对应的20个补伤应全部返修。

二、关键质量风险点识别

（一）主要控制要点

进场人员（主要管理人员、防腐工等）、进场机具设备（喷砂设备、加热设备、锚纹测定仪、涂层测厚仪/湿膜测厚规、测温仪、测力计等检测工器具）、进场材料（石英砂、钢丸、防腐补口带、补伤胶、底漆、保温材料等）、作业文件（防腐补口工艺规程或作业指导书等）、作业环境（风速、温湿度、天气状况等）。

（二）重点管控内容

1. 人员

核查进场人员数量、上岗证满足作业要求，已经过上岗培训和通过考试，并已履行报验程序。

2. 设备机具

核查进场机具设备、检测工器具数量、性能规格与施工方案、防腐补口工艺规程相符，检定证书在有效期，报验手续完备，并已报验合格，设备运转正常，保养记录齐全。

3. 材料

核查材料质量证明文件（材质证明书、合格证、检验报告等）、材料复检报告，并应进行外观质量检查，补口补伤及保温材料存储条件符合产品说明书要求；补口补伤及保温材料品种、规格符合设计及规范要求。

4.工序关键环节控制

（1）开展了技术交底记录和班前安全讲话。

（2）管道防腐施工前，管道环焊缝外观质量检查、无损检测已合格。

（3）防腐补口施工环境（天气、湿度、温度、灰尘情况等）满足产品安装说明书及防腐补口工艺规程要求。

（4）补口前预热温度应符合防腐补口工艺规程。

（5）补口部位的除锈方式、等级，应符合防腐补口工艺规程要求，按产品安装说明书的要求控制预热温度。

（6）防腐补口结构应符合设计要求。

（7）防腐补口安装过程中加热方式及温度应符合防腐补口工艺规程。

（8）防腐补口后外观质量应符合防腐补口工艺规程。

（9）防腐补口补伤剥离试验应符合设计文件及相关规范要求。

（10）不同阶段防腐管、防腐口的补伤应符合设计文件及相关规范要求。

（11）保温结构应符合设计文件要求。

（12）保温施工符合设计文件及相关规范要求。

三、质量风险管理

防腐补口质量风险管理见表3-15。

表3-15 防腐补口质量风险管理

序号	管控要点	建设单位	监理	施工单位
1	人员			
1.1	防腐操作人员通过项目考核，取得上岗证，且与报验人员一致	监督	确认	报验
1.2	专职质量检查员到位且具有质检资格	监督	确认	报验
2	设备、机具			
2.1	施工设备（喷砂机、加热设备）已报验合格，设备运转正常且保养记录齐全	必要时检验	确认	报验
2.2	检测仪器（锚纹测定仪、涂层测厚仪/湿膜测厚规、测温仪、测力计）已报验合格，并在有效检定日期内	必要时检验	确认	报验
2.3	特殊条件（风沙、雨、雪天气等）施工措施（防风棚等）到位、数量、完好程度满足防腐作业要求	必要时检验	确认	报验

第三章 线路工程质量管理

续表

序号	管控要点	建设单位	监理	施工单位
3	材料			
3.1	补口、补伤材料及其他施工材料已报验合格（石英砂应干燥，且粒径在 2～4mm 之间等），具有完整的质量证明文件并符合要求	必要时验收	确认	报验
3.2	补口补伤材料品种、规格符合设计及规范要求	必要时验收	确认	报验
4	执行工艺			
4.1	现场有经过批准的与现场防腐补口相符的防腐工艺规程	必要时审批	审查/审批	编制、审核
4.2	现场有获得批准的防腐补口施工作业指导书及产品安装说明书	必要时审批	审查/审批	编制、审核
5	防腐补口前检查			
5.1	管道防腐施工前，管道环焊缝外观检查、无损检测合格	监督	确认	实施
5.2	防腐补口施工环境（天气、湿度、温度、灰尘情况等）满足产品安装说明书及规范要求	监督	旁站/巡视	实施
5.3	补口部位的喷砂除锈达到 Sa2.5 级，除锈后应清除表面灰尘，并将涂层两侧防腐层打毛，打毛宽度应达到产品安装说明书要求	监督	旁站/巡视	实施
5.4	喷砂除锈宜采用环保喷砂工艺，并确保现场作业环境保护措施到位	监督	旁站/巡视	实施
5.5	按产品安装说明书的要求控制预热温度	监督	旁站/巡视	实施
6	热熔胶型热收缩带补口			
6.1	现场宜采用机械化补口工艺进行补口施工，包括： （1）采用环保型密闭自动喷砂设备及回收系统进行管口除锈； （2）采用中频加热设备对管口进行预热处理，保证预热宽度和温度； （3）采用红外加热或中频加热设备对热收缩带红进行回火，由外向内加热，保证搭接区的黏接性能	监督	旁站/巡视	实施
6.2	底漆按产品安装说明书的要求调配并均匀涂刷，底漆厚度应满足规范及产品安装说明书要求，无要求时应不低于 200μm	监督	旁站/巡视	实施
6.3	干膜工艺安装热收缩带：应在底漆实干后进行安装，干膜安装时，宜对搭接部位管体防腐层表面进行火焰加热，加热温度应符合产品说明书的要求，宜不低于 90℃；可采用中频进行底漆加热固化，补口金属部位底漆加热温度不宜超过 120℃，禁止用火把直接烘烤底漆	监督	旁站/巡视	实施

79

续表

序号	管控要点	建设单位	监理	施工单位
6.4	补口外观检查：热收缩带与管体防腐层轴向搭接不小于100mm，周向搭接不小于80mm 热收缩带（套）表面应平整、无皱折、无气泡、无烧焦炭化等现象；热收缩带（套）周向及固定片四周应有胶黏剂均匀溢出，收缩均匀	监督	旁站/巡视	实施
6.5	每100道口应做1道口热收缩带（套）黏结力检验，管体温度10～35℃时的剥离强度应不小于50N/cm	监督	旁站/巡视	实施
6.6	对直径≤30mm 的损伤，采用辐射交联聚乙烯补伤片修补。对直径＞30mm 的损伤，先采用辐射交联聚乙烯补伤片修补，然后再修补处包裹一条热收缩带。收缩带宽度比补伤片两边至少各大50mm	监督	旁站/巡视	实施
6.7	修补时，先除去损伤部位的污物，并将该处的聚乙烯层打毛。然后将损伤部位的聚乙烯层修切成圆形，边缘应倒成钝角。在孔内填满与补伤片配套的胶黏剂，然后贴上补伤片，补伤片的大小应保证其边缘距聚乙烯层的孔洞边缘不小于100mm	监督	旁站/巡视	实施
6.8	对补口、补伤外观逐项进行检查（表面平整、无气泡、无空鼓、无烧焦炭化现象等），外观质量应符合规范要求	监督	旁站/巡视	实施
6.9	补伤后的补伤片表面应平整、无皱折、无气泡、无烧焦炭化等现象；补伤片四周应有胶黏剂均匀溢出	监督	旁站/巡视	实施
6.10	每100处补伤应做1处黏结力检验，管体温度为10～35℃，剥离强度应不小于50N/cm	监督	旁站/巡视	实施
6.11	每个补口均应用电火花检漏仪进行漏点检查，检漏电压为15kV，以无漏点为合格	监督	旁站/巡视	实施
7	黏弹体胶带＋外护带补口			
7.1	黏弹体胶带：应按照产品说明书的要求进行施工，且应符合下列要求： （1）黏弹体胶带可采用螺旋缠绕或对缠绕的施工方式，轴向搭接宽度应不小于10mm，胶带始末端搭接宽度不小于50mm，对包缠绕时环向搭接缝应错开，与管体防腐层搭接宽度不小于50mm； （2）黏弹体胶带缠绕时应保持胶带平整并具有适宜的张力，防腐层平整无皱褶，搭接均匀，无气泡，密封良好	监督	旁站/巡视	实施
7.2	聚合物冷缠胶带（外护带）：应按照产品说明书的要求进行施工，且应符合下列要求： （1）宜采用螺旋缠绕的施工方式，轴向搭接宽度不小于胶带宽度的50%，胶带始末端搭接宽度不小于100mm，轴向包覆宽度应超出内层黏弹体胶带防腐层两侧各100mm； （2）聚合物胶带缠绕时应保持一定的张力，搭接缝应平行，不得扭曲皱褶，带端应压贴，不得翘边	监督	旁站/巡视	实施

第三章 线路工程质量管理

续表

序号	管控要点	建设单位	监理	施工单位
7.3	压敏胶型热收缩带（外护带）：应按照产品说明书的要求进行施工，并执行第8条要求	监督	旁站/巡视	实施
7.4	黏弹体胶带厚度及漏点检测，应符合下列要求： （1）每道补口至少选择一个截面上均匀分布的4点，黏弹体胶带防腐层厚度应不小于1.5mm； （2）用电火花检漏仪对黏弹体胶带防腐层进行全面检查，以无漏点为合格，检漏电压为10kV	监督	旁站/巡视	实施
7.5	外护带厚度（外护带为聚合物冷缠胶带时）、漏点、剥离强度检验，应符合下列要求： （1）外观：应逐个目测检查，聚合物冷缠胶带表面应平整，搭接均匀，无皱褶、无空鼓，与管体防腐层搭接宽度应不小于100mm；热收缩带表面应平整，无皱褶，无空鼓，无烧焦炭化等现象，两侧应有胶黏剂均匀溢出，与管体防腐层搭接宽度应不小于50mm； （2）厚度：当外护带为聚合物冷缠胶带时，采用无损测厚仪进行检测，每道补口至少选择一个截面上均匀分布的4点，以最薄点符合设计规定为合格； （3）漏点：采用电火花检漏仪进行漏点检查，以无漏点为合格，检漏电压为15kV； （4）剥离强度，每100道补口至少应抽查一道口，检测时的管体温度为25℃±5℃，如有不合格，应加倍抽查，剥离强度应符合下表要求 	检测界面		剥离强度 N/cm	胶层覆盖率 %	管体温度 ℃
黏弹体胶带	对钢管	≥2	≥90	
	对管体防腐层	≥2	≥90	
聚合物冷缠胶带	对黏弹体背材	≥20	—	25℃±5℃
	对管体防府层	≥20	—	
	对自身搭接部位	≥20	—	
压敏胶型热收缩带	对管体防腐层	≥12	≥90			监督	旁站/巡视	实施
8	压敏胶型热收缩带补口			
8.1	焊缝填充：将双面压敏胶条缠绕、贴敷在环焊缝及螺旋焊缝部位，并用压辊沿焊道进行辊压，排除气泡；双面胶条宽度宜不小于40mm，胶条厚度宜不小于0.8mm	监督	旁站/巡视	实施

续表

序号	管控要点	建设单位	监理	施工单位
8.2	压敏胶型热收缩带定位：压敏胶型热收缩带中心线对准环焊缝位置，使其在管口焊缝位置左右对称，环向搭接宽度应不小于100mm	监督	旁站/巡视	实施
8.3	固定片安装：固定片应平整安装在压敏型热收缩带重叠的接缝处，并避免固定片上下部位的压敏型热收缩带起皱	监督	旁站/巡视	实施
8.4	防腐补口外观检查：压敏胶型热收缩带表面应平整、无皱褶、无空鼓、无烧焦炭化现象、焊缝及管体防腐层坡口部位形状突显、边缘无翘边，周边应有胶黏剂均匀溢出	监督	旁站/巡视	实施
8.5	漏点检验：补口应采用电火花检漏仪进行漏点检查，以无漏点为合格，检漏电压15kV	监督	见证	实施
8.6	每100处补伤应做1处黏结力检验，管体温度为20～30℃，剥离强度应不小于12N/cm	监督	见证/巡视	实施
9	液体聚氨酯补口			
9.1	涂料涂敷：涂敷应均匀、连续，防止流挂、漏涂，采用喷涂方式补口时，应对涂料进行预热、保温，确保涂料喷涂良好雾化	监督	旁站/巡视	实施
9.2	外观检查：防腐层表面应平整、光滑、无漏涂、无流挂、无划痕、无气泡、无色差斑块等外观缺陷；补口防腐层和管体防腐层的搭接宽度不小于60mm	监督	旁站/巡视	实施
9.3	厚度检测：补口防腐层实干后，应对厚度进行检测。在补口防腐层上测均匀分布的4点，其中至少1点位于焊缝上，4个点厚度平均值应大于等于设计厚度，最薄点读数值应不低于设计厚度规定值的80%	监督	旁站/巡视	实施
9.4	硬度检测：补口防腐层应至少测量1点，宜在管体防腐层搭接部位选择测点，检测宜在防腐层温度处于15～25℃时进行。补口防腐层硬度应不低于（邵氏D）70，且符合产品说明书的规定	监督	旁站/巡视	实施
9.5	漏点检测：防腐层固化后，应采用电火花检漏仪逐一对补口防腐层进行漏点全面检查，以无漏点为合格；检漏电压为8kV/mm	监督	旁站/巡视	实施
9.6	附着力检测：抽查频率为每班1道。每道口分别对补口防腐层和钢管、补口防腐层和管体防腐层的附着力各测1点，检测温度不高于30℃，对钢管的附着力应不小于10MPa，对聚烯烃管体防腐层附着力应不小于3.0MPa，对环氧类管体防腐层的附着力应不小于4.0MPa，如不合格，应加倍抽检	监督	旁站/巡视	实施
10	气体极化补口			
10.1	补口区域应采用塑料膜和胶带对表面喷磨处理的部位进行包裹，将极化气体注入密封膜内并应保持10min	监督	旁站/巡视	实施

第三章　线路工程质量管理

续表

序号	管控要点	建设单位	监理	施工单位
10.2	采用气体极化处理时，应采取相应措施防止气体泄漏，气体极化处理完成后应对气体全部进行回收，不应直接排放	监督	旁站/巡视	实施
10.3	管口预热应使用中频加热器，预热温度符合厂家说明书要求	监督	旁站/巡视	实施
10.4	底漆涂层厚度应≥600μm，底漆表干（表干：手指轻触不黏手，或虽发黏、但无漆黏在手上）后实干（实干：手指用力推防腐层不移动）前，开始面漆涂敷，不得漏涂	监督	旁站/巡视	实施
10.5	外观检查：防腐层表面应平整、光滑，无漏涂、无流挂、无划痕、无色差斑块等外观缺陷，与管道防腐层搭接宽度≥50mm，边缘无缝隙、无翘边	监督	旁站/巡视	实施
10.6	漏点检查：补口防腐层固化后，应采用电火花检漏仪逐口进行全面检查，以无漏洞为合格，检漏电压为5V/μm	监督	旁站/巡视	实施
10.7	厚度检查：补口防腐层实干后，应采用无损测厚仪逐口对厚度进行检测，测量均匀分布4点（至少1点位于焊缝上），4点厚度平均值应大于等于设计厚度值且最薄点不小于设计厚度80%	监督	旁站/巡视	实施
10.8	硬度检查：补口防腐层固化后，应采用邵氏硬度计逐口检测，硬度值应≥75（邵氏D）	监督	旁站/巡视	实施
10.9	附着力检查：补口防腐层固化后，应采用拉拔法进行附着力检测，每班1道口，对钢管防腐层附着力≥10MPa，对管体防腐层≥5MPa	监督	旁站/巡视	实施
11	施工记录			
11.1	现场施工记录数据采集上传（环境条件、工艺参数、外观质量等）及时，内容完整、真实、准确		验收	填写

第六节　下沟回填

一、工艺工法概述

（一）工序流程

1. 管道下沟

管道下沟是在管沟开挖合格后，合理配备吊管机将已焊接防腐完成的管道平稳地放入管沟中。管道下沟的一般工序流程如下：

准备工作→管沟清理→成沟检查→管段下沟→下沟后检查→填写施工记录→下道工序。

2. 管沟回填

管沟回填就是在管道下沟检查合格后，用机械或人工的方法把土回填到管沟中，并恢复原来的地貌。管沟回填工序流程如下：

准备工作→下达管沟回填通知书→细土回填→原土回填及地貌恢复→回填检查→填写施工记录→下道工序。

（二）主要工序及技术措施

1. 管道下沟

1）准备工作

（1）复测管沟沟底标高，沟底宽度符合设计要求。

（2）清理沟内塌方、石块、冻土块、冰块、积雪，土方段沟内积水深度不大于0.11m，需回填细土段沟底不准有积水。对于塌方较大的管沟段，清理后应进行复测，以保证管沟达到设计深度。

（3）石方段和碎石土段管沟，沟底应先铺垫粒径≤20mm的细土，细土铺垫厚度为300mm，回填所用细土应就近筛取。

2）下沟作业要求

管线下沟作业是在补口补伤作业完成后，用吊管机将检查合格的管线，从沟边下到沟底的过程。在下沟时，若违反管线下沟操作规程，管线应力往往达到或超过屈服极限，使管道产生明显的残余变形或焊口断裂，也可能造成吊管机倾覆等安全事故。为了保证管道敷设质量，对管线下沟作业有如下要求：

（1）管道起吊时，若管径大于DN500，管线下沟至少应有3台吊管机同时作业。起吊点距环焊缝距离不小于2.0m，不带配重的管段两个起吊点距离不得大于21m，起吊高度以1.0m为宜。起吊用具最好采用尼龙吊带或滑动滚轮式吊具，起吊过程中应避免管道碰撞沟壁，以减少沟壁塌方和防腐层损伤。

（2）对设计要求稳管的地段，应按设计要求进行稳管处理。为保证埋深，管道下沟完毕后应对管顶标高进行测量，在竖向曲线段还应对曲线的起点、中点和终点测量标高，如不合格应吊起管线，修整管沟后重新进行管线下沟。

3）机械吊管下沟

采用机械起重设备吊起放在沟边的管线，随之将管线逐步放入沟底，这种下沟法称为机械吊装下沟。大型管线吊管下沟使用侧吊臂履带式吊管机吊

第三章 线路工程质量管理

管。施工时，根据管径大小、地质条件和机械的起重能力来计算吊管机台数；每台吊管机以一定动作完成起吊、移管、管线放入沟底等动作。吊管下沟步骤：

（1）吊管机侧臂升至最高位置，吊管带将管线吊起一定高度。

（2）下降侧臂、上拉起重绳，将管线放到管沟中心位置。

（3）下降起重绳使管线下到沟底。

4）管线下沟方式

（1）吊管机联合下沟。

采用沟上流水作业施工方案时管道应使用吊管机联合下沟。管道下沟前，全面检查管沟成型质量情况，沟内不得有积水、塌方，否则应及时进行整改；下沟过程中，沟下不得有人员作业。沟上组焊的管段，焊接检验及补口、补上合格后，以约 5km 为一个下沟段，组织吊管机，集中下沟。下沟吊具使用尼龙吊带，起吊点间距应按施工要求确定。

管道下沟作业时，对距下沟点 500～1000m 处的管道用推土机或挖掘机稳管，防止发生滚管。

下沟前，使用电火花检漏仪，环形圈检漏，检漏电压采田设计及规范规定的电压。发现漏点应标记明显，留待补伤人员补伤。特别应注意管墩与管子接触部位，用吊管机吊起后，擦干泥土进行检漏，防止漏检。吊管下沟过程中要防止管道与沟壁刮碰，石方段下沟时，在管线与沟壁的接触点，应有专人垫橡胶板或其他软质材料，以保护管子绝缘层。管线下沟时，应有一个专业人员在管沟对面，用旗语统一指挥吊管机进行管线下沟作业。

下沟管段内端用临时封头满焊封堵，防止下沟后管内进水。吊管机将管道轻放至沟底，不准使用空挡下落。曲线段管道下沟时，在弧线顶点外设一吊管机，以使管道平稳地下至沟底，避免刮碰沟壁，造成塌方。下沟后对管道进行横向调整，使其处于管道中心线上，其横向偏差要求不大于 100mm；下沟管道底部悬空长度不得大于 6m，否则用细土进行填实。

管道下沟完成后，由技术、测量人员进行竣工测量。测量参数有：长度、管顶标高、水平转角、竖向转角、穿越、跨越等情况，填写测量成果表、管道隐蔽工程检查记录表等。

（2）吊管机分阶段下沟。

壁厚为 17.5mm 以上大口径管线下沟时，可采用此种方法。开挖管沟时，每间隔 20m 留 3m 宽一段管沟暂不挖。下沟时，首先使用 5 台吊管机将管线平移至管沟中心位置，然后用 3 台 70t 及以上吊管机分别站在预留 3m 宽的管沟上，达到靠近管道减小力矩、增大起吊能力的目的；将管道吊起，用单斗挖掘机开挖预留段管沟，管线落到沟底。

（3）预制管段下沟。

在水网地区地表水系较发育地段，大吨位吊管机行走困难，可首先将2～3根钢管预制成为管段，然后将管段下沟，进行沟下连头作业。

（4）沉管法下沟。

对于地下水位较高的地段或地质情况为流沙的管沟不易成型的地段或吊管机难以行走的地段，可采用沉管法下沟。管道直接在管沟中心线上进行焊接，沉管时2台挖掘机分别站在管线两侧，同时在管底挖土，管线平稳地降到图纸要求的深度位置。管沟开挖时应注意对防腐层的保护，管道两侧派专人负责看护。其施工工艺如下所述：

①沉管下沟进行管沟开挖时，首先从管段的一端用2台单斗挖掘机在管道两侧对称地进行管沟开挖，管沟沟壁按规范要求进行放坡，以防止塌方（管段较长时，也可用4台挖掘机从管段两端同时开挖下沟，以加快开挖进度）。开挖时为了保护防腐层，挖掘机的斗铲在距管道两侧200mm处缓慢入土开挖，也可在管道上加自制的防腐层保护器。

②当管沟开挖到一定长度后，管段在重力的作用下开始下沉；继续开挖，管段靠自身的挠度贴附于管沟底部，这样就完成了整段管线的下沟。管线每段长度以不超过1000m为宜。

③测量工使用水准仪进行全过程的测量，保证沟底标高等技术参数符合设计图纸的要求，否则应采用人工进行清理。管线防腐层接触沟底之前，应对其进行电火花检漏，合格后方准下沟。在管段全部下沟并经测量符合线路施工规范和图纸要求后，即可进行一次回填稳管，以防出现沟内地下水位过高而引起管线向上漂浮。流沙地段管线下沟还要采用高压水枪降沟，泥浆泵排流沙或钢板桩支护加人工辅助开挖的方法。

沉管下沟工艺可以解决上述影响施工的问题，并加快施工速度，保证下沟作业的安全和质量。与传统的沟下组装相比，沉管下沟法具有以下优势：沉管下沟作业的工序及工作量小、操作时间相对较短、安全性高；下沟时所需人员少，无须大型吊装设备及机具；宽履带的湿地单斗挖掘机能适应地耐力较差的环境，只需2台就可保证连续作业，且施工辅助用料少，降低了施工成本。

2. 管沟回填

1）施工要求

施工单位应按回填通知书进行回填。回填通知书应包括以下内容：回填

第三章 线路工程质量管理

区段桩号，里程；回填程序及回填土质要求；回填高度及覆土形状；地貌恢复要求及水工保护措施；预留不回填段长度及详细位置（桩号、里程、参照物）；回填时间、温度。

管沟回填前宜将阴极保护测试线焊好并引出，待管沟回填后安装测试桩。管道穿越地下电缆、管道、构筑物处的保护处理，应在管沟回填前按设计要求配合管沟回填施工。管道下沟后除预留段外应及时进行管沟回填。雨季施工、易冲刷、高水位、人口稠密居住区及交通、生产等需要及时平整区即回填。

管底垫层回填细土粒径应不大于20mm细土应回填至管顶以上0.3m处。该类细土应就近筛取，若管沟附近没有，可到远处筛取拉运，但应经建设单位或监理书面同意。上述细土回填至与管顶平齐时，应敷设光缆。光缆敷设位置应位于油流方向管道右侧，距管道中心线0.7m，然后在光缆周围回填细土。在距管顶以上0.3m处设置橘红色聚乙烯警示带，应连续敷设。在管沟回填、平整时严禁机械设备在管顶覆土上扭转。细土回填到管顶0.3m后，即可回填原状土。原状土的粒径不得大于250mm。原状土回填应高出相邻自然地面0.3m，用来弥补土层沉降的需要。覆土要与管沟中心线一致，其宽度为管沟上开口宽度，并应做成梯形。

当长输管线下沟后，管沟还没有回填，管线和土壤的摩擦力很小，管线在管沟内随温度的变化可自由伸缩，这时在管线上不会产生应力。管沟回填后，温度变化时，管线不能改变埋土时的自然长度，在管线上会产生温度应力。管沟回填时温度与管线投产后正式操作温度之间总有一定的温差，这种温差是造成温度应力的原因。温度一定时温度应力的大小取决于管沟回填温度，因此施工中应根据施工的气候和季节条件来选择合适的管沟回填温度。合适的管沟回填时间为：夏季或高温地区在当天最低气温进行管沟回填；冬季或低温地区在最高气温时进行管沟回填。从管线吊装下沟角度考虑，白天气温较高、管线塑性好，下沟时不易造成管条断裂和防腐层损坏，应选择白天气温较高时下沟，管沟回填时间应从控制温度应力角度考虑。

管沟回填土自然沉降密实后，一般地段自然沉降宜在30天后，沼泽地段及地下水位高的地段自然沉降宜在7天后，应进行地面检漏，符合设计规定为合格。

2）特殊地段回填

农田段回填时应先填生土，后填耕作熟土，以保证地貌恢复质量，便于耕种。

管道与埋地电（光）缆交叉时，管道与其垂直间距不小于0.5m，且中间应有标准预制加筋混凝土板保护。管道与其他埋地管道或地下设施交叉时，两者之间垂直净距不小于0.3m，如果受到条件限制，净距达不到0.3m时，两管间应设置坚固的绝缘隔离物。

水网地段回填管道，回填前，如管沟内有积水，应排除，并立即回填。要用干实土回填，以防止漂管现象的发生。对于回填后可能遭受洪水冲刷或浸泡的管沟，应按设计要求采取分层压实回填、引流或压沙袋等防冲刷、防管道漂浮措施。若设计要求管线有压重块，在压重块与管子之间应捆有厚度8mm以上的橡胶板保护管体防腐层。

石方或戈壁段管沟，应先在沟底垫300mm细土层。细土应回填至管顶上方300mm。细土的最大粒径不应超过20mm，然后回填原土石方，但石头的最大粒径不得超过250mm。

为便于后续工程施工，在下列地点应留出30m长的管沟不予回填。阀室安装位置：泵站、减压站进出站连头处；加设混凝土连续覆盖层段的两端；大中型河流穿越段两端；分段试压的管段两端；其他单独施工段两端；需要碰死口连头的两端。

3）地貌恢复

在工程验收前，将作业带内设备、车辆行走过的公共通道、水渠中的过水桥涵等设施内的施工材料和杂物清理干净。焊条头、砂轮片、油漆桶等废弃物要在施工过程中收集起来并从作业带上清走，不得放在管沟中掩埋。回填后应按原貌恢复沿线施工时破坏的挡水墙、田埂、排水沟、便道等地面设施。将作业带内的所有取土坑、土墩填平和推平，恢复成原地貌。在农田地段，当清理工作结束后，雇用农耕设备对耕地进行彻底的疏松，或给土地承包户支付一定额度的复耕费用。对施工机械走过的、作业带以外的区域，应按建设单位要求进行恢复。

管道敷设经过的公路等原有设施，应采用与原来类似的材料和方式进行恢复。管线穿越河渠回填后，应及时拆除围堰。围堰用料和多余的土石方按河道、水利主管部门要求进行处理。河渠岸坡、河床除恢复原来的地貌外，按设计或河道主管部门要求进行水工保护，以保护河床和管线。对于施工中损坏的沟渠，在管沟回填后，要将沟渠断面恢复原状。

对于鱼塘内清除的淤泥应运送到指定地点集中堆放，损坏的塘岸采用草袋子装土码砌牢固。山前区管线若与铁路、公路并行，长输管线硬化的过水路面的截面积应稍大于铁路、公路过水涵洞的截面积。在我国西北失陷性黄土地区农田段，管线若与水渠交叉时，应对水渠两侧的管沟做"截水墙"，防止出现农田段管线大面积塌陷，甚至出现露管或管子悬空现象。

4）施工安全措施

（1）下沟作业前应对吊管机具进行安全检查，对起吊用钢丝绳进行校核计算。

（2）下沟及回填作业前，应由安全员划定作业安全区，与下管作业无关人员不得进入安全区。

（3）管道下沟回填前应由安全员进行检查，管沟内不得有其他作业人员。清沟及其他沟下作业不得与管道下沟同段、同时进行。吊管下沟时管道与管沟之间不准任何人站立（包括管道下沟作业人员）。

（4）下沟和回填作业必须由专人统一指挥，以免发生混乱，防止出现事故。

（5）六级以上大风、雨雪天气应停止下沟和回填作业。任何时候沟内作业均应在沟上设置醒目的警告标志。

二、关键质量风险点识别

（一）主要控制要点

进场人员（主要管理人员、吊管机、挖掘机操作手等），进场机具设备（吊管机、挖掘机、测量仪器），进场材料（吊带、吊篮等），作业文件（下沟、回填作业指导书等），作业环境（风速、温度、下沟段施工状况等）。

（二）重点管控内容

1. 人员

核查进场人员数量、资格证满足作业要求，已经过上岗培训和通过考试，并已履行报验程序。

2. 设备机具：

核查进场机具设备、检测工器具数量、性能规格与施工方案相符，检定证书在有效期，报验手续完备，并已报验合格，设备运转正常，保养记录齐全。

3. 材料

核查材料质量证明文件（材质证明书、合格证、检验报告等），并应进行外观质量检查。

4. 工序关键环节控制

（1）施工作业人员技术交底记录和班前安全交底记录齐全。开展了下沟前管沟开挖、管口无损检测、防腐补口补伤施工完毕并质量合格。

（2）下沟前，复查管沟深度、水平/纵向转角位置满足设计要求；确认沟内无塌方、石块、积水、冰雪、杂物等有损伤防腐层的异物。

（3）石方或戈壁段沟底应预先做细土垫层（《油气长输管道工程施工及验收规范》GB 50369—2014 规定细土最大粒径，石方段不超过 10mm，戈壁段不得超过 20mm，山区石方段宜采用袋装土），厚度符合设计及规范要求。

（4）管道下沟使用机具设备与施工方案一致。

（5）管道下沟前，管口应进行临时封堵并完好，防腐层电火花检漏无漏点。如有破损或针孔应及时补修。

（6）管道下沟时，应避免挂碰沟壁，必要时，应在沟壁突出位置垫上木板或草袋。

（7）管道下沟后对管顶标高进行复测，在竖向曲线段应对曲线的始点、中点、终点进行测量，并测出每道焊口三维坐标。

（8）管沟回填前，应将阴极保护测试引线焊好并引出。

（9）山区易冲刷地段、高水位地段、人口稠密区、雨期施工应立即回填。

（10）耕作土地段管沟应分层回填，应将表层耕作土置于最上层。

三、质量风险管理

下沟回填的质量风险管理见表 3-16。

表 3-16　下沟回填的质量风险管理

序号	管控要点	建设单位	监理	施工单位
1	人员			
1.1	特种设备（吊管机、挖掘机等）操作手具备特种作业操作证，人员配备与报验人员名单一致	监督	确认	报验
1.2	专职质量检查员到位且具有质检资格	监督	确认	报验
2	设备、机具			
2.1	施工设备（吊管机、挖掘机等）已报验合格，设备运转正常且保养记录齐全，管道下沟投入的吊管机数量及性能符合规范规定	必要时检验	确认	报验

第三章　线路工程质量管理

续表

序号	管控要点	建设单位	监理	施工单位
2.2	检测仪器（RTK实时差分定位测量仪、GPS、全站仪、经纬仪、水准仪、激光测距仪、卷尺、电火花检漏仪等）已报验合格，并在有效检定日期内	必要时检验	确认	报验
3	材料			
3.1	光缆、硅芯管已报验合格，具有完整的质量证明文件并符合要求；光缆敷设前单盘测试合格	必要时验收	确认	报验
4	执行方案			
4.1	现场有经过批准的与现场下沟、回填（光缆敷设）相符的施工作业指导书或施工方案	必要时审批	审查/审批	编制、审核
5	管道下沟回填及光缆敷设			
5.1	下沟前，应复查管沟深度、水平/纵向转角位置，应满足设计要求；确认沟内无塌方、石块、积水、冰雪、杂物等有损伤防腐层的异物	监督检查	平行检查、旁站	施工
5.2	石方段沟底应预先做细土垫层，细土最大粒径20mm，厚度300mm	监督检查	平行检查、旁站	施工
5.4	起吊点距环焊缝距离不应小于2m，起吊高度以1m为宜，吊管机数量及吨位、吊点允许最大间距，符合规范及批准的施工方案要求	监督检查	平行检查、旁站	施工
5.5	管道下沟前，对管口进行临时封堵，并使用电火花检漏仪对下沟管段防腐层进行检查，如有漏点应及时补修，检测电压应为15kV	监督检查	平行检查、旁站	施工
5.6	管道下沟后应贴实沟底，且放到管道中心位置，距沟中心线偏差小于150mm，管壁与管沟壁间距不得小于150mm，局部悬空处用细土填塞；采用弹性敷设的区间段，曲率半径不得小于钢管外直径的1000倍	监督检查	平行检查、旁站	施工
5.7	管道下沟后应进行每道焊口三维坐标测量，地面标高测量	监督检查	平行检查、旁站	施工
5.8	耕作土地段管沟应分层回填，应将表层耕作土置于最上层	监督检查	平行检查、旁站	施工
5.9	石方（冻土）段管沟细土应回填至管顶上方300mm，细土最大粒径不超过20mm，回填原土石方的最大粒径不超过250mm	监督	平行检查、旁站	施工
5.10	管沟回填土宜高出地面300mm，农田段应压平，管道最小覆土层厚度应符合设计要求	监督	平行检查、旁站	施工
5.11	硅芯管、光缆与管道同沟敷设时，走向和位置应符合设计要求；无特殊要求时，光缆（硅芯管）与管道间最小净距≥0.5m	监督	平行检查、旁站	施工

续表

序号	管控要点	建设单位	监理	施工单位
5.12	硅芯管、光缆敷设顺直、无弯、无扭绞、无缠绕，严禁出现背扣和打硬弯，硅芯管纵向敷设应尽量避免反复出现凹凸	监督	平行检查、旁站	施工
5.13	硅芯管、光缆敷设后应及时连接、密封，对引入人（手）孔的部分应及时对管口进行封堵，通棒试验（采用直径不小于硅芯管标称内径80%、长度10mm的木梭或硬橡胶棒放入始段，用吹气法应顺利吹出对端）和气密性试验（硅芯管充气0.1MPa，24h压降≤0.01MPa。）应合格	监督	平行检查、旁站	施工
5.14	光缆（硅芯管）敷设后应及时采用细土掩埋，防止管道二次回填（原土）造成损伤	监督	平行检查、旁站	施工
6	施工记录			
6.1	现场施工记录数据采集上传及时，内容完整、真实、准确		验收	填写

第七节 清管、测径、试压及干燥

一、工艺工法概述

（一）工序流程

1. 清管

管道清扫的目的是清扫管腔内的杂物，使管道保持洁净。其工序流程如下：准备工作→清管、试压分段→安全扫线系统→清管→检查验收。

2. 试压

管段试压包括管段水压试验和管段气压试验。

为了检查管道的耐压轻度和严密性，必须对管道进行强度试验和严密性试验。管段水压试压流程如图3-4所示。

第三章 线路工程质量管理

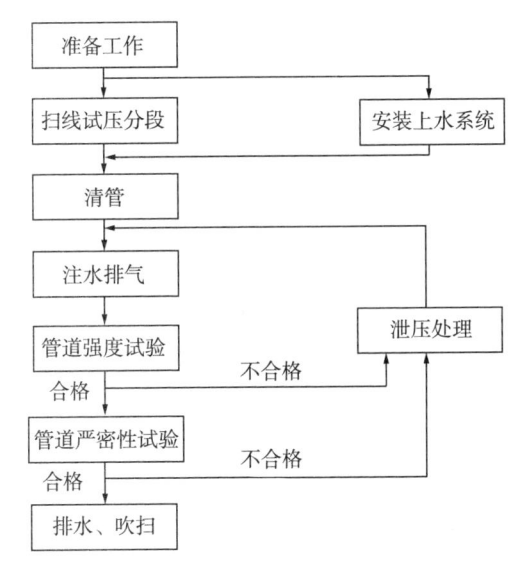

图 3-4 水压试验流程图

气压试验的顺序是先进行强度试验，合格后进行严密性试验。气压试验分段长度不宜超过管道干线阀室间距。气压试验流程如图 3-5 所示。

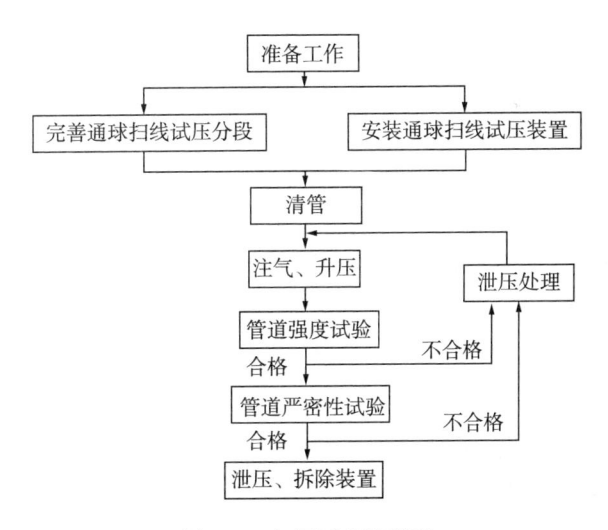

图 3-5 气压试验流程图

3. 干燥

管道干燥就是利用空压机提供气源，经无热可再生式干燥器使气体露点降到-40℃以下，然后进入管道进行低压（0.8MPa）吹扫；通过选择合适的管线分段长度、干空气的排量和间歇发送泡沫清管球，充分利用干空气的吸湿和吹扫能力，达到使管内空气干燥的目的。管道干燥工序如下：

准备工作→水试压后排水→扫水效果检验→干空气干燥→检查验收。

（二）主要工序及技术措施

1. 清管

为便于发送清管器和建立背压，清管前在被清扫管线两端分别焊上收发球筒，用压缩空气推动清管器进行清扫。为将管道内杂物清扫干净，清管次数一般不少于2次。

（1）充气采用空压机进行。发球点宜选在相邻管段之间，分别向两个方向管段扫线，以减少设备搬迁。

（2）安装空压机，并将空压机出气口与管道进气口相连，然后启动空压机，用压缩空气推动清管器在管道中行走，进行清扫。为提高清管效率、节省能源，应利用长输管线建立"储气段"。

（3）开启第一个清管器后端的进气阀门，开始进气，第一个清管器前行。第一个球到达终点后，开启第二个清管器后端的进气阀门，开始进气，第二个清管器前行。第二个清管器携带低频信号发射机，通过电子清管器定位接收机，判断出球的运行位置，第一个球出现问题时，能够判断出球的位置。

（4）清管时，清管器运行速度应控制在4～5km/h为宜。清管时做好压力记录，在收球处应观察气体和水色变化；当清管器受阻时，可逐步提高压力。

（5）清管器使用后，在下次清管前应检查清管器皮碗的外形尺寸变化，对磨损较大的皮碗进行更换。若清管器卡在管道内，降压割断管线后取出，重新连头清扫。管道清扫完毕应立即进行封堵。

（6）清管合格后，按建设单位或监理的规定做好记录，建设单位或监理签字确认合格。

2. 测径

（1）将清管完毕的发球筒割开，将智能测径仪装入，要求与管内壁不能有硬接触。焊好发球筒，安装好收球筒。

（2）发送智能测径仪（与通球扫线方法相同）。

（3）确认收到智能测径仪后，泄压，并取出智能测径仪。

（4）将测径仪中的数据输出，进行评判。具体的测径仪数据评判标准，

第三章　线路工程质量管理

在测径前由建设单位或设计部门提供。

（5）如评价合格，则测径结束，否则将根据评判结果，寻找管道的内径变形点，并按要求换管，再次进行测径，直到合格为止。

3. 试压

1）水压试验

（1）临时试压设施的安装。

首先拆除已清管完毕的管段两端的发球筒和收秋筒，安装已制造好的临时试压设施。与干线管道的组焊按《焊接工艺指导书》要求实施，安装前在干线管道进水管前端装清管器，以排尽管道内空气。

压力计量器具的安装。试压前，压力表和压力天平应经过校验合格。压力表精度等级不低于1.0级。若压力表的量程为25MPa，最小刻度为每格0.02MPa。压力表在试压管道的首末端各安装1块，并在首端安装压力自动记录仪和压力天平各一个。压力读数以压力天平为准。

试压装置由泥浆泵、离心泵、过滤器、闸阀、排污阀、压力表、放空阀、紧急排水阀等组成。

（2）试压程序。

用阀门和短管将相邻两试压管段串联连接，用离心泵从沉降池上水。整体上满水后，用打压车对第一段管道进行升压，升压至强度试验压力，进行强度试验，然后泄压进行严密性试验。强度及严密性试压合格后，再对另一段管道进行试压，依次类推。试压充水时，先加入清管器，依靠上水水压推动清管器前进，将试压段内空气全部排出，确保试压段全部注满水。清管器应密封良好。

（3）升压及检查。

升压前应打开进水口阀门，打开试压末端高点排气口阀门，用离心泵注水。当排气口空气排尽时，关闭排气阀门，然后利用试压车进行管段升压。

注满水后开始升压。升压时，升压速度不宜过快，试验压力应均匀缓慢上升，分段升压，并反复检查。当压力升至30%强度压力时，停压15min；再升压至60%强度压力时，停压15min，对管道进行检查，若未发现异常情况方可继续升压；管道继续升压到强度压力，然后停止升压，待管段两端压力平衡后，稳压4h。

（4）稳压及检查。

当压力升至强度试验压力时，停止升压。要随时注意超压现象的发生，严禁超压。

稳压期间施工单位会同建设单位和监理对管道进行沿线检查，检查其有无断裂、变形和泄漏。

强度试验稳压期间及稳压结束时，管道无断裂、无异常变形，强度试验为合格。在升压或稳压期间若发现异常情况，应首先停车或停止试压，然后泄压，将压力降掉以后，方可进行处理。

（5）管线严密性试验。

严密性试验压力应为设计压力。当强度试验达到要求后，通过排水管排放试验管段内的水，进行泄压。泄压时应严密观察压力下降情况，排水过程应缓慢，当管道内压力降至设计压力时，立即关闭排水阀。当试验管段内压力降至设计压力时，进入严密性试压阶段。严密性试压稳压时间为24h，稳压24h后，对全线进行详细检查。检查由建设单位及监理参加，检查管道有无渗漏和压降超标情况，压降不大于试验压力值的1%为合格。

（6）通球扫水。

管线严密性试验后，进行通球扫水（若是输油管线不一定要扫水），每段最少通球3次，以接收端口排出空气为无色透明且无水迹时为合格。试压水应经过多次过滤后排入沟渠。

2）气压试验

气压试验的顺序是先进行强度试验，合格后进行严密性试验。

气压试验时，升压速度不宜过快，压力应缓慢上升，每小时不得超过1MPa。当压力升至强度试验压力的30%和60%时，应分别停止升压，稳压30min，检查系统有无异常情况，如无异常情况继续升压至强度试验压力。强度试验合格后，缓慢降压至严密性试验压力，进行严密性试验。

试验压力值应符合设计规定。设计无规定时，强度试验压力为1.1倍设计压力，稳压2h，不爆为合格。严密性试验压力为设计压力，稳压24h，压降不大于1%试验压力值为合格。

4. 干燥

1）准备工作

（1）建立干燥站。

（2）接通起点与终点调度通信。

（3）干燥作业所用主要物资全部到位，建立干燥作业供风站。

（4）由监理对管道干燥前的条件进行预验收，并同意进行除水干燥作业。

第三章　线路工程质量管理

2）通球扫线

调试空压机，提供给干燥装置 0.6～0.8MPa 的压缩空气，使空压机与干燥装置正常工作，出口气体露点达到 -40℃以下。发射一枚管道内涂层可以接受的聚乙烯清管器，保持管道内气体压力 0.1～0.2MPa，清管器运行速度约 4～8km/h，且平稳匀速前进。当接收到的清管器未推出明水、杂质时，管道通球扫线作业完成。

3）扫水效果检验

各段的水试压、扫水、管道连头，由负责管道建设的施工单位完成。干燥段从深度除水，直到密封保护，由管道干燥承包商完成。初步除水是干燥的基础，其除水效果的好坏，直接影响到干燥段深度除水的难易和干燥时间的长短，进而影响管道的投产时间。因此试压段除水工作十分重要，必须严格达到质量标准，即最终泡沫清管器的增重小于 1.5kg 时，管段扫水工作才能结束。只有这样，干燥施工才有可能按照预定方案，在规定时间内完成。

检验步骤：在发送端发射一枚泡沫清管器，运行速度约 4～8km/h，管内压力 0.05～0.08MPa，接收到的清管器增重小于分段试压、扫水的段数 ×1.5kg（按照试压规范，每一个试压段最终泡沫清管器的增重应小于 1.5kg），证明扫水效果符合标准，满足管道干燥作业条件。

4）干空气干燥

开启空压机，打开干燥器电源，调整空压机的排量及压力，排量达到 140m³/min、提供给干燥器的压力达到 0.8MPa 时，操纵干燥器控制柜，使干燥器正常循环工作。首先在发球筒放入一个磁性机械清管器，利用干空气发送，运行速度利用背压控制在 4～8km/h。在清管器到达管道末端后取出，对磁性清管器所吸附的杂物进行检查，如基本无杂物则不再发送磁性清管器，如仍有杂物吸附，则视情况再发送 1～2 次，直至无杂物吸附、管内清洁为止。用干空气吹扫 1h，打开发球筒装入一个泡沫清管器，确保清管器就位后，关闭发球筒，向管线内注入露点为 -40℃的干燥空气，推动泡沫清管器向前运行，压力在 0.05MPa 以下；第一个泡沫清管器发出后大约 30min，重复以上操作步骤装入并发送第二个泡沫清管器。

通过巡视人员监听清管器通过时的声音或通球指示器判断，当最后一个泡沫清管器快要到达收球筒时，关闭空压机，靠清管器后面的余压推动清管器继续运行，直至泡沫清管器到达管线末端，关闭收球筒和发球筒进气口阀门。

在判断清管器到达管道末端后，巡线人员打开沿线的排污阀、放空阀等所有阀门，利用管道内的干空气对阀门进行干燥。当管道内的干空气压力达到零后，打开收球筒盲板，取出清管器。继续在发球筒装球、发球。若清管器增重明显，必须通一次直板、皮碗混合型清管器，清除管道内的存水，方法与泡沫型清管器相同。

重复发射轻型泡沫型清管器，清管器的运行速度保持在 6～8km/h，直到管道末端出口空气露点开始下降，减少泡沫型清管器的发送量。泡沫清管器要在放入前和取出后对其进行称重，监控消除的潮湿量。管段末端空气露点达到-22℃以下后，关闭收球筒阀门，使管线内压力达到 0.05MPa，关闭空压机，关闭发球筒进气口阀门，封闭管道，使存留在阀门及管件内的潮气蒸发到管道内的空气中。稳定 8h 后，打开收球筒排空阀及所有阀室放空阀、排污阀进行卸压，对阀门进行干燥。开启空压机，打开干燥器的电源，用干空气置换管道内的湿空气，监测末端出口露点的变化及阀室阀门内空气的露点变化。如果露点低于-22℃，干燥操作结束，准备检验。

在检验前再次运行聚乙烯清扫清管器，以便清除泡沫清管器摩擦管道所留下的泡沫碎屑。清扫完成后，管段封闭 12h。

5）检验及密封保护

（1）检验。关闭阀门，保持管道内干空气压力为 0.05MPa，密闭 12h 后卸压，用干空气置换管道内的空气，测量出口露点，露点下降不超过 2℃，且不高于-22℃，管道验收合格。若露点下降超过 2℃或露点高于-22℃，继续干空气吹扫，直到验收合格。

（2）密封保护。验收合格后停机，拆卸收发球筒，安装已预制好的封头，最后管道内注入 0.07MPa 的干燥空气进行密封保护。

二、关键质量风险点识别

（一）主要控制要点

进场人员（主要管理人员、作业人员），进场机具设备（空压机、收发球筒、泵/试压撬/试压车、发电设备、挖掘设备、试压装置、阀门、压力天平、压力表、记录仪、温度仪、流量计等测量监控仪器），试压介质（水、空气、防冻液等），进场材料（清管球、测径板等），作业文件（管道清管、测径、试压施工方案、作业指导书等），作业环境（天气状况、风速、温度、现场地理位置等）。

第三章　线路工程质量管理

（二）重点管控内容

1. 人员

核查进场人员数量、上岗证、资格证满足作业要求，已经过上岗培训和通过考试，并已履行报验程序。

2. 设备机具

核查进场机具设备、检测工器具数量、性能规格与施工方案相符，检定证书在有效期，报验手续完备，并已报验合格，设备运转正常，保养记录齐全。

3. 材料

试验介质应符合设计文件及相关规范要求，水质化验报告；试压临时用管件、钢管已报验合格，具有完整的质量证明文件（产品合格证、管材材质证明）。

4. 工序关键环节控制

（1）开展了技术交底记录和班前安全交底记录。

（2）管道清管测径、试压应满足已批准的施工方案要求。

（3）试压装置及临时收发球筒应试压合格，具有产品合格证和质量证明文件。

（4）试压用的压力天平、记录仪、温度仪和压力表等测量监控设备应经过检定或校验，并应在有效期内。

（5）线路截断阀不应参与清管。

（6）清管时的最大压力不得超过管材最小屈服强度的30%。清管器过盈量应符合设计及规范要求；测径采用的铝制测径板，直径满足设计及规范要求。直径为试压段中最大壁厚钢管或者弯头内径的92.5%。

（7）测径板安装前应对测径板做出明显标志，当测径板通过管段后，无变形、无褶皱为合格。

（8）试压装置（试压头）与主体管线连接的焊口、主体管线上的临时焊口均经检测合格。

（9）试压后扫水应以无游离水为合格。

（10）试压用水水源选用、排放应符合已批准的施工方案及地方环保部门规定。

三、质量风险管理

清管、测径、试压及干燥的质量风险管理见表3-17。

表 3-17 清管、测径、试压及干燥的质量风险管理

序号	检查内容	建设单位	监理	施工单位
1	人员			
1.1	专职质量检查员到位且具有质检资格	监督	确认	报验
2	设备、机具			
2.1	施工设备（空压机、清管器、临时收发球筒、泵/试压橇/试压车、发电设备、挖掘设备、试压装置、阀门等）已报验合格，设备运转正常且保养记录齐全，满足工程需要	必要时检验	确认	报验
2.2	临时收发球筒在使用前应按规范要求进行检测、压力试验，试验压力为清管最大工作压力的 1.5 倍；试压装置（试压头）用钢管应与试压段材质相同、壁厚相当或高一级，焊缝应无损检测合格。安装前应试压检验合格，强度试验压力为设计压力的 1.5 倍，稳压 4h，无泄漏、爆裂为合格	必要时检验	确认	报验
2.3	压力天平、压力表、记录仪、温度仪、流量计等测量监控仪器已报验合格，并在有效检定日期内，量程、精度满足规范要求	必要时检验	确认	报验
3	材料			
3.1	水压试验的水质洁净、无腐蚀，水质经有资质的实验室化验符合要求，现场有化验报告（水的 pH 值为 6～9，总悬浮物不宜大于 50mg/L，最大盐分含量不宜大于 2000mg/L）	必要时验收	确认	报验
3.2	试压临时用管件、钢管已报验合格，具有完整的质量证明文件	必要时验收	确认	报验
4	执行方案			
4.1	现场有经过批准的管道清管测径施工作业指导书或施工方案	必要时审批	审查/审批	编制、审核
5	清管测径			
5.1	清管前，应确认清管段内的线路截断阀处于全开状态	监督	旁站	施工
5.2	选用清管器时应保证清管器与管线内径有一定的过盈，过盈量宜为 5%～8%	监督	旁站	施工
5.3	清管时，清管器的运行速度和工作压力应符合规范要求，清管器运行速度应控制在 3～9km/h，工作压力宜为 0.05～0.2MPa。如遇阻力可提高其工作压力，但最大压力不应超过 2.4MPa，且不应超过设计压力	监督	旁站	施工
5.4	设有内涂层的天然气管道的清管次数不应少于三次，未设内涂层的天然气管道清管次数不应少于四次	监督	旁站	施工
5.5	设计无要求时，测径板直径应为测径管段最小理论内径的 92.5%	监督	旁站	施工

第三章 线路工程质量管理

续表

序号	检查内容	建设单位	监理	施工单位
5.6	当测径板通过管段后，无变形、褶皱为合格	监督	旁站	施工
5.7	现场施工记录数据采集上传及时，内容完整、真实、准确	监督	旁站	施工
6	管道试压			
6.1	试压介质（水或空气）的选择符合设计及规范要求	监督	旁站	施工
6.2	试压装置（试压头）与主体管线连接的焊口、主体管线上的临时焊口均经检测合格	监督	旁站	施工
6.3	水压试验环境温度应在5℃以上，否则需采取防冻措施	监督	旁站	施工
6.4	试压管段长度不宜超过35km，试压段管道高差不宜超过30m且符合试压方案规定	监督	旁站	施工
6.5	水压试验强度、严密性试验压力值、稳压时间及试压结果应符合设计要求，无设计要求时，执行以下规定： （1）采用水压试验时： 输气管道一类地区强度试验1.1倍设计压力、稳压4h，严密性试验为设计压力，稳压24h；二类地区强度试验1.25倍设计压力、稳压4h，严密性试验为设计压力，稳压24h；强度试验1.4倍设计压力、稳压4h，严密性试验为设计压力，稳压24h；强度试验1.5倍设计压力、稳压4h，严密性试验为设计压力，稳压24h。 （2）采用气压试验时： 输气管道一类地区强度试验1.1倍设计压力、稳压4h，严密性试验为设计压力，稳压24h；二类地区强度试验1.25倍设计压力、稳压4h，严密性试验为设计压力，稳压24h	监督	旁站	施工
6.6	试压结束后，应将管内积水清扫干净，清扫出的污物应排放到规定区域，清扫以不排出游离水为合格，试压水排放应符合试压方案规定	监督	旁站	施工
6.7	干空气干燥法。 （1）密闭试验：当管道末端出口处的空气漏点到达-20℃的空气漏点时，将管段置于微正压（50kPa～70kPa）的环境下密闭4h后检测管道漏点。 （2）干燥验收：密闭试验后露点升高不超过3℃，且不高于-20℃的空气露点，为合格。 （3）干空气或氮气填充：在干燥验收合格后，应向管道内注入露点不高于-40℃、压力为50～70kPa的干空气或氮气，保持管道密闭，并对管道进行密封和标识	监督	旁站	施工
7	施工记录			
7.1	现场施工记录数据采集上传及时，内容完整、真实、准确		验收	填写

第八节　管道连头

一、工艺工法概述

（一）工序流程

施工准备→作业坑开挖→管口处理→动火连头、焊接三通→焊口检测→防腐→电火花检测→作业坑回填、地貌恢复。

（二）主要工序及技术措施

1. 新建管线连头

1) 管口组对

（1）用编织袋装土垫在管口下方，调整需要连接两端管道使其在同一水平线上。

（2）对于水平连接的管段，将连接的管口在圆周方向按照管径大小分成4～8等分划线，如图3-6所示，按照管口垂直偏转1°计算并划出切割端面线，切割打磨好坡口（可以事先利用原管子加工好的坡口端面，在管子表面平行往里引基准平面线，开做好标记，便于后面划线）。

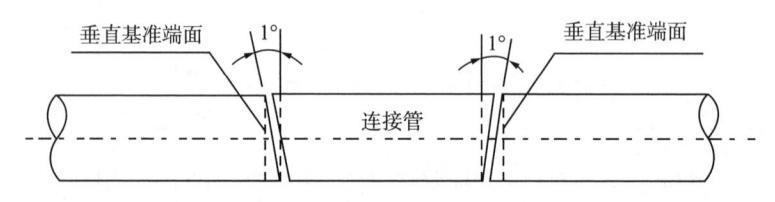

图3-6　管口划线组对示意

（3）对于非水平连接的管段，首先必须确定错口轴线平面（错口平面）的位置，然后测量错口距离 A（图3-7）。根据管道允许斜角规范要求，选取角度 α（5°，10°，15°，20°，25°，30°，35°，40°，45°）和对应算出的短节长度 B（空间允许）。贴上划线贴带，对管道 A 进行 $\alpha/2$ 角度斜口切割/坡口，保持"固定中心 O"不变（图3-8）。管道短节下料：保证 B 尺寸和两侧斜口角度精度（使用划线贴带）。贴上划线贴带，对管道 B 进行 $\alpha/2$ 角度斜口切割/坡口，保持 B 不变。

第三章　线路工程质量管理

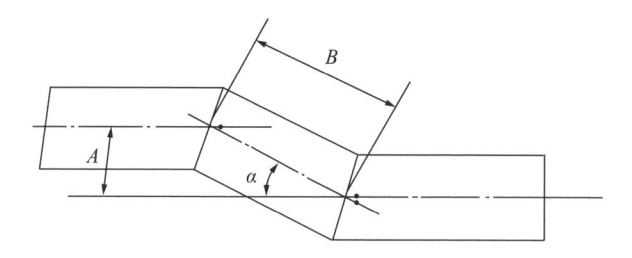

图 3-7　错口测量示意

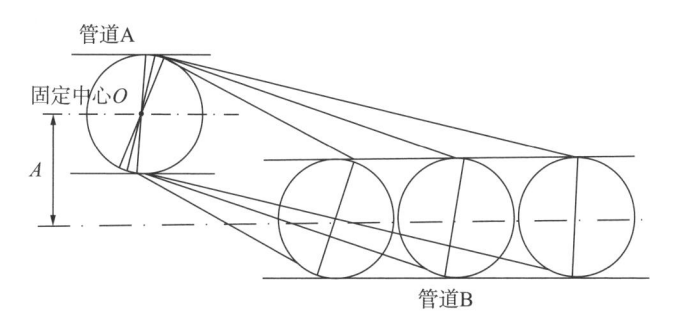

图 3-8　切割划线示意

（4）准确测量相应连接管口等分线位置管口间距，按照测量结果，同样对连接管等划线下（留5mm）的裕量，经试装检查后开坡口，并准确修磨坡口，使连接管刚好能够装入两道管口，这时整个圆周对口间隙最小。

（5）安装连接管，用外对口器或其他对口方法将两道口同时组对，使整个圆周上对口间隙符合规范要求。

（6）夏季施工时，管道在太阳暴晒时表面温度可达50℃以上，而夜晚气温一般在30℃以下，有20℃以上的温差，钢铁的线膨胀系数为0.0000118℃$^{-1}$，按照连接管道外露可自由膨胀收缩长度50m计算，在温差20℃时管道的膨胀量为11.8mm，因此在夏季进行管道连头施工时必须考虑管道的热胀冷缩，北方地区昼夜温差大更要注意并充分利用这一特点。一般在下午和晚间将连接管道安装就位，把两道管口同时组对好并用外对口器或其他卡具固定，这时对口间隙较大，也可以等第2天气温升高管道热膨胀使对口间隙减小到符合规范要求后，点焊固定。

2）管口焊接

（1）两道连头口全部点焊牢固后，方可焊接，先焊接完成一道焊口，然后再焊接另外一道焊口，同时焊接时焊接应力过大容易产生焊接裂纹。

（2）后面焊接的一道焊缝在打底焊时，应将封口部位留到正上方。因为封口焊时管道内外空间即将隔离，管道内外气温、气压不一致，焊接又使管内气温升高，气压加大管内空气向外对流，打底焊到最后封口时空气对流通道变小，使空气流速变得很大，这时焊接容易产生气孔，打底焊封口部位留到正上方能够较好地消除焊接气孔。

3）安全要求

（1）施工人员必须穿劳保服，戴安全帽，持证上岗。

（2）机械设备操作时，必须定人定机，不得擅自换岗。机械启动前应保持良好备用状态。

（3）施工前应检查吊具、钢丝绳、绳索有无损坏，并进行安全核算。起重机起吊装卸作业必须由起重工统一指挥，其他任何人不应向司机发号施令。

（4）管道组对作业由管工统一指挥。

2. 新旧管线连头

长输管道建成后，与在役管道碰口并网是不可避免的，一般来说，根据工艺运行条件，有停输带气微正压碰口，停输置换排空碰口和不停输带压封堵碰口三种方法。

1）停输带气微正压碰口

这种方法适用于天然气管道。停输带气微正压碰口是指管道对口焊接作业期间，关闭被改造管段两侧干线截断阀，并点火放空至微正压（200～800Pa）后，在带气余件下实施管道的碰口作业。该方法操作流程简单，操作费用较低，适用于突发事件下的应急抢修。缺点是安全系数低、不符合环保要求、焊接技术要求高。对于单管、单气源运行方式的在役管线新旧碰口，采取提高管存、适当减限下游用户的供气量等措施，以延长管道碰口作业时间。

（1）前期准备。调配碰口作业机具及人员，落实各项安全管理措施，调整管输工艺，确保上游管段不超压运行，使碰口作业管段的上游、下游侧主干线得以持续运行，以保证城市居民用户的用气需求。

（2）放空管道。关闭碰口作业管段上游、下游阀室干线截断阀，同时打开其两侧相应的放空阀实施点火放空。由于两侧阀室受地势高差影响，放空火炬难以同时熄灭，因此，为避免将作业管段抽成负压，一旦地势低侧的放空火炬自动熄灭后，应立即关闭其所处阀室相应的放空阀，并监测高处阀室的放空火焰，在低于1m时关闭该处的放空阀，使管内微正压保持在

第三章 线路工程质量管理

200～800Pa。

（3）对口焊接。管道对口焊接前，应先在其碰口处钻孔，以测取管内含氧量（应低于2%），泄出的天然气在持续燃烧时火焰高度应适中，使管内处于微正压，再用草帘蘸水后封堵管口，扑灭明火后立即冷却切割管口，将充满氮气、氩气等惰性气体的封堵球塞入管内1.5m处封堵上、下游管口，然后清净管口，对口施焊，并给管体及时降温。

（4）探伤。焊缝冷却后应进行拍片探伤，并采用天然气缓推混合气的置换方式，当测得管内氧含量小于2%、甲烷含量高于95%时，表明置换合格，此时可利用旁通放空管道进行缓慢平气，待碰口管段恢复正常流程后，其下游侧的场站宜切换为收球流程，使封堵球及碰口作业中产生的杂物进入收球筒，确保不损坏干线截断阀。

2）停输置换碰口

该方法是指在条件具备的情况下，阶段带碰口旧管线上下游阀门，排净管内介质后，进行的新旧管线碰口。该法对油气管道均适用。天然气新旧管道进行动火碰口前应采用氮气置换天然气，置换合格后还应采取可靠的封堵措施，防止天然气漏入形成爆炸混合气体。该方法适用于管道的维（抢）修施工作业，现场组焊的安全性高于带气微正压碰口法，但费用会相应增高。

3）不停输带压封堵碰口

不停输带压封堵碰口作业是在保证管道正常运行的前提下，通过在碰口管段两侧有计划地敷设临时旁通管道以保证连续供气，利用物理、机械手段封堵管段两侧后再进行相应的硬口作业。不停输带压封堵为管道碰口作业提供了最为安全可靠的技术保证，并且只有少量天然气被放空，既节约了资源，又保证了作业过程的环保性。但由于其施工流程复杂，作业程序多，因此，比较适用于计划性的检修和换管，对于事故状态下的抢修则不适用。

（1）不停输带压开孔。根据有关规定，管道开孔焊接期间改造段管道运行压力不高于其设计压力的0.4倍，然后在距上，下游管道碰口处外侧约8～10m处各焊接1个封堵三通B、E，旁通三通A、F，平衡三通C，D，并进行磁粉检验，合格后再在三通A、B、E、F上分别安装符合压力等级的专用夹板阀，在夹板阀上安装开孔机，使开孔机，夹板阀，三通形成一个密闭腔体后，再利用动力源进行全密闭半开孔，即开平衡孔C、D的同时开旁通孔A、F，然后开封堵孔B、E（图3-9）随机带出从管道上切割下的鞍形板，完成管道的带压开孔作业。

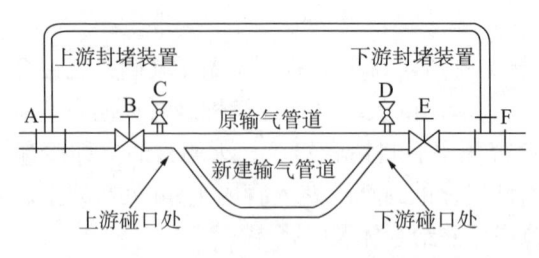

图 3-9 停输带压封堵碰口原理示意

（2）不停输封堵作业。安装旁通管道，利用其两侧的阀门进行氮气置换，检测合格后打开主管道 C 点（C 点与 A 点可连通），由平衡阀向旁通管道输入天然气至压力平衡后，开 A 点夹板阀和 F 点夹板阀，关闭 C 点主管道平衡阀，将管输天然气分流至临时旁通管道。然后，关闭夹板阀，拆除开孔机，将封堵器安装到封堵三通夹板阀上，以机械方式按规程封堵碰口管段，使其全部介质改入旁通管道，待改造管段具备碰口作业条件（图 3-9）。

（3）切割碰口。当被封堵隔离管段的压力降至 0.5MPa 时，关平衡阀 C、D，经 30min 确认封堵严密后，通过 C、D 两个平衡阀对中间管段进行放空点火，然后对 C、D 间的管道进行氮气置换，检测合格后，开始管道的切割碰口。

（4）扫尾作业。按顺序拆除主管道上游 B 点封堵，关闭平衡阀及夹板阀，然后拆除主管道下游 E 点封堵，关闭平衡阀 D 及三通阀 A、F 上的夹板阀，打开旁通管道放气阀，实施旁通管道的点火放空和氮气置换，检测合格后，拆除旁通管道，取出 B、E 处的封堵头，安装开孔机，并分两步依次安装 A、B、E、F 点塞柄和 C、D 点塞柄，拆除开孔机和夹板阀，安装盲板。最后，将有 4 个三通 A、B、E、F 两个平衡阀 C、D 等管件留于管道上进行防腐处理后一并回填。

4）安全要求

（1）施工前必须进行安全交底、培训和应急演练。

（2）凡是进入施工区域的人员必须佩戴合格的个人防护用品。

（3）除了个人劳保用品外，现场还需要配备正压式呼吸器、消防战斗服、消防头盔、急救药箱等。

（4）在作业区域外围使用黄黑安全警戒线围起来，由保安负责进入施工区域人员的登记，并且由施工单位派专人检查进入施工区域人员的劳保用品的佩戴情况，对于不合格者要严禁入内。同时保安负责进入施工现场人员手机、打火机、香烟的收集和存放。

（5）作业坑周围使用红白警戒线围起来，周围悬挂明显安全警戒标示，

第三章　线路工程质量管理

该区域严禁任何非施工人员进入,由维(抢)修公司安全监督员负责现场监督工作。

(6)在每个作业区域高点悬挂风向标,并设立紧急集合点。

(7)设立安全通道,施工期间保证动火现场道路畅通,利于消防车进出和人员逃生。

(8)施工现场防火、防爆必须做到器材落实,人员落实,作业区放置干粉灭火器。消防器材必须专人看管,安全监护人必须到达现场并一直在现场监护。

(9)动火期间每个作业点配置一辆消防车辆和一名急救医生。

二、关键质量风险点识别

(一)主要控制要点

进场人员(主要管理人员、焊工、吊管机/焊接车/起重机械操作手、电工、管工等),进场机具设备(吊车、焊机、发电机、对口器、加热设备、检测工器具等),进场材料(管材、焊材、管件等),作业文件(焊接作业指导书、焊接作业指导卡、焊接工艺规程、连头施工方案等),作业环境(风速、温湿度、层间温度等)。

(二)重点管控内容

1. 人员

核查进场人员数量、上岗证、资格证满足作业要求,并已履行报验程序。

2. 设备机具

核查进场机具设备、检测工器具数量、性能规格与施工方案相符,检定证书在有效期,报验手续完备,并已报验合格,设备运转正常,保养记录齐全。

3. 材料

核查材料质量证明文件(材质证明书、合格证、检验报告等),并应进行外观检查,应抽检管道外径、壁厚、椭圆度等钢管尺寸偏差等符合规范和设计文件要求;焊材的外观质量、烘干情况以及保护气体的纯度、干燥度应符合规范及焊接工艺规程要求;管件外观、外形尺寸等应符合规范及设计文件要求;连头短接尺寸、坡口等满足现场施工要求。

4. 工序关键环节控制

（1）开展了技术交底记录和班前安全讲话。

（2）管工具有类似管径管线连头施工经验，或经过培训且合格。

（3）检查焊接工艺指导卡。检查明确了焊接质量的管理的要求：包括严禁焊接时不预热或预热温度达不到焊接工艺要求；严禁当环境温度低于5℃时，不采取缓冷措施；严禁连续作业时强行组对；严禁违反返修工艺工程进行返修，或违反规定私自进行返修；严禁对同一焊缝位置进行二次返修；严禁违反无损检测规定，干扰检测的真实结果等。

（4）连头用钢管短节长度不小于规范要求，对于不参与试压的连头用短管，安装前已试压合格。

（5）检查焊口编号按照有关规定标注、记录。

（6）检查现场焊接与焊接作业工艺规程相一致，并符合设计图纸。

（7）连头处作业空间应满足连头焊接需要，沟壁应坚实，作业面应平整、清洁、无积水，沟底比设计深度加深500～800mm。连头应避免设在曲线段。

（8）组对前应检查管口清理、管内清洁符合规范要求。

（9）检查对口间隙、错边量等满足焊接工艺规程。

（10）检查焊前环境温湿度、风速、管口预热温度、施焊层间温度、外对口器撤离、焊后保温缓冷满足焊接工艺规程。

（11）检查焊接时焊接电流、电压、焊接方向、层间使用的焊材满足焊接工艺规程。

（12）对口器的撤离应符合焊接工艺规程要求。使用外对口器时，保证均匀对称完成50%以上方后撤离。对口支撑或吊具应在根焊道全部完成后方可撤离。

（13）在施工机组"三检"合格后检查外观质量符合规范要求。

三、质量风险管理

管道连头的质量风险管理见表3-18。

表3-18 管道连头的质量风险管理

序号	检查内容	建设单位	监理单位	施工单位
1	人员			
1.1	特种作业人员（如焊工、吊管机/焊接车/起重机械操作手、电工）具备特种作业资格证，连头焊工取得项目上岗证，并与报验人员名单一致	监督	确认	报验

第三章　线路工程质量管理

续表

序号	检查内容	建设单位	监理单位	施工单位
1.2	焊工人员配备满足施焊要求，施焊项目与考试项目一致	监督	确认	报验
1.3	管工具有类似管径管线连头施工经验，或经过培训且合格	监督	确认	报验
1.4	专职质量检查员到位且具有质检资格	监督	确认	报验
2	设备、机具			
2.1	施工设备（吊管机、焊接车、加热设备、对口器、坡口机）已报验合格，焊接设备性能满足连头焊接工艺要求，设备运转正常且保养记录齐全	必要时检验	确认	报验
2.2	检测仪器（风速仪、测温仪、焊道尺、温湿度计、钳形电流表）已报验合格，并在有效检定日期内	必要时检验	确认	报验
2.3	特殊条件施工措施（防风保温棚、保温被等）到位，数量、完好程度满足连头焊接作业要求	必要时检验	确认	报验
3	材料			
3.1	焊材具有完整的质量证明文件并经过复检合格（产品合格证、焊材复检报告）	必要时验收	确认	报验
3.2	钢管/弯管材质、规格、防腐层等级以及焊材材质、规格等符合设计及焊接工艺规程要求（注意变壁厚、变防腐层等级）	必要时验收	确认	报验
3.3	连头用钢管短节长度不小于1倍管子外径且不小于1m，对于不参与试压的连头用短管，安装前已试压合格	必要时验收	确认	报验
3.4	管口二维码标识完整，与实际所用钢管相符	必要时验收	确认	报验
4	执行工艺			
4.1	现场有经过批准的与现场施焊相符的连头焊接工艺规程	必要时审批	审查/审批	编制、审核
5	管道连头			
5.1	连头口位置应选择在地势较平坦地段的直管段上，不得设置在不等壁厚、热煨弯管、冷弯管、定向钻平段等可能存在应力集中的部位，连头地点两侧管道的自由端长度应大于50D	监督检查	旁站	施工
5.2	下料时充分考虑热胀冷缩量，坡口加工应符合连头焊接工艺规程的要求	监督检查	旁站	施工
5.3	管口清理、管内清洁符合规范要求规定管口应完好无损，两侧10mm范围内应无铁锈、油污、油漆、毛刺，管内无污物	监督检查	旁站	施工
5.4	焊接组对参数（坡口形式、坡口角度、组对间隙、钝边、错边量）符合连头焊接工艺规程要求，不得强行组队	监督检查	旁站	施工
5.5	焊接环境（天气、湿度、风速、环境温度）满足连头焊接工艺规程及规范要求，沟下作业时，防塌方措施等施工安全措施应到位	监督检查	旁站	施工

续表

序号	检查内容	建设单位	监理单位	施工单位
5.6	焊前预热温度、层间温度、加热方法、加热宽度、测温要求符合连头焊接工艺规程要求。环境温度低于-5℃时，应采取保温、缓冷措施	监督检查	旁站	施工
5.7	施焊时采用的焊接工艺参数（焊接极性、电流、电压、干伸长度、焊接速度等）符合连头焊接工艺规程	监督检查	旁站	施工
5.8	对口器的撤离应符合焊接工艺规程要求，使用外对口器时，保证均匀对称完成70%以上后可撤离	监督检查	旁站	施工
5.9	焊缝外观质量（表面缺陷余高、宽度、错边量等）满足规范要求，余高打磨未伤及母材。其中：（1）焊缝及其热影响区表面不得有裂纹、未熔合、气孔、夹渣、飞溅、夹具焊点等缺陷，表面不低于母材；（2）余高一般不超过2mm，局部连续50mm范围内不得超过3mm，余高超过3mm时，应进行打磨，打磨后应与母材圆滑过渡，但不得伤及母材；（3）焊缝宽度每侧应比坡口宽0.5～2mm	监督检查	旁站	施工
5.10	连头焊接完成后，按焊口编号规定对焊口进行编号，并标注在焊口一侧	监督检查	旁站	施工
5.11	连头焊口出现根部缺陷时，应进行割口处理；其他部位返修只允许一次	监督检查	旁站	施工
5.12	沟下连头作业时，应采取防塌方等安全措施	监督检查	旁站	施工
6	无损检测			
6.1	连头焊口无损检测应采用100%射线和100%超声波检测	监督检查	抽检	检测
6.2	无损检测方式及检测合格标准执行设计规定要求	监督检查	连头、返修、金口100%复查	检测
6.3	核查检测焊口与施工焊口一致性（检测申请、检测指令、检测报告应一致）	监督检查	抽查	检测
6.4	检测报告的评定、审核人员资质应满足合同要求	监督检查	确认	报验
6.5	监理单位应对无损检测结果进行20%复核；建设单位应按照第四方检测方案对无损检测结果进行复核	复核	复核	检测
7	施工记录			
7.1	现场施工记录数据采集上传及时，内容完整、真实、准确		验收	填写

第三章　线路工程质量管理

第九节　阴极保护

一、工艺工法概述

（一）工序流程

实现阴极保护的方法通常有牺牲阳极法和强制电流法。由于在杂散电流排除过程中，在管道上保留有一定的负电位，使管道得到了阴极保护，所以排流保护也是一种限定条件下的阴极保护方法。

1. 牺牲阳极法

在腐蚀电池中，阳极腐蚀，阴极不腐蚀。利用这一原理，以牺牲阳极优先溶解构筑物成为阴极而实现保护的方法成为牺牲阳极法。牺牲阳极法工序如下：

材料准备及安装→牺牲阳极测试。

2. 强制电流法

根据阴极保护的原理，用外部的自流电源作阴极保护的极化电源，将电源的负极接管道（被保护构筑物），将电源的正极接至辅助阳极，在电流的作用下，使管道发生阴极极化，实现阴极保护。

强制电流法的电源常用的有整流器，还有太阳能电池、热电发生器、风力发电机等。辅助阳极的常用材料有高硅铸铁、石墨、磁性氧化铁及皮钢铁等。强制电流法是目前长距离管道最主要的保护方法。强制电流法工序如下：

施工准备→阴极保护站安装→蓄电池的安装与验收→控制器的安装与验收→辅助阳极→电缆敷设→参比电极安装→强制电流阴极保护系统的调试→全线保护参数测试。

3. 排流保护

当有杂散电流存在时，通过排流可以实现对管道的阴极极化，这是杂散电流就成了阴极保护的电流源。但排流保护受杂散电流限制。通常的排流方式有直接排流、极性排流、强制排流三种形式。

（二）主要工序及技术措施

1. 沿线阴极保护测试桩安装

1）测试桩准备

施工前应购置设计图纸要求的阴极保护测试桩，检查外观尺寸及内部结构完好，接线牢固。若产品本身带引线，应检查引线长度、绝缘层等符合图纸要求。

不同类型的测试桩的桩体类型一致，但其中接线方式各不相同。施工前应熟悉图纸规定的不同地段测试桩的类型，逐段准确安装。

在岩石地段，回填管沟时应预留测试桩，安装坑尺寸为 1.5m×1.5m。

2）测试桩安装

施工前应根据施工图纸提供的测试桩位置，推算到实际焊口、管子上，并测出距最近的转角桩的距离、方向等数据，并在测试桩标牌上注明桩的类型编号、里程。

沿线的电位与电流测试桩兼作里程桩用，安装时应用光电测距仪测量距离，桩间距离误差不大于 1.0m。

测试桩的测试导线与管道连接采用铝热焊接法连接，具体如下：

（1）焊接处管道的顶部防腐层割开 100mm×80mm，将其清理干净，打磨出金属光泽。

（2）磨后将管道表面清洁干燥，并预热至 100℃。

（3）按铝热焊接操作说明装焊模、焊剂、放置点火器具，接好电池盒引线并点火焊接，焊后 3min 可取下模具，打掉焊渣，检查焊点牢固。

（4）焊接处采用管道补伤材料防腐，并将测试导线固定，顺管沟壁引出敷设。

测试导线的色标按其功能划分，全线应一致。测试桩体按设计要求施工，埋入地下的部分，回填时应分层夯实，使基础稳固，防止雨季桩体倾斜。测试盒中接线桩和接头表面不得有油污和氧化皮。

设在穿越套管处、钢质电缆与管道穿越处的测试桩两端接线与防腐方式均与前述焊接方式相同；桩位设置位置符合图纸要求，其安装应与穿越管段共同完成，安装后应及时测试。

3）测试桩的检查

测试桩安装完毕后，应填写测试桩安装检查记录表。

第三章 线路工程质量管理

2. 强制电流阴极保护系统

1）施工准备

阴极保护工程施工前，施工人员必须充分了解和掌握图纸要求，了解本施工区段中各种不同结构的阴极保护系统的功能及阴极保护站内外设施的分布和施工要求。

施工前做好备料工作，所有材料、设备的规格型号与设计图纸相符。

各种设备到达施工现场后，应根据装箱单开箱检查清点附件、设备和所附资料齐全、完整。检查直流电源设备，如整流器、恒电位仪等，以保证内部接线坚固可靠；同时按产品出厂厂家给定的检查方法接通电路，用万用表测量、检查仪器工作状况。可控硅电位仪安装前，首先应按出厂技术标准对交流输出特性、漂移特性、负载特性、抗干扰能力、流经参比电极的电流、防雷击余波性能、过流保护和复位、自动报警等各项性能指标逐台进行检验，不合格者不予接收。

检查辅助阳极的材料、尺寸、导线长度及安全件符合设计要求，在搬运和安装时注意避免阳极断裂或损伤。安装前必须对导线作绝缘探伤检查，有缺陷处必须修复。严格检查辅助阳极的接头绝缘密封性，任何破损、裂纹、缺陷都必须修复。阳极回填料的成分、粒径均应符合设计要求，填料中不得混有草、泥、石块等杂物。

2）阴极保护站安装

整流器或其他电源设备的安装应按设计和设备说明书要求进行，用专用工具操作，并符合下列规定：

（1）电源设备小心轻放，不得震动。

（2）接线时应根据接线图核对交、直流电压的关系，输出电源的极性必须正确，并应在接线端子上注明"+"或者"-"符号。

（3）所有设备的接线应符合当地和国家的电气法规，在交流供电侧应配有外部切断开关，机壳应接地。

（4）以太阳能电池、风力发电机为电源时，应按图纸要求设置逆流控制装置。

电源设备在送电前必须进行全面检查，各种插接件应齐全，连接应良好，接线正确。主回路各螺栓连接应牢固，设备接地可靠。安装时必须将"零位接阴线"单独用一根电缆接到管道上。

电位仪所用饱和硫酸铜参比电极埋设深度，硫酸铜饱和溶液的配制及所用硫酸铜的纯度均应符合设计规定。

当阴极保护站不与站场合建时，使用太阳能电池电源系统的安装要求。

开箱复验并核对电源系统及附件，同时核对安装位置。

根据图纸，现场浇筑混凝土基础，在浇筑时注意预留地脚螺栓的洞孔，洞孔位置符合图纸尺寸。

基础养护好之后预埋地脚螺栓，并将组件支撑架底部槽钢固定在地脚螺栓上。

安装电池组件支架，调整紧固各螺栓。

安装太阳能电池组件，并用螺栓紧固，要求板面平整，不得变形。

根据不同季节调整电池方阵角度，并固定抗风索。

控制台、系统配线的安装应严格按说明书进行。接线在接线盒内完成，不允许导线接头直接暴露在空气中。

3）蓄电池的安装与验收

安装要求：

（1）将单体电池组装成型或排列成行，按正确极性串联连接，固紧连接板。

（2）对于蓄电池，按使用说明书配电解液，每个单体电池加相同电解液至要求位置。

（3）检测单体电池端电压和蓄电池组端电压达到说明书所规定的值。

验收内容如下：

（1）单体蓄电池允许端电压范围：固定型铅酸蓄电池（标称电压2V）为1.85～2.50V，密封铅酸蓄电池（标称电压6V）为5.5～7.2V，碱性蓄电池（标称电压1.2V）为1.1～1.7V。低于下限应断开负载，高于负载应停止充电。

（2）蓄电池组输出端应就近配有短路保护，熔断器动作电流按最大充电电流的1.5～2.0倍选取。

（3）连接电缆要求：开口蓄电池组外引线采用防腐和耐低温电缆。所有蓄电池所用电缆的截面，根据最大充电电流时其线路压降不大于标称电压的2%选取。

4）控制器的安装与验收

控制器的安装应按说明书的要求将输出、输入引线连于相应标志位置。

验收内容如下：

（1）逐路核查各太阳能电池阵的输出电流一致，其允差在5%以内。

（2）检查充电控制分级开合继电器动作清脆、单一和无震颤，同时观察

第三章　线路工程质量管理

充电电流表的变化一致。

（3）当蓄电池处于过放状态时，必须有醒目的显示或声响报警。

（4）为防止偶遇灾害气候影响供电连续性，控制器内必须装有由外交流 220V 电源供电的可调充电单元，其配置容量不低于蓄电池组 20h 充电电流。

5）辅助阳极

辅助阳极的安装应注意以下几点。

（1）辅助阳极的位置应由设计人员按照现行标准规定的原则现场选定。

（2）辅助阳极敷设方式应依据施工图（垂直或水平方式）选择，阳极四周必须填装导电性材料，并保证填料的厚度、密实。回填时应注意不得损伤导线和阳极。

（3）直流电源的正极至阳极床的阳极电缆应尽量不做电缆接头，在不得已情况下，应限制到最少。电缆接头要精心施工，严格制作使其达到防渗、防腐绝缘、密封的要求。

（4）在阳极区的阳极汇流电缆和阳极引线间，可采用螺栓连接。连接处要采用环氧树脂严格制作，以达到防渗、防腐绝缘、密封。当采用双接头阳极时，应该采用双汇流电缆。

（5）阳极埋深按图纸要求进行。

（6）阳极地床的回填料顶部应使用 5～10mm 粒径的粗砂和砾石，厚度不小于 500mm，以利于阳极产生的气体逸出。必要时，按设计需要安装带有孔洞的硬塑料管，直插入阳极地床中心处，作排气孔用。

6）电缆敷设

强制电流的连接导线应采用电缆直埋敷设，电缆选型按设计要求进行。

（1）电缆表面距地面的深度不应小于 1.0m。

（2）直埋电缆的上、下层面须铺厚不小于 100mm 的软土或沙层，上盖混凝土保护。其覆盖宽度应超过电缆两侧各 50mm。

（3）直埋电缆沿线、转角及其接头处应有明显的方位标志或牢固的标桩。

（4）电缆敷设时应留有少量裕度，并作波浪形敷设。

所有电缆或导线必须带有色标，或采用其他永久性标志。

所有地下电缆连接头必须做到牢固可靠，导电良好；并做好防腐绝缘、防渗、密封处理。阳极电缆接头尤为重要。

电缆和管道的连接，可采用铝热焊接方式，其要求如下。

（1）焊接处的管道表面应清理干净，打磨出金属光泽。

（2）打磨后，管道表面清洁、干燥，并应预热至 100C。

（3）按铝热焊接操作说明装焊剂、模具，放置点火器具。接好电池盒引线，并点火焊接。焊后3min可取下模具，打掉焊渣，检查焊点牢固。

（4）焊接处应采用和管体相同的材料防腐绝缘。

（5）焊接的导线应和管体采用胶带固定内圈以防导线损坏。

7）参比电极安装

长寿命埋地型硫酸铜参比电极的施工要求：

（1）参比电极陶瓷体应采用蒸馏水浸泡24h。

（2）参比电极四周应按照牺牲阳极填包技术进行填包，若无特殊说明，可采用的填料配方质量分数比为石膏粉：工业硫酸钠：膨润土=75：5：20。

（3）包料的包裹袋一般采用棉布袋，严禁使用人造纤维编织袋。

参比电极的成分、杂质含量及应用必须符合图纸要求。参比电极埋设位置应尽量靠近管道，以减轻土壤介质中的电位降的影响，但对于热油管道要注意热力场的作用对电极性能的不良影响。参比电极不应埋在冻土层里。

8）强制电流阴极保护系统的调试

系统建成后应作调试，调试时其电源设备的给定电压应由小到大，连续可调。

管道的阴极保护电位标准：

（1）通电情况下，测得管道保护电位为-850mV（相对$Cu/CuSO_4$，下同）或更负，并应注意土壤介质中电流流动造成的压降的影响。

（2）管道表面与同土壤接触的参比电极之间测得的阴极极化电位差不得小于100mV，这个准则可以用于极化的建立过程或衰减过程中。

（3）当土壤或水中含硫酸盐还原菌且硫酸根含量大于0.5%时，通电保护电位应达到-950mV或更低。

（4）最大保护电位应为-1.25V。

当采用反电位保护调试时，应先投主机（负极接管道，正极接阳极），后投辅机（正极接管道，负极接阳极）。停止运行时，必须先关辅机，后关主机。

9）全线保护参数测试

阴极保护投产之前，应检查直流电源接线正确，机械强度及导电性满足送电要求。

强制电流保护在投产前应对管道自然参数进行测试，投产后每隔2h测量一次极化电流，当电流稳定72h后方可进行投产测试。除规定测试项目外，还应增加阳极地床接地电阻（通电前）、直流电源的电位、电压，以及阳极地床的电位梯度。

第三章 线路工程质量管理

所用仪表和工具应进行检查和校验,仪表选型应符合要求。

阴极保护电参数的测量方法执行标准《涂覆涂料前钢材表面处理 表面清洁度的目视评定 第1部分:未涂覆过的钢材表面和全面清除原有涂层后的钢材表面的锈蚀等级和处理等级》(GB/T 8923.1-2011)。

阴极保护投产测试应能对管道防腐绝缘覆盖层、绝缘连接、套管的绝缘及全线阴极保护水平给予评价,还应对相互干扰给予评估。

3. 牺牲阳极保护系统

1)材料准备及安装

检验阳极产品质量保证书所标成分和设计图纸的要求相一致,铸造表面符合《埋地钢质管道阴极保护技术规范》(GB/T 21448-2017)的要求。若是购置包装好的阳极,还应检查阳极位于填包料的中间,填包料密实。假如提供的是带有防水的外包装,在使用之前应除去。

对于现场填包的阳极,使用前应对阳极表面进行处理,清除表面的氧化膜及油污,使其呈现金属光泽。

阳极填包料的成分应符合设计要求,填包料应调拌均匀,不得混入石块、泥土、杂草等。填包料应采用天然纤维织品包裹,不应使用人造纤维制品,也可以采用现场钻孔内包封,无论用什么方式,都应保证阳极四周填包料厚度(不应小于50mm)一致、密实。

导线和阳极钢芯可采用铜焊或锡焊连接,搭接焊缝长度不得小于50mm。电缆和阳极钢芯焊接后,应采取必要的保护措施,以防焊接部位损坏。焊完导线的阳极在搬运过程中不得牵引导线。

导线和钢芯的焊接处及非工作的阳极端面应采用环氧树脂或与环氧树脂相当的材料进行防腐绝缘。

带状阳极:

(1)带状阳极可以平行管道同沟敷设,也可采用缠绕方式敷设。

(2)当采用缠绕方式敷设带状阳极时,应采用绝缘胶带每隔一定距离和管体绑扎一次,防止阳极带移动。

(3)带状阳极钢芯可采用铝热焊接方式和管道连接,一般搭接点应位于管道的上半部。焊接处应采用聚乙烯补伤片防腐绝缘,不得有钢芯外露。

(4)套管内的带状阳极不允许和套管内壁有任何接触。

2)牺牲阳极的测试

在采用牺牲阳极的管道测试桩处,应接上和管材一致的辅助片,供作自然电位参数测试用。还应加阳极开路、闭路电位、单支及组合阳极的输出电流、接地电阻。

牺牲阳极投产测试，必须是在阳极埋入地下、填包料浇水 10d 后进行，应在 30d 后重复测试一次。

保护电位应以两桩间管道位置处的电位为准。当无法测量时，可以断开桩处的阳极，测其管道的开路电位作为参考。

二、关键质量风险点识别

（一）主要控制要点

主要控制要点包括：进场人员（主要管理人员、焊工、电工等）、进场机具设备（电焊机）、进场材料（变压器、整流器、电缆、阴极电池、阴极保护带等）、作业文件（阴极保护施工方案、阴极保护作业指导书等）、作业环境（风速、温湿度、天气情况等）。

（二）重点管控内容

1. 进场人员

核查进场人员数量、上岗证、资格证满足作业要求，并已履行报验程序。

2. 进场设备机具

核查进场机具设备、检测工器具数量、性能规格与施工方案相符，检定证书在有效期，报验手续完备，并已报验合格，设备运转正常，保养记录齐全。

3. 进场材料

核查材料质量证明文件（材质证明书、合格证、检验报告等），并应进行外观检查，应抽检阴极保护材料规格、型号符合规范和设计文件要求。

4. 工序关键环节控制

（1）开展了技术交底记录和班前安全讲话。

（2）设备的规格、型号与图纸一致。

（3）阴极、电缆等材料的规格、类型、数量与设计图纸一致并经报验；所用的设备及各种材料、器材的类型、质量和数量必须符合设计规定。

（4）电源、设备的安装质量，如变压器、整流器、电缆、阴极电池等应按详细的设计图中位置安装，并应达到设计要求，包括：各插件齐全，连接牢固，

第三章 线路工程质量管理

接线正确。

（5）工作保护接地可靠，零位接单独接到管道上，不得接错；电源电压与恒电位仪的额定电压相符；参比电极中硫酸铜饱和溶液的配制及所用硫酸铜的纯度应符合设计规定，埋设应达到设计要求。

（6）主电缆与阳极之间的连接点应进行防水密封，如设计有要求，按照设计要求执行。

（7）管道及其设施的防腐绝缘良好。

（8）电源系统调试结果合格。

（9）测试桩类型、数量、桩埋深、垂直度可靠。

（10）测试桩位置准确，埋设位置为沿管线前进方向的左侧 1km 一根，具体埋设位置应按阴极保护施工图纸的规定并参照线路里程桩的埋设规定与线路里程桩合二为一，且分类明确（用不同色标），埋置稳固，数量无缺。

（11）引线安装状态良好，在接线盒里连接良好，测试导线应有颜色标志。

（12）管道保护电位用高内阻电压表测量情况。

三、质量风险管理

阴极保护的质量风险管理见表 3-19。

表 3-19 阴极保护的质量风险管理

序号	检查内容	建设单位	监理	施工单位
1	人员			
1.1	特种作业人员（如焊工、电工）具备特种作业资格证，并与报验人员名单一致	监督	确认	报验
1.2	焊工人员配备满足施焊要求，施焊项目与考试项目一致	监督	确认	报验
2	设备、机具			
2.1	施工设备（吊管机）已报验合格，设备性能满足施工工艺要求，设备运转正常且保养记录齐全	必要时检验	确认	报验
3	材料			
3.1	变压器、整流器、电缆、阴极电池、阴极保护带等材质、规格、符合设计要求	必要时验收	确认	报验
4	执行工艺			
4.1	现场有经过批准的阴极保护施工方案、阴极保护作业指导书等	必要时审批	审查/审批	编制、审核

续表

序号	检查内容	建设单位	监理	施工单位
5	阴极保护			
5.1	施工前，施工人员要充分了解和掌握图纸要求，仔细核对临时阴保位置信息和图纸设计信息一致	监督	核查	施工
5.2	管道下沟完毕后，采用定位设备进行临时阴保埋设位置、阴保电缆焊接位置的测量，临时阴保及阴保桩安装的位置必须与设计纵断面上的标注相一致	监督	核查	施工
5.3	剥离防腐层时，不得直接站在管子上作业；严禁使用无安全防护罩的角磨机，对防护罩出现松动而无法紧固的角磨机严禁使用并由专人及时修理，严禁当事人擅自拆卸角磨机	监督	巡视	施工
5.4	牺牲阳极与管线同沟敷设，每处带状锌阳极长度不小于10m，埋设于管沟底部。保持平直，并用细土进行回填	监督	巡视	施工
5.5	在回填完毕后的地面做好标记，并采用定位设备测量位置信息，做好记录	监督	巡视	施工
5.6	测试桩露出地面高度为2m，测试桩底板埋深为1m。测试桩基墩底部置于均匀密实的土层之中。测试桩安装于管道正上方，铭牌应正对来气方向	监督	巡视	施工
6	施工记录			
6.1	现场施工记录数据采集上传及时，内容完整、真实、准确		验收	填写

第十节 线路附属工程

一、工艺工法概述

（一）工序流程

1. 线路阀室

长输管道干线截断阀室的施工，应在全线管道基本贯通、阀室两侧的管线均已下沟回填、阀室前后留出40～60m直线管段时，再进行组装。这样做的好处是管线连头时可以不考虑管线由于受温度影响产生热胀冷缩而发生的尺寸变化；还可以调整管线的竖向位置，便于阀墩和阀支座的安装。

阀室施工应按照"先土建后工艺，先地下后地上，先室内后室外"的原

第三章 线路工程质量管理

则进行，其主要施工工序如图 3-10 所示。

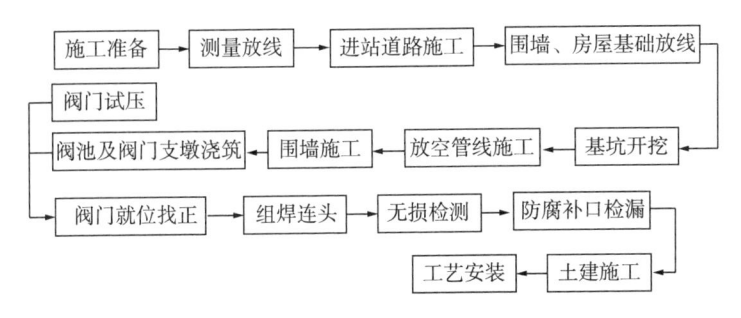

图 3-10 阀室施工工序

2. 三桩埋设与警示牌

为达到管道标识完整和清晰，方便管理，防止第三方破坏和标准化的要求，长输管道需要埋设三桩一牌。线路三桩一牌包括：里程转/阴保测试桩、标志桩（转角桩）、加密桩/通信标识和警示牌。具体工序如图 3-11 所示。

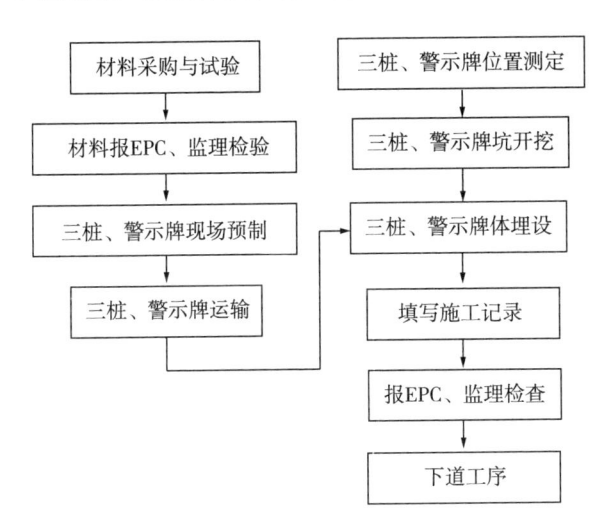

图 3-11 三桩一牌埋设工序

3. 水工保护

管道通过以下地段时应设置水工保护措施：采用开挖方式穿越河流、沟渠地段；顺坡敷设和沿横坡敷设地段；通过田坎、地坎地段；通过不稳定边坡和危岩段。基本工艺工序如下。

（1）浆砌石护岸（护坡、护底）施工。

测量放线→基槽开挖→基础处理→毛石砌筑→勾缝→砌体养护。

（2）浆砌石截水墙施工。

基础边槽平整→配置水泥砂浆→砌筑毛石→砌体勾缝→砌体养护。

（3）混凝土块稳管施工。

混凝土块预制→测量定位→放置橡胶板→吊装混凝土块→回填。

4. 地貌恢复

施工准备→农田地段、河流穿越地段、山区石方地段等不同地段的地貌恢复处理→弃土弃渣及废弃物处理→工程验收。

（二）主要工序及技术措施

1. 线路阀室

1）施工准备

（1）施工前应熟悉图纸，掌握阀室的结构及不同阀室的异同，各种阀室的位置见各管段纵断面图。施工前由设计人员现场交桩。阀室位置应尽量选在地势相对平坦、较高、不被水淹、地质条件良好、靠近农田小道方便进出之处。

（2）施工前应清点所有阀门、管件、管子及建筑用料，检查安装用料符合设计要求，数量足够。

（3）每次检查进口阀门后，均应保持阀门出厂时的原包装，不准随意拆卸包装物，以防止在运输中损伤设备。

（4）阀室施工应在全线线路基本贯通、两侧管线均已下沟回填、阀室前后留出40～60m直线管段时进行。

2）阀室场地清理、开挖

首先进行测量放线，找出管道中心线，确定主阀的安装位置。以主阀位置确定旁通管线及阀室围墙的位置，从围墙四周各向外延伸5m开挖基坑。

3）阀门及管件组装

在干线阀门及支线阀门安装前，应进行下列检查：

（1）按出厂说明书检查阀门工作压力及性能，海关商检单和各种资料应齐全，所有资料应妥善保管，随竣工资料一并移交建设单位。

（2）阀门外壳平滑、洁净、防腐层完整；阀门碟口应有保护装置及膛孔密封袋直。

第三章 线路工程质量管理

（3）零件、配件和装箱单齐全，各部件连接紧固，开关灵活，指示正确。发现阀门不符合要求或有缺陷时，应及时向建设单位反映，必要时应由供货商给予退换。

阀门如有出厂水压试验记录，试验压力达 1.5 倍工作压力时，则不再进行水压试验，无此记录时则需做试验。

在试验压力下维压 5min，阀体、垫片、填料函及阀门的各密封面均不变形、无损坏、不渗不漏时为合格。试压合格后应排除内部积水，不允许有任何泥沙等污物。密封面应涂防锈油，关闭阀门，封闭出入口。不合格的阀门应寻求更换或商议维修。

应在预制厂内按图纸尺寸进行各管节下料，其管段长度误差为 ±2mm，管口端面和轴线的垂直度偏差不大于 2mm，切割平面应平整，坡口角度为 60°～70°，钝边为 1～1.5mm。同一阀室的用料应一次下完，并对照图纸进行编号。可在现场建钢预制平台，组装相邻管件；也可通过测量仪器校正安装管段，以使组装误差减至最小。为保护阀室密封面，阀门组焊时应处于全开状态。

检查整体尺寸、位置、流程符合要求，测量尺寸允许偏差应符合下列要求：
①每个方向总长度 L 允许偏差为 ±5mm。
②管件之间中心距误差对照图纸不大于 ±3mm。
③角度允许偏差每个方向全长不超过 ±10mm。
④支管与主管横向的中心允许偏差为 ±3mm。
⑤法兰密封面应与管子中心线垂直，法兰外径允许偏差不大于 2mm。
⑥管段平直度允许误差为 0.5mm/m。尺寸误差不合格时，应去除点焊，重新测量组对。

4）焊接与探伤

将组对好的管段焊接，焊接方法与主管道焊接工艺要求一致，按"焊接工艺作业指导书"执行。相邻两焊缝间距应大于 1.5 倍管径。

焊接时应将试压装置同时焊接安装上，其组装要求和检验按"试压作业指导书"执行。

焊接完毕后，应对每条环缝进行 100% 超声波探伤与 100%X 射线探伤，其要求按审批完成的"无损探伤工序作业指导书"，对每道焊口的探伤结果填入表中，并经监理认可签字。

5）管线试压与排水

线路截断阀室可以不单独进行试压，只随管线一起进行试压。试压合格之后进行分段自流排水。在山区地形陡降的大落差地段，导通试压段落的数量应考虑静水压，由管线的强度来确定。阀室中旁通阀法兰处接放水支管排水。

6）补口、检漏

（1）对焊口处进行补口。补口方式的要求与干线管段相同，采用带环氧底漆的热收缩套。

（2）阀门外壳防腐涂层随设备进口而来，施工的各个环节中，各种物体不得与阀体碰撞、刮、磨，保证不损坏防腐层。

（3）管件（三通、弯头、法兰）的防腐底层用液体环氧涂刷，外缠聚乙烯胶带。

（4）对整个系统进行检漏，3PE防腐补口带为15kv，环氧底漆则为5v/μm，发现漏点用补伤片（与管体补伤相同）补伤，再次检漏直至合格。

（5）阀室内管线组装完毕后，填写安装记录。

7）阀室土建工程

（1）阀室土建工程应在管段最终组装后开始。施工前应排干场地存水，并进行测量放线。阀室前后各20m管沟不回填。

（2）按图纸开挖房屋与设备基础基坑，做地基土处理；然后浇筑混凝土基础。设备基础浇筑时应预留地脚螺栓孔洞，其位置应测量准确。开挖基坑与浇筑基础时因上部已有成形设备管网，故应人工认真操作，不得损伤防腐涂层。

（3）基础以上房屋施工时，应作支架包裹油毛毡与厚塑料布将阀体和管网全部包裹严密，同时搭设脚手架等硬隔离防护。施工中严禁砖块、混凝土块等物体砸向设备和管网，尤其是在房盖吊装过程中更应注意。

（4）房屋建成后，拆掉管网与设备包裹层，再次进行防腐检漏。

（5）室内、室外同时回填，室内用细土，粒径小于3mm，室外用原状土。回填时在相同高度室内外一起夯实，达到设计地面标高。室内回填平整，上填150mm三合土，夯实后铺压混凝土砌块作地面。具体做法见阀室土建安装图。

（6）进行地貌恢复工作，应严格清理现场，清除所有施工废料、建筑垃圾、生活垃圾、油污、污水等，填平排水沟，恢复原地貌。

8）自动控制设备安装

土建施工中应建设备安装基础及电缆进出管道。

对于有自动控制阀的阀室，详细说明阀室号位，在土建工程交工后按自动化专业施工图纸安装自控设备与电缆，并进行调试。

9）绝缘接头安装

（1）绝缘接头的安装位置应便于检查和维护，干线管道上的绝缘接头宜设置在进、出站 ESD 阀组及清管弯管的外侧。绝缘接头与管件之间宜有不少于 6 倍公称直径且不小于 3 米的距离，最终应通过所在管道应力分析计算优化安装位置。一般分别设在首站出站、中间站与减压站进出站、末站进站围墙内 2m 处。

（2）绝缘接头的耐水压级别应大于或等于管线耐压级别，并应测试绝缘电阻。现场安装焊接时，绝缘接头中间部位温度不应超过 120℃，必要时应采取冷却措施。绝缘接头两端呈焊接形式与管体相连，接头焊口需经过 100% 的超声波与 X 射线探伤。绝缘接头安装两端 11m 范围内不宜有金口。绝缘接头与管线的连接焊缝应按管线补口要求进行防腐，防腐作业时绝缘接头的表面温度不应高于 120℃。所有焊接、探伤、防腐补口等工序的施工要求，均见批准的各工序施工作业指导书。

（3）绝缘接头的干线侧阴极保护电缆用铝热焊剂焊接于管体上，其焊接点处理与防腐和测试桩安装方法相同。

（4）试验合格的绝缘接头，应采用 1000V 兆欧表按《埋地钢质管道阴极保护参数测量方法》GB/T 21246—2007 要求进行绝缘电阻测试，绝缘接头的绝缘电阻值应大于 20 MΩ。

（5）清管站、减压站等无阴极保护恒电位仪的站前后绝缘接头之间用电缆跨接（甩开站场），电缆规格、路径与埋深见阴极保护图纸，与管道的连接方式同上述。

（6）绝缘接头直接埋地，要求沿管长 3m 范围内回填细土至地表，在距管轴线 1m 处设标志桩。

10）通球指示器的安装

（1）应说明全线所设通球指示器的数量。一般安装在清管站、中间站、减压站、末站侧墙外距收球筒 1000m 处的管线上，其位置要经过测量来加以确定。

（2）通球指示器的安装是在干线上方开孔，引出一支管，经焊接、探伤、防腐后引至地面。支管上部仪器安装在由钢管做成的检查井中，检查井上部设防水端盖，并锁定。其仪器结构、安装方法详见各自动化专业图纸。

11）压力监测点安装

压力监测点在阀室内时，设在检测支管上，同时连接数据采集装置，通过光缆将数据远传。当压力监测点建在无阀室处时，应设地下检查井，安装检测仪表与数据采集装置。压力检测点的结构、检测井要求、设备安装要求均见各自动化专业图纸。

2. 三桩埋设与警示牌

1）里程桩/阴保测试桩

里程桩用于标记输油管道的走向、里程。测试桩用于监测和测试管道阴极保护参数的地面标识。一般将里程桩与测试桩合并设置，以下统称里程桩。

（1）里程桩应自首站 0km 起，每 1km 设置 1 个。因地面限制无法设置的，可隔桩设置，编号顺延。

（2）里程桩宜设置在距离管道中线正上方。

（3）将地面标识设置于指定地点。在满足可视性和通视性需求及易于长期保留的前提下，除转角桩外，可沿管道方向适当调整间距，兼作里程桩的阴极保护测试桩调整间距不应大于 50m。

（4）管道穿跨越铁路、公路、河流及其他管道交叉时，在 100m 范围内无里程桩（兼作测试桩）时，应增设测试桩。

（5）除转角桩外，多个管道桩体需要在同一地点设置时，应合并设置，按如下顺序优先设置，依次为里程桩、测试桩、标志桩。

（6）桩体宜设置在路边、田埂、堤坝等空旷荒地处，减少对土地使用和农耕机作业的影响。

2）标志桩（转角桩）

用于标记埋地管道的转向、管道与地面工程（地下隐蔽物）交叉、管理单位交界、管道结构变化（管径、壁厚、防护层）、管道附属设施的地面标记。包括穿（跨）越桩（河流、公路、铁路、隧道）、交叉桩（管道交叉、光缆交叉、电力电缆交叉）、分界桩、设施桩等。

（1）转角桩位置不可随意移动。当无法设置转角桩时，如位于池塘中间时，应在进出池塘附近管道正上方分别设置一个转角桩，并在顶部标明走向，指向设转角桩的位置和标明距此桩的距离。

（2）埋地管道与其他地下构筑物（如电缆、光缆、其他管道等）交叉，交叉桩应设置在交叉点正上方。

（3）标识固定墩、埋地绝缘接头及其他附属设施，设施桩应设置在所标识物体的正上方。

（4）在不同管理单位之间设置界桩。

（5）桩体宜设置在路边、田埂、堤坝等空旷荒地处，减少对土地使用和

第三章 线路工程质量管理

农耕机械作业的影响。

（6）管道穿越铁路时，应在铁路一侧设置穿越桩（另一侧设警示牌）。

（7）当管道穿跨越公路时，应按下列要求设置穿越桩：

管道穿越高速公路、一级、二级公路及穿越长度大于40m（含40m）的三级、四级公路时，应在公路一侧设置穿越桩（另一侧设警示牌）。设置位置为公路排水沟边缘以外1m处或高速公路围栏以外。

管道穿越三级、四级公路时，应在公路一侧设置穿越桩（未设警示牌时）。设置位置为管道上游的公路排水沟外边缘以外1m处，五边沟时，设置在距路边缘2m处。

（8）当管道穿越河流、渠道时，按下列要求设置穿越桩：

管道穿越河流、渠道长度大于40m（含40m）时，应在其一侧设置穿越桩（另一侧堤上设警示牌）。设置位置在河流、渠道堤坝坡脚处或距岸边3~10m处的稳定位置。

管道穿越河流时、渠道长度小于40m时，应至少在其一侧设置穿越桩（未设警示牌时）。设置位置在管道上游的河流、渠道堤坝坡脚处或距岸边3~10m处的稳定位置。

3）加密桩/通信标识

线路加密桩与通信标石合用。线路加密桩设置间距在城区、高风险、高后果区不大于50m，野外不大于200m，在野外纸杯茂密处宜设置A型桩，在无农作物或植被低矮区宜设置B型桩。

4）警示牌

（1）警示牌应设置在管道穿越大中型河流、公路、铁路、隧道、临近水库及泄洪区、水渠、人口密集区、自然与地质灾害频发区、采空区、第三方施工活动频繁区等地段。

（2）管道跨越铁路、公路、河流处，在其中一侧设置警示牌。

（3）管道穿越通航河流时，应与航运部门协商，在两岸大堤均设置"禁止抛锚"的警示牌。

（4）警示牌的正面应面向与之有关的人最易看见的地方。

3．水工保护

1）坡面防护

（1）干砌石护坡。干砌石护坡一般有单层铺砌形式。用于坡面防护的一般为单层式，厚度0.25~0.35m。适用于土质边坡易受地表水冲刷或边坡经常有少量地下水渗出而产生小型滑塌的边坡，无边坡坡度不宜陡于1：（1~1.25）。单级防护高度宜不大于6m。

（2）浆砌石护坡。当边坡小于1：1的土质或岩石边坡的坡面防护采用干砌石不适宜或效果不好时，可用浆砌石护坡。浆砌石护坡适用于各种易风化的岩石边坡。采用浆砌石护坡可以增加边坡稳定性，在边坡坡脚防护中经常使用。由于浆砌石护坡整体强度较高，自重较大，对于边坡土体可以起到反压和部分支挡作用；边坡坡度不宜陡于1：1。对于严重潮湿或严重冻害的土质边坡，在进行排水措施以前，则不宜采用浆砌石护坡。

浆砌石护坡一般采用等截面、深基础形式。其厚度视边坡高度及坡度而定，一般为0.25~0.5m边坡高时，应分级设平台，每级高度不宜超过10m，平台宽度加上级护坡基础的稳固要求而定，一般不小于1m。

当护坡面积大，而且边坡较陡时，为增强护坡的稳定性，可采用肋式护坡，其形式有外肋式、里肋式和柱肋式三种。

（3）浆砌石实体护面墙。为了覆盖各种软质岩层和较破碎岩石的挖方边坡，免受大气因素影响而修建的护面墙，多用于易风化的云母片岩、绿泥片岩、泥质页岩、千枚岩及其他风化严重的软质岩层和较破碎的岩石地段，以防止继续风化。在土质边坡的护防当中，由于护面墙仅承受自重，不担负其他荷载，也不承受墙后的土压力，因此，护面墙所防护的土质边坡必须符合极限稳定边坡的要求。边坡不宜陡于1：0.5。

实体护面墙用于一般土质及破碎岩石边坡，可分为等截面和变截面两种。

①护墙高度。等截面护墙高度，当边坡比为1：0.5时，不宜超过6m；当边坡比小于1：0.5时，不宜超过10m。

变截面护墙高度。单级不宜超过10m，否则应采用多级护墙，但高度一般也不宜超过30m，两级或三级护墙的高度应小于下墙高，下墙的截面应比上墙大，上下墙之间应设错台，其宽度应使上墙修筑在坚固牢靠的基础上，一般不易小于1m。

②护墙厚度。等截面护墙厚度一般为0.5m，变截面护墙顶宽b一般为0.4~0.6m，底宽B根据墙高而定，当边坡坡度为1：0.5时，$B=b6+H/10$；当边坡坡度为1：（0.5~0.75）时，$B=b+H/20$。

③护墙基础。护墙基础应置于冻胀线以下至少0.25m，基底承载力不够（小于300kPa），应采取适当加固措施，一般将墙底做成倾斜的反坡，其倾斜度x根据地基情况决定，土质地基$x=0.1~0.2$；岩石地基$x=m~0.2$（m为护面墙的倾斜度）。

第三章 线路工程质量管理

④耳墙。为了增加护面墙的稳定性,墙背每 4～0.6m 高应设一耳墙(错台),耳墙宽 0.5～1m;墙背坡大于 1:0.5 时,耳墙宽 0.5m;墙背坡小于 1:0.5 时,耳墙宽 1m。

(4)截水墙。截水墙是长输管道坡面防护中应用最为普遍的水土保护结构形式。当管线顺坡敷设,特别是长距离爬坡时,在降雨充沛的条件下,坡面极易汇水形成径流,产生面蚀甚至沟蚀。管沟的开挖又很容易形成汇水通道,在坡面汇水的持续冲刷下,管沟内部的回填土就容易产生流失。长此以往,会造成管线暴露甚至悬空。因此,从作用机理上而言,截水墙设防的目的是逐级减弱、消除坡面的降雨径流的冲刷作用,从而最大程度保证管顶的覆土厚度。

依据墙体材料的不同,可分为浆砌石截水墙、灰土截水墙、土工袋截水墙及木板截水墙等,其中以浆砌石截水墙和灰土截水墙最为常见,土工袋截水墙的应用也较为常见,但木板截水墙只在特殊条件下才使用,现将各类截水墙的使用条件说明如下。

浆砌石截水墙适用于沟底纵坡 $8° \leqslant \alpha$(即 $14\% \leqslant i$)的石质及卵石、砾石段管沟;灰土截水墙适用于沟底纵坡 $8° \leqslant \alpha$(即 $14\% \leqslant i$)的土方段管沟,而且在黄土地区的应用最为广泛;土工袋截水墙适用于沟底纵坡 $8° \leqslant \alpha$(即 $14\% \leqslant i$)的土方段管沟,而且在黏性土地区的应用最为广泛;木板截水墙适用于沟底纵坡 45°(即 $1000‰ \leqslant i$)的土、石方段管沟,当石料等建筑材料无法运输到位时,木板截水墙能够方便快捷地施工。但受木材本身性质及使用上的限制,该类截水墙不宜大规模应用。

2)冲刷防护

(1)混凝土连续浇筑稳管。混凝土连续浇筑(以下简称混凝土浇筑)是针对管线穿越河(沟)道的敷设方式,所设计的一种永久性的护底措施,适用于各类岩质河沟床。其目的是防止因河(沟)道的水流冲刷下切作用而使管线暴露的危险情况出现。同时,混凝土浇筑还可起到稳管作用。因此,混凝土浇筑只应用于有明显冲刷作用的石方段河(沟)道。当管线未完全进入基岩时,应采用其他防护形式,此方案不宜采用。混凝土连续浇筑稳管可抵御流速小于 12m/s 的水流冲刷。

(2)砌石地下防冲墙。浆砌石地下防冲墙是针对管线穿越河(沟)道的敷设方式,所设计的一种深层护底措施,适用于各类土质条件下的河沟床。其目的是防止河(沟)道的水流冲刷下切作用,避免管线暴露的危险情况出现。因此,地下防冲墙只应用于有明显下切作用的河(沟)道。当管线完全进入基岩时，采用其他防护形式，此方案不采用。

（3）石笼护岸。石笼适用于防护岸坡坡脚及河岸，起到免受急流和大风浪破坏的作用，同时也是加固河床、防止冲刷的常用措施。

在缺乏大石块作冲刷防护的地区，用石笼填允较小的石块，可抵抗较大的流速。但在流速大、有卵石冲击的河流中，钢筋笼易被磨损面导致早期破坏，一般不宜采用，这时可在石笼内浇筑小石子混凝土，或采用钢筋混凝土框架石笼。

在含有大量泥沙及基底地质良好的条件下，宜采用石笼防护，这样石笼中石块间的空隙很快被泥沙淤满，而形成整体的防护层。

石笼一般可抵抗 4～5m/s 流速，体积大的可抵抗 5～6m/s 流速，容许波浪高约 1.5～1.8m 的水流。

石笼的形式有箱形、圆柱形、扁形及柱形等，箱形钢筋石笼一般高 $h=0.25～1.0m$，长 $l=4h$。圆柱形石笼一般适用于高水位或水流很急，或有漩流的情况，它可在岸坡边缘上制备，填好石块后滚入水中。

编笼可用镀锌铁丝、普通铁丝，以及高强度聚合物土工格网。镀锌铁丝石笼使用期限为 8～12 年，普通铁丝石笼使用期限为 3～5 年。编制石笼可用 6～8mm 铁丝做骨架，2.5～4.0mm 铁丝编网，石笼孔可用六角形或方形。方形网孔，强度较低，一旦破坏后会继续扩大。六角形网孔较为牢固，不易变形，网孔大小通常为 6cm×3cm、8cm×10cm 及 12cm×15cm。长度较大的石笼，应在内部设横向或竖向铁丝拉线。

为节省钢材，在盛产竹材的地区，可用竹石笼代替铁丝石笼，竹石笼的强度和韧性能够达到长期使用的效果。

用于临时防护工程，如能在短期内被泥沙淤塞固结，石笼防护适用于抗洪抢险工程及防冲刷临时措施。

（4）干砌石护岸。易受水流侵蚀的土质边坡，严重剥落的软质岩石边坡、周期性浸水和受冲刷较轻（流速小于 2～4m/s）的河岸及水库岸坡，均可采用干砌石护岸。

被防护的边坡坡度应符合边坡的稳定要求，一般为 1：（1.5～2）。

干砌石防护，有单层铺砌和双层铺砌两种形式，用于护岸的结构形式以双层干砌石最为常见。干砌石防护厚度为：单层厚度 0.25～0.35m，抗冲流速 2～4m/s；双层的上层厚度为 0.25～0.35m，下层厚度为 0.15～0.25m，抗冲流速 3～5m/s。

干砌石防护中，铺砌层的底面应设垫层，垫层材料常用碎石、砾石或沙砾等。垫层可防止水流将铺石下面边坡上的细颗粒土冲走，同时也可增加整个铺石防护的弹性，将冲击河岸的波浪、流水、流冰等所产生的动压力，以及漂浮物的撞击压力，分布在较大面积上，从而增强各种冲击力的抵抗作用，使其不易损坏，垫层厚度一般为 0.1～0.15m。

（5）浆砌石挡墙式护岸。浆砌石挡墙式护岸依据墙背岸坡的坡度条件，可分为直立式和仰斜式两种形式。直立式在岸坡陡直的条件下适用，仰斜式适用于岸坡坡比 1:0.25 的条件。抗冲流速达 5～8m/s。不适用于特殊地区（例如，有膨胀土、盐渍土的地区等）和病害地区（例如，活动断裂带、滑坡区和泥石流区等）的岸坡防护。

4. 地貌恢复

1) 施工准备

在施工前对作业带范围内施工引起的对周围地貌破坏范围内的地形地貌进行详细记录，包括文字记录、照片、视频等资料，以确保施工完后地貌恢复时有恢复依据。

施工前应与当地相关部门做好沟通，参照各方反馈意见进行地貌恢复。

2) 农田地段

在平缓农田地段施工时，在施工条件满足的情况下，将施工作业带降低到最窄宽度，尽可能减少对农田的占用，管沟开挖时将表层耕植土与下层土分开堆放，并进行隔离，以利于将来的地貌恢复。

采用挖掘机、人工结合的方式进行管沟回填时，先回填深层土，后回填耕植土，为保证回填后不发生沉降，能够尽快恢复耕种，回填时采用夯填的方式进行。

沿线损坏的挡水墙、排水沟、田埂、便道等地面设施应按原样尽快恢复。农田及附近沟渠回填时，必须严格按照施工要求从管顶逐步夯实回填，避免管沟恢复后出现塌陷。在沟渠回填时，应因地制宜采取灰土、护坡方式恢复，避免冲刷管道而影响管道正常运行。

3) 河流穿越地段

管道河流穿越施工完成后，应立即按照设计要求进行现浇混凝土稳管或安装混凝土压重块，避免管道漂浮；要及时对两岸堤坝进行修复，河流堤坝回填土应分层夯实；应按照设计要求进行两岸堤坝浆砌石护岸的施工，确保堤坝的安全；应及时对施工围堰和管沟开挖弃土进行清理，确保河道畅通。

4) 山区、石方地段

山区地段由于施工进行的劈山、开凿等作业工程量大，施工完后很难再按原地貌进行恢复，地貌恢复应同水工保护、弃土弃渣的处理等工作紧密结合起来。应尽量按原地貌进行恢复，对难以恢复的地段，在确保管道安全和不诱发滑坡、塌方、泥石流的原则下进行恢复，采取防治结合的方法进行处理。

5）林木地段

林木地段在作业带清理平整时，对沿线的杂树、芦苇等植物根系能够不动的尽量不动，施工时合理布置，采取顺序施工，减少碾压或铲伤其他林木。

6）弃土弃渣处理

对弃土弃渣进行合理处理，在就近的地方集中堆放（堆放地点必须经当地政府允许，且不能堵塞泄洪道），在堆渣场周围砌筑挡渣墙，在弃渣堆上覆土撒播草籽进行治理，或拉运到附近的规定的堆渣场进行集中堆放。

在工程验收前，应把作业带以内的设备、车辆行走过的临时道路、水渠中的所有剩余爆破材料清理干净。

二、关键质量风险点识别

（一）线路阀室

1. 主要控制要点

主要控制要点包括：进场人员（主要管理人员、焊工、吊管机/焊接车/起重机械/装载机操作手、电工、管工等）、进场机具设备（吊车、焊机、发电机、对口器、加热设备、检测工器具、推土机、装载机、测量仪器等）、进场材料（管材、焊材、管件、设备、里程桩、转角桩、标志桩、锚固墩、警示牌等）、作业文件（焊接作业指导书、焊接工艺规程、阀室施工方案、阀门吊装方案、三桩作业指导书等）、作业环境（风速、温湿度、层间温度、天气情况等）。

2. 重点管控内容

1）进场人员

核查进场人员数量、上岗证、资格证满足作业要求，并已履行报验程序。

2）进场设备机具

核查进场机具设备、检测工器具数量、性能规格与施工方案相符，检定证书在有效期，报验手续完备，并已报验合格，设备运转正常，保养记录齐全。

3）进场材料

核查材料质量证明文件（材质证明书、合格证、检验报告等），并应进行外观检查，应抽检管道等外径、壁厚、椭圆度等钢管尺寸偏差等符合规范和设计文件要求；焊材的外观质量、烘干情况以及保护气体的纯度、干燥度应符合规范和焊接工艺规程要求；管件外观、外形尺寸等应符合规范及设计文件要求；抽检三桩外观、外形尺寸等应符合规范和设计文件要求。

4）工序关键环节控制：

（1）开展了技术交底记录和班前安全讲话。

（2）土建施工砼配比与设计要求一致。

（3）砼养护满足规范要求。

（4）阀室焊接工艺规程执行情况。

（5）阀门试压。

（6）阀门吊装就位，阀门安装依据厂家提供的说明书进行安装。

（7）检查对阀门、法兰、管件保护验收及安装。

（8）检查落实阀门稳固、防倾斜措施。

（9）仪表安装。

（10）阀室整体试压。

（11）防腐绝缘，阀室内埋地管道和阀门在回填土前进行电火花检漏，绝缘合格后方可回填。

（12）管道穿越阀室墙体或基础的缝隙按设计要求封堵。

（13）埋地管道和阀门周围无石块细土回填，并按照设计要求分层夯实。

（14）检查恢复地貌和清理现场情况。

（二）三桩埋设与警示牌

1. 主要控制要点

主要控制要点包括：进场人员（主要管理人员、装载机操作手）、进场机具设备（推土机、装载机、测量仪器）、进场材料（里程桩、转角桩、标志桩、锚固墩、警示牌等）、作业文件（三桩作业指导书等）、作业环境（风速、温湿度、天气情况等）。

2. 重点管控内容

1）进场人员

核查进场人员数量、上岗证、资格证满足作业要求，并已履行报验程序。

2）进场设备机具

核查进场机具设备、检测工器具数量、性能规格与施工方案相符，检定证书在有效期，报验手续完备，并已报验合格，设备运转正常，保养记录齐全。

3）进场材料

核查材料质量证明文件（材质证明书、合格证、检验报告等），并应进行外观检查，应抽检三桩外观、外形尺寸等应符合规范及设计文件要求。

4）工序关键环节控制

（1）开展了技术交底记录和班前安全讲话。

（2）检查现场控制桩、管沟中心线位置进行了核对。

（3）检查里程桩、转角桩、标志桩、警示牌表面光滑平整，无缺棱掉角，制作形式、几何尺寸、材质、涂漆符合设计及规范要求。

（4）检查里程桩、转角桩、标志桩、警示牌埋设位置、标记内容与格式符合设计及规范要求。

（5）检查里程桩、转角桩、标志桩、警示牌埋深符合设计要求。

（6）地貌恢复后，检查地貌恢复情况，根据要求办理了管道线路地貌恢复验收证书，各方均签署认可。

（三）水工保护

1. 主要控制要点

主要控制要点包括：进场人员（质检员、技术员、安全员、作业人员）、进场机具设备（检测工器具）、进场材料（水泥、砂浆、毛石、混凝土等）、作业文件（线路保护构筑物施工作业指导书等）、作业环境（雨、雪、风速、温湿度等）。

2. 重点管控内容

1）进场人员

核查进场人员数量、上岗证、资格证满足作业要求，并已履行报验程序。

2）进场设备机具

核查进场检测工器具数量、性能规格与施工方案相符，检定证书在有效期，报验手续完备，并已报验合格。

3）进场材料

核查材料质量证明文件（出厂合格证、检验报告等），并应进行外观检查符合规范及设计文件要求。

4）工序关键环节控制

（1）开展了技术交底记录和班前安全讲话。

第三章　线路工程质量管理

（2）进场砂石、水泥、毛石等符合设计和规范要求，泥浆配合比满足设计要求。

（3）检查基坑开挖及回填符合设计要求。

（4）砌体、钢筋绑扎应符合有关规范要求。

（5）检查位置偏差、标高偏移情况。

（6）对水工保护工程的砌筑过程检查，外观尺寸及施工记录检查。

（7）核查工程量并签证。

（8）检查基槽开挖、隐蔽工程施工情况。具体技术要求可参照国家现行的砌体工程、建筑边坡工程、建筑工程、水土保持综合治理技术规范及SY/16793油气输送管道线路工程水工保护设计规范、油气管道水工保护典型图集等标准规范或设计要求。

（9）对于地质灾害处，根据实际情况，编制监理控制重点，并进行监督。

（四）地貌恢复

1. 主要控制要点

主要控制要点包括：进场人员、进场机具设备、进场材料、作业文件、作业环境。

2. 重点管控内容

施工准备工作，施工方案，埋深处理，沉降处理，地貌恢复验收，特殊地段地貌恢复，管道占压情况等。

三、质量风险管理

（一）线路阀室

线路阀室质量风险管理见表3-20。

表3-20　线路阀室质量风险管理

序号	检查内容	建设单位	监理单位	施工单位
1	人员			
1.1	特种作业人员（主要管理人员、焊工、吊管机/焊接车/起重机械操作手、电工、管工等）具备特种作业资格证，并与报验人员名单一致	监督	确认	报验

续表

序号	检查内容	建设单位	监理	施工单位
1.2	焊工人员配备满足施焊要求，施焊项目与考试项目一致	监督	确认	报验
1.3	管工具有类似管径管线连头施工经验，或经过培训且合格	监督	确认	报验
1.4	专职质量检查员到位且具有质检资格	监督	确认	报验
2	设备、机具			
2.1	施工设备（吊车、焊机、发电机、对口器、加热设备、检测工器具）已报验合格，焊接设备性能满足连头焊接工艺要求，设备运转正常且保养记录齐全	必要时检验	确认	报验
2.2	检测仪器（风速仪、测温仪、焊道尺、温湿度计、钳形电流表）已报验合格，并在有效检定日期内	必要时检验	确认	报验
2.3	特殊条件施工措施（防风保温棚、保温被等）到位，数量、完好程度满足连头焊接作业要求	必要时检验	确认	报验
3	材料			
3.1	焊材具有完整的质量证明文件并经过复检合格（产品合格证、焊材复检报告）	必要时验收	确认	报验
3.2	钢管/弯管材质、规格、防腐层等级以及焊材材质、规格等符合设计及焊接工艺规程要求（注意变壁厚、变防腐层等级）	必要时验收	确认	报验
3.3	管口二维码标识完整，与实际所用钢管相符	必要时验收	确认	报验
4	执行工艺			
4.1	现场有经过批准的与现场相符的焊接作业指导书、焊接工艺规程、阀室施工方案、阀门吊装方案等	必要时审批	审查/审批	编制、审核
5	截断阀室及阀门安装			
5.1	阀门应有产品合格证，带有伺服机械装置的阀门应有安装使用说明书；试验前应逐个进行外观检查，其外观质量应符合下列要求：（1）阀体、阀盖、阀外表面无气孔、傻眼、裂纹等；（2）垫片、填料应满足介质要求，安装应正确；（3）丝杆、手轮、手柄无毛刺、划痕，且传动机构操作灵活、指示正确；（4）铭牌完好无缺，标识清晰完整；（5）备品备件应数量齐全、完好无损	监督	旁站	施工
5.2	阀门安装前必须经过壳体试验及双侧密封试验，且试验结果合格	监督	旁站	施工
5.3	焊接阀门安装前，阀门的各种注脂通道、密封面和阀体内的清洁度等应符合规范要求	监督	旁站	施工
5.4	当阀门与管道以法兰或螺纹方式连接时，阀门应在关闭状态下安装	监督	旁站	施工
5.5	当阀门与管道以焊接方式连接时，阀门应打开，焊接时，要采取措施，严防焊接飞溅物损伤阀芯及密封面	监督	旁站	施工

第三章 线路工程质量管理

续表

序号	检查内容	建设单位	监理	施工单位
5.6	焊接阀门在焊接时要严格控制预热温度和区域，防止因温度过热损坏密封及填料	监督	旁站	施工
5.7	阀门经检查验收或试压后应将阀门手柄和执行机构铅封	监督	旁站	施工
5.8	阀门安装后，要保护好阀门的铭牌，不得将铭牌刷漆、损坏和丢失	监督	旁站	施工
6	施工记录			
6.1	现场施工记录数据采集上传及时，内容完整、真实、准确		验收	填写

（二）三桩埋设与警示牌

三桩埋设与警示牌质量风险管理见表3-21。

表3-21 三桩埋设与警示牌质量风险管理

序号	检查内容	建设单位	监理	施工单位
1	人员			
1.1	特种作业人员（主要管理人员、装载机操作手等）具备特种作业资格证，并与报验人员名单一致	监督	确认	报验
1.2	专职质量检查员到位且具有质检资格	监督	确认	报验
2	设备、机具			
2.1	施工设备（推土机、装载机）已报验合格，设备运转正常且保养记录齐全	必要时检验	确认	报验
3	材料			
3.1	材料具有完整的质量证明文件并经过复检合格（产品合格证、焊材复检报告）	必要时验收	确认	报验
4	执行工艺			
4.1	现场有经过批准的与现场相符的作业指导书等	必要时审批	审查/审批	编制、审核
5	里程桩、转角桩、标志桩、锚固墩、警示牌			
5.1	检查里程桩、转角桩、标志桩、警示牌表面光滑平整，无缺棱掉角，制作形式、几何尺寸、材质、涂漆符合设计及规范要求	监督	目视、测量、巡视	施工
5.2	检查里程桩、转角桩、标志桩、警示牌埋设位置、标记内容与格式符合设计及规范要求	监督	目视、测量、巡视	施工
5.3	检查里程桩、转角桩、标志桩、警示牌埋深符合设计要求	监督	目视、测量、巡视	施工

续表

序号	检查内容	建设单位	监理	施工单位
6	施工记录			
6.1	现场施工记录数据采集上传及时，内容完整、真实、准确		验收	填写

（三）水工保护

水工保护质量风险管理见表3-22。

表3-22 水工保护质量风险管理

序号	管控内容	建设单位	监理	施工单位
1	人员			
1.1	专职质量检查员到位且具有质检资格	监督	确认	报验
2	设备、机具			
2.1	进场机具设备、检测工器具数量、性能规格应与施工方案相符，检定证书在有效期，并已报验合格，设备运转正常，保养记录齐全	必要时检验	确认	报验
3	材料			
3.1	水泥、砂浆、混凝土、毛石等具有完整的质量证明文件，已报验合格	必要时验收	确认	报验
3.2	砂浆配合比报告应满足设计要求	必要时验收	确认	报验
4	施工方案			
4.1	现场有经过批准的水工保护施工作业指导书或施工方案	必要时审批	审查/审批	编制、审核
5	水工保护			
5.1	水工保护位置及结构应符合设计要求	监督		
5.2	检查基坑开挖及回填应符合设计要求	监督		
5.3	砌体外观尺寸、钢筋绑扎、位置偏差（小于20mm）、标高偏移（小于±25mm）应符合规范要求	监督		
5.4	砌筑砂浆取样及结果符合设计和规范要求	监督		
6	施工记录			
6.1	现场施工记录数据采集上传及时，内容完整、真实、准确		验收	填写

（四）地面恢复

地面恢复质量风险管理见表3-23。

第三章 线路工程质量管理

表 3-23 地面恢复质量风险管理

序号	管控内容	建设单位	监理	施工单位
1	人员			
1.1	专职质量检查员到位且具有质检资格	监督	确认	报验
2	设备、机具			
2.1	进场机具设备、检测工器具数量、性能规格应与施工方案相符，检定证书在有效期，并已报验合格，设备运转正常，保养记录齐全	必要时检验	确认	报验
3	材料			
3.1	水泥、砂浆、混凝土、毛石等具有完整的质量证明文件，已报验合格	必要时验收	确认	报验
3.2	砂浆配合比报告应满足设计要求	必要时验收	确认	报验
4	施工方案			
4.1	现场有经过批准的施工作业指导书或施工方案	必要时审批	审查/审批	编制、审核
5	地貌恢复			
5.1	地貌恢复后，检查地貌恢复情况，根据要求办理了管道线路地貌恢复验收证书，各方均签署认可	监督	目视、测量、巡视	施工
6	施工记录			
6.1	现场施工记录数据采集上传及时，内容完整、真实、准确		验收	填写

第十一节 大开挖施工

一、工艺工法概述

（一）工序流程

大开挖穿越是利用挖掘机开挖公路或河流进行管道敷设的方法，分为开挖道路和开挖河流，两者各有不同的施工方法。

1. 大开挖穿越公路

大开挖敷设管道只允许在三级以下公路、乡间碎石路以及其他不适宜钻孔法和顶管法施工的公路穿越中采用，不得用于铁路和三级以上公路穿越。

施工流程如图 3-12 所示。

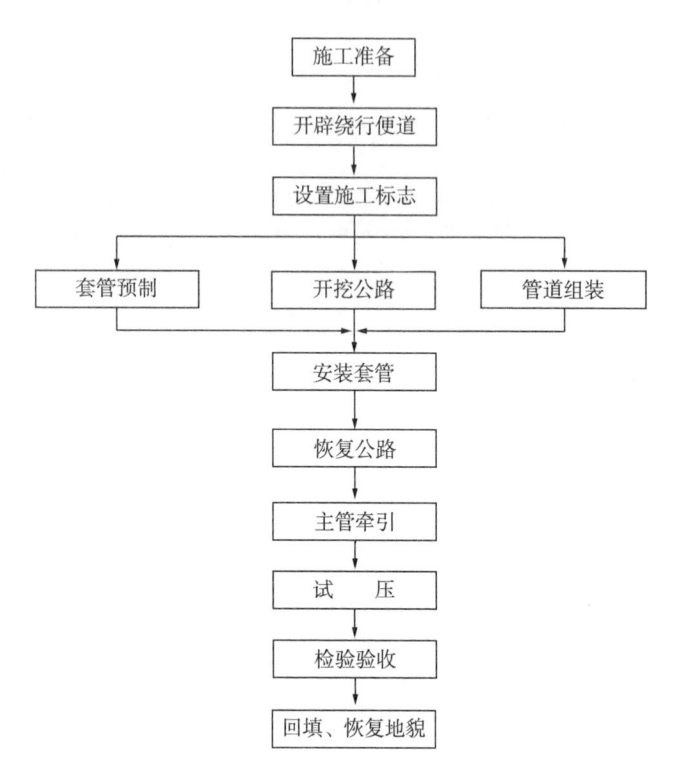

```
施工准备
  ↓
开辟绕行便道
  ↓
设置施工标志
  ↓
┌─────┬─────┬─────┐
套管预制  开挖公路  管道组装
└─────┴─────┴─────┘
       ↓
     安装套管
       ↓
     恢复公路
       ↓
     主管牵引
       ↓
      试  压
       ↓
     检验验收
       ↓
   回填、恢复地貌
```

图 3-12　大开挖穿越公路工艺流程图

2. 大开挖穿越河流

大开挖穿越河流的开挖形式可分为围堰导流法和水下管道牵引法。

围堰导流法施工与一般管道施工的最大区别在于对河流进行断航处理，增加开挖导流渠、修筑围堰堤坝的施工工序。施工流程如下：

施工准备→测量放线→导流渠开挖→围堰施工→作业带开拓→管线组焊→补口补伤→水压试验→管沟开挖→管线就位→管沟回填→地面检漏→拆除围堰→导流渠填平→地貌恢复。

水下管道牵引是将管道从岸边沿水下管沟拖管过河。其施工工序如下：

将管道在岸边预制完毕→修建管道发送道→把管道安放在道架上采取必要的配重措施→将拖管钢丝绳下放沟底→用拖拉机或卷扬机牵引过河→检查位置→稳管→回填。

第三章 线路工程质量管理

（二）主要工序及技术措施

1. 大开挖穿越公路

1）施工准备

（1）认真熟悉图纸，掌握穿越的结构、深度等要求。

（2）检查施工用设备、手段用料齐全完好。

（3）与公路主管部门联系，按要求办理好穿越施工许可手续。

（4）查明穿越段地下有管道、电缆、光缆等障碍物。

（5）施工现场场地平整。

2）测量放线

根据图纸放出穿越中心线、作业带边界线、穿越起止点位置。

3）主管段预制及试压

（1）组对焊接。把穿越管摆在平整好的预制场内进行组对、焊接。施工方法与质量标准与主体管道相同。

（2）试压。焊口经无损检测合格后，按要求和主管线一起进行气压试验。

（3）防腐补口。无损检测合格后进行防腐补口、补伤。施工方法、质量标准与主体管送相同。

（4）套管与穿越管道预制。应符合下列要求：套管与穿越管道的预制应与管沟开挖同时进行，管沟开挖合格之后立即下沟回填；可将穿越管道和套管穿在一起，用卡具固定之后起吊装下沟，也可将套管先下沟回填，之后将主管穿入套管。

4）管沟开挖

开挖之前，应根据穿越点的实际情况选择修筑绕行道路或铺设钢过桥，当穿越点两边开阔能修绕行便道时，可修筑绕行便道来保证车辆通行。如穿越点狭窄无法修绕行便道，可用钢过桥保证车辆通行。

（1）修筑绕行便道法。采用修绕行便道方法开挖公路，应先查看穿越点地形，选择合适的便道走向。绕行道路长度一般取 50～200m 之间，也可利用现有闲置或废弃的公路作为绕行便道，必要时可对这些公路进行修复。修绕行便道应用推土机，压路机进行施工。路基必须扎实，在细土地段修筑时应拉碎石填压路基。修筑的道路应保证车辆的正常通行并得到地方公路主管部门的同意。

（2）钢过桥法。因地形狭窄而无法开辟绕行道路时，也可采用组合钢过桥，不中断交通进行施工。用钢过桥法开挖公路，先挖一半，由专人指挥车辆利于行人从单斗挖掘机后方行走,挖好一半后,将事先准备好的路桥放在挖好的管沟上方,满足车辆、行人的行走,由专人指挥车辆和行人从路桥上通过,单斗挖掘机继续挖余下的管沟。

由于主管穿越是在沟内从公路一边向另一边进行,所以应在主管预制边沿穿越中心线挖一段主管穿越发送管沟,长度为主管段长度的2/3~3/4。

开挖公路前,应向地方公路交通管理部门申请,经同意后方可进行开挖。在施工点两侧各200m范围内设置警示标志,要求车辆、行人遵守交通秩序,减速慢行。聘请专业交通指挥人员临时指挥车辆单向放行。管沟开挖时,要掌握所穿越公路的车流量情况,根据情况制定挖沟的方向。对于穿越点两侧管段较长的,要先将两侧的管沟挖出,最后再破公路,以减少交通的阻塞时间。

路面开挖要尽量将对路面的破坏降到最小限度。开挖时,不能采用向上钩、向下压的方法破路面。首先需要用单斗挖掘机齿沿表面划痕,破除表面整体黏结力,然后再用单斗挖掘机慢慢拉起。对于沥青和混凝土路面先用混凝土切割机进行切割后再开挖。

管沟开挖时,地下有管道、电缆、光缆等障碍物时应采用人工仔细开挖。当无地下障碍物时,应尽量用机械开挖。开挖深度应符合线路纵断面图要求,边坡不宜大于1:0.5,用机械开挖时,沟底应留出0.2m的深度,用人工修整。管沟长度应为套管长加6m。对岩石地层应采取分层松动爆破,每层厚度不宜超过0.5m。

5)主管穿越

按图纸要求先预制好主管段,依据主管段的重量,选用适当的吊装机械(如单斗挖掘机、吊管机或轮式吊车),把主管段吊起、就位、穿越管沟。移动时吊装机械要由一人统一指挥,吊装机械的动作要协调一致,移动要缓慢,防止擦伤管子。

6)公路恢复

穿越管段安装后经测量、检查合格,并经监理确认后,应立即进行公路回填,恢复正常通车。回填应分层夯实,防止沉陷,每层厚度不应大于300mm。回填后按相应公路施工规范要求迅速进行路面恢复,新修路面应与原来路面搭接良好。管顶距公路路面的距离不小于1500mm,距公路边排水沟沟底面不小于1300mm。

7)回填恢复地貌

附件安装完毕、监理检查确认后,进行剩余管沟的回填、地貌恢复。清理施工现场的剩余材料、废料等杂物,设备撤离,做到工完、料尽、场地清,

第三章 线路工程质量管理

并把施工时破坏的地貌恢复到原来的形状。

2. 大开挖穿越河流

1）围堰导流法

（1）围堰施工要点。

①结构本身具有可靠的稳定性和不透水性；

②合理选定围堰标高，水面以上一般不小于0.5m；

③导流渠和围堰原理降水井点，一般在抽水影响半径20m外；

④遇到洪水或流冰冲击时，应有可靠的防护措施；

⑤结构简单，能迅速施工、加高、加固和拆除，就地取材。

在穿越管道上下游（如管道埋设较深，可根据现场情况加大距离）修筑两条拦水坝。当穿越的河渠水较深，如果采用通常的袋装土筑坝，需要大量的土石方，考虑到资源节约的措施，围堰可采用钢板桩筑轻型坝。对于水深小于2m的河流，采用单排钢板桩围堰；对于水深大于2m的河流，采用双排钢板桩围堰。考虑到坝的防渗功能，可在两条坝的迎水面上用无纺布作防渗层。完成围堰后，采用井点降水法排放围堰内的明水。

（2）导流渠开挖。

根据水流和河渠穿越段的流量情况确定导流渠横断面积，横断面积可根据以下公式计算：

$$F=Q/V_c$$

式中 F——导流渠的横断面积，m^2；

Q——施工段内水流量，m^3/s；

V_c——导流渠内允许的平均水流速，m/s。

导流渠的进、出水口与原河渠水流方向的夹角尽可能小，但考虑到施工占地和土方工程量，一般选用30°～45°为宜。

开挖导流渠可采用单斗挖掘机，必要时可配置一定数量的推土机以配合单斗挖掘机工作。按放线位置，先从中间段进行开挖，在开挖到接近出水口处时，应根据导流渠面积的大小和土质情况，留出3～6m与原河渠相连接的暂不挖通，修整导流渠边坡，待筑坝和导流渠中间部分开挖完成后重将留出部分挖开。导流渠的长度比围堰的长度每侧长15～20m。

（3）清淤及作业带开拓。

排水工作完成后，先用人工在河道内沿作业带边缘开挖排水沟（深度低于硬塑土层0.5m），将渗水引入集水坑中用泥浆泵抽排。然后沿作业带打设木桩，每间隔 1m 一根，桩长 2.0m，入土深度 1.5m。用袋装土筑坝，坝高约 0.5m，宽 0.6m。河底淤泥用人工清淤，清至作业带外侧，淤泥堆放场地晾晒。在作业带上铺垫土工布，沟土人工摊放 300mm 夯实。当河底清淤后承载力仍极低时，可先在河底铺垫一层土工布后，沿作业带安装枕木串或钢质承压板。

对于埋深小于 5m 的管道，在开拓作业带时，只需用推土机平整河床及两岸，使其平滑过渡，保证管线组焊能顺利进行即可。

对于埋深超过 5m 的管道，在开拓作业带时，需将表层土用推土机推去，保证作业带表面距管沟底的高度在 3m 左右。

沿管沟底开挖排水沟，将水引至集水坑中，用潜水泵抽排。如管沟内有可能出现流沙和管涌，则开挖前应考虑在管沟的左右两侧各安装一排井点管，利用井点降水设备将水位降至沟下 0.5～1.0m。

（4）其他工序。

管沟开挖成形后，管道布管、组装焊接，补口与补伤，下沟、回填、通球、试压工序与一般地段施工相同。

2）水下管道牵引法

（1）管道发送道的施工。

①小平车发送道。

修筑一条简易路轨，每隔一段距离放一个带托架的小平车，将预制好的管道放在小车托架上，小平车在轨道上带动管道行走，然后牵引过河。

a. 路基的加固处理。采用碎石或砂石褥垫层分层夯实，最后用推土机碾压送道路基，提高地基承载能力，保证小平车发送过程中路基不沉降、不破坏。

b. 轨道安装施工要点。钢轨轨距应保持一致，轨距为 1000mm；钢轨间的中心线，应与发送道的中心线保持一致。若为曲线发达道，其曲线半径应准确。曲线应保持圆滑、完整、避免波浪形或局部弯曲；钢轨标高应保持水平预制管段下水时，不能出现悬空段，或出现折点；钢轨联结件应紧固，不能出现个别联结件松动。

c. 小车回收坑的设置。轨道发送必须考虑小车的回收问题，小车回收坑的大小及位置设计安装合理，小车回收坑过小，小车回收不及时，就有可能出现担管现象；回收坑过大，悬空管段就长，回收坑顺管方向的边坡容易倒塌，因此回收坑的尺寸应满足施工要求。

回收坑的位置选择既不能太靠近水面，又不能距入水点太远，太靠近水面，回收坑内充满水，给小车回收造成困难；距离太远，轨道与入水点之间过渡太长，导致牵引力过大。选定距水面大约 10m 左右为宜。

第三章 线路工程质量管理

d. 小车回收坑的坡面处理。其坡面为 MU10 红机制砖，M10 砂浆砖墙护壁，厚度 370mm。回收坑边缘为弧形，在靠近回收坑的 30m 内放坡，边坡为 1：0.5，坡道 1：5，回收坑深度为 7.33m。事先平整场地，碾压路面，必要时铺厚 20cm 碎石。

②管架发送道。

管道在托辊轴上运行，托辊轴的形式有直线形托滚轴、双曲线形托滚轴和 V 形托滚轴。

管架发送道在施工前需要进行管架间距的计算、管架抗滑移稳定验算、管架抗倾覆验算等，以防止管架在发送过程中产生管架位移、倾覆等破坏现象。

（2）附属设施的制作与安装。

①浮筒的制作、安装和拆除。

为了减少水中牵引力，保证配重块在牵引过程中不损坏，采用加浮筒的办法，以增加浮力。浮筒可以制作成圆筒形或圆台形，浮筒数量可以根据设计计算确定。浮筒制作按照设计尺寸焊接加工成形。在浮筒一侧安装好充气阀门；在浮筒底部焊上四条钢筋支腿，以便浮筒架立在管道配重块，浮筒两端焊接钢筋钩。

浮筒的安装和拆除工作过程：将悬筋连接在浮筒两端的钢筋钩和预制好的配重块钢销上，并将钢销锁好；固定钢丝绳的两个销钉，用钢丝绳连接在一起，并使钢丝绳保持松弛，钢丝绳的一端系在管道拖头上；当管道被牵引过江，并就位后，将钢丝绳端头解下，系在推土机上，推土机前进拉动钢丝绳，销钉被一个个拔下，浮筒顺次浮到江面上并进行收集。

②拖管头的制作与安装。

为了能够将管道牵引过河，需要制作与安装拖管头，使其管段与牵引钢丝绳连接起来，拖管头的形式有鹅式拖管头、眼板式拖管头。

拖管头的制作与安装，应选用施工用管材及型钢，采用双面贴角焊缝进行加工制作；经过检查无质量缺陷后，将其焊接在管道前部。牵引钢丝绳穿在钢销上，并以螺栓将钢销锁住，即完成拖管头的安装。

③钢帽的制作与安装。

为防止管道前端配重块在牵引过程中由于与沟底直接接触而破损，需在配重块前端安装防破损钢帽。钢帽材料选定普通钢板，加工成圆筒形状，钢帽全部连接均采用焊接形式。钢帽从对接焊缝处断开制作成两部分，在管头上组装，将主体管段与钢帽焊接在一起。

④拖管头指示标杆的制作及安装。

为了标识管道前进状态，需在拖管头前端安装指示标杆。拖管头在前进过程中，标杆既要抵抗水流的冲击，又要承受水对标杆的垂直阻力。

采用钢管对焊在一起，制作成标杆，并在底部制成方形的钢架，焊接在管道上。标杆焊接在钢架上，并在四角焊接四根钢管支撑标杆，保证标杆稳定。标杆制作完成后，与牵引管道相连接，并保证标杆垂直向上。

（3）主索缆（钢丝绳）发送过河。

采用吊装设备将成盘的主索缆吊到一个大船的甲板上，设立固定点使其稳定，将出头固定在北岸的推土机上，采用带有绞车的大船抛锚牵引放绳船，使其放缆盘转动，将主缆从北岸放至南岸，到达后将主索与管道托管头的连接装置进行连接。

当主索缆连通南北两岸后，沉放入主河道的管沟轴线上，禁止其他船舶在此轴线附近抛锚作业。

（4）管道牵引过河。

①牵引形式。

牵引形式可分直线牵引和变向牵引（转向90、转向180）两种。

D形连接方式为钢丝绳中间连接以D形卡环连接，在圆环处连接牵引设备。

②牵引道修筑。

用推土机从牵引起始位置开始，修筑牵引的沟槽；沟槽形成后，采用翻斗车就近拉运毛石、碎石铺垫，碾压密实；最后铺上三皮土，用推土机平整、碾压，以增加滩地地基承载力，以满足牵引起步的需要。

③管道牵引施工。

a. 管道牵引过河前需要检查以下内容：

预制管段全部到位，配重块螺栓安装好，并逐个检查；轨道、小车、鹅头、浮筒等按要求完成，小车有偏离轨道浮筒绑扎牢固；牵引主索完全到位，各连接接头按技术要求连接好，并检查钢丝绳的安全可靠性，尤其是钢丝绳与鹅头的连接；牵引设备完全到位，在牵引之前必须进行编排、演练，以保证各台设备的一致性，行走平稳，起重均匀，启动一定要慢；南北两岸的指挥系统完善，通信系统能及时解决，确保指挥系统不出问题；牵引过程中可能出现的问题有预案及应急措施。

b. 管道牵引过河。

在管道正式牵引之前，先进行管道试牵引。将牵引设备在设定的实验距离内进行牵引试验，观察管道牵引过程中有无异常情况，会影响此次牵引工作。

第三章　线路工程质量管理

如发现问题应立即处理，并按照应急预案对影响施工的问题予以解决。

管道试牵引成功后，管道停在轨道上，将鹅式拖管头上的螺栓进行紧固；预紧牵引主索，使绳内应力得以释放，正式牵引。

（5）稳管措施。

对于水下管道，若依靠本身自重不能稳定地敷设，则必须采取加重稳管措施。按照河流的流速、河床的地质构成、管径的大小以及施工力量等条件，可以选择以下方法稳管：钢筋混凝土马鞍块稳定；钢丝网混凝土连续覆盖层稳定；复壁管空间灌注加重水泥浆稳定；钢筋镀锌铁丝石笼稳管；机械锚或压土工织物。

（6）回填。

水平管道牵引完毕后要进行人工回填、自然回淤。

二、关键质量风险点识别

（一）主要控制要点

主要控制要点包括：进场人员（主要管理人员、挖掘机操作手、焊工、电工、测量工），进场机具设备（挖掘机、推土机、水平仪、发电机等），进场材料（压重块、混凝土等），作业文件（大开挖施工方案等），作业环境（雨、雪、风速、地理环境、水流量等）。

（二）重点管控内容

1. 人员

核查进场人员数量、上岗证、资格证满足作业要求，并已履行报验程序。

2. 设备机具

核查进场设备、检测工器具数量、性能规格与施工方案相符，检定证书在有效期，报验手续完备，并已报验合格。

3. 材料

核查材料质量证明文件（材料质量明证书、出厂合格证、检验报告等），并应进行外观检查符合规范及设计文件要求。检查爆破物品的运输、保管证书。

4. 工序关键环节控制

（1）施工作业人员技术交底记录和班前安全交底记录完整开展了。

（2）开挖边线及中轴线已测量完毕，并经复核。

（3）导流沟、截水坝，发送道、牵引道的开挖作业与施工方案内容一致。

（4）开挖设备规格、型号、数量，开挖方式，开挖深度、宽度、坡比，防漂管措施满足设计要求。

（5）管道安装，牵引就位，稳管措施满足设计要求。

（6）检查管道就位后压重块、压载满足要求。

（7）对大开挖穿越后埋深检查。

三、质量风险管理

大开挖施工质量风险管理见表3-24。

表3-24 大开挖施工质量风险管理

序号	控制要点	建设单位	监理	施工单位
1	人员			
1.1	专职质量检查员到位且具有质检资格	监督	确认	报验
2	设备、机具			
2.1	进场机具设备、检测工器具数量、性能规格应与施工方案相符，检定证书在有效期，并已报验合格，设备运转正常，保养记录齐全	必要时检验	确认	报验
3	材料			
3.1	压重块、混凝土等经报验合格，材料质量证明文件（材料质量明证书、出厂合格证、检验报告等）完成，并应进行外观检查符合规范及设计文件要求	必要时验收	确认	报验
4	方案			
4.1	现场有经过批准的开挖穿越施工方案	必要时审批	审查/审批	编制、审核
5	开挖穿越			
5.1	管沟中心线、管沟底标高符合设计要求	监督	旁站	施工
5.2	沟底宽度和边坡尺寸符合设计要求；管沟应平直、不应有土坎，中心线偏移不应超过200mm，管沟深度应符合设计要求，允许偏差应为±200mm	监督	旁站	施工
5.3	穿越主管段焊口应100%超声波和100%射线检测，补口补伤完成，单体试压完成且合格	监督	底片复查	施工
5.4	管道敷设应注意对防腐层的保护；管道下沟前进行电火花检漏，发现漏点及时补伤，合格后方可下沟；管道就位前，应对管沟的标高、中心线位置和几何尺寸进行复测，符合设计要求	监督	见证	施工

第三章 线路工程质量管理

序号	控制要点	建设单位	监理	施工单位
5.5	若采用配重块稳管的，配重块间距满足设计要求；若采用连续覆盖层混凝土稳管的，混凝土强度等级和密度应符合设计要求	监督	平行检查	施工
5.6	回填后，管道中心线、标高进行复测符合设计要求	监督	旁站	施工
5.7	地貌恢复满足设计及环境保护要求	监督	巡视	施工
6	施工记录			
6.1	现场施工记录数据采集上传及时，内容完整、真实、准确		验收	填写

第十二节　定向钻穿越

一、工艺工法概述

（一）工序流程

定向钻主要用于穿越河流、湖泊、铁路、公路和山体或建（构）筑物等障碍物，敷设大口径、长距离的石油和天然气管道，它由钻机系统、泥浆系统和控向系统组成。定向钻法是一种经济适用，可以做到管道埋深达到安全可靠目的的敷管方法，宜作为管道穿越的第一优选方法。定向钻管道穿越施工工序如图 3-13 所示。

（二）主要工序及技术措施

1. 施工准备

施工准备的工作内容为：修筑施工便道、平整场地、仪器设备的检查维护，施工辅助用料的准备和钻机锚固系统的建立等。

1）修筑施工便道

根据穿越地点的地理环境，在施工场

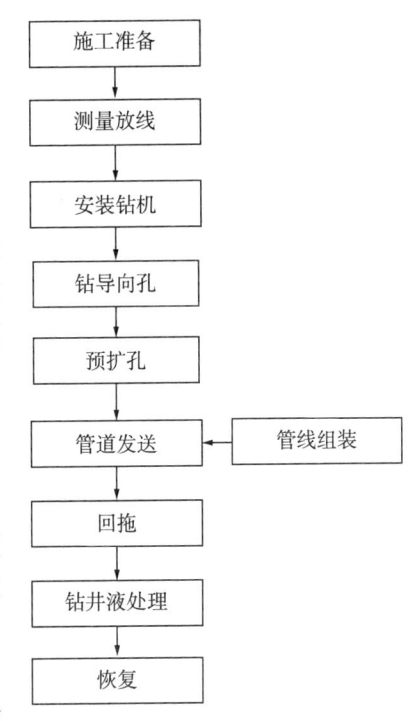

图 3-13　定向钻管道穿越工工序

地（入土点与出土点）与公路主干线之间修筑施工便道。施工便道的承载能力应不低于最重车辆或设备的重量，并在适当位置找一开阔地平整压实，以方便车辆调头进入钻机场地。

2）平整场地

在入土点，以穿越中心线为中线，平整场地，安放钻机、钻井液系统、钻杆和钻井液池等；在出土点平整作业场地，安放钻杆、钻具、挖掘机和钻井液池，并设置合适大小的管线预制作业带。在合适位置开挖钻井液池、废浆池等收集废弃钻井液。根据穿越地段的地质情况及管径、长度，配备一定数量的钻井液罐，准备好钻井液用料，并妥善保管好各类钻井液用料和油品，防止污染施工工地及水源。钻机场地平整完成后，四周安装围栏和砌筑油料区隔离墙，保证钻机、动力站及钻井液等设备的进场就位。

3）仪器设备的检查维护

主要针对钻机系统、钻具、钻井液系统、控向系统进行，检查各仪器设备运转良好。

4）钻井液池及地锚坑的施工

在挖钻井液池时，钻井液池内应铺塑料土工布，池的墙高为1m，用水泥将钻井液四周与加固墙连接，防止钻井液池塌方。

在挖地锚坑时，地锚中心线应穿越主管和光缆套管的中心线上。地锚坑完成后，其坑内先用砖在四周砌三七墙，将地锚放入后，地锚与墙的余空填混凝土加固。在地锚和钢管桩之间用槽钢焊接牢固，保证在回拖管道过程中地锚的稳固。

5）钻机及配套设备就位

将钻机就位在管道中心线位置上，根据现场情况，在钻机就位完成后，再进行系统连接、试运转，以保证设备正常工作。

2. 测量放线

按照设计确定出的管道穿越中心线、入土点、出土点，在入土点侧测出钻机安放位置、地锚箱、钻井液池占地边界等；在出土点侧测出焊接管道中心线及钻井液池位置、占地边界等。对已标明的地下构筑物和施工测量中新发现的构筑物等应进行调查、勘测并设置标志桩，在标志桩上注明构筑物类型、埋深和相关尺寸。

3. 安装钻机

钻机应就位在管道中心线位置上，且应安装牢固、平稳、经检验合格后

第三章 线路工程质量管理

进行试运转，应对控向系统进行准确调校，调校的基准参数应存入计算机内。

4. 钻导向孔

钻机架通过钻杆推动装在钻杆前的钻头破土钻进，钻井液从钻杆和钻孔的间隙返回钻井液罐，具体操作要点如下：

（1）液压起重机将钻杆吊上钻台，固定在能在钻台上移动的活动卡盘上，钻杆的前端连接钻头，后端与钻井液管路连通。开动钻井液泵后，钻井液推动钻头向前钻进，活动卡盘和钻头同步向前移动。

（2）当活动卡盘移动到钻台前部的固定卡具时，卸开钻杆接头向后移动活动卡盘，能放上一根钻杆（9.5m）时，吊上另一根钻杆，进行接加钻杆。接头安装、卸开均靠前端卡具固定钻杆，活动卡盘的正反转动来完成，然后继续钻进。

（3）钻头的入土角为7°～13°，出土角为4°～9°。特殊情况下，沿管线出、入土点的地面管道中心线，增设支撑管线曲率变化的滚动发送架，管线的最大入土角可以达到25°；管线穿越的水平长度不变，增大钻头的出、入土角和减小管线穿越的曲率半径（国外的管线穿越曲率半径最小达到DN80管径），可以有效地增加管线的穿越深度；增加管线的穿越深度，有利于防止跑浆造成的地面塌陷，并增加了管线穿越优良地层的机会。入土角和出土角确定后，在曲线上确定若干点 X, Y, Z 三维坐标，此坐标返回控制盘上，控制各点坐标沿设计曲线向前推进。

（4）导向孔实际穿越曲线与设计穿越曲线的偏移量不应大于2m。出土点沿设计轴线的纵向偏差应不大于穿越长度的1%，且不大于12m；横向偏差应不大于穿越长度的0.5%，且不大于6m。

（5）钻杆和钻头在施工前应进行清扫，以防止钻杆内有杂物堵住钻头水嘴造成事故。

5. 预扩孔

回拖管线采用多级扩孔，每次预扩孔都将进行钻杆和钻机的倒运及钻具连接。扩孔级别按照施工组织设计要求分级扩孔，扩孔次数与级别根据现场情况做适当调整。扩孔作业在保证扩孔后形成的孔洞符合要求下，合理确定每次扩孔的级差，并根据地质及每次扩孔钻井液的携带情况，制定合理的钻井液配比，确保孔洞形成良好，钻井液在出入土点侧返浆通畅。

6. 管道回拖

管道回拖时要连续作业，避免因停工造成阻力增大。管道回拖前要仔细检查各连接部位，为保证回拖的顺利和防腐层不受破坏，将采取以下措施：

（1）管道回拖前，保证预制管线（至少出土点附近的200m管线）和穿越轴线的一致。同时，采取漂浮或其他措施降低管道回拖时管线的摩擦力。必要时，可采取"固体钻井液"等低浮力高润滑回拖措施，减少管线进入孔洞时的侧向摩擦力，确保防腐层完好。

（2）在管道回拖发送沟的方式采用单斗开挖时，计算好发送沟进入孔洞的坡度，确保发送沟，特别是管线进入孔洞的这一段发送沟与穿越孔洞的圆滑平缓。

（3）管道回拖前将检验合格的穿越段管线放入发送沟内，就位时布置不少于4台吊管机，起吊点距离管道环焊缝小于2m，起吊高度以1m为宜。起吊点间距经过计算确定，吊具用尼龙吊带，发送沟内不得有石块、树根和硬物等。另外，沟内应注水，确保将管道浮起，避免管线底部与地层摩擦，划伤防腐层。

（4）采取漂浮或其他措施降低管道回拖时管线的摩擦力。必要时，可采取特有的低浮力回拖措施，降低管线在钻井液中的浮力，从而使管线悬浮于钻井液中，避免管线与孔洞壁的直接接触。

（5）回拖时，增加高润滑钻井液，使钻井液像薄膜一样附着于防腐层，起到保护作用。

（6）回拖中准备好补口与补伤材料和器具及检漏仪，安排专人巡视管线。

（7）在扩孔回拖时，把扭矩控制在合理的范围内。扭矩过大，钻杆卸扣困难。因此，把扭矩控制在适宜的范围内，保证扩孔回拖顺利。

（8）回拖时，注意加强两岸联系，时刻注意表盘的读数。同时，做好每一遍扩孔的记录，以便于下一级扩孔借鉴，使扩孔、回拖具有可追溯性，保证扩孔回拖的顺利。

（9）根据地质及上一级扩孔情况，合理确定下一级扩孔尺寸和扩孔器水嘴的数量及直径，保证钻井液的压力和流速，从而提高携带能力，避免岩屑床生成。

（10）根据钻导向孔情况和焊口之间的距离，在穿越曲线上确定每一道焊口的实际位置，并标出其三维坐标，及时进行钻机场地的地貌恢复、剩余钻井液的处理和设备转场。

7. 穿越管道施工

（1）定向钻穿越施工的管道，应严格按设计要求施工，并经检查验收合格后方可进行回拖施工。

第三章　线路工程质量管理

（2）严禁在穿越管道上开孔，焊接其他附件；试压时只允许在管道两端加长段上开孔焊接阀门和安装压力表，回拖后与线路连接时，开孔的加长管道应割除。

（3）按规定的要求进行试压和吹扫。

8. 钻井液处理

定向钻施工时应注意钻井液的非正常返回和钻井液的循环使用问题。

1）钻井液非正常返回

定向钻进经常产生无法控制的钻井液地下流失。理想条件下钻井液在钻杆端部钻头处流出，再沿钻杆外壁与孔壁间隙返回地表，这样可以重复利用钻井液，降低生产费用。但实际施工时钻井液将沿阻力较小的通道流动，因此往往会扩散到钻孔周围的地层中去，有时也会渗到地表上。当钻井液没有沿钻孔返回而是随便留到地表时，称为钻井液的非正常返回。

在定向钻施工时，钻井液非正常返回不是一个严重的问题。如果钻井液向河底流出，则对环境的影响较小。但是，如果在市区或是在风景优美的游览胜地施工，钻井液非正常返回就会给公众带来不便，有时钻井液的流动还能冲坏街道、冲垮堤坝和公路铁路。因此，在施工中应不断地调整施工方法，尽量减少钻井液非正常返回的发生。所以施工前，应制定应急计划并准备好可能的补救措施，同时还应通知有关施工管理部门。

2）钻井液的重复利用

重复利用钻井液可减少购买和处理钻井液的费用。通常把返回的钻井液收集起来泵送到钻井液净化设备中，再把净化后的钻井液送回到钻井液储存或混合箱中反复使用。当然，有时大量的钻井液会从与钻机和钻井液循环系统所在河岸相对的另一岸上孔口返出，这时就要使用两套钻井液循环系统，或是把返出的钻井液运回到钻机所在的一端，可以使用卡车等工具运输；或事先钻一小孔安装管道将对岸的钻井液返回（此孔也可做光缆通道），使用哪种运输手段最佳要根据施工现场的具体情况来决定。当使用临时管道时，应检查管道的设计方案，以保证管道的大小合适，防止管道损坏，钻井液流失。

二、关键质量风险点识别

（一）主要控制要点

主要控制要点包括：进场人员（主要管理人员主要管理人员、司钻、吊车、吊管机操作手、钻井液工、焊工、电工），进场机具设备（吊车、吊管机、发电机、定向钻机、钻井液循环系统、全站仪、水平仪、风速仪、压力表等检测工器具），进场材料，作业文件（定向钻穿越施工组织设计、作业指导书等），作业环境（雨、雪、风速、温湿度、地理环境等）。

（二）重点管控内容

1. 人员

核查进场人员数量、上岗证、资格证满足作业要求，并已履行报验程序。

2. 设备机具

核查进场设备、检测工器具数量、性能规格与施工方案相符，检定证书在有效期，报验手续完备，并已报验合格。

3. 材料

核查材料质量证明文件（材料质量明证书、出厂合格证、检验报告等），并应进行外观检查符合规范及设计文件要求。

4. 工序关键环节控制

（1）施工作业人员技术交底记录和班前安全交底记录完整。

（2）入、出土点方位、水平间距与设计图纸一致。

（3）设备进场就位应符合施工方案要求。钻机液压系统、发电系统、钻井液系统和水源系统运转正常。辅助设备、钻杆、钻具等数量应符合施工方案要求。

（4）钻杆入土角度符合设计要求，入土点准确。

（5）导向孔钻进过程中钻进数据记录完整，导向孔实际曲线与设计曲线的偏差不应大于穿越长度的1%，且偏差应符合规范规定。

（6）导向孔钻进完成后进行验收，验收合格后允许进行扩孔。

（7）扩孔直径应根据不同管径、穿越长度、地质条件和钻机能力确定。一般情况下，最小扩孔直径与穿越管径应符合标准规范规定。

（8）扩孔过程中，应做好扭矩、拉力的监测，当扭矩、拉力过大，应及时分析原因，采取相应措施处理后，方可继续进行扩孔作业。同时，检查钻井液的返回情况，钻井液池无外泄，如有外泄，施工单位及时处理，避免造成征地以外的环境污染。

（9）回拖前应对管道清管测径、试压、防腐层及保护层的完好性进行检查。

第三章　线路工程质量管理

发送沟轴线和出、入土点轴线应在一条轴线上，支架布设应满足回拖管道安全及回拖曲线要求。钻杆、麻花钻杆、切割刀、扩孔器、旋转接头、U形环、拖拉头按施工组织设计要求的规格连接完好。发送沟达到浮管深度，沟内不得有石块及其他硬物等，以防损伤防腐层；回拖管线应进行防腐层检漏，如有个别碰伤，及时完成补伤。

（10）回拖前应急预案、应急物资及设备应齐全、完整，一旦特殊情况发生应按照应急预案开展应急救援。

（11）管线回拖过程中，时刻注意回拖管线的防腐层，及时进行补伤；了解回拖情况，记录特殊变化情况，如拖拉力、扭矩急剧变化情况。

（12）回拖完成后，检查管头露出地面部分的防腐层情况完好，并记录。

（13）钻井液处理达到环保要求，处理协议齐全。

（14）管道组对、焊接、防腐补口、清管测径及试压、管道外保护层等应满足设计要求。

（15）对地质不良地段相关措施应满足设计及施工方案要求。

三、质量风险管理

定向钻穿越质量风险管理见表3-25。

表3-25　定向钻穿越质量风险管理

序号	控制要点	建设单位	监理	施工单位
1	人员			
1.1	专职质量检查员到位且具有质检资格	监督	确认	报验
1.2	特种作业人员应具有相应的资质证书，到场人员数量符合投标文件承诺	监督	确认	报验
2	设备、机具			
2.1	主要施工设备已报验合格，性能良好，且具有合格证或检修合格证明	必要时检验	确认	报验
2.2	计量及检测仪器已报验合格，如全站仪、水准仪、等应有检定证书，且在有效期内容	必要时检验	确认	报验
3	材料			
3.1	进场材料经报验合格，质量证明文件等应齐全有效（合格证、材质证明、复检报告等）	必要时验收	确认	报验
3.2	进场材料规格/型号、数量应满足施工需要，质量应合格	必要时验收	确认	报验

续表

序号	控制要点	建设单位	监理	施工单位
4	方案			
4.1	现场有经过批准的定向钻施工方案	必要时审批	审查/审批	编制、审核
5	定向钻			
5.1	用测量仪器放出穿越中心线,并确定出入土点位置;穿越施工时入土角、出土角符合设计要求	监督	见证	施工
5.2	导向孔实际曲线与设计曲线偏差不大于1%并应符合规范要求	监督	见证	施工
5.3	扩孔孔径应满足回拖要求(管道直径≤219mm,扩孔直径比管径大100mm;219mm<管道直径≤610mm,最小扩孔直径应为管径的1.5倍;管道直径>610mm,扩孔直径比管径大300mm),扩孔轴线应与导向孔轴线一致	监督	见证	施工
5.4	穿越管道组对焊接检查;穿越段无损检测应进行100%超声波和100%射线检测;补口补伤完成、清管、试压完成	监督	旁站	施工
5.5	管道回拖前,应按照规范选择防腐层类型和保护措施。采用环氧玻璃钢外保护层时,施工完毕后应进行外观、厚度、固化度和黏结强度检验,且应符合下述要求: (1)外观检验:环氧玻璃钢表面应平整,无开裂、皱褶、空鼓、流挂、脱层、发白以及玻璃纤维外露,压边和搭接均匀且黏结紧密,玻璃布网孔为漆料所灌满; (2)厚度检验:每道补口至少选择一个截面上均匀分布的4点,厚度应不低于设计最小厚度; (3)固化度检验:沿管子轴向测量平均分布的3个点,采用巴氏硬度计进行玻璃钢防护层硬度检验,检测结果应不小于30; (4)黏结强度检验:按每100道口抽检一道口的频次对玻璃钢与管体PE搭接部位进行检验,黏结强度应不低于3.5MPa,若不合格,应加倍检验	监督	旁站/巡视	施工
5.6	回拖过程中,穿越管道防腐应无损伤,并经电火花检漏合格;回拖后试验压力及变形测径应符合设计要求	监督	见证	施工
5.7	光缆硅管敷设符合设计要求	监督	见证	施工
5.8	钻井液及弃渣处理满足批复的施工方案及环境保护要求	监督	见证	施工
6	施工记录			
6.1	现场施工记录数据采集上传及时,内容完整、真实、准确		验收	填写

第三章 线路工程质量管理

第十三节 隧道穿越

一、工艺工法概述

（一）工序流程

大口径管道难以翻越的山体采用打隧道的方式穿越，以最大限度降低施工难度。增加部分隧道，可以减少管道爬坡难度，消除管道施工时的安全隐患。规避与地方规划的冲突，减少了植被破坏，最大限度地保护了自然环境，大大降低了水工保护水土保持的工作量，同时为今后的安全运行创造了条件。

进行隧道穿越施工时，因山势所限，隧道往往有坡度，其落差也有大有小。在隧道施工中，对于大口径管道隧道内施工时，坡度在10°以下的隧道与10°以上隧道施工方案截然不同，10°以下可采用同一种施工方案，10°以上时必须采取特殊的施工方案。在实际工程中以10°为界，将坡度在0°～10°的隧道命名为缓坡隧道，将坡度在10°以上的隧道命名为陡坡隧道。

隧道穿越工程主要施工工序如图3-14所示。

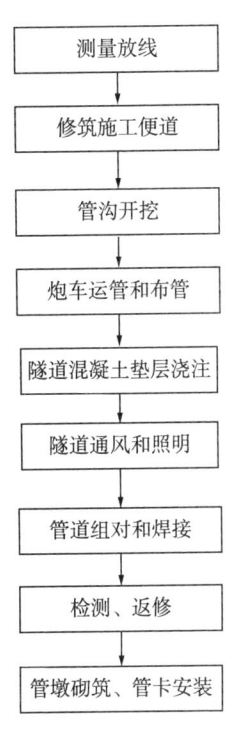

```
测量放线
  ↓
修筑施工便道
  ↓
管沟开挖
  ↓
炮车运管和布管
  ↓
隧道混凝土垫层浇注
  ↓
隧道通风和照明
  ↓
管道组对和焊接
  ↓
检测、返修
  ↓
管墩砌筑、管卡安装
```

图3-14 隧道穿越工程主要施工工序

（二）主要工序及技术措施

1. 测量放线

测量放线前要做以下准备工作：备齐放线区段完整的施工图及相关设计资料；备齐交接桩记录；检查校验测量仪器；备足木桩、花杆、彩旗和白灰等相关用具。

依据穿越平面图、断面图、设计控制桩、水准标桩进行测量放线。采用GPS定位，全站仪进行测量，测量放线中对测量控制桩全过程保护。隧道穿越进出洞口外的线路中心线和作业带界桩定好后，采用白石灰或其他鲜明、耐久的材料，按线路控制桩放出线路中线和施工占地边界线。测量隧道内变坡点位置及变坡度数及管道进出隧道洞口的出土点、入土点，管墩、锚固墩位置，并在隧道壁上用油漆做出标示。

2. 修筑施工便道

一般情况下，隧道的一侧都有开凿隧道时修筑的简易便道，但由于隧道完工时间较长，大部分便道已经消失，施工前需要重新整修施工便道。对距离较短的隧道需要在一侧修筑便道，距离较长的隧道必须两侧都有进场便道。进场便道一般宽度为4m左右，用山石碾压铺垫，要利于挖掘机或吊管机行走。在隧道口要清理出一块堆管平台，将管子用机械运上山，堆放在隧道口。管堆下面铺垫土袋，以免损伤防腐层，同时便于往隧道内倒运。

3. 管沟开挖

根据山体隧道的地质情况，采用不同的方法开挖管沟。只要工程机械能够进入的地方都采用机械开挖，机械不能够进入的地方，如陡坎地段，可采用人工开挖。石方地段都采取爆破技术，机械出渣，人工修边捡底。

1）爆破施工的工艺流程

山体隧道中有大量的石方段管沟需要进行爆饭施工，爆破施工的工艺流程如下。

施工准备→布孔→钻孔→验孔→制作药包→装药→堵塞→覆盖→警戒→起爆→检查→盲炮处理。

（1）布孔。技术组应按爆破技术设计严格布孔，不得随意更改，标示清晰。

（2）钻孔。施工组应按标示的孔位进行钻孔，保证孔深、孔位准确，倾斜钻孔时应严格掌握角度，不随意挪动孔位，确保钻孔数量、质量达到要求。

（3）验孔。技术组应对钻好的炮孔进行验收，检查孔位、孔深、角度符合要求，不合格的重钻。

（4）制作药包。按照计算好的单孔药量、单个药包重量进行制作，分层装药时，可用导爆索连接每层装药。分段延时爆破时，应严格区分雷管段位，不能混淆。严禁私自添减药量。

（5）装药。在确认炮眼合格后，即可进行装药工作。装药时要注意起爆药包的安放位置，一般采用反向起爆。在装药过程中，当炮眼内放入起爆药后，要接着放入一、两个普通药包，再用木制炮棍轻轻压紧，不可用猛力去捣实，防止早爆事故或将雷管脚线拉断造成拒爆。

（6）堵塞。堵塞的材料有沙子、黏土、岩粉等，将其做成炮泥，轻轻送入炮眼，用炮棍适当加压捣实。

（7）覆盖。为了防止个别碎石飞散，保护建筑物和人员的安全，对爆破

第三章　线路工程质量管理

体进行覆盖,覆盖的材料有荆笆、竹笆、胶皮、钢丝网等,也可对需保护的建筑物(如门、窗玻璃等)进行覆盖、遮挡等。

(8)警戒。根据施工方案中设定的警戒范围,要在指挥部的统一指挥下适时派出警戒,做到令行禁止,警戒显示一目了然。

(9)起爆。在确定警戒完好后,根据爆破技术人员的命令,准确起爆。起爆器应由专人负责。

(10)检查。在起爆完规定的药包后,警戒未解除前,技术组应对爆破现场进行检查,没有发现盲炮时,应及时解除警戒。如有拒爆、漏爆等盲炮现象,应及时报告、处理。

(11)盲炮的处理。产生盲炮一般有三种情况:一是雷管未爆,炸药也未爆,称为全拒爆;二是雷管爆炸了,而炸药未被引爆,称为半爆;三是雷管爆炸后只引爆了部分炸药,剩有部分炸药未被引爆,称为残爆。要预防盲炮,首先应该对储存的爆破材料定期检验,爆破前选用合格的炸药和雷管以及其他的起爆材料;在爆破施工过程中,要清理好炮眼中的积水,在装药和堵塞时,必须仔细地进行每一环节,防止损坏起爆药包和折断雷管的起爆线路。产生盲炮后,应立即封锁现场,由原施工人员针对装药时的具体情况,找出拒爆原因,采取相应处理措施。处理的方法有二次爆破法、爆毁法、冲洗法。

2)爆破施工技术措施

(1)预裂爆破和光面爆破。

为了使边坡稳定、岩面平整,在边坡处宜采用预裂爆破或光面爆破。其主要参数如下:

①炮孔间距应根据工程特点、岩石特征、炮孔直径等确定。预裂爆破的炮孔间距一般万炮孔直径的8~12倍,光面爆破的炮孔间距一般为炮孔直径的10~16倍。

②装药集中度应根据岩石的种类、炮孔间距、炮孔直径和炸药性能等确定。

③装药偶合系数应根据岩石强度、炮孔间距和炸药性能合理选择,使炸药完全爆炸,开保证裂面(或光面)平整、岩体稳定。

④光面爆破最小抵抗线长度应根据岩石特征、炮孔间距等确定,一般为炮孔间距的1.2~1.4倍。

⑤预裂炮孔或光面炮孔的角度应与设计边坡坡度一致,每层炮孔底应尽量在同一水平面上。

⑥靠近预裂炮孔的主炮孔的间距、排距和装药量应较具他主炮孔适当减

小。当预裂炮孔和主炮孔在同一电爆网络中起爆时，预裂炮孔应在相邻主炮孔之前起爆。

⑦光面炮孔与主炮孔在同一爆破网络中起爆时，主炮孔在光面炮孔之前起爆，且各光面炮孔应使用同一重量雷管并同时起爆。

⑧当采用预裂爆破降低爆破地震时，预裂炮孔较主炮孔稍深，预裂长度和宽度均应符合设计要求。

（2）修筑施工作业带及管沟开挖。

①爆破作业后，经检查没有哑炮或爆破遗留物，挖沟人员和机械方可进入挖沟作业现场。

②修筑施工作业带，清除爆破碎石，以便人员和车辆通行。作业带的宽度为20m。

③当横向坡角超过30°时，应修筑挡土墙。打桩方法：钢桩规格为D50mm×6mm，钢管每1m一组，然后用竹笆做挡墙，再进行作业带修整。采用砌石墙时，墙体宽度根据高度而改变，每1m高墙，增减0.3m，顶层宽度为0.3m。

④在施工现场条件允许的情况下，首先使用挖掘机械开挖管沟。

⑤在运输不便的地方，利用碎石机粉碎石碴，使粒径小于10mm，用于管沟砂垫层。

⑥管沟开挖要保持顺直，无急弯、无尖石。沟内无积水，无塌方，沟底平坦。管沟深度和坡度应符合设计要求。

4. 炮车运管和布管

布管的质量直接影响组合焊接的速度，应给予足够重视。布管工序流程如下：

布管准备→选管→管墩支垫→管道吊装→小车运进→布管就位。

1）布管准备

布管前，操作人员对布管设备进行检修，保持设备运转良好，并准备好布管用的吊具、垫管用的沙（土）袋等材料。布管作业前，由技术人员对布管的施工人员、操作手等进行技术交底，熟悉图纸资料，明确控制桩位置、管道进出隧道出入土位置。布管人员应了解隧道的宽度、高度、底板坡度及管道在隧道内的布管位置。编制隧道内布管排版图，在隧道外完成下料和管口级配，并对管口进行喷砂除锈，按照干膜法要求完成底漆施工。按照排版图在隧道壁画出钢管的布放位置。

第三章 线路工程质量管理

2）隧道内运布管

由于隧道较窄，运管、布管的炮车只能人工进行操作，而且车身不能太长，在隧道内要能够灵活掌握，特别是在有拐角的隧道内。

炮车要有刹车措施，以保证布管的安全，防止在倾斜隧道中发生危险。在有拐角的隧道内布管时，炮车的前轮可以用轮式电焊机的前轮，可以使用转向装置。

布管时，在隧道口用挖掘机或吊管机将管子装上炮车，然后人工推入隧道中，从内向外依次布管。布管时，管子的下部要用编织袋装土铺垫，防止石子破坏防腐层。如果是距离较长没有坡度的隧道，可以以隧道的中心为分界点，两侧同时布管，这样可以加快布管的速度，缩短工期。对于有斜井的隧道，可以以斜井和平巷的交界点为分界点，平巷用人工推炮车布管，斜井用卷扬机牵引炮车布管。卷扬机布置在斜开的进口处，用地锚固定。卷扬机的功率和钢丝绳的尺寸要根据隧道的长短进行核管，以保证施工的安全。在隧道口用挖掘机或吊管机将管子装上炮车，用卷扬机牵引炮车沿斜井缓慢放下，直到将管子下放到预定位置，放下手拉葫芦将管子布置好。斜坡上的管子需要固定以免下滑，通常在斜井打一根锚杆，用手拉葫芦固定。如果斜井内的扶手锚杆非常坚固，也可以用来固定管子。

5. 隧道混凝土垫层浇注

为了便于管道的安装与维护，隧道（圆断面）需进行混凝土垫层浇筑。由于隧道断面较小、作业空间狭窄、作业线路较长，给混凝土浇筑带来很大的困难，使得隧道内的混凝土浇筑与地面的混凝土浇筑并不相同。浇筑工艺流程如图 3-15 所示。

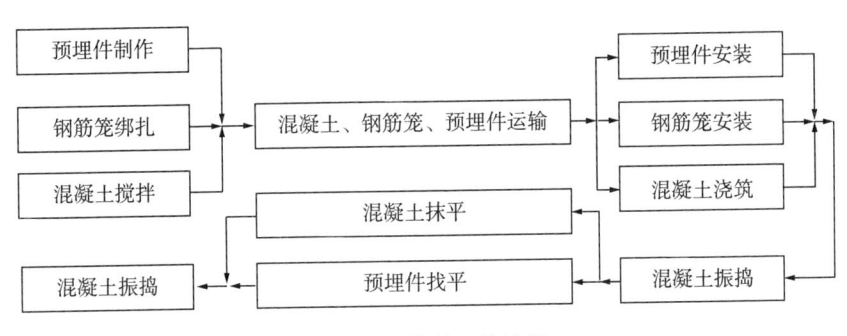

图 3-15 浇筑工艺流程

混凝土的垂直运输采用 5~10t 龙门吊，吊筒采用漏斗型开闭式，大小以

1.5～2m³为宜。混凝土的隧道内水平运输采用10t轨道电机车牵引拖车形式。

根据隧道内管道的布置情况，混凝土垫层可以设计成不同的形式。但是不管采用何种形式，混凝土浇筑中使用的模板，应符合如下要求：模板应具有足够的强度、刚度和稳定性，不得产生较大变形；模板表面应平整、拼缝严密，不漏浆；模板内侧在浇筑前应均匀涂刷脱模剂；模板支护时，应确保模板的稳定性，防止模板移位或凸出，保证混凝土成型质量。

由于隧道内管道的安装支架是安装在混凝土垫层上的，所以在混旋土垫层的设计上，一般会有预埋钢件和钢筋骨架。在放置预埋钢件时要对其位置进行精准测量，避免发生预埋钢件距离过近或过远，影响到后期管线的正常敷设。在浇筑混凝土的同时，应协调好轨道拆除、钢筋骨架运输放置和混凝土浇筑的施工顺序。

长距离隧道内的混凝土运输时间较长，可以利用混凝土运输的空闲时间进行轨道拆除；运输混凝土时电机车从隧道内返回时，将拆除下来的轨道运出；钢筋骨架与混凝土交替运输，以保证混凝土浇筑的连续性。

混凝土浇筑时，为保证施工的顺利进行，需在待浇筑混凝土的正上方放置好跳板，跳板需距离混凝土成型面有一定的距离，保证混凝土正常成型。为了缩短养护时间可在混凝土中应添加早强剂。施工中，如果隧道两端均具备浇筑条件，可从隧道中间开始向两端同时浇筑。

6. 隧道通风和照明

在隧道施工过程中，由于钻爆、装运、喷混凝土产生有害气体和粉尘及开挖揭露地层释放的有害气体使隧道内作业环境受到污染，必须采用压入式通风的方法向洞内供新鲜空气，以稀释有害气体降低粉尘浓度。

（1）空气中的氧气含量按体积不得小于20%，严禁用纯氧进行通风换气。

（2）粉尘允许浓度：含有10%以上的游离二氧化硅不得大于2mg/m³，含有10%以下的游离二氧化硅不得大于4mg/m³。

（3）有害气体最高允许浓度：一氧化碳的最高允许浓度为30mg/m³，在特殊情况下，施工人员必须进入工作面时，浓度可为100mg/m³，但工作时间不得大于30min。

采用发电机组做电源，动力电源电缆在隧道内沿管道焊接侧敷设，用ϕ4mm燕尾钉将其固定在隧道岩壁上，固定间距为2m，自然装高为2m。用钢钎或冲击电锤在排水沟一侧高约2.5m处打直径为25mm，深约300mm的孔，插入蜡木杆，以固定照明线路和灯具。电源电缆接头用自动空气开关过渡，接于电源侧。自动空气开关加装绝缘板固定于隧道侧壁上，自然装高 1.5m。如果隧道内潮湿，应采取电气防潮措施。照明采用三相四线制，电源线选用 BV-0.5kV，4mm² 绝缘导线。隧道内每 20m 设一盏 60W 白炽灯，每个焊位设一盏 1000W 碘钨灯。电源到照明灯的导线采用 2.5mm² 普通胶质线。

7. 管道组对和焊接

1）管道组对

组对前复核管子壁厚、防腐层规格。清理管口与管道组对、焊接工序的时间间隔不宜过长，以避免二次清理。

对口要求严格按照焊接工艺规程执行，特别是严格控制对口间隙，管口处螺旋焊缝或直焊缝错开 100mm 以上。起吊设备采用隧道专用运管车。

组对前用白色记号笔把每根管子的管号、长度和壁厚记录到钢管的外涂层上，并保留这些数字，以便获取准确的钢管记录。严禁用锤击方法强行矫正管口。连头时不得强行组对。隧道内的焊口组对不能使用机械设备，只能使用导链架。导链架的顶部做成和隧道顶部弧度一样的弧形，便于调整管道的位置，保证隧道壁和管道的安全距离。组对采用外对口器，严格按照操作规程要求进行施工。

2）管道焊接

隧道内的管道用小型山地焊机进行焊接，将发电机组放置在隧道口的一侧，将电源电缆牵引到隧道内，在隧道内设置小型控制电源箱，与山地焊机相连。隧道内较为潮湿，焊接用的焊条、焊丝必须按要求进行烘干和保温，以保证焊接的质量。管道焊接必须严格按照线路焊接规程进行施工。

焊道的起弧或收弧处应相互错开 30mm 以上，严禁在坡口以外的钢管表面起弧；必须在根焊全部完成后，才能开始下一层焊道的焊接。根焊完成后，用电动砂轮机修磨清理根焊道表面的熔渣、飞溅物、缺陷及焊缝凸高，修磨时不得伤及钢管外表面的坡口形状；隧道内组对焊接完成后，待管口温度降低后用钢丝刷把焊口处余渣等清理干净，用密封带包扎好。填充焊接时，由于坡口宽度增加，焊丝要做适当地摆动；为避免发生熔池满溢、气孔和夹渣等缺陷，要适当控制焊接速度以保持熔池前移。焊接时焊口两侧的防腐层必须用橡胶板加以保护，以防破坏防腐层。

隧道内通风用轴流风机可能会对管道焊接产生影响，施工时采取以下措施排除影响：一是将风机设置成活动式，挂在隧道上顶面环片螺栓上，以减少对焊接的影响；二是经实测距轴流风机 30m 处风速不超过 0.5m/s，可满足焊接规范要求，因此在施工时随时移动轴流风机，保证在焊口30m外。

8. 检测、返修

穿越段管道全部环向焊缝及与一般线路段连接的管道碰死口焊缝均应进行100%射线照相和100%超声波探伤检验。其检测应符合《石油天然气钢质管道无损检测》（SY/T 4109—2020）的相关规定，Ⅱ级以上焊缝为合格。

无损检测中发现缺陷超标的焊口，由监理人员向施工单位下达返修通知。按照返修通知单找出不合格焊口，并确定缺陷位置后进行返修焊接。

9. 管墩砌筑、管卡安装

管道防腐完成后，用袋装土砌筑的临时管墩对管道进行临时支垫，然后在设计要求的管墩位置按照混凝土管墩尺寸支模，按照设计要求进行管墩浇筑。输气管道在隧道内均安装在已浇筑好的钢筋混凝土支墩上，支墩间距一般为18m，具体间距按照施工图执行。管墩顶面设预埋件，采用管卡固定。所有钢构件均采用热镀锌防腐。

用移动吊架将管道吊装就位，此时必须进行电火花检测，对发现的漏点及时进行补伤，电火花检测合格后才能安装管卡，管卡与管道之间用$\delta=10mm$的胶皮衬垫，以保护管道防腐层。

二、关键质量风险点识别

（一）主要控制要点

主要控制要点包括：进场人员（主要管理人员主要管理人员、爆破操作手、挖掘机操作手、焊工、电工、测量工、瓦工等），进场机具设备（挖掘机、运渣车、全站仪、水平仪、可燃气体检测仪、锚杆拉拔仪/锚杆拉力计、回弹仪等），进场材料（水泥、砂浆、毛石、混凝土、钢筋、钢板等），作业文件（隧道施工组织设计、作业指导书等），作业环境（雨、雪、风速、地理环境等）。

（二）重点管控内容

1. 人员

核查进场人员数量、上岗证、资格证满足作业要求，并已履行报验程序。

2. 设备机具

核查进场设备、检测工器具数量、性能规格与施工方案相符，检定证书

第三章 线路工程质量管理

在有效期，报验手续完备，并已报验合格。

3. 材料核查材料

核查质量证明文件（材料质量明证书、出厂合格证、检验报告等），并应进行外观检查符合规范及设计文件要求。检查爆破物品的运输、保管证书。

4. 工序关键环节控制

（1）施工作业人员技术交底记录和班前安全交底记录完整。

（2）工程测量应满足设计文件及施工规范要求。

（3）洞口施工应满足设计文件要求。

（4）掘进施工应满足批准的施工组织设计要求。

（5）弃渣场的设置应满足设计文件及批准的施工组织设计要求。

（6）初期支护、喷锚：初期支护时间，在开挖完成后立即进行；初期支护背后空洞，需用同级混凝土填塞；锚杆、超前小导管、管棚及注浆等。检查锚杆根数、长度符合设计要求，注浆符合设计要求，系统锚杆垫板与围岩密贴；采用湿喷工艺，要有同条件养护试件；喷射混凝土厚度、平整度。厚度、平整度、保护层符合设计要求，不得有尖锐物外露；钢架。间距、规格、型号、连接符合设计要求；不得立于虚渣上，不得悬空；垂直度符合设计要求，不得有明显倾斜；按设计要求设置锁脚锚杆；钢筋网片。钢筋规格、型号、间距符合设计要求，搭接长度大于 1～2 个网孔。

（7）二次衬砌：钢筋规格、型号与设计图纸一致；材料检验，进场的钢筋、水泥、混凝土试块已进行见证复检，复检合格；钢筋的连接方式，搭接长度及接头位置；二衬混凝土厚度符合设计图纸要求。试件，按浇筑批次留存相关试件，养护到期后进行复检。

通信监控，设置通信、监控、报警系统。

（8）通风管理：通风、排水、气体监测、门禁等安全防护、环境保护符合相关标准规范规定。风机型号规格、风管口距掌子面的距离满足设计和方案要求（分为压入式和吸出式）；通风效果，保证作业人员每人 $3m^3/min$ 新鲜空气量，人员呼吸顺畅。施工作业时必须通风；风管，无破损，无漏风，风管布置直顺，尽量减少弯头，接头。

机械设备，机械、设备与报验材料一致；机械、设备的规格及数量满足施工需要；设备经定期维护，性能满足施工要求；备用发电机等应急设备备齐。

（9）临时用电：临时用电手续齐全，设施安装及操作应符合相关标准规范规定。非专职电气值班人员，不得操作电气设备；操作高压电气设备主回路时，必须戴绝缘手套，穿电工绝缘靴并站在绝缘板上；电气设备外露的转动和传动部分（如靠背轮、链轮、皮带和齿轮等），必须加装遮栏或防护罩；洞内防爆电气设备，在安装前应由合格的防爆电气检查人员检查其安全性能，合格后方准安装。使用期间应定期进行测试与检查；36V以上的电气设备和由于绝缘损坏可能带有危险电压的设备的金属外壳、构架等，必须有保护接地；电气设备的检查、维修和调整工作，必须由专职的电气维修工进行；凡易燃、易爆等危险品的库房或洞室，必须采用防爆型灯具或间接式照明。

（10）断面尺寸、轴线偏移应符合设计文件规定。

（11）管道基础，管道安装等满足设计及相关规范要求。

三、质量风险管理

隧道穿越质量风险管理见表3-26。

表3-26 隧道穿越质量风险管理

序号	控制要点	建设单位	监理	施工单位
1	人员			
1.1	专职质量检查员到位且具有质检资格	监督	确认	报验
1.2	特种作业人员应具有相应的资质证书，到场人员数量符合投标文件承诺	监督	确认	报验
2	设备、机具			
2.1	主要施工设备已报验合格，如工程地质钻机、风动凿岩机、风镐、超前地质预报设备、起爆器、衬砌台车、耙碴机、搅拌机、空压机、注浆机、发电机、电焊机、轴流通风机、钢筋调直机、钢筋切断机、钢筋弯曲机、砂轮机、插入式振捣器、挖掘机、高压水泵、铲车等需性能良好，且具有合格证或检修合格证明	必要时检验	确认	报验
2.2	计量及检测仪器已报验合格，如全站仪、水准仪、激光指向仪、围岩收敛计、红外线探测仪、锚杆拉拔仪、气体检测仪等应具有检定证书，且在有效期内容	必要时检验	确认	报验
3	材料			

第三章 线路工程质量管理

续表

序号	控制要点	建设单位	监理	施工单位
3.1	进场材料经报验合格，质量证明文件等应齐全有效（合格证、材质证明、复检报告等）	必要时验收	确认	报验
3.2	进场材料规格/型号、数量应满足施工需要，质量应合格	必要时验收	确认	报验
4	方案			
4.1	现场有经过批准的隧道施工组织设计及专项施工方案	必要时审批	审查/审批	编制、审核
5	钻爆隧道			
5.1	隧道开挖轴线、进出口定位应准确，隧道坡度满足设计要求；隧道开挖允许偏差应符合规范和设计要求	监督检查	平行检查	施工
5.2	锚杆抗拉拔力应满足设计要求，锚杆分布均匀，且应垂直于临空面，并应加设垫板；锚杆支护允许偏差应符合规范和设计要求	监督检查	见证	施工
5.3	钢架支护的钢构件搭接长度、焊缝尺寸应符合设计要求，钢架间连接应平顺、牢固，定位准确、钢架支护允许偏差应符合规范和设计要求	监督检查	平行检查	施工
5.4	喷砂混凝土强度等级及钢筋网布置应符合设计要求，支护面不应有漏喷、离鼓现象，不应有尚在扩展或危及安全的裂缝，喷射混凝土支护允许偏差应符合规范和设计要求	监督检查	平行检查	施工
5.5	浇筑（预制）混凝土支护强度等级应满足设计要求，支护表明应平整密实、蜂窝麻面面积＜1%，裂缝宽度、钢筋保护层厚度符合设计要求	监督检查	旁站	施工
5.6	隧道衬砌的混凝土强度和抗渗等级应符合设计要求，施工缝、变形缝、穿墙管道等部位防水构造符合设计要求，衬砌表明应坚实、平整、不得有裂缝、漏筋、蜂窝等缺陷	监督检查	见证、平检	施工
5.7	弃渣场设置及弃渣处理符合设计和环境保护要求	监督检查	旁站	施工
5.8	现场施工记录数据采集上传及时，内容完整、真实、准确	监督检查	确认	施工
6	施工记录			
6.1	现场施工记录数据采集上传及时，内容完整、真实、准确		验收	填写

第十四节 盾构施工

一、工艺工法概述

(一) 工序流程

盾构施工的基本工作原理就是一个钢质盾构体沿隧洞轴线,边向前推进边对土壤进行挖掘。该盾构体组建的壳体即护盾,它对挖掘出的还未衬砌的隧洞段起着临时支撑的作用,承受周围土层的压力,有时还承受地下水压以及将地下水挡在外面。挖掘、排土、衬砌等作业在盾护的掩护下进行。

泥水加压平衡盾构施工的重要流程如图 3-16 所示。

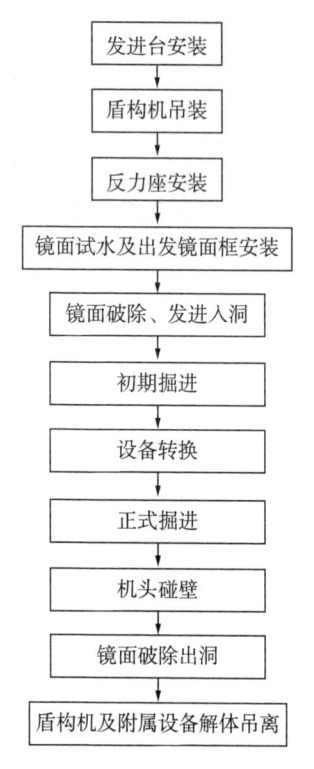

图 3-16 盾构施工的流程

流程:发进台安装 → 盾构机吊装 → 反力座安装 → 镜面试水及出发镜面框安装 → 镜面破除、发进入洞 → 初期掘进 → 设备转换 → 正式掘进 → 机头碰壁 → 镜面破除出洞 → 盾构机及附属设备解体吊离

(二) 主要工序及技术措施

1. 入坑准备作业

1) 发进台安装

利用发进台组装盾构机及试车校正盾构机的方向及高程,因此发进台安装时要精确控制其高程及方向,各构件之间的螺栓或焊接连接必须牢固可靠。

2) 反力座安装

反力座是盾构机初期推进时反力传递的支墩。反力座须待盾构机全部推进土中,并且环片摩擦力足以承受盾构机最大推力时才可拆除。因此,反力座在安装时垂直方向必须与发进台的水平方向成直角;反力座与连续壁间的空隙必须用混凝土浇筑,以确保抵抗千斤顶产生的推力,及防止反力座的位移或错动;反力座各型钢间的接合处必须焊接牢固。

3) 假隧道及发进止水封圈

在盾构机发进前端,首先安装镜面框圈(按设计的中心及高程),其次用钢筋混凝土浇筑一假隧道,第三安装橡胶止水圈防止水砂外涌。假隧道施工时其中心及高程的放样必须与设计的盾构机发进中心及高程完全吻合,并

第三章 线路工程质量管理

且能与井壁稳固结合。

4) 盾构机吊装

盾构机运至工地,待发进台安装完成后,用 200～300t 吊车吊入工作井安装及试车,但必须注意:起重机械作业半径内严禁人员进入;吊挂作业前认真计算荷载和选用钢丝索、吊扣,以免发生危险;盾构机吊入时需加强吊车操作与吊挂人员的联系,设专人指挥。

5) 环片假组立

假组立的目的在于将盾构机反作用力传递到反力座上。一般采用钢筋混凝土环片进行假组立,因此环片组立后必须保持其真圆度,同时要用三角楔木打入环片与发进台间的间隙垫高环片,以保持环片的高程。

6) 镜面破除

在上述准备工作完成后,检查镜面底盘改良段止封水效果和断面大小,清除镜面前的所有杂物,备齐足够的补强、堵漏材料及抽水机等后,即可由下往上凿除镜面。

2. 初期掘进

盾构机进洞后,为了放置后续台车等附属设备,需先进行一段距离的掘进,然后再进行设备转换,这段距离的掘进称为初期掘进。从施工管理角度而言,这段距离应尽可能缩短。但是初期掘进距离的最终确定取决于以下距离较长的一段:

(1) 盾构机进洞后,环片摩擦力足以承受盾构机最大推力的距离。

(2) 能放置后续台车等附属设备的距离。

3. 设备转换

开初期掘进完成后,为方便隧道材料(环片、轨道、送排泥管等)吊运,提高施工效率,将坑口假组立环片、反力座等予以拆除,把后续台车转入坑内,此阶段工作称为设备转换。

4. 盾构开挖作业(正式掘进)

开启液压马达驱动刀盘,带动切削刀盘转动。开启送、排泥浆泵、空压机,建立起泥浆循环与泥水平衡系统,将一定浓度的泥浆送入泥水室中。此时,开启盾构顶进油缸组,使盾构向前推进。盾构切削刀盘的刀具切入岩土中,切下的岩块和土碴与泥浆经过锥形粉碎腔进入泥水泵送管道。在盾构掘进过程中,必须随时检查泥水平衡系统各项参数,并根据实际情况进行调整。

使用泥水平衡系统保持开挖面稳定,即保持掘进切削量与排泥量相对平衡,防止出现超挖、欠挖。当盾构向前推进到比环片稍宽的宽度,进行环片拼装。整个环片衬砌完成后,通过千斤顶提供动力,进行下一次掘进。掘进同时,对已安装的环片进行背填注浆,以填补其后的空隙。

5.出洞准备作业

盾构机出洞为盾构施工最后阶段的重要作业,为确保盾构机能顺利出洞,需做好出洞准备工作。盾构机在出洞前的准备,原则上与进洞类似,唯镜面框及止水胶圈安装须待盾构机进入井壁一半后才能安装,以确保出洞的安全;当安装完隧道内最后一环环片时,以空推方式将盾构机与环片脱离。

二、关键质量风险点识别

(一)主要控制要点

主要控制要点包括:进场人员(主要管理人员、盾构机操作手、焊工、电工、测量工、起重工、管片拼装工、钻机操作工),进场机具设备(盾构机及附属装置、泥水分离机、隧道管片台车、隧道中继平台、隧道供浆泵、压滤机、固定式空压机、挖掘机、起重机、渣土输送分离设备、通风、测量工器具),进场材料(水泥、膨润土、混凝土、砂浆、钢筋、管片等),作业文件(盾构施工组织设计、施工方案等),作业环境(雨、雪、风速、温度、地理环境、地下水位等)。

(二)重点管控内容

1.人员

核查进场人员数量、上岗证、资格证满足作业要求,并已履行报验程序。

2.设备机具

核查进场设备、检测工器具数量、性能规格与施工方案相符,检定证书在有效期,报验手续完备,并已报验合格。

3.材料

核查材料质量证明文件(材料质量明证书、出厂合格证、检验试验报告等),并应进行外观检查,符合设计文件及施工规范规定。

第三章　线路工程质量管理

4. 工序关键环节控制

（1）施工作业人员技术交底记录和班前安全交底记录完整。

（2）工程测量应满足设计文件及施工规范要求。

（3）弃渣场的设置应满足设计文件及批准的施工组织设计要求。

（4）竖井施工应满足设计文件要求。

（5）掘进施工应满足批准的施工组织设计要求。

（6）环片拼装满足设计文件及施工规范要求。

（7）盾构隧道轴线偏差、高程偏差、管片拼装偏差、隧道净空、椭圆度、径向错台、相邻错台应符合施工规范规定。

（8）断面尺寸、轴线偏移应符合设计文件规定。

（9）注浆防水，掘进与施工方案内容应一致。

（10）临时用电手续齐全，设施安装及操作应符合相关标准规范规定。

（11）运输，供电，通风消防，通信及监控，管道基础，管道安装等满足设计及相关规范要求。

三、质量风险管理

盾构施工质量风险管理见表3-27。

表3-27　盾构施工质量风险管理

序号	控制要点	建设单位	监理	施工单位
1	人员			
1.1	专职质量检查员到位且具有质检资格	监督	确认	报验
1.2	特种作业人员应具有相应的资质证书，到场人员数量符合投标文件承诺	监督	确认	报验
2	设备、机具			
2.1	主要施工设备已报验合格，性能良好，且具有合格证或检修合格证明	必要时检验	确认	报验
2.2	计量及检测仪器已报验合格，如全站仪、水准仪、等应具有检定证书，且在有效期内容	必要时检验	确认	报验
3	材料			
3.1	进场材料经报验合格，质量证明文件等应齐全有效（合格证、材质证明、复检报告等）	必要时验收	确认	报验

续表

序号	控制要点	建设单位	监理	施工单位
3.2	进场材料规格/型号、数量应满足施工需要，质量应合格	必要时验收	确认	报验
4	施工方案			
4.1	现场有经过批准的盾构隧道施工组织设计及专项施工方案	必要时审批	查审/审批	编制、审核
5	盾构隧道			
5.1	隧道进出口位置、地质情况应与设计一致，隧道轴线水平偏差满足±100mm要求；轴线高程偏差满足±100mm要求	监督检查	平行检查	施工
5.2	环片混凝土强度等级不应低于C50、钢筋保护层厚度不应小于30mm，环片制作允许偏差应符合规范要求	监督检查	见证/平行检查	施工
5.3	盾构掘进应严格控制轴线偏差中心线平面位置允许偏差±150mm，中心线高程允许偏差应为±150mm	监督检查	平行检查	施工
5.4	环片拼装排列应符合设计要求，密封材料与环片粘贴密实，恒总连接件应全部穿进并固定牢固，注浆质量符合设计及环保要求；环片拼装允许偏差应符合规范要求	监督检查	平行检查	施工
5.5	隧道衬砌接缝不应有线流或漏泥沙现象，接缝防水、衬砌内表面外漏铁件防腐应符合设计要求，防水密封试验合格	监督检查	巡视	施工
5.6	弃渣处理满足批复的施工方案及环境保护要求	监督检查	巡视	施工
6	现场记录			
6.1	现场施工记录数据采集上传及时，内容完整、真实、准确	抽查	确认	施工

第十五节 跨越工程

在管道建设中常遇到河流、沼泽、湖泊及各种自然障碍物或人工构筑物，不得不采用水下穿越或空中跨越等敷设方式。但在由于河床稳定性差、河床或边坡冲刷严重，开挖管沟十分困难等情况下，采用空中跨越往往要比水下穿越更为经济合理。

第三章　线路工程质量管理

一、工艺工法概述

（一）工序流程

管道跨越结构形式众多，但其主要施工内容为钢结构施工，以下主要介绍拱式、梁式及悬吊式跨越工程的施工。

管道跨越工程施工工序如图 3-17 所示。

（二）主要工序及技术措施

1. 基础施工

混凝土基础是跨越结构上部荷载传到地基的主要受力构件。若出现安全隐患，会直接威胁上部跨越结构的安全，必须保证其安全可靠。混凝土基础工程包括钢筋工程、模板工程、混凝土浇筑工程。

1）钢筋工程

（1）钢筋下料：对照设计图纸的配筋图，分别计算各种钢筋的下料长度和根数。在计算中充分考虑钢筋弯曲段的量度差值和不同弯曲角度的弯钩增加值，填写配料单，清除钢筋表面的污物、铁锈。

钢筋网片预制前，核对成品钢筋的钢号、直径、形状、尺寸和数量，应与配料单相符。预制好钢筋保护层水泥砂浆垫块（竖直钢筋执块应预埋铁丝）、划出钢筋位置线，按规定位置固定。

（2）钢筋网焊接：钢筋网采用电焊点焊，四周两行钢筋交叉点全部焊牢，中间部分相隔交叉焊牢，但必须保证受力钢筋不位移，焊后清除药皮。

图 3-17　管道跨越工程施工工序

（3）质量要求：钢筋位置摆放准确，钢筋钩朝上或朝里，下层长边钢筋在下，短边钢筋在上，上层长边钢筋在上，短边钢筋在下。钢筋间距、接头长度、位置及保护层厚度应符合设计和现行规范的要求；钢筋接头均采用双面搭接

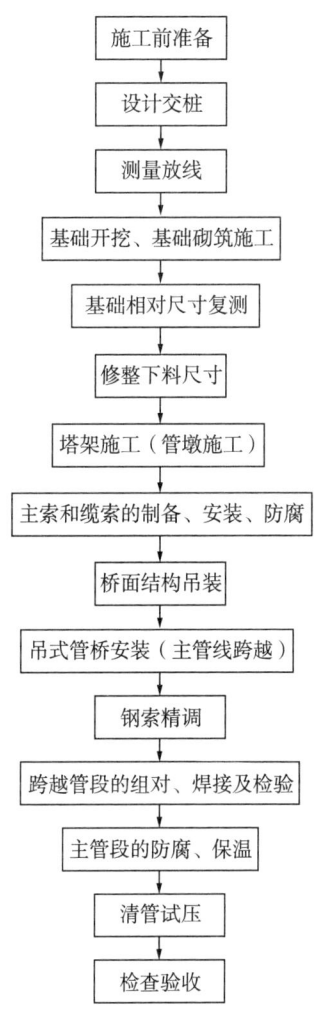

焊接，接头长度为不小于5倍的钢筋直径，钢筋绑扎完毕，组织验收并填写隐蔽工程检查记录。

2）模板工程

基础模板优先采用组合式钢模板，模板工程施工中的控制点是锚固件的定位。锚固件的定位是基础施工的关键，施工前应注意以下几点。

（1）模板安装前，在模板内侧划出中心线，基坑底弹出基础中心线及边线，基础垫层找平，达到设计标高。

（2）模板安装时，模板中心线和基础中心线互相对准，保证结构各部分形状、尺才和相互位置的准确性。模板安装的同时，沿基础四周搭设双排木制脚手架，以便施工人员上下及运送材料。

（3）锚固件必须坚固、可靠。

3）混凝土浇筑工程

（1）为了保证结构的整体性，改浇筑采用泵送栓、连续分层浇筑，分层厚度400mm，采用插入式振捣器或其他振捣器进行振捣、密实，每一层混凝土要在前一层混凝土初凝之前浇筑完毕。混凝土浇筑完3～4h后，初步按标高尺寸用长刮尺刮平，在初凝前用铁滚筒纵横碾压数遍，待混凝土收水沉实后，用抹子抹平改表面，封闭其收水裂缝，然后覆盖塑料布、草袋等保温保湿材料进行现场养护。

（2）地脚螺栓、锚固螺栓定位措施。基础内预埋件和锚固件位置的准确性是确保整个施工精度的重要因素。为此，预埋件安装就位前，按预埋件的位置，在每个基础内预先设置2个门型架固定。门型架立柱用4根长3.0m的100#槽钢，每根底端焊200mm×200mm×8mm钢板预埋。横梁同样用100#槽钢，长2.5m。两个门型架间距3m，临时固定于模板拉结筋上，事先浇注在基础内。

在混凝土浇筑全过程中，用仪器监测，随时进行精度调整，防止混凝土在浇注和振捣过程中造成预埋件的错位或偏差，影响整个跨越精度。

对于塔架基础内的地脚螺栓应确保基础面上定位板中心轴线的标高和相互间的距离，使两塔架基础面上4个地脚螺栓定位板之间呈矩形分布，且对角线相等。

4）锚固墩施工

对于主锚和风锚基础内的锚杆，应确保锚杆在基础内的角度，以及基础面上定位板中心轴线的标高和距离。

5）基础回填

基础回填采用蛙式打夯机行进行分层夯实。回填土方时，用推土机将原

第三章 线路工程质量管理

状土运回，人工配合平整。在夯填过程中，基础周围1.0m范围内，采用蛙式打夯机在两侧或四周对称同时夯填，其余采用推土机边回填边压实，分层厚度为250～300mm。回填土自下而上采取先一层土方后一层石方的顺序进行，石方层的石块铺设应大面朝下，土方要填实石缝空隙，挑选足够的大石块留作水土保护用料，使土石方量尽量达到综合平衡。最后将多余的耕用土均匀摊平在基础边缘。

2. 中小型（拱式、梁式）跨越施工

1）预制

无单体跨越设计图或设计无明确规定的跨越管段施工，应视为一般管段。其施工技术要求可参照管线施工技术，其质量检查和质量标准同管线工程。

跨越管线支墩的施工宜采用钻孔灌注桩法。灌注桩的施工工序一般为：钻孔→下套管→灌注桩浇筑→起套管。跨越管线应在跨越点一侧进行预制，主管线应在预制平台上一次完成。根据施工现场的地形、水文条件合理选择、布置施工场地，组装、焊接场地应平整。

拱式跨越工程宜有放样平台。放样平台应平整，在放样平台上放1:1的管段大样，并应分段编号。

所有钢件应采用焊接连接，所有钢构件应放样制作。放样尺寸与标准尺寸有误差时，应以放样尺寸为准。

2）跨越管线的吊装就位

（1）梁式跨越：吊装：小型跨越可以采用一台或几台吊车吊装就位。

空中发送：一般一侧用动力设备（卷扬机、吊管机、推土机等）牵引，另一侧用吊管机或吊车配合将预制好的跨越部分吊起，缓慢向对岸运管，并在向对岸运管的过程中，吊管机或吊车逐渐将跨越部分摆正；也可以根据跨越的实际情况，在一端修建发送道，另一端采用牵引。

空中组对：利用在河中的支墩铺设简易便桥，在上面铺设管线，进行组对、焊接作业。

（2）拱式跨越：小型拱式跨越，可采用吊车整体吊装就位。跨越整体预制后，在河中浮运过河，然后在河上翻转就位；可采用在河上设吊装船，两岸设吊车配合翻转；整体过河也可采用直立船运，然后吊装就位。

3. 悬吊式管桥施工

悬吊式管桥包括悬索式、悬垂式、悬缆式、斜拉索式和斜拉索悬索组合式，其结构虽然差别较大，但施工方法基本相同。悬吊式管桥施工程序为：施工准备→塔架施工→管桥结构组装→管道发送安装→缆索调整→防雷接地安装→检查验收。

1）塔架制作

为确保塔架和跨越管桥的预制精度，对于所有钢结构件采取统一下料、分别组拼焊接的施工方法。为保证塔架预制精度，在跨越两岸施工现场分别搭设钢结构预制平台，用水平尺找平并用水准仪检测其平整度，使平台在一个平面内。

（1）下料。施工放样前首先要熟悉图纸，一方面了解设计意图，另外核对图纸安装尺掌握各构件数量，对于所有构件进行统一编号，在平台上按设计尺寸1:1的比例进行放样。放样时要考虑加工焊接变形的影响，复测审核无误后取得样板并进行编号标志。两座塔架同时下料，并按结构部位和数量编号，在左右两岸分别组拼预制，组拼时按编号对号入座，对钢丝绳进行预拉和下料。

（2）组拼焊接。塔架在组拼时着重控制4根立柱主肢的挠曲度和塔架轴线的中心偏差。4根立柱对接焊维一次焊接完后，其余水平腹杆、节点板及斜腹杆全部采取点焊的形式，待塔架整体组拼元成后，再进行焊接。焊接时采取分段、分层、对称焊接方法，以防止焊接变形和焊接接内应力。桥面钢结构的放样下料、组拼焊接与塔架施工方法相同。

2）索具制作

能在营地预制场预制的索具，绝不留到野外，尽可能加大预制深度，将包括主索、连系索、吊索、后拉索、风索在内的所有索具一次下料切割后编号，并根据计算结果在各处需卡设锚爪的位置做出标记，避免野外测量。

（1）主索预张拉。

①张拉场地选择。选择一块稍长于主索、宽度合适的平坦场地。

②测量放线。分别按悬索跨中、塔中及锚碇切割位置浇筑长宽各1m，厚30cm、高出地面10cm的混凝土墩。在混凝土墩顶面划出十字线，纵向为丈量主索的中心线，横向为跨中、塔中及锚碇切割位置线。采用标准钢尺以规定拉力丈量，按照设计温度与实际温度的差异，加以温度修正，反复丈量3~4次。

③张拉工艺。张拉工艺技术如下：

采取丈量和预拉同时进行的工艺，采用50kN双筒卷扬机8门滑车走16线，将主索大致拉直，并把主索端头做好记号；张拉时应逐步施加拉力至钢丝绳破断拉力的50%，拉力增加应分3~4个阶段进行，每阶段加拉力达到指定

第三章 线路工程质量管理

指标后稳定 10min，直至达到预张拉最大拉应力值，稳定 6h 以上，并测出主索的温度与标准温度的差值，将各部位的长度加以温度修正，然后把修正后的位置移到主索上，做出标记。

④主索的拉力测定。张拉主索的拉力大小用钢索测振仪测定。在张拉过程中用钢索测振仪测量钢索的振动频率。用木槌在跨中锤击，测出主索振动频率。

（2）钢索丈量下料。

①主索下料长度计算。每根主索长度应等于跨间长度与两岸锚索长度之和。

②钢丝绳预张拉完成后进行丈量下料，丈量时对钢丝绳施加工作状态时的设计拉力，且丈量次数不少于 2 次。用钢尺按设计要求尺寸丈量出主索、风索下料长度、吊索安装位置（做编号标记）、主索在索鞍上的精确位置。用镀锌铁丝缠绕在钢丝绳做出标记。

③钢丝绳的切割下料应用无齿锯，严禁用气焊切割。钢丝绳切割的两端用镀锌铁丝扎紧。防止钢丝绳割断后松散。

④吊索下料时。应按安装在主索上的位置次序予以编号。

3）塔架安装

塔架制作防腐完成后，由吊车将两岸塔架平移吊到塔架基础一侧，首先将塔头放在河岸边缘的钢结构支架上，该支架上面设有可旋转的圆盘和滚轮，塔架即可沿滚轮移动，以便调节塔架的位置。在支架两侧设有护耳以保护塔架在支架上的稳固，防止侧滑。然后再用吊车将塔脚吊放在塔架基础上，对正塔脚与铰支座的位置使塔架中心线与跨越轴线重合，为塔架与铰支座连接做好准备。

塔架的组立主要采用吊车与起重千斤顶配合立起法，两岸塔架起吊单独进行。首先进行塔脚板与铰支座间的过渡连接。当塔架扳起到约 75°时，停止扳起，将塔架前后左右用封绳锚固。当大型吊车无法进场时，采用两根独杆桁架桅杆辅吊立塔。

4）管桥安装

管桥安装采用空中发送法。空中发送法施工是目前既经济又比较成熟的一种施工方法。索具和管桥的安装全部采用索道来完成，包括架设空中索道、主索发送、吊索安装、管桥发送安装，抗风索发送安装，共轭索及其吊索安装等。

（1）架设空中索道。利用两岸塔架在塔顶架设平衡滑轮和两条施工索，以及配套的滑轮组、滑车、牵引绳等，构成空中索道发送系统。为满足施工要求，需在塔顶架设一定高度的施工索支架。施工索的架设应保证索道之间垂度一致，并与主索之间保持一定的净空高度，滑车为自制加工的四轮走线滑车，在滑车下面配置相应的升降系统，滑车沿索道在两岸卷扬机的控机下，可沿施工索道自由行走和提升物体，在管桥的整体安装过程中，起到吊装发送和调整的作用。

（2）主索发送安装。为保证钢索在发送过程中不出现弯曲扭结，首先将缠绕在木滚轮上预制张拉好的主索，在预制的发送架上沿河岸展开。钢索展开时应保证钢索的顺直，并在钢索的下部支撑上相应地滚动垫块，以防止钢索直接与地面接触，损伤钢索的外表层。钢索发送沿浮桥在自制时滚轮支架上进行，靠卷扬机由一岸向另一岸牵引，支架按钢索的挠度等距离摆放。当钢索发送到位后，在船上完成索夹板和垂直吊索与主索连接。

（3）吊索安装。主索发送安装完成后，按照预先在主索上标记的轴线和吊索位置编号，在浮船上依次安装上索夹板和吊索。吊索安装完毕后，由施工索和塔顶的牵引系统将两岸主索头吊起，在塔顶平台上完成索头与连接板的安装，最后进行主索的锚固。

（4）管桥发送安装。管桥吊栏的安装采用利用施工索进行空中发送的施工方法。吊栏事先组拼成单体结构，按照每节吊栏的安装顺序位置由施工索道从一岸发送到另一岸，管桥吊栏之间先进行软连接，如图3-18所示。

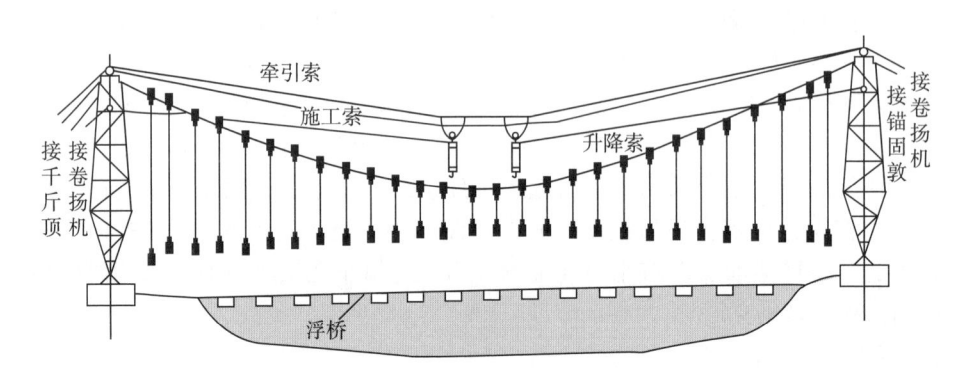

图3-18 管桥发送安装示意

（5）抗风索发送安装。抗风索发送采用与主索同样的滚轮支架形式，沿管桥吊栏两侧由一岸发送到另一岸，对号入座连接。最后完成抗风索的锚固头与基础内锚杆的预连接。

（6）共轭索及其吊索安装。共轭索的发送及其索夹板的安装与风索相同。最后将共轭索锚固头用卷扬机牵引就位，完成与塔架基础内锚杆的连接，形

第三章 线路工程质量管理

成空间结构体系。在施工索的配合下，安装管道滚动支架。紧固桥面结构螺栓，调整桥面结构的安全护栏。

5）管道发送安装

采用滑车、滚轮、设配重管并利用卷扬机牵引的方式发送管道。发送前分别固定后拉索、侧向稳定索、吊架、抗风防震索。

（1）安装便桥及吊架固定。施工前先架设一条安全索，用于施工人员挂安全带。安全索选用直径钢丝绳，其高度距吊架2m，两端与塔架固定。

采用厚60mm的木板沿吊架一侧铺设便桥并与吊架固定，便于施工人员上下。

利用角钢将吊架两端固定，角钢通过吊架上的管卡螺栓孔用螺栓连接并与两岸塔架固定。

（2）安装滚轮。利用滑车在吊架上每隔12m设一滚轮。滚轮与吊架通过管卡螺栓孔用螺栓连接固定。

（3）管道预制，发送安装。管道预制发送均在河岸进行。一岸搭设发送平台，另一岸搭设接收平台，平台上设滚轮。根据场地情况将管道分成若干段，管道发送在X射线、分段试压补口后进行。管道发送时用吊车将管段吊到发送平台上，第一段先吊到滚轮上，将第一段管道前端与配重管连接，在对岸用卷扬机牵引配重管，每发送一段管道后，在接收平台上将配重管在点焊处割下运走。第一段管道发送完后用手拉葫芦将第二段管道吊到滚轮上，第一与第二管段焊接，经X射线探伤、补口后再发送管道，如此反复进行，直至将管道发送完毕。

（4）拆除滚轮固定管道。管道发送完后利用滑车将管道吊起，拆除滚轮，将管道用管卡与吊架固定。然后拆除连接吊架的角钢，最后拆除滑车及钢丝绳。

6）跨越结构调整

（1）为满足跨越的整体结构形式，保证各类钢索的受力均匀，管桥整体空间结构和管道安装施工完成后，利用施工索、牵引千斤顶、全站仪等，分别对塔架、管桥、主索、锚固索、风索和共轭索进行测量、受力调整和测试，使塔架管桥达到设计精度和拱高，所有索具受力均匀平衡。

（2）主索调整：在ZLD千斤顶的配合下，将塔架调成垂直方向，侧重塔架角度和管桥的预起拱高度达到设计要求，边测量边调整直至达到要求为止。

（3）抗风索调整时先将索头按设计位置紧固在基础上的铺衬上（具中一岸的2个锚头达到设计位置），在基础施工时事先预埋锚点，然后由连接锚固头的牵引绳和滑轮组在一岸同时对两侧索头沿锚杆方向相向施加预拉力。

牵引靠2台同吨位千斤顶和一台液压泵站供油，使2台千斤顶拉力始终保持平衡，当拉力达到钢丝绳的使用拉力时，靠千斤顶的自锁系统将牵引绳锁住，最后将索头锚杆螺母按安装要求旋紧。目前大型悬索跨越施工普遍采用空中发送的施工方法，此方法比较成熟又经济合理，且空中发送的施工方法不受周围环境条件因素的影响。

7）防雷接地

管道在两塔架外侧入土后，安装绝缘接头，管道与绝缘接头的焊接应符合设计要求，保证施焊后的绝缘接头不受损伤。把管桥、主管段、塔架、主索和缆索及锚固墩等连成一个整体，进行充分接地。在安装塔顶的防雷天线时，与塔架的接触面不少于3处，测量总接地电阻，总接触电阻不得大于3Ω。

8）安全要求

（1）施工现场。施工现场物料要堆放整齐，易燃、易爆、易腐蚀、有毒物品不得随地乱放，设专库存放并符合防火、防爆、防腐蚀、防失散的安全要求。

任何人进入施工现场必须戴安全帽，施工人员工作前要穿戴相应合格的劳动保护用品。操作旋转机械严禁戴手套，不许穿高跟鞋、拖鞋、凉鞋等进入施工现场作业。

施工现场的临时电线要用绝缘良好的橡皮线或塑料线，架设高度室内不低于2.5m，室外不低于3.5m，禁止在树上、金属设备上或脚手架上挂线，不准用金属线绑扎电线。

施工现场的临时油库和气瓶库等要配备足够的灭火器材和工具，周围10m以内不得有火源。

现场的危险作业区域，如大型吊装现场、射线作业区等，应有明显的警示标志，禁止非工作人员入内。

夜间施工现场应设置固定的、足够的照明设施。

现场的电焊软线应合理布置，避免和吊装钢丝绳交叉。电焊软线应绝缘良好，接头有护套。钢丝绳应避免拖地拉拽，以免磨损。

现场施工应尽量避免多层垂直作业。

（2）吊装作业。所有参与施工人员须遵守安全操作规程，按规定穿戴劳保用品；风力达五级以上时，不准进行吊装作业；吊装时须有专人指挥；与吊装无关人员应离开现场，并在安全区与危险区临界处设专人监视；吊装就位后，需采取可靠的固定措施，其拉线地锚等应牢固可靠。

（3）高空作业。从事高空作业的人员，要定期检查身体，患高空作业禁忌证的人员，不得登高作业；高空作业现场应设置合格的脚手架、吊架、靠梯、

第三章　线路工程质量管理

栏杆,建筑工程距高空作业地点垂直下方 4m 内,应设置安全网等防护措施。高空作业必须系安全带,安全带必须拴在施工人员上方牢固的物件上,不准有尖棱角的部位;高空作业的梯子必须牢固,踏步间距不得大于 400mm,挂梯的挂梯回弯部分不得小于 100mm,人字梯应有坚固的铰链和限制跨度的拉链;遇有六级以上大风或暴雨、大雾天气时,应停止登高作业;高空作业人员使用的工具必须放入工具袋内,不准上下抛掷,施工用料和割断的边角料应有防止坠落伤人的措施。

二、关键质量风险点识别

(一)主要控制要点

主要控制要点包括:进场人员(主要管理人员、机械操作手、焊工、电工、测量工、起重工、设备操作手),进场机具设备(起重设备、卷扬机、滑车、吊管机、挖掘机、全站仪、GPS 等测量工器具),进场材料(钢构件、钢筋、混凝土、主索、吊杆、地锚、钢架、钢索、钢丝绳、混凝土、防腐保温材料等)主要管理人员,作业文件(跨越施工组织设计、跨越施工方案、作业指导书等),作业环境(雨、雪、风速、温度、地理环境等)。

(二)重点管控内容

1. 人员

核查进场人员数量、上岗证、资格证满足作业要求,并已履行报验程序。

2. 设备机具

核查进场设备、检测工器具数量、性能规格与施工方案相符,检定证书在有效期,报验手续完备,并已报验合格。

3. 材料

核查材料质量证明文件(材料质量明证书、出厂合格证、检验、试验、复验报告等),并应进行材料外观检查,符合相关规范及设计文件要求。

4. 工序关键环节控制

(1)施工作业人员技术交底记录和班前安全交底记录完整。

(2)跨越方式,工艺设置,材料、配件的材质、规格、型号与设计图纸一致。

(3)基础开挖、模板制作、钢筋、制作安装、混凝土墩、塔基础、砌体基础制作满足设计及规范要求。

（4）钢制索塔制作、钢制索塔安装、钢制索塔油漆；吊式管桥安装、主索及缆索的制作与安装符合设计要求。

（5）跨越管段的组装、跨越管段的焊接、跨越管段的防腐保温补口、跨越管段的通球扫线、跨越管段的试压等应符合设计文件及施工规范要求。

（6）监控设施应符合设计文件及相关规范规定。

三、质量风险管理

跨越工程质量风险管理见表3-28。

表3-28 跨越工程质量风险管理

序号	控制要点	建设单位	监理	施工单位
1	人员			
1.1	专职质量检查员到位且具有质检资格	监督	确认	报验
2	设备、机具			
2.1	进场机具设备、检测工器具数量、性能规格应与施工方案相符，检定证书在有效期，并已报验合格，设备运转正常，保养记录齐全	必要时检验	确认	报验
3	材料			
3.1	钢筋、混凝土等经报验合格，材料质量证明文件（材料质量明证书、出厂合格证、检验报告等）完成，并应进行外观检查符合规范及设计文件要求	必要时验收	确认	报验
4	方案			
4.1	现场有经过批准的开挖穿越施工方案	必要时审批	审查/审批	编制、审核
5	跨越			
5.1	施工测量应符合现行国家标准的有关规定，测量应以中误差作为衡量测量精度的标准，以两倍中误差作为极限误差	监督	平行检查	施工
5.2	平面控制网应利用现有控制点监理，坐标系统应采用设计选用的的坐标系。大型跨越的首级控制网精度不应低于一级，中型及以下跨越的首级控制网精度不应低于二级	监督	平行检查	施工
5.3	跨越工程的基础和锚固墩基坑开挖，应根据工程地质、施工季节、机具设备能力、工期和设计要求进行施工，宜采取明挖法施工，并应符合现行国家标准有关规定	监督	巡视	施工

第三章 线路工程质量管理

续表

序号	控制要点	建设单位	监理	施工单位
5.4	塔架各主肢接长的对接焊缝不应在同一截面上，其相互错开间距应大于300mm；塔架放样宜采用计算机放样，也可采用放样平台放样。放样平台应稳固、平整，表面不得有妨碍放线的焊瘤、附着物及杂物。放样时应按制造工艺要求预留切割量、加工余量或焊接变形量，放样工作完成后应进行复查	监督	平行检查	施工
5.5	射线检测复验、抽查中，有1个焊口不合格，应对该焊工或流水作业焊工组在该日或该检查段中焊接的焊口加倍检查，如仍有不合格的焊口，则应对其余的焊口逐个进行射线检测	监督	见证	施工
5.6	锚固墩混凝土浇筑前和浇筑过程中，预埋的弯管安装位置检验不应少于2次。在浇筑混凝土时，振捣棒不得接触弯管及其固定支撑；弯管与跨越管段对接时，两管端中心轴线水平误差应小于2mm	监督	旁站	施工
5.7	大、中型跨越工程在组装、焊接、无损检测合格后，应单独进行一次整体强度、严密性试压	监督	见证	施工
6	施工记录			
6.1	现场施工记录数据采集上传及时，内容完整、真实、准确		验收	填写

第四章 站场工程质量管理

第一节 站场工艺管道

一、工艺工法概述

(一) 工序流程

站场工艺管道的安装是在站内设备（机泵等）安装就位，并完成设备的配管之后进行。在进行工艺管道安装前，还需要进行管配件的预制和工艺管道支吊架的制作。在上述工作完成并验收合格后，方可进行工艺管道的安装。

站场工艺管道施工流程为：准备工作→管道预制→管道安装→无损检测→试压吹扫和干燥→防腐保温。

(二) 主要工序及技术措施

1. 施工准备

站场工艺管网施工准备工作包括：技术准备、物资准备、施工队伍及机具准备、现场准备、建立 QHSE 体系运转所需文件、记录等，上述准备工作内容与线路工程施工工艺中相关内容基本相同。但对于站场施工来讲，涉及的设备、管件和材料类型较多，下面重点介绍材料的验收与保管。

1) 材料验收与保管的一般规定

（1）站场工程所用材料、管道组件、阀门的验收一般由工程施工单位、工程监理单位人员共同进行；静设备、动设备及其部件开箱时，建设单位、监理单位、设备移交单位、设备接收单位相关人员均应到场。

（2）工程所用材料、管道组件、阀门在使用前，应按设计技术要求核对其规格、型号及材质。

（3）材料、管道组建及阀门应具有产品质量证明书、出厂合格证、使用

第四章 站场工程质量管理

说明书、商检报告。其质量必须符合设计要求或产品标准。

（4）材料的理化性能检验、试验应由取得国家或行业建设单位管理部门颁发的相应资质证的单位来进行。若需对材料进行复检，应征得建设单位同意，由监理单位组织复检。

（5）不得使用不合格的材料，不合格材料应由供货商负责处理。

（6）使用的各种检测计量器具必须经过国家计量检定部门或授权机构校验、标定和检定，并在有效期内使用。

（7）材料验收应以材料管理人员、工程监理人员为主，也可邀请专业技术人员、质检人员共同按要求进行，并填写材料检查验收记录。

2）钢管及防腐管的验收

钢管的检验应按到达现场的批量，由承包商在监理的指导下进行验收。钢管必须具有制造厂（商）的质量证明书（商检报告），其质量应符合设计规定。钢管验收的项目、检查数量、检验方法、合格标准应符合相应标准的规定。钢管端部标注的出厂编号、材质、管径、壁厚应与出厂质量证明书相符。

防腐管检查内容应符合下列规定：

（1）检查出厂检验合格证或商检报告，应齐全、清晰；

（2）防腐层外观应完整、光洁、无损伤；

（3）管口防腐预留长度应符合规定，管口应无损伤；

（4）每根防腐管的防腐等级、出厂编号应完整、清晰；

（5）运输数量、规格、等级与随车货单和出厂检验合格证相符。

3）焊接材料的验收

焊接材料包括焊条、焊丝、焊剂、保护气体，其型号、规格应符合设计和焊接工艺规程要求。

对不同厂家的不同规格、型号的焊接材料应按规定分别进行检查和验收。如果首次抽查结果不合格，应加倍抽查。如仍不合格，则判定该批不合格。

4）管件、紧固件的验收

管件检验应逐个进行。检验项目、检验方法、合格标准应符合表4-1的规定。

表4-1 管件检验项目、检验方法、合格标准

	检验项目	检验方法	合格标准
管件	保证项目	查出厂合格证、质量证明书	符合设计要求或制造技术标准要求，证件齐全

续表

	曲率半径	用尺量中径	符合规定
弯头（弯管）	外观	观察检查	无褶皱、裂纹、重皮
	椭圆度	用尺测量径向变形量	不大于 0.02D（D 为管道外径）
	壁厚减薄率	用测厚仪量	不大于公称壁厚的 9%
异径管、三通封头	外观	观察检查	无裂纹、重皮
	外观尺寸	用尺量	符合设计要求
绝缘接头、绝缘法兰	外观	观察检查	无裂纹、重皮、伤痕、法兰密封面不得有毛刺、径向划痕
	绝缘检测	500V 兆欧表测量	绝缘电阻大于 2MΩ

管件出厂合格证、质量证明书、商检报告应与实物相符，弯头、弯管端部应标注弯曲角度、管径、壁厚、压力等级、曲率半径及材质；三通应标注主、支管管径级别、材质和压力等级；异径管应标注管径级别、材质和压力等级；绝缘接头、绝缘法兰应标注公称直径、压力等级和材质。法兰及法兰盖应符合相应标准的要求。其尺寸偏差应符合表 4-2 的要求。

表 4-2　法兰尺寸允许偏差　　　　　　　　　　　单位：mm

序号	项目		允许偏差
1	螺栓孔中心圆直径		±0.3
2	相邻两螺栓孔中心距		±0.3
3	任意两个螺栓孔中心距	公称直径≤500	±1.0
		公称直径＞500	±1.5
4	法兰厚度	外圆厚度 ≤50	±1.0
		外圆厚度 大于50	±1.5

对于公称直径大于 300mm 的管道，若采用法兰连接，法兰外观应符合下列要求：

（1）法兰密封面应光滑、平整，不得有砂眼、气孔及径向划痕；
（2）凹凸面配对法兰其配合线良好，凸面高度应大于凹面深度；
（3）对焊法兰尾部坡口处不得有碰伤；
（4）螺纹法兰的螺纹应完好无断丝。

法兰连接件的螺栓、螺母、垫片等应符合装配要求，不得有影响装配的划痕、毛刺、翘边及断丝等缺陷。

第四章　站场工程质量管理

用于高压管道上的螺栓、螺母，使用前应从每批中各取两根（个）进行硬度检查，不合格时应加倍检查；仍不合格时，逐个检查，不合格者不得使用。

5）阀门检查、验收

站场所用阀门应根据设计要求订购。阀门到场后，由监理单位组织施工等单位参加，逐个进行开箱检查，由施工单位组织进行阀门试验，其检验要求应符合标准的相关规定。

（1）阀门必须具有出厂合格证、产品质量证明书和制造厂的铭牌，铭牌上标明公称压力、公称直径、工作温度和工作介质。

（2）外观检查。阀门内无积水、锈蚀、脏污、油漆脱落和损伤等缺陷，阀门两端有防护盖保护。

（3）阀门试验。

①管路上阀门逐个进行壳体压力试验和密封性试验。

②试验介质选用洁净水，不锈钢阀门试验水中氯离子含量不得大于25mg/L。

③试验要求：壳体试验压力为公称压力的1.5倍，稳压5min无泄漏为合格。具有上密封结构的阀门应进行上密封试验，试验压力为公称压力的1.1倍，试验时关闭上密封面，并松开填料压盖，稳压4min无泄漏为合格。

④试验合格的阀门应及时排尽内部积水，并干燥，阀门两端应封堵，做出合格标记。

（4）安全阀到货后送当地具有资质的单位进行调试。安全阀按设计文件规定的开启压力进行调试，试压时压力要求平稳，启闭试验至少3次，调试合格的阀门，及时铅封，并做好安全阀调试记录。

（5）进口阀门商检合格后，进行试压要与建设单位商定。

2. 管道预制

管道预制是工艺管道安装施工中的一项基本方法。站内工艺管道的预制工作主要包括管汇制作以及管道组合件制作。插入管线内的"温度计套管"深度，不应超过1/4管径，开孔焊道应进行"等面积补强"。

管道预制件的形式应根据图纸中工艺管道的结构形式确定，由于预制的工作量较大，预制应在站内设置的场地或平台上进行。

预制施工程序为：材料检验→下料→切割→组对→焊接。

1）材料检验

主要检查用于本工程的材料有质量证明材料，下料前要进行材质和规格的校对，做到材料的外观应无腐蚀、无锈污，尺寸误差在允许范围内。

2）下料

应根据图纸中的结构尺寸计算确定各种短节的尺寸，并核对无误后进行划线，如果预制件比较复杂，应对下料的短节进行编号，以便区分，下料尺寸及切割误差不得大于3mm。

3）切割

不锈钢管应采用机械或等离子方法切割，用砂轮切割或修磨时，应使用专用砂轮片。普通钢管宜采用机械、等离子或氧乙炔火焰切割。主管道宜采用坡口机加工坡口，其余钢管采用氧乙炔火焰切割后应将切割表面的氧化层除去，清除坡口的弧形波纹，按要求加工坡口。

防腐管的切割、管端处理应满足原防腐留头的要求。

钢管切口应符合下列规定：

（1）切口表面应平整，无裂纹、重皮、毛刺、凹凸、缩口、熔渣、氧化物、铁屑等；

（2）切口端面倾斜偏差不应大于管子外径的1%，且不得超过3mm；

（3）管端坡口形式及组对尺寸，主管道应符合该工程的焊接工艺评定，其余管道应符合管端的坡口形式及最对尺寸的相关要求。

管口内外表面应清洗，管端20mm范围内应无油污、铁锈、油漆和污垢，应呈现金属光泽。应将管端部10mm范围内螺旋焊缝或直缝余高打磨掉，并平缓过渡。管端坡口如有机械加工形成的内卷边，用锉刀或电动砂轮机清除整平。钢管端部的夹层应切除，并重新加工坡口。钢管的折曲部分及超标凹痕应切除。加工坡口经检查合格后，按要求填写记录。

4）组对

管道的组对应在预制平台上进行，依据条件可以用吊车或三脚架配合组对，管子组合尺寸的允许偏差，每个方向总长度、每段偏差、角度允许偏差、支管与主管横向中心允许偏差应符合规范规定。法兰的螺栓孔应跨中安装；法兰密封面与管子中心线垂直；管段平直度小于0.5mm/m。

管道组对前，应对坡口及其内外表面用手工或机械进行清理，清除管道边缘100mm范围内的油、漆、锈、毛刺等污物。管道组对时应对管口清理质量进行检查和验收，办理工序交接手续，并应及时组对。使用内、外对口器对口时，内、外对口器的装卸，应符合焊接工艺规程的规定。管道组对应符合表4-3中的规定。

第四章 站场工程质量管理

表 4-3 管道组对规定

序号	检查项目	要求
1	坡口	符合《焊接工艺规程》要求
2	管内清扫	无任何杂物
3	管口端部清理（20mm 范围内）和修口	管口完好无损，无铁锈、油污、油漆
4	管端螺旋焊缝或直缝余高打磨	端部 10mm 范围内余高打磨掉，并平缓过渡
5	两管口螺旋焊缝或直缝间距	错开间距大于或等于 100mm
6	错边和错边校正要求	错口小于或等于 1.6mm，沿周长均匀分布
7	钢管短节长度	大于管径，且不小于 150mm
8	过渡坡口	厚壁管内侧打磨至薄壁管厚度，锐角为 15°～45°
9	手工焊接作业空间	大于 400mm
10	半自动焊接作业空间	大于 500mm（距管壁），沟下组焊周围大于 800mm

管口组对完毕，由组对人员进行对口质量自检，并由焊接人员进行互检，检查合格后组对人员与焊接人员办理工序交接手续，并按要求填写记录。

5）焊接

焊工必须持证上岗，按其取得的资格证进行相应的工艺管道焊接，不同材质的管道焊接必须按照经建设单位批准的《焊接工艺规程》的要求。当环境条件不能满足焊接工艺规程所规定的条件时，必须按要求采取措施后才能进行焊接。

（1）为保证焊接质量，在雨水、露水天气，大气相对湿度不小于 90% 或风速大于 8m/s 时，没有可靠的防护措施均不得施焊；

（2）不锈钢管道焊缝表面不得有咬边现象，其余材质管道焊缝咬边深度不得大于 0.5mm，连续咬边长度不得大于 100mm，且焊缝咬边总长度不得大于该焊缝全长的 10%。焊缝表面不得低于管道表面。

焊接过程中要加强焊材管理：

（1）在施工现场设置库房，房内应通风良好，设有干湿度仪，用隔湿材料（塑料薄膜）将施工材料与库房地面隔开，设置货架分层堆放焊材；

（2）碱性焊条使用前按工艺规范的要求进行烘烤保温，为避免炭化，纤维素型焊条烘烤温度不应大于 80℃。

根据当日的焊接工作量发放焊条，回收的废弃焊条应做好标识，隔离存放。

3. 管墩与管道支架施工

站场管道的敷设方式有埋地敷设、管墩（管沟）支撑敷设和管架支撑敷设等多种敷设方式。在站场平面施工完毕后，要根据设计图纸要求，准确放出管墩或管架的具体位置，进行管墩或管架的制作。只有在管墩或管架制作完毕并检查验收合格后，方可进行工艺管道的安装。

1）支架（管墩）的分类

管道支架按支架的材料可分为钢结构、钢筋混凝土结构和砖（木）结构等。按支架用途可分为允许管道在其上能滑动的支架（活动支架）和固定管道用的支架（固定支架）。按支架的结构力学特点，可分为刚性、柔性和半铰接支架。按支架的外形可分为T形、门形、单层和多层，以及单只支架和空间钢架或搭架。

（1）固定支架。

固定支架是为了均匀分配补偿器间的管道热膨胀，保障补偿器能正常工作，从而防止管道因过大的热应力而引起管道破坏与较大的变形。如管子不保温，可用U形螺栓和弧形板组成的固定支架。

对于需保温的管子，应装管托。管托同管子应牢固，管托同支架之间用挡板加以固定。挡板分单挡板和双挡板两种。单挡板固定支架适用于推力较小的管道，双面挡板适用于推力较大的管道，为保护管道免受过大的轴向集中应力，挡板应焊在管道半径弧形加强板上。

（2）活动支架。

活动支架包括滑动支架、导向支架、滚动支架和吊架。

①滑动支架。

滑动支架分低滑动支架和高滑动支架两种。滑动支架可使管子与支承结构间能自由滑动；尽管滑动时摩擦力较大，但由于支架制造简单，适合于一般情况下的管道（埋地管道除外），尤其是有横向位移的管道，所以适用范围很广。低滑动支架适用于不保温管道。

弧形板滑动支架是在管子下面焊接弧形板，其目的是为了防止管子在热胀冷缩的滑动中和支架横梁直接发生摩擦，使管壁减薄。弧形板滑动支架主要用在管壁较薄且不保温的管道。

高滑动支架适用于保温管道，管子与管托之间用电焊焊牢，而管托与支架横梁之间能自由滑动。管托的高度应超过保温层的厚度，确保带保温层的管子在支架横梁上能自由滑动。

②导向支架。

导向支架是为了使管子在支架上滑动时不至偏移管子中心轴线而设置的。一般是在管子托架的两侧2～3mm处各焊接一块短角钢或扁钢，使管子托架在角（扁）钢制成的导向板范围内自由伸缩。

③滚动支架。

滚动支架分滚柱支架和滚珠支架两种。主要用于管径较大，且无横向位移的管道；两者相比，滚珠支架可承受较高的介质温度，而滚柱支架的摩擦力较滚珠支架大。

④吊架。

吊架分普通吊架和弹簧吊架两种。普通吊架由卡箍、吊杆和支撑结构组成。用于口径较小，无伸缩性或伸缩性极小的管道。

弹簧吊架由卡箍、吊杆、弹簧和支撑结构组成。用于有伸缩性及振动较大的管道。吊杆程度应大于管道水平伸缩量的好几倍，并能自由调节。

2）管道支架的预制

按图纸给定的形状与尺寸，在预制场地上进行管架的预制。

预制时，管道支架使用材料要符合规范要求，材料型号，规格，加工尺寸及焊接符合图纸要求。支架所有开孔均应采用钻孔的方式，对管道支架焊缝进行外观检查，不得有漏焊、欠焊、裂纹等缺陷。

制作的支架应除锈处理、刷漆，并使用标牌标明材质、型号。

3）管道支、吊架安装

管道支、吊架安装前，应对所要安装的管道支、吊架进行外观检查。外形尺寸应符合设计要求，不得有漏焊或焊接裂纹等缺陷；管道与托架焊接时，管子不得有咬肉、烧穿等现象。

管道支、吊架的标高必须符合管线的设计标高与坡度，对于有坡度的管道，应根据两点间的距离和坡度的大小，算出两点间的高度差，然后在两点间拉一根直线、按照支架的间距，画出每个支架的位置。室外管道支架允许偏差±10mm，室内允许偏差为±5mm，同一管线上的支架标高允许误差值应一致。

管道安装时，应及时进行支、吊架的固定和调整工作。管道支、吊架位置应正确，安装平整牢固，管子与支架接触应良好，一般不得有间隙。无热位移的管道，其吊杆应垂直安装。有热位移的管道，吊杆应在位移相反方向，按位移值一半倾斜安装。两根热位移方向相反或位移值不等的管道，除设计有规定外，不得使用同一吊杆。

固定支架应严格按设计要求安装，并在补偿器预拉伸前固定，在无补偿装置、有位移的直管段上，不得安装一个以上的固定支架。导向支架或滑动支架的滑动面应洁净平整，不得有歪斜和卡涩现象，其安装位置应从支承面中心向位移反向偏移，偏移值应为位移之半。保温层不得妨碍热位移的正常进行。有热位移的管道，在热负荷运行时，应及时对支架、吊架进行检查与调整。

弹簧支架、吊架的弹簧安装高度，应按设计要求调整，并做出记录。弹簧的临时固定件，应待系统安装，试压，绝热完毕方可拆除。管道安装时尺量不使用临时支、吊架。必要时应有明确的标记，并不得与正式支、吊架位置冲突。管道安装完毕后应及时拆除。

铸铁管或大口径钢管上的阀门，应设有专用的阀门支架（托架），不得以管道承重。如管道紧固在槽钢或工字钢时翼板斜面上时，其螺柱应有相应的斜垫木。

4. 管道安装

1）管道安装的一般规定

（1）管道安装前，应对埋地管道与埋地电缆、给排水管道、地下设施、建筑物预留孔洞位置等进行核对。

（2）与管道相关的建、构筑物经检查验收合格，达到安装条件。

（3）与管道连接的设备、管架、管墩应找正，安装固定完毕，且管架、管墩的坡向、坡度符合设计要求。

（4）安装工作间断时，应及时封堵管口或阀门出入口，决不能让沙土和异物进入管线内。

（5）不应在管道焊缝位置及其边缘上开孔；为保证管道内的清洁度，管线开孔焊接后应及时清理干净，不便清理的管段，应标注方位提前进行管段预制。

（6）焊缝及其他连接件的设置应便于检修，并不得紧贴墙壁、楼板或管架。

2）管道安装方法

管道预制，宜按管道系统单线图施工，并按其规定的数量、规格、材质选配管道组成件，并标注在管道系统单线图上。

预制完毕的管段，应将内部清理干净。对预制的管道应按管道系统编号和顺序号进行对号安装。

安装前应对阀门、法兰与管道的配合情况进行下列检查：

（1）法兰与管子配对焊接时，检查其内径一致。

（2）平焊法兰与管子配合情况。

（3）法兰与阀门法兰配合情况以及连接件长短。

检查三通、弯头、异径管管口内径与其连接的管内径一致，不一致的按

第四章　站场工程质量管理

规范要求开内坡口。

管道，管道组件、阀门，设备等连接时，不得采用强力对口。

管道对口时应在距接口中心200mm处测量平直度，当管子公称直径小于100mm时，允许偏差为1mm；当管子公称直径大于或等于100mm时，允许偏差为2mm。但全长允许偏差均为10mm。

管道对接焊缝位置应符合下列要求：

（1）相邻两道焊缝的距离不得小于1.5倍管道公称直径，且不得小于150mm。

（2）管道对接焊缝距离支、吊架不得小于50mm，需要热处理的焊缝距离支、吊架不得小于300mm。

管道安装允许偏差值应符合相关规定。

架空管道的支架、托架、吊架、管卡的类型、规格应按设计选用，安装位置和安装方法应符合设计要求。滑动支架应保证沿轴向滑动无阻，而不发生横向偏移；固定支架应安装牢固。

法兰螺孔应跨中安装，法兰密封面应与管子中心垂直，当公称直径小于或等于300mm时在法兰外径上的允许偏差为±1mm；当公称直径大于300mm时，允许偏差为±2mm。

平焊法兰密封面与管端的距离应为管子壁厚加2～3mm。

法兰连接时应保持平行，其偏差不得大于法兰外径的1.5/1000，且不大于2mm。垫片应与法兰密封面同心，垫片内径不得小于管内径。

每对法兰连接应使用同一规格螺栓，安装方向一致，保持螺栓自由穿入，螺栓拧紧应按对称次序进行。所有螺栓拧紧后，应露出螺母以外2～3扣，受力均匀，外露长度一致。

螺纹法兰拧入螺纹短节端时，应使螺纹倒角外露，金属垫片应准确嵌入密封面。

与动设备连接管道的安装应符合下列要求：

（1）在配管顺序上，先连接其他管件，最后再与动设备连接。

（2）管道在自由状态下，检查设备进、出口法兰的平行度和同心度，允许偏差应符合表4-4的规定。

表4-4　法兰平行度、同心度

设备转速，r/min	平行度，mm	同心度，mm
3000～6000	≤0.6	≤0.7
＞6000	≤0.5	≤0.5

（3）重新紧固设备进、出口法兰盘螺栓时，应在设备联轴器上用百分表测量设备位移。

（4）大型高转速设备的配管，最后一道焊缝宜选在离设备最近的第一个弯头后进行，并且在设备联轴器处，安装测量面隙（平行度）和轴隙（同心度）的千分表。焊接结束冷却后，设备盘车一周，千分表若有变化且超标，松开管道与设备连接法兰，用千分尺测量法兰间隙，找出原因，在紧靠法兰盘的第一个环形焊道，用电弧气刨刨掉适当长度和厚度的焊缝（钢材膨胀是暂时的，收缩是永恒的），再进行焊接，但返修不得超过1次。

（5）需冷拉伸管道在拉伸时，应在设备上设置量具，监视设备位移，设备不应产生位移。

（6）管道安装合格后，不得承受设计规定以外的附加载荷。

（7）管道经试压、吹扫合格后，应对该管道与机器的接口进行复位检查，其偏差值应符表4-4的规定。

3）阀门安装

阀门安装前，应按设计核对型号，并按介质流向确定各类阀门的安装方向。阀门安装前应检查填料，其压盖螺栓必须有足够的调节余量。

旋塞阀、球阀应在全开启状态下，其余阀门应在关闭状态下安装。

焊接阀门与管道连接焊缝底层宜采用氩弧焊施焊。

阀门安装后的操作机构和传动装置应动作灵活、指示准确。

进口阀门按产品说明书的要求进行安装、调试，达到灵活、可靠。

安装安全阀时，应符合下列规定：

（1）安全阀应按设计规定调校，并铅封，鉴定证书齐全。

（2）安全阀应垂直安装；阀门的手柄应在便于操作的方位。

（3）安全阀经调整后，在工作压力下不得有泄漏。

5. 焊缝检验与验收

管道对接焊缝应进行100%外观检查。外观检查应符合下列规定：

（1）焊缝焊渣及周围飞溅物应清除干净，不得存在有电弧烧伤母材的缺陷。

（2）焊缝允许错边量不大于1.6mm，管壁厚大于20mm，其错边量不大于2.0mm。

（3）焊缝表面宽度应为坡口上口两侧各加宽1～2mm。

（4）焊缝表面余高应为0～1.6mm，局部不应大于3mm且长度不大于50mm。

第四章　站场工程质量管理

（5）焊缝表面应整齐均匀，无裂纹、未熔合、气孔、夹渣、凹陷等缺陷。

（6）盖面焊道局部允许出现咬边。咬边深度应不大于管壁厚的 12.5% 且不超过 0.5mm，焊缝 300mm 的连续长度中，累计咬边长度应不大于 50mm。

焊缝外观检查合格后应对其进行无损探伤。射线探伤应按 SY/T 4109—2020《石油天然气钢质管道无损检测》的规定执行。

焊缝无损探伤检查应由经锅炉压力容器无损检测人员资格考核委员会制定的《无损检测人员考试规则》考试合格并取得相应资格证书的检测人员承担，评片应由取得 I 级资格证书及其以上的检测人员承担。

无损探伤检查的比例及验收合格等级应符合设计要求。

（1）管道对接焊缝无损探伤合格等级，设计无要求时，设计压力大于或等于 4.0MPa 为 II 级合格；设计压力小于 4.0MPa 为 III 级合格。

（2）不能进行射线探伤的焊接部位，按《工业金属管道工程施工规范》（GB 50235—2010）进行渗透或磁粉探伤，无缺陷为合格。

不能满足质量要求的焊接缺陷的清除和返修应符合返修焊接工艺规程的规定。返修仅限于 1 次。返修后的焊缝应按有关条款进行复检。

二、关键质量风险点识别

（一）管道组成件的检验

1. 主要控制要点

管道组成件规格型号与设计要求一致，质量证明文件，外观质量符合要求。

2. 重点管控内容

1）进场材料设备报验单

施工单位对进场管道组成件进行报验，填写进场设备 / 材料报验单，监理审核确认。

2）对管道组成件的检验内容

（1）按设计要求核对其规格、型号、数量和材质，并与报验单填写内容一致。

（2）核实产品质量证明书、出厂合格证、使用证明书、复检报告、商检报告等。

（3）进行外观检查，其表面质量应符合设计或制造标准的有关规定。

（二）钢管下料和加工

1. 主要控制要点

主要控制要点包括：进场人员（主要管理人员、操作手、电工、管工、焊工等），进场机具设备（弯管机、坡口机、焊机、发电机、对口器、检测工器具等），进场材料（管材、焊材、管件等），单线图审查。

2. 监理重点管控内容

1）人员

核查进场人员数量、上岗证、资格证满足作业要求，并已履行报验程序。

2）设备、机具

现场设备（坡口机等）运转正常且保养记录齐全；测量仪器（焊道尺、测厚仪、游标卡尺等）已报验合格，并在有效检定日期内。

3）材料

核查材料质量证明文件（材质证明书、合格证、检验、复检报告等），并应进行外观检查，材料的外观、外形尺寸等应符合规范及设计文件要求。

4）工序关键环节控制

（1）对施工作业人员进行了技术交底和班前安全交底。

（2）钢管及管件材质、规格、型号应符合设计要求及相应规范规定。

（3）应按照设计施工图对场站单线图进行审查。按照单线图对焊口编号、检测方式进行核对。

（4）在设计压力大于6.4MPa条件下使用的钢管，其切断与开口宜采用机械切割；在设计压力小于或等于6.4MPa条件下使用的钢管可采用火焰切割，切割后必须将切割表面的氧化层除去，消除切口的弧形波纹。不锈钢管应采用机械或等离子防腐切割。钢管切口应符合规范要求：切口表面平整，无裂纹、重皮、毛刺、凹凸、缩口、熔渣、氧化物、铁屑等；切口端面倾斜偏差不应大于钢管外径的1%，且最大不超过3mm。管端的坡口形式及组对尺寸应符合设计、规范要求。

（5）汇管组对时，应首先进行子管与法兰的组对。母管与子管组对时，应先组对两端管子，使之相互平行且垂直于母管，然后以两子管为基准组对中间各子管。汇管组对时，子管与母管的组对采用支管座的方式与母管连接。定位焊应均匀分布，且数量符合规范要求。

（6）封头组对前，应将汇管内部清理干净，组对焊接应符合设计要求。

第四章 站场工程质量管理

（7）钢管及管件材质、规格、型号应符合设计要求及规范规定。

（8）管道单元预制应在钢制平台上进行。平台尺寸应大于管道预制件的最大尺寸。管道预制宜按照单线图规定的数量、规格、材质选配管道附件，应宜按照单线图标明管道系统好和按预制顺序标明各组成件的顺序号。防止拿错，安装错位。

（9）预制完毕的管道单元预制件，应将内部清理干净，并应及时封闭管口。

（10）管件加工记录及时，内容完整、真实、准确。

（三）工艺管道安装

1. 主要控制要点

主要控制要点包括：进场人员（主要管理人员、焊工、吊管机/焊接车/起重机械操作手、电工、管工等），进场机具设备（吊车、焊机、发电机、对口器、加热设备、检测工器具等），进场材料（管材、焊材、管件等）规格、型号、材质符合设计要求，作业文件（焊接作业指导书、焊接工艺规程、阀门试压方案等）通过审批，单线图绘制完成，作业环境（风速、温湿度、天气状况等）符合设计和焊接工艺规程规定。

2. 重点管控内容

1）人员

核查进场人员数量、上岗证、资格证满足作业要求，并已履行报验程序。

2）设备、机具

现场设备（电焊机等）运转正常且保养记录齐全；测量仪器（焊道尺、测厚仪、游标卡尺等）已报验合格，并在有效检定日期内。

3）材料

核查材料质量证明文件（材质证明书、合格证、检验、复检报告等），并应进行外观检查，材料的外观、外形尺寸等应符合规范及设计文件要求。保护气体的纯度、干燥度应符合规范及焊接工艺规程要求。

4）关键工序控制

（1）开展了技术交底和班前安全交底记录。

（2）管道安装前，工艺管道安装图应经过土建、电气、仪表及给排水专业会审。

（3）与管道安装相关的土建工程经检查验收合格，具体安装条件。

（4）工艺管道所用管材、管件、阀门及其他预制件经检验合格。

（5）管子、管件与阀门内部应清理干净。

（6）安装前应对阀门、法兰与管道的配合情况进行检查。

（7）检查三通、弯头内径与其连接的管径一致。

（8）阀门安装前，应按要求进行单体试压，阀门填料，其压盖螺栓应留有调节余量。

（9）当阀门与管道以法兰或螺栓方式连接时，阀门应在关闭状态下安装。

（10）当球阀阀门与管道以焊接方式连接时，阀门不得关闭。

（11）阀门安装时，按介质流向确定其阀门的安装方向，应避免强力安装。一般情况下，安装后的阀门手轮或手柄不应向下，应视阀门特征及介质流向安装在便于操作和检修的位置上。

（12）按设计要求核对其规格、型号、数量和材质，并与报验单填写内容一致。

（13）核实产品质量证明书、出厂合格证、使用证明书、复检报告、商检报告等（合金钢应进行光谱分析）。

（14）进行外观检查，其表面质量应符合设计或制造标准的有关规定：防腐管管段预留长度、外观、标识等清晰完整，并与实际相符。弯头外观不应有裂纹、分层、皱纹、过烧等缺陷；端面偏差、弯曲角度偏差及圆度、曲率半径偏差和壁厚减薄量等应符合规范要求。异径管、三通的外观、圆度等应符合规范要求。法兰密封面应光滑、平整，不应有毛刺、径向划痕、砂眼及气孔；对焊法兰的尾部坡口处不应有碰伤。螺纹法兰的螺纹应完好。管支座的外观不应有裂纹、过烧、重皮、结巴、夹渣和大于接管壁厚5%的机械划痕或凹坑。

（15）管道组成件及管道支撑件在施工过程中应妥善保管，不得混淆或损坏，其色标或标记应明显清晰。材质为不锈钢、有色金属的管道组成件及管道支撑件，在存储期间不得与碳素钢接触。暂时不能安装的管道，应封闭管口。

（16）管道安装前，应对相关的土建工程进行验收，达到安装条件。钢管、管道附件内部应清理干净。安装工作有间断时，应及时封堵管口或阀门出入口。

（17）预制的管道应按照管道系统编号和顺序号进行对号安装。

（18）管道、管道附件、设备等不得强力组对。

（19）管道安装前，应对阀门、法兰和管道的配合情况进行检查：对焊法兰与钢管配对焊接时，检查其内径相同。如不同，应按照焊接工艺规程和规范要求开内坡口；检查平法兰与钢管的规格和圆滑过渡情况；检查法兰与

第四章　站场工程质量管理

阀门法兰配合情况以及连接件的长短。

（20）阀门应逐个进行试压检验，强度和密封试压应符合设计和规范要求；安全阀安装前应检查铅封和有资质的检验部门出具的报告。

（21）直管段上两个对接焊口中心面间的距离不得小于钢管1倍公称直径，且不得小于150mm。管道对接焊缝距离支吊架应大于50mm，需热处理的焊缝距离支吊架应大于300mm；管道对接焊缝距离弯管（不包括压制、热推或中频弯管）起点应大于100mm，且不得小于管子外径。直缝管的直焊缝应位于易检修的位置，且不应在底部。螺旋焊缝焊接钢管时，螺旋焊缝间应错开100mm以上。

（22）管道安装的坐标、标高、平直度、铅垂度、交叉间距和成排间距应符合规范要求。

（23）连接动设备的管道，其固定焊口应远离动设备，并在固定支架以外。

（24）连接不允许承受附件外力的动设备，管道与动设备的连接应符合设计、规范要求。

（25）法兰螺孔应对称安装。管道的两端都有法兰时，平孔不平度营销员1mm。法兰连接时应保持平行，其允许偏差应小于法兰外径的1.5‰，且不大于2mm。垫片应放在法兰密封面中心，不应倾斜或突入管道内。每对法兰连接的螺栓应使用同一规格的螺栓，安装方向一致。螺栓对称拧紧。法兰螺栓拧紧后，两个密封面应相互平行，用直角尺对称检查，其间隙允许偏差应小于0.5mm。

（26）管道附件制作的尺寸应符合设计要求，外观应整洁，表面无毛刺、铁锈，焊缝外观应平整饱满，无凹陷、裂纹、漏焊及编码气孔等缺陷，表面焊渣应清理干净。

（27）管道的支架、托架、吊架、管卡的类型、规格应符合设计要求。导向支架、固定支架或滑动支架的滑动面应清洁平整，不应有歪斜和卡涩现象。

（28）膨胀节的预拉伸、安装应符合设计规定。

（29）绝缘法兰的安装应符合规范要求：安装前，应进行绝缘试验检查，绝缘电阻不小于2MΩ；两对绝缘法兰的电缆线连接应符合设计要求，并做好电缆线及接头的防腐，金属部分不应裸露于土中。

（30）静电接地安装应符合设计及规范要求，安装完毕后，必须进行测试，电阻超过规定时，应进行检查与调整。

（31）现场焊接应与焊接工艺规程相一致，并符合设计图纸。

（32）作业环境、焊前预热、操作空间、各项参数应满足焊接工艺规程要求。

（33）自动焊应在防风棚内操作。检查作业环境、焊前预热、操作空间、各项参数符合焊接工艺规程要求。

（34）焊接施工用保护气体，当瓶内气体压力低于0.98MPa时，应停止使用。拆除包装的焊丝宜连续用完，受潮、生锈的焊丝不应使用。在送丝机内过夜的焊丝应采取防潮措施。

（35）在施工机组"三检"合格后检查外观质量符合规范要求，过程记录准确、齐全。

（36）检查焊口编号及标识内容按照实际进行填写，安装记录齐全完整。

（37）对于沟下焊接，管沟验收符合设计及规范要求，配备专兼职监护人员，使用放塌棚或采取放坡、加固沟壁等措施，防止发生塌方，设置逃生梯、逃生绳等应急物资，并在沟下作业前检查管沟开挖宽度、深度达到沟下作业空间要求，并符合受限空间作业规范要求。

（38）连头用管、连头位置应符合设计技术要求，用钢管短节长度不小于规范要求，对于不参与试压的连头用短管，安装前已试压合格。未回填的长度应符合设计及施工规范要求。连头不得设置在不等壁厚、热煨弯管、冷弯管等可能存在应力集中的部位。

（39）按照单线图线位号核对焊口编号和检测结果。

（四）无损检测

1. 主要控制要点

主要控制要点包括：进场人员（探伤人员），进场机具设备（射线机、爬行器、黑度计、洗片机、扫描仪、DR检测设备，全自动超声检测设备、相控阵超声检测设备等），进场材料（底片、显影液、耦合剂等），作业文件（无损检测施工组织设计、无损检测工艺规程、指导书等），作业环境（作业安全区域、检测设备作业空间、天气状况、沟下作业安全防护情况等）。

2. 重点管控内容

1）人员

核查进场人员数量、上岗证、资格证与施工组织设计相符，并已履行报验程序。

2）设备机具

核查进场机具设备、检测工器具数量、性能规格与施工组织设计相符，检定证书在有效期，报验手续完备，并已报验合格，设备运转正常，保养记

第四章　站场工程质量管理

录齐全。

3）材料

核查材料质量证明文件（材质证明书、合格证、检验报告等），底片规格型号等需要符合投标承诺等。

4）工序关键环节控制

（1）检查确认无损检测工艺卡。

（2）开展技术交底和班前安全交底。

（3）按照检测指令开展无损检测，检查现场安全警示标识设置。

（4）核查射线检测记录与底片对应统一，评定结果真实、正确。

（5）根据合同或设计要求，监理对一般焊口无损检测底片按不低于20%比例进行抽检复评。对连头口、返修口和变壁厚口的无损检测底片应进行100%复评，并做好详细记录。

（6）磁粉检测应符合设计规定和相关规范规定，并应符合油气管道工程常规无损检测技术规定。

（7）渗透检测剂必须具有良好的检测性能，对工件无腐蚀，对人体基本无毒害作用。检测剂应采用经国家有关部门鉴定过的产品，不同型号、不同厂家的产品不应混合使用。一般情况下每周应用镀铬试块检验渗透检测剂系统灵敏度及操作工艺正确性。检测前、检测过程或检测结束认为必要时应随时检验。照度计仪器应按相关规定进行定期校验。表面预清洗、施加、去除渗透剂和干燥处理，施加显像剂和观察、评定验收等应符合要求。

（8）超声检测、全自动超声检测设备、探头、对比试块、耦合剂、扫查灵敏度、评定验收等应符合规范要求。

（9）对照设计文件对现场焊口检测方式进行核实、确定。

（10）按照监理合同要求的比例，对无损检测结果（一般焊口、返修焊口、连头口）抽检并做好详细记录。

（11）底片扫描、存储及保管应符合无损检测技术规定。

（12）管道试压前，施工承包商、无损检测单位和监理核对单线图，确保检测焊口与单线图焊口对应。

（五）管沟开挖

1. 主要控制要点

主要控制要点包括：进场人员（主要管理人、挖掘机操作人员、爆破人员等）、进场机具设备（挖掘机等）、爆破材料、作业文件（管沟开挖方案、爆破方案等），作业环境（天气状况、风速、温湿度、爆破物品运输情况等）。

2. 重点管控内容

1）人员

核查进场人员数量、上岗证、资格证满足作业要求，并已履行报验程序。

2）设备机具

核查进场机具设备、检测工器具数量、性能规格与施工方案相符，报验手续完备，并已报验合格，设备运转正常，保养记录齐全。

3）材料

爆破物品购买、使用、运输等许可证书，存储方式及要求应符合公安部门相关规定。

4）工序关键环节控制

（1）开展了技术交底记录和班前安全讲话。

（2）检查管沟开挖前，应对地下构筑物、电缆、管道等障碍物进行定位，在开挖过程采取保护措施。测量放线应符合设计文件要求，并标出管道中线和管沟边界线。

（3）深度超过5m以上的管沟开挖方案进行了专家论证，边坡可根据实际情况，采取边坡适当放缓，加支撑或采取阶梯式等开挖措施。

（4）爆破开挖在布管前完成。安全措施应到位，爆破安全距离应符合要求。

（5）检查管沟开挖深度/沟底标高、坡比、沟底宽度、变坡点位移、水平/纵向转角位置符合设计及规范要求；对弹性敷设的地段监督承包商做好测量记录并和图纸核对。石方段管沟应按照设计管底标高加深300mm，并采用细砂或软土回填到设计标高。

（6）在役站场管沟开挖前要对地下管线、光缆等设备进行探测，编制开挖方案并得到批准，并办理相关作业许可手续。

（7）现场施工记录及时，内容完整、真实、准确。

（六）管道下沟和管沟回填

1. 主要控制要点

主要控制要点包括：进场人员（主要管理人员、吊管机、挖掘机操作手等），进场机具设备（吊管机、挖掘机、测量仪器），进场材料（吊带、吊篮等），作业文件（下沟、回填作业指导书等），作业环境（风速、温度、下沟段施工状况等）。

第四章 站场工程质量管理

2. 重点管控内容

1）人员

核查进场人员数量、资格证满足作业要求，已经过上岗培训和通过考试，并已履行报验程序。

2）设备机具

核查进场机具设备、检测工器具数量、性能规格与施工方案相符，检定证书在有效期，报验手续完备，并已报验合格，设备运转正常，保养记录齐全。

3）材料

核查材料质量证明文件（材质证明书、合格证、检验报告等），并应进行外观检查。

4）工序关键环节控制

（1）开展了技术交底记录和班前安全讲话。

（2）下沟前对照单线图核对管口无损检测结果，防腐补口补伤施工完毕并质量合格。

（3）下沟前，管沟深度、水平/纵向转角位置满足设计要求；沟内无塌方、石块、无积水、冰雪、杂物等有损伤防腐层的异物。

（4）石方或戈壁段沟底细土回填厚度、粒径应符合设计及规范要求。

（5）管道下沟使用机具设备与施工方案一致。

（6）管道下沟前，管口应进行临时封堵并完好，防腐层电火花检漏无漏点。

（7）管道下沟时，应设置避免刮碰沟壁的措施，必要时，应在沟壁突出位置垫上木板或草袋。

（8）管道下沟后对管顶标高、地面标高进行复测，测量每道焊口三维坐标。

（9）管沟回填前，应将阴极保护测试引线焊好并引出，或预留位置暂不回填。

（10）管沟回填应密实，符合设计要求。

（七）管道系统吹扫和试压

1. 主要控制要点

主要控制要点包括：进场人员（主要管理人员、作业人员），进场机具设备（空压机、水泵/试压橇/试压车、发电设备、挖掘设备、试压装置、阀门、压力表、记录仪、温度仪、流量计等测量监控仪器），进场材料（试压封头、试压用水等），作业文件（吹扫试压施工方案、作业指导书等），作业环境（天气状况、风速、温度、现场地理位置等）。

2. 监理重点管控内容

1）人员

核查进场人员数量、上岗证、资格证满足作业要求，已经过上岗培训和通过考试，并已履行报验程序。

2）设备、机具

核查进场机具设备、检测工器具数量、性能规格与施工方案相符，检定证书在有效期，报验手续完备，并已报验合格，设备运转正常，保养记录齐全。

3）材料

试验介质应符合设计文件及相关规范要求，水质化验报告；试压临时用管件、钢管已报验合格，具有完整的质量证明文件（产品合格证、管材材质证明）。

4）工序关键环节控制

（1）检查施工作业人员技术交底和班前安全交底记录。

（2）核实试压、吹扫和干燥施工方案经过批准，对照施工方案检查各项工作落实。试压、吹扫和干燥前和施工过程中的各项安全保证措施已经制定并落实。

（3）试压用的压力天平、记录仪、温度仪和压力表等测量监控设备应经过检定或校验，并应在有效期内。安装、使用应满足施工方案要求。

（4）试压装置（试压头）与主体管线连接的焊口、主体管线上的临时焊口均经检测合格。

（5）试压用水水源选用、排放应符合已批准的施工方案及地方环保部门规定。

（6）强度试验和气密性试验应符合设计文件要求。

（7）强度试验、严密性试验过程中不得以工艺阀门作为试压截断阀。

（8）吹扫前，系统中节流装置孔板必须取出，调节阀、节流阀必须拆除，用短节、弯头代替连通。不参与体统吹扫的设备及管道体系，应与吹扫系统隔离。管道支架、吊架应牢固，必要时应进行加固。

（9）当环境温度低于5℃进行水压试验时，应采取防冻措施。

（10）吹扫宜选择空气吹扫方法进行，吹扫顺序按主管、支管、疏排管依次进行。

（11）用空气吹扫时，气流速度应大于20m/s，但吹扫起点的压力不得超过设计工作压力。

第四章 站场工程质量管理

（12）管道系统在空气或蒸汽吹扫过程中，应在排气口用白布或涂有白漆的靶板检查吹扫结果，布或靶板在气体排除口停放 5min，如其上未发现铁锈尘土、水分或其他脏物为合格。

（13）试验介质宜为洁净水，如用气体，必须经承包商总技术负责人批准，要有安全有效的措施，且须得到建设单位和监理单位的认可。对奥氏体不锈钢试验所用的洁净水所含氯离子浓度不应超过 25mg/L；试验后，应立即将水清理干净。

（14）干燥前，应进行试压后扫水检验。站场内管道系统扫水检验以站场最低点排气口没有明水排出为合格。

（15）干空气干燥、真空干燥和液氮干燥时管道压力、露点、稳压时间等应符合设计规范要求。

（八）管道防腐和保温

1. 主要控制要点

主要控制要点包括：进场人员（主要管理人员、防腐工等），进场机具设备（喷砂设备、加热设备、锚纹测定仪、涂层测厚仪/湿膜测厚规、测温仪、测力计等检测工器具），进场材料（石英砂、钢丸、防腐补口带、补伤胶、底漆、保温材料等），作业文件（防腐补口工艺规程、防腐补口作业指导书等），作业环境（风速、温湿度、天气状况等）。

2. 重点管控内容

1）人员

核查进场人员数量、上岗证满足作业要求，已经过上岗培训和通过考试，并已履行报验程序。

2）设备机具

核查进场机具设备、检测工器具数量、性能规格与施工方案、防腐补口工艺规程相符，检定证书在有效期，报验手续完备，并已报验合格，设备运转正常，保养记录齐全。

3）材料

核查材料质量证明文件（材质证明书、合格证、检验报告等）、材料复检报告，并应进行外观质量检查，补口补伤及保温材料存储条件符合产品说明书要求；补口补伤及保温材料品种、规格符合设计及规范要求。

4）工序关键环节控制

（1）检查施工作业人员技术交底和班前安全交底记录。

（2）防腐结构符合设计和工艺规程要求。

（3）管道防腐施工前，管道环焊缝外观、无损检测已合格。

（4）防腐补口施工环境（天气、湿度、温度、灰尘情况等）满足产品安装说明书及规范要求。

（5）检查防腐部位的喷砂除锈等级、锚纹深度达到设计、规范要求，按防腐补口工艺规程的要求控制预热温度。喷砂除锈4h后未完成喷涂的，应进行重新除锈。

（6）防腐补口安装过程中加热方式、温度外观质量应符合防腐补口工艺规程。不同阶段防腐管、防腐口的补伤、保温结构应符合设计文件及相关规范要求。

（7）冷缠带厚度、搭接宽度、剥离试验、电火花检漏等应符合设计、规范要求。

（8）防腐涂漆施工前，应先进行试涂。涂漆应在生成浮锈前完成。涂漆应完整、均匀，涂装道数和厚度应符合设计要求和国家现行有关防腐标准的规定。涂漆超过一遍时，前后时间间隔应根据涂料性质确定，且不得超过14h。底漆未干不应进行下道涂漆作业。

（9）保温应在钢管表面质量检查及防腐合格后进行。采用管壳预制块保温时，预制块接缝应错开，水平管的接缝应在正侧面。多次组合时，应分层绑扎。每块保温材料绑扎不得少于两道，绑扎距离应符合规范要求。补口处的保温材料应圆滑过渡，应按照设计要求进行防水层施工。管托处的管道保温，应不影响关傲的膨胀位移，且不损坏保温层。毡、箔、布类保温材料或保温瓦等保温层应用相应的绑扎材料绑扎牢固，充填密实，无严重凹凸现象，同轴度误差不大于10mm，保温层厚度应符合设计规定。

三、质量风险管理

站场工艺管道质量风险管理见表4-5。

表4-5　站场工艺管道质量风险管理

序号	管控要点	建设单位	监理	施工单位
1	人员			
1.1	专职质量检查员到位且具有质检资格	监督	确认	报验
1.2	焊工具备特种作业资格证，焊工取得项目上岗证，施焊项目与考试项目一致	监督	确认	报验

第四章 站场工程质量管理

续表

序号	管控要点	建设单位	监理	施工单位
2	设备、机具			
2.1	施工设备（吊管机、焊接车、加热设备、坡口机、对口器）已报验合格，焊接设备性能满足焊接工艺要求，设备运转正常，保养记录齐全	必要时检验	确认	报验
2.2	检测仪器（风速仪、测温仪、焊道尺、温湿度计、千分尺/游标卡尺、钳形电流表等）已报验合格，并在有效检定日期内	必要时检验	确认	报验
3	材料			
3.1	焊材已报验合格，具有完整的质量证明文件并经过复检合格（产品合格证、焊材复检报告），规格、材质符合设计及焊接工艺规程要求	必要时验收	确认	报验
3.2	钢管材质、规格等符合设计及焊接工艺规程要求	必要时验收	确认	报验
4	施工方案			
4.1	现场有经过审批合格的施工方案	必要时审批	审查/审批	编制、审核
5	管道安装			
5.1	对预制的管道应按照管道系统编号和顺序号进行对号安装，管道、管道附件、设备等连接时，不得强力组对	监督	平行检验	施工
5.2	钢管组对时，钢管错边量：管道壁厚>10mm，内壁错边量1.1mm，外壁错变量2.0～2.5mm；管道壁厚5.0～10mm，内壁错边量0.1mm壁厚，外壁错变量1.5～2.0mm；管道壁厚<5.0mm，内壁错边量0.5mm壁厚，外壁错变量0.5～1.5mm。异径管直径应与其相连接管段一致，错边量不大于1.5mm	监督	平行检验	施工
5.3	管道组对时应检查平直度，在距接口中心200mm处测量，当钢管公称直径小于100mm时，允许偏差为±1mm；当钢管公称直径大于或等于100mm时，允许偏差为±2mm，但全长允许偏差均为±10mm	监督	平行检验	施工
5.4	直管段两对接焊口中心面间的距离不得小于钢管1倍公称直径	监督	平行检验	施工
5.5	管道对接焊缝距离弯管起点应大于100mm，且不得小于管道外径	监督	平行检验	施工
5.6	直缝管的直焊缝应位于宜检修的位置，且不应在底部	监督	平行检验	施工
5.7	螺旋缝焊接钢管对接时，螺旋焊缝之间应错开100mm以上	监督	平行检验	施工

207

续表

序号	管控要点	建设单位	监理	施工单位
5.8	管道安装允许偏差： （1）坐标：架空 ±10mm，地沟 ±7mm，埋地 ±20mm。 （2）标高：坐标：架空 ±10mm，地沟 ±7mm，埋地 ±20mm。 （3）平直度：DN≤100，允许偏差≤2L/1000，最大40mm；DN>100，允许偏差≤3L/1000mm，最大70mm。 （4）铅垂度：3L/1000mm，最大25mm。 （5）成排：在同一平面上的间距 ±10mm。交叉：管外壁或保温层的间距：±7mm	监督	平行检验	施工
5.9	连接动设备的管道，其固定焊口应远离动设备，并在固定支架以外，对不允许承受附加外力的动设备，管道与动设备的连接应符合下列要求： 管道在自由状态下，检查法兰的平行度和同心度，允许偏差如下：机泵转速：3000～6000r/min：平行度≤0.10mm，同心度≤0.50mm，设备位移≤0.50mm；机泵转速：>6000r/min 时：平行度≤0.05mm，同心度≤0.20mm，设备位移≤0.02mm	监督	平行检验	施工
5.10	法兰密封面应与钢管中心垂直。当公称直径小于或等于300mm 时，在法兰外径上的允许偏差为 ±1mm；当公称直径大于300mm 时，在法兰外径上的允许偏差为 ±2mm	监督	平行检验	施工
5.11	法兰连接时应保持平行，其允许偏差应小于法兰外径的1.5‰，且不大于2mm。垫片应放在法兰密封面中心，不应倾斜或突入管内	监督	平行检验	施工
5.12	每对法兰连接应使用同一规格螺栓，安装方向一致。螺栓对称拧紧。法兰螺栓拧紧后，两个密封面应相互平行，用直角尺对称检查，其间隙允许偏差应小于0.5mm	监督	平行检验	施工
5.13	法连连接应与管道保持同轴，其螺栓孔中心偏差不超过孔径的5%，并保持螺栓自由穿入。法兰螺栓拧紧后应露出螺母以外0～3个螺距，螺纹不符合规定的应进行调整	监督	平行检验	施工
5.14	绝缘法兰安装前应对法兰进行绝缘测试，绝缘电阻应变不小于2MΩ。两对绝缘法兰的电缆线连接应符合设计要求，并应做好电缆线及接头的防腐，金属部分不应裸露于土中	监督	见证	施工
5.15	钢管和管件在防腐、涂漆及补口前应进行表面处理，表面处理应达到 Sa2.5 级，锚纹深40～100μm 局部不能喷砂除锈部位可采用手工除锈，除锈等级应达到 St3 级	监督	旁站/巡视	施工

第四章 站场工程质量管理

续表

序号	管控要点	建设单位	监理	施工单位
5.16	地上管道和设备防腐： （1）液体涂料：涂敷均匀、无漏涂、无气泡等缺陷，厚度达到设计要求。 （2）黏弹体施工：缠绕大家宽度不应小于10%胶带宽度，且不小于10mm，接头搭接不小于50mm，与防腐层搭接宽度不小于100mm，表面应平整、搭接均匀、无气泡、褶皱。 （3）聚乙烯胶粘带施工：螺旋缠绕大家宽度为带宽的55%，胶带接头搭接长度不小于100mm，表面应平整、搭接均匀、无气泡、褶皱	监督	旁站/巡视	施工
5.17	对土壤界面管道地面上下不小于200mm范围内，应采用无溶剂液体环氧外缠铝箔胶粘带或无溶剂液体环氧外缠热收缩带，铝箔应自下而上缠绕，表面应平整、搭接均匀、无气泡、褶皱	监督	旁站/巡视	施工
5.18	埋地管道采用热熔胶型热收缩带补口，应按表5-2第6条执行；采用无溶剂环氧涂料或粘弹体防腐外缠聚丙烯胶粘带补口，应按表5-2第7条执行	监督	旁站/巡视	施工
5.19	对埋地管道，回填前应对全部防腐层电火花检漏，发现损伤应按规范要求修补至合格；对地上管道，在系统安装完毕后，应对全部防腐层电火花检漏，发现损伤应按规范要求修补至合格	监督	旁站/巡视	施工
6	施工记录			
6.1	现场施工记录数据采集上传及时，内容完整、真实、准确		验收	填写
7	无损检测			
7.1	无损检测方式及检测合格标准执行设计规定要求	抽查	确认	
7.2	核查检测焊口与施工焊口一致性（检测申请、检测指令、检测报告应一致）	抽查	签发	申请
7.3	检测报告的评定、审核人员资质应满足合同要求	抽查	复核	
7.4	监理单位应对无损检测结果进行20%复核；连头、返修100%复查	必要时抽查	复核	
8	焊口返修			
8.1	应具有相应的焊口返修工艺规程	必要时审批	审查/审批、确认	编制、审核
8.2	返修的焊口及部位应与返修通知单、检测报告一致	复核	复核	施工
8.3	监理单位应对返修后检测结果进行100%复核		复核	施工

第二节 站场设备安装

一、工艺工法概述

（一）工序流程

1. 容器储罐类设备

容器储罐类设备的施工程序如图 4-1 所示。

施工准备 → 基础检查验收 → 基础处理、垫铁放置 → 吊装就位 → 灌浆抹面 → 内件安装 → 防腐保温 → 检查验收、封孔

图 4-1 容器储罐类设备的施工程序图

2. 空冷器

空冷器的施工程序如图 4-2 所示。

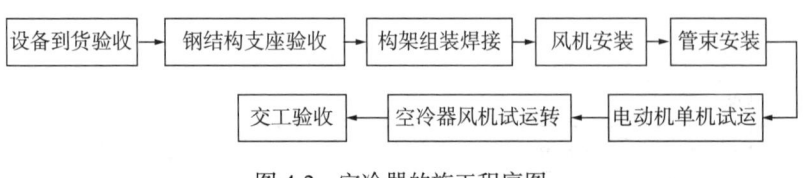

设备到货验收 → 钢结构支座验收 → 构架组装焊接 → 风机安装 → 管束安装 → 电动机单机试运 → 空冷器风机试运转 → 交工验收

图 4-2 空冷器的施工程序图

3. 机泵等设备的安装

机泵等设备的施工程序如图 4-3 所示。

基础检查验收 → 设备机座找正、找平和找标高 → 设备联轴器同轴度的调整 → 机、泵的检测与试运行

图 4-3 机泵等设备的施工程序图

第四章 站场工程质量管理

（二）主要工序及技术措施

1. 容器储罐类设备

1）基础验收

安装施工前，设备基础必须交接验收。基础的施工单位应提供质量合格证明书、测量记录及其他施工技术资料；基础上应清晰地标出标高基准线、中心线、有沉降观测要求的设备基础应有沉降观测水准点。

基础验收检查应符合如下规定：

（1）基础外观不得有裂纹、蜂窝、孔洞及露筋等缺陷。

（2）基础混凝土强度应达到设计要求，周围土方应回填并夯实、整平。

（3）结合设备平面布置图和设备本体图，对基础的标高及中心线，地脚螺栓和预埋件的数量、方位进行复查，及早暴露设备衔接方面的问题。

（4）基础外形尺寸、标高、表面平整度及纵横轴线间距等应符合设计和施工规范要求，其尺寸允许偏差应符合表4-6中规定。

表4-6 检查要求表

序号	检查内容	允许偏差，mm	备注
1	螺栓标高	0～10	顶端
2	两螺栓间距	±2	
3	螺栓中心对基础轴线距离	±2	
4	螺栓垂直度	≤5L/1000	L为螺栓长度
5	相邻基础轴线间距	±3	
6	基础轴线总间距	±5	
7	基础对角线差	≤5	
8	基础各不同平面的标高	-20～0	

2）到货设备验收

（1）对到货设备组织有关人员进行验收，检查有出厂合格证、设备说明书、质量证明书等文件。

（2）对设备外观进行检查，有伤痕、锈蚀和变形；设备的主要几何尺寸、加工质量和管口方位符合图纸要求；设备密封面光洁无划痕；对重要设备配合建设单位到制造厂进行监造，确保质量及施工进度。

（3）检查、清点设备附件到货情况，存在变形，尺寸符合图纸要求。

（4）设备密封面检查完毕后，法兰、管口、人孔按原样恢复封闭；配管或进入设备前，不再打开；如进场时没封闭的也应采用措施进行临时封闭，以防异物进入。

3）基础处理、垫铁放置

（1）基础表面在设备安装前必须进行修正，铲好麻面，放置垫铁处要铲平，铲平部位水平度允许偏差为2mm/m，预留地脚螺栓孔内的杂物要清除干净。

（2）每个地脚螺栓近旁要有一组垫铁。

（3）相邻两垫铁组的间距不应超过500mm。

（4）有加强筋的设备，垫铁垫在加强筋下。

（5）每一组垫铁不超过4块。

4）设备的就位、找正与找平

（1）设备的找正与找平按基础上的安装基准线所对应的设备上的基准测点进行调整和测量；

①设备找正、找平应符合要求。验收各设备基础，检查基础外观及中心线位置、标高。设备的中心线位置应以基础的中心线为基准；立式设备的垂直度应以设备两端0°、90°、180°、270°处的划线为基准；卧式设备的水平度应以设备中心线为基准。

②检查吊装设备、工具、人员及作业环境，吊装安全措施落实情况。

③核查与设备连接管材、管件型号、规格符合设计要求，焊接工艺使用正确，焊工具备相应的资质证件。

④检查设备安装的标高、水平度、中心线位移、垂直度、方位等应符合设计、规范要求。

⑤检查设备预埋地脚螺栓中心距偏差应符合规范要求。

（2）设备找正或找平要采用垫铁调整，不得用紧固或放松地脚螺栓的方法进行调整。

（3）有坡度要求的卧式设备，按图纸要求进行；无坡度要求的卧式设备，水平度偏差要偏向设备的排污方向。

（4）受膨胀或收缩的卧式设备，其滑动侧的地脚螺栓要先紧固，当设备安装和管线连接完成后，再松动螺母留下0.5～1mm的间隙，而后将锁紧螺母再次紧固以保持这一间隙。

（5）设备找正、找平结束后，用0.5磅手锤检查垫铁组，应无松动现象，设备垂直度经监理工程师检查确认合格后，用电焊在垫铁组的两侧进行层间点焊固定，垫铁与设备底座之间不得焊接。检查确认合格后进行灌浆。

5）基础灌浆

（1）设备找正后，垫铁之间要焊牢，垫铁露出设备支座底板缘10～20mm，

第四章 站场工程质量管理

垫铁组伸入长度要超过地脚螺栓孔。

（2）设备滑动侧基础设计有滑动垫板时，滑动侧宜采用两次灌浆法安装。应将滑动侧基础浇注至设计标高以下 30～35mm 处，设备就位时，应将垫铁安装在垫板下，调整垫铁，使垫板与滑动端贴合良好，再点焊垫铁、垫板，进行二次灌注。设备支座与基础垫板的接触面应清理干净。设备或设备底座经初步找正、找平后，应及时进行地脚螺栓预留孔灌浆，应在混凝土强度达到设计强度的 75% 以上后进行最终找正、找平及紧固地脚螺栓，经检验合格后，方可进行二次灌浆及抹面。环境温度低于 5℃，应有防冻措施。灌浆材料应符合设计或设备厂家说明书要求，当用细石混凝土作为灌浆材料时，其强度标号应比基础混凝土的强度等级高一级。每台设备应一次灌完，不应分次浇灌。灌浆的混凝土应捣固密实，捣固时应保证地脚螺栓不歪斜或位移。

6）压力试验

若设备出厂前已进行压力试验，强度试压资料齐全，设备到货后完好，出厂不满 6 个月，可不再进行现场压力试验，可同工艺管道一起进行严密性试验；否则，压力试验按照施工规范及图纸要求执行。

7）内件安装

内构件的安装按照图纸要求进行。不在设备内作业时，设备都应临时封闭。

8）设备的清扫、封闭

设备安装前必须进行内部清扫，清除内部的铁锈，泥沙等杂物，封闭前应由施工单位、监理、建设单位联合检查，确认合格后，方可封闭，并填写《设备清理检查封闭记录》，并签字认可。

2. 空冷器施工

1）施工准备

设备到货验收、基础验收与容器储罐类设备大同小异，不再进行描述。

2）构架组装焊接

（1）钢构架的组装焊接，按照随机装配图进行，安装时参看构架零件的标号，按照标号顺序进行。

（2）钢构架的组装顺序一般为：立柱安装→风箱安装→管束侧梁、上横梁安装→梯子平台安装。

（3）立柱安装时要求在同一标高上，并且其垂直度应符合技术文件的规定。立柱安装完后，测量相邻两立柱的间距和对角两立柱的间距，其测量值符合随机装配图的要求。

（4）管束的侧梁，横梁安装时保证其水平度小于 2mm/m，全长不超过

5mm，不能有下挠的现象。

（5）钢构架需焊接的部分要符合焊接工艺或技术规范要求。

3）风机安装

（1）整体到货时风机可直接吊装就位。分体到货的风机，一般组装顺序为：风筒安装→主轴安装→风轮风叶安装→电机安装→风机防护网的安装。

（2）风机安装时保让风叶的偏转角度符合技术文件规定，带有调角机构的风机，保证调角机构灵活，调整风叶角度范围符合技术文件的规定。

（3）风叶与风筒之间的间距符合技术文件规定。

（4）V形皮带的张紧力符合设计文件的要求。

4）管束安装及试压

（1）管束试压采用单台先试后安装的方法进行。先在地面试压合格后，使用吊车吊装就位；管束就位时，具在构架上的横向位置至少在两边有6mm或一边有12mm的移动量。

（2）管束吊装就位，吊装时严禁碰撞管束，特别是翅片不能磕碰和倒塌。就位后检查管束的水平值，要求符合技术文件的规定。

（3）管束试压符合以下要求：

①根据设备铭牌，标注的试验压力进行，试验介质使用洁净水，压力试验时严禁超压；

②盲板的选择要根据试验压力而定；

③压力表的量程为试验压力的2倍，精度等级不低于1.5级。在管束的进口、出口设置压力表各一块，以便于校核压力值；

④管束试压时先将管束内充满液体，使用试压泵缓慢升压，达到试验压力后，保压30min，将压力降至设计压力，保持足够长时间；

⑤对管束全面检查，目测管束无变形，无泄漏，无降压为试验合格。

5）空冷器风机试运转

（1）风机试运转前准备：

①构架、风机、管束安装完毕，各种调节机构灵活无卡滞；

②电动机单机试运2h，并合格；

③电动机转向与随机文件要求的一致；

④电气、仪表控制系统及安全保护联锁动作灵敏可靠；

⑤V形皮带的张紧力达到技术文件规定要求；

⑥启动风机的电机，连续转动4h；

⑦风机试运符合表4-7要求。

第四章 站场工程质量管理

表 4-7 风机试运检查表

主轴转速，r/min	≤500	>500～600	>600～750	>750
允许最大径向振幅（双向），mm	0.15	0.14	0.12	0.01
滚动轴承表面温度，℃	≤70			

（2）试运转完成后，检查叶轮表面，不得有裂纹，变形和损伤。

（3）试运转完成后，由建设单位、监理方检查签字认可。

3. 机泵等设备的安装

1）基础的检查验收

机泵基础施工由专门的土建施工队伍完成。当混凝土达到标准强度时75%时，由基础施工单位提出书面资料，向机泵安装单位交接，并由安装单位验收。基础验收的主要内容为外形尺寸、基础坐标位置（纵横轴线）、不同平面的标高和水平度，地脚螺栓孔的距离、深度和孔壁垂直度，基础的预埋件符合要求等。机泵基础各部位尺寸的允许偏差应符合有关规范的要求。

2）地脚螺栓

机泵底座与基础之间的固定采用地脚螺栓。地脚螺栓可分长型和短型两种，T形长地脚螺栓借助锚板实现设备底座与基础之间的固定，使用锚板可便于地脚螺栓的拆装更换，长地脚螺栓多用于有强烈振动和冲击的重型机械。油气储运工程中的机泵安装多采用短地脚螺栓，安装时，直接埋入混凝土基础中。形成不可拆卸的连接。埋入时，可采用预埋法和二次灌浆法。

预埋法是在灌筑基础前用钢架将地脚螺栓固定好，然后灌注混凝土。预埋法的优点是紧固、稳定、抗震性能好，其缺点是不利于调整地脚螺栓与机泵底座孔之间的偏差，安装难度大，成本较高。大型设备的地脚螺栓经常采用此种方法。用钢架固定地脚螺栓时，其方位和尺寸的精度应比设计要求高出30%，给基础浇注流出变形余量。

二次灌浆法是在灌筑基础时，预留出地脚螺栓孔，安装机泵时插入地脚螺栓，机泵稳固后向孔中灌入混凝土。二次灌浆法的优点是调整方便，但连接牢固性差。

3）垫铁

垫铁的作用是调整机泵的标高和水平。垫铁按材料分为铸铁和钢板两种，按形状分有平垫铁、斜垫铁、开口垫铁、自动调整接触面的内球面垫铁。每种垫铁按其尺寸编号，如斜1、斜2和斜3，平1、平2和平3。

机泵底座下面的垫铁放置方法可采用标准垫法或十字垫法。每个地脚螺栓至少应有一组垫铁，垫铁应尽量靠近地脚螺栓。使用斜垫铁时，下面应放平垫铁，每组垫铁一般不超过三块。在平垫铁组中，厚的放在下面，薄的放在中间，尽量少用薄垫铁。机泵找正找平后，应将每组钢垫铁点焊固定，防止松动。

垫铁组应放置整齐、平稳，与基础间紧密贴合，在垫铁与混凝土基础的结合部，应将基础浇筑震捣上浮的较软面凿去 10～15mm。

4）设备机座找正、找平和找标高

设备机座的找正、找平是安装过程的重要工序，找正、找平的质量直接影响到机泵的正常运转和使用寿命，对于这些工作，小型机泵比较简单，在此不进行描述，以下仅对输油气大型机泵安装做一描述。

（1）机座找正。

设备机座找正的主要目的是保证几个设备机组安装在一条线上，一个平面上，相应的配套管线和附属设施也都横平竖直，整齐划一。

设备机座的找正就是将机座的纵横中心线与基础的纵横中心线对齐。基础中心线应由设计基准线量得，或以相邻机座中心线为基准，如要求不高还可以地脚螺栓孔为基准画出基础的纵横中心线。

基础纵横中心线可用线锤挂线法画出，在设计基准线上取两点，借助角尺、卷尺等量出相等垂直尺寸，做出标记。立钢丝线架，吊线锤，调整钢丝位置使线锤对准标记，在基础上弹出墨线。另一条中心线以同样方法绘出。最后应将纵横中心线在基础侧面上做出标记，以备安装机座时检查校正。

对于联动设备（如对置式压缩机），可用钢轨或型钢作中心标板，浇灌混凝土时，将其埋在联动设备两端基础的表面中心，把测出的中心线标记在标板上，作为安装中心线的两条基准线。同一中心线埋设两块标板即可。

（2）机座找水平与标高。

设备机座找正后，即进行设备机座的水平和标高的调整，设备机座的找平非常重要，如果设备沿主轴的纵向不水平，运行时，会产生轴向分力；横向不水平时，会使轴承箱的润滑油位不均衡，设备受力不均匀。因此，若厂家无规定，设备机座纵向水平误差应小于 0.05mm/m，横向水平误差小于 0.10mm/m。设备机座的标高与设备配管和附属设施的安装有关，若是分体钢架底座，设备标高与"联轴器对中"工作有紧密联系，其误差应小于 2mm。

输油气站场的大型设备如主输油泵，输气压缩机一般都带有钢架底座，在钢架底座上部配有设备精细找正的部件，依据设备重量分为整体钢架底座和分体钢架底座，整体钢架底座便于设备就位找正，但若设备体积，重量大，常采用分体钢架底座。输气压缩机组重量较大，仅压缩机单重 100 多吨，燃气机与压缩机是各自的分体钢架底座；主输油泵机组重量较经，整套机组才

第四章　站场工程质量管理

几十吨重，可采用整体钢架底座，即电动机与泵在一个钢架底座上。不论是整体钢架底座还是分体钢架底座，在施工中分为有垫铁安装和无垫铁安装，它们施工方法不同，但质量精度要求相同。

①有垫铁的钢架底座安装。

为方伸设备地脚螺栓时安装，地脚螺栓下部焊有防拔出钢板，地脚螺栓外套钢套管，钢套管预埋在设备的网筋混凝土基础内，地脚螺栓在钢套管内是活动的，并捆有细铁丝，以备设备安放找平后，将地脚螺栓提起。设备安放找平后对地脚螺栓和垫铁钢垫板共同进行二次灌浆（也有厂家不要求地脚螺栓灌浆），安装按如下步骤进行。

a. 基础质量检查和验收。基础强度达到设计强度的75%以上方可进行验收交接：检查土建施工单位提供的基础混凝土强度报告以及施工依据；基础尺寸、中心线、标高、预埋地脚螺栓、预留地脚螺栓孔等应符合设计和规范相关要求。检查整个基础的混凝土有无疏松、脱层、裂缝、孔洞、钢筋外露等现象。基础处理：应按照设备底座安装图，确定地脚螺栓及支承板预埋位置；应对预埋洞内壁和灌浆接触面进行拉毛或凿毛；预留支承板预埋坑内壁应凿成麻点，麻点的深度不宜小于10mm，麻点的密度为3～5点/10000mm^2。

b. 凿去垫铁钢垫板预留位置处10～15mm厚混凝土柔软层，安放垫铁钢垫板。

c. 调整垫铁钢垫板的顶丝，修正垫铁钢垫板的标高，调整水平度，用水准仪控制垫铁钢垫板的标高，用精度大于0.02mm/m框式水平仪控制水平度，使其达到设计或厂家要求，然后安放能自动调整与垫铁钢垫板和钢架底座接触面的"内球面垫铁"，在内球面垫铁上，用水准仪控制安放调整标高的U形钢垫片，使精度达到厂家规定，若无规定，其误差应小于1mm，做好记录以备下步调整。

d. 为了防止设备压坏垫铁钢垫板的调整顶丝，在设备吊装前，安放数组略高于"内球面垫铁"的临时垫铁。吊装带钢架底座的设备，将地脚螺栓提起，穿出垫铁钢垫板、"内球面垫铁"、钢架底座，戴上地脚螺栓帽（不紧固），对设备进行预找平和联轴器预找正，其误差小于0.5mm。为给联轴器精找正留有足够的调整余地，在联轴器预找正前，一定要松开机泵底座与钢架底座的固定螺栓，检查固定螺栓在螺孔的中心，若有偏差应利用调整顶丝修正后，再进行联轴器预找正。

e. 联轴器预找正合格后，用高强度流淌性好的微膨胀环氧树脂水泥砂浆对地脚螺栓和垫铁钢底板进行二次灌浆，灌浆时，应在设备钢架底座的螺栓孔内，装有易取出的隔离垫片，使地脚螺栓与螺栓孔有均匀的间隙。并做好标高、水平度和灌浆记录。

f.若设备是分体钢架底座，在地脚螺栓灌浆前，要依照厂家的要求校核机泵联轴器的间隙，它关系到电动机的磁场中心的对正和机泵运行时主轴的窜动量控制，一般其误差小于0.25mm。

g.二次灌浆达到强度要求后，用"侧壁千斤顶"撤出临时垫铁，进行设备精找平，紧固地脚螺栓。为防止设备钢架底座在紧固螺栓时受力变形，应严格按照厂家要求的力矩进行紧固，并在紧靠地脚螺栓紧固处安放千分表，若钢架底座变形超过0.2mm，应加装U形调整钢垫片。设备找平时，应在厂家指定的精加工面上进行。若技术文件没有要求时，一般横向水平度的允许偏差为0.10mm/m，纵向水平度的允许偏差为0.05mm/m。

h.在设备配管前，进行联轴器的精细找正，通常以压缩机和主输油泵轴为基准调整电动机的位置，当机泵与电动机之间有变速箱时，则先安装变速箱，并以它为基准再安装机泵与电动机。大型压缩机组找正，要考虑燃气轮机高温运行时，温度线膨胀引起设备底座增高的因素。

i.在联轴器精找正合格，且四周定位顶丝已紧固后，再进行设备的配管工作。机泵的进出口管线应由支架支承，不允许机泵承受管线重力和应力。机泵法兰短节安装紧固后，再焊接机泵进出口短节的最后两个焊口。为保证实现无应力安装，最后的焊口位置应选在易安装组焊的地点，对口间隙和管口错边量均不可超标。为减少焊接应力，应同时进行机泵进出口两边焊接，也可以焊接完一边的根焊，再进行另一边的根焊，依此类推，循环完成焊接，但此方法需采取预热措施保证焊接层间温度高于100℃。焊接时应观察联轴器的千分表，不应有变化。管线中杂物应清扫干净。

j.安装完机组管线及附件，并复核设备联轴器的同轴度后，为检查机泵所受的安装应力，应将机泵的底座螺栓和四周紧固顶丝松开，机泵的位移不应超过0.05mm。另外也可解开机泵进出口的法兰螺栓，检查法兰平行度不应大于0.5mm。

②无垫铁钢架底座安装。

a.对无垫铁钢架底座安装，地脚螺栓一般采用预埋法，安装前应对基础标高、螺栓间距及主被动设备的相应方位进行校核，并将基础表面的较软面凿去10～15mm。

b.用设备钢架底座自带的顶丝将钢架底座顶起，达到设计高度；使用精度大于0.02mm/m的水平仪，在厂家指定的位置，找设备的纵横向水平度；若厂家无规定，其横向不平度小于0.1mm/m，纵向不平度小于0.05mm/m；若

第四章 站场工程质量管理

设备是分体钢架底座,在钢架底座灌浆前,要依照厂家的要求校核机泵联轴器的间隙,一般其误差小于 0.25mm。

c. 使用强度大于 150 号流淌性好的微膨胀环氧树脂水泥砂浆将整体钢架底座与基础震捣浇注为一体,为便于排出空气,浇注时,从设备宽的一侧注浆,另一侧出浆,注浆要饱满,不可有空洞。

d. 水泥浆硬化后复查水平度,然后按照厂家要求的力矩拧紧地脚螺栓。

e. 设备钢架底座找平后,其他工作与有垫铁钢架底座安装工作相同。

5) 设备联轴器同轴度的调整

用联轴器连接的机泵在安装过程中都不可避免地要进行同轴度的调整,使对轮既同心又平行,否则将影响机泵使用效率或造成设备运行事故。有的大型高温设备在联轴器找正时,还应考虑温度线膨胀引起设备底座增高的因素。

联轴器的不同轴可能是径向位移,倾斜或两者兼而有之。测量同轴度应在联轴器端面和圆周上均匀分布的四个位置,即 0°, 90°, 180° 和 270° 进行。测量时可按如下顺序进行。

(1) 将半联轴器 A 和 B 暂时相互连接,设置专用工具(如百分表)或在圆周上画出对准线。

(2) 同时转动半联轴器 A 和 B,使专用工具或对准线顺次转至 0°, 90°, 180° 和 270° 四个位置,在每个位置上测出内工手联锏器的径向数值(或间隙) a 和轴向数值(或间隙) b,并做出记录。

(3) 对所测数值进行复核。

安装时若发现联轴器处于不同轴或不平行状态必须进行调整。调整时应首先调整机泵水平度,然后以机泵的联轴器为基准,测定并调整电动机的对轮来保证电动机与机泵同轴同心,调联轴器的同心度时,应先调面隙后调轴隙。调整电动机时可根据 a 和 θ 值采用不同厚度的垫片垫电动机的机座,先调整轴向间隙使两轮平行,然后调整径向间隙使两轮同心。若设备厂家没有具体要求,轴转速 2980r/min,一般联轴器的轴隙(同心度)和面隙(平行度)误差均不大于 0.03mm;轴转速 1500r/min,联轴器的轴隙和面隙误差均不大于 0.05mm。联轴器进行找正时,可以利用相似三角形原理,兼顾轴隙的调整对面隙的影响,进行计算找正,可以大大提高联轴器找正速度。

6) 机、泵的检测与试运行

(1) 机器在保质期内,原则上不进行拆检。需拆检的机器需与甲方协商后确定。

(2) 将待检机泵解体、清洗、检查零部件有无损伤;检测各间隙、配合

219

符合要求；转子的径向跳动、轴向跳动符合要求。检验合格后，清洗干净并按要求组装，对检查的各种数据，做好记录。

（3）设备在试运行前，要检测设备的供电、仪表、自保护系统及设备附属设施，应齐全完好。

（4）要清洗干净设备的润滑油系统，加足所要求牌号的润滑剂。若设备是强制润滑，则要"跑油"清洗润滑油系统，直至管路内的润滑油达到合格指标为止。

（5）有足够符合要求的试运行输送介质。

（6）实现以上五条要求后，方可进行设备试运行。主动机连续正常运行4h后，接上联轴器使机组连续正常运行72h，试运行合格，填好试运行记录。

二、关键质量风险点识别

（一）设备安装工程

1. 主要控制要点

主要控制要点包括：设备规格型号和数量和设计相符，外观质量，随机携带技术文件和质量证明文件齐全，配备零部件齐全。

2. 重点监控内容

（1）开箱检查验收须在建设单位、监理、生产厂家、中转站、施工单位等有关人员的参加下共同进行。

（2）按照装箱单清点箱数，然后逐箱开箱检查机器、设备、材料包装箱状况完好，核对规格型号及数量，检查随机携带的技术文件及专用工具齐全，按照图纸对机器设备、零件、部件进行外观检查，并核实零件、部件的种类、规格、型号和数量。

（3）施工单位妥善保管随机的专用工具和零件、配件，暂时不用的工具或零件、配件需涂抹防锈油或采取其他防护措施；对施工中暂时不使用的配件、备件等要及时交付建设单位，并办理交接手续。

（4）开箱检查中，机器设备及零部件存在的缺失、损坏或账物不符等不合格情况，由生产厂家限期整改直至合格。

（5）验收完毕后，应有各参与方代表会签设备开箱检查记录，对检验结果予以确认。

第四章 站场工程质量管理

（二）基础验收及处理

1. 主要控制要点

主要控制要点包括：进场人员（主要管理人员主要管理人员、测量工、操作手、电工等），进场机具设备（搅拌机、检测工器具等），进场材料（钢筋、水泥、沙、灌浆料等），作业文件（基础施工作业指导书等），作业环境（混凝土入模温度、养护温湿度等）。

2. 重点监控内容

1）人员

核查进场人员、特殊工种人员资格满足作业要求，并已履行报验程序。

2）设备、机具

核查进场机具设备、检测工器具数量、性能规格与施工方案相符，检定证书在有效期，报验手续完备，并已报验合格，设备运转正常，保养记录齐全。

3）材料

核查基础处理材料质量证明文件（材质证明书、合格证、检验报告等），并应进行外观质量检查。

4）工序关键环节控制

（1）应由建设单位（或监理单位）组织基础施工单位、安装单位、设备厂家代表等有关人员参加对基础的验收交接，并应由相关人员签字确认。

（2）基础强度达到设计强度的75%以上方可进行验收交接：检查土建施工单位提供的基础混凝土强度报告以及施工依据；基础尺寸、中心线、标高、预埋地脚螺栓、预留地脚螺栓孔等应符合设计和规范相关要求。检查整个基础的混凝土有无疏松、脱层、裂缝、孔洞、钢筋外露等现象。

（3）基础处理：应按照设备底座安装图，确定地脚螺栓及支承板预埋位置；应对预埋洞内壁和灌浆接触面进行拉毛或凿毛；预留支承板预埋坑内壁应凿成麻点，麻点的深度不宜小于10mm，麻点的密度为3～5点/10000mm^2；支承板安装符合设计规范要求后，应用设计或压缩机组设备厂家指定的灌浆料进行地脚螺栓的二次灌浆，并按灌浆料说明书要求进行拌料、灌浆和养护。同一批次的灌浆应制作两组试块进行混凝土强度检验。

（4）地脚螺栓安装前预留孔中杂物应已清理干净。地脚螺栓在孔中的位置应垂直无倾斜。安装地脚螺栓及支承板前应对其进行除油、除锈及除漆处理，螺纹部分应涂上油脂。应在混凝土达到设计强度的75%以上后拧紧地脚螺栓，各螺栓的拧紧力应均匀。拧紧螺母后，螺栓应露出螺母，露出长度宜为2～3个螺距。

（三）设备及辅助系统安装

1. 主要控制要点

主要控制要点包括：进场人员（主要管理人员、起重工操作手、电工、管工等），进场设备（焊机、吊车、发电机、检测工器具等），进场材料（设备、管件等），作业文件（设备安装作业指导书等），作业环境（场地、道路等）设备安装过程质量控制等。

2. 重点监控内容

1）人员

核查进场人员、特殊工种人员资格满足作业要求，并已履行报验程序。

2）设备、机具

核查进场机具设备、检测工器具数量、性能规格与施工方案相符，检定证书在有效期，报验手续完备，并已报验合格，设备运转正常，保养记录齐全。

3）材料

核查设备规格型号符合设计要求，进行外观质量检查。

4）工序关键环节控制

（1）检查施工作业人员技术交底和班前安全交底记录。

（2）吊装方案经过批准，各项安措施落实。

（3）设备、材料外观质量符合设计要求。

（4）设备就位前，应按施工图纸划定安装基准线。与压缩机组有相关连接、衔接或排列关系的设备，应划定共同的安装基准线，并应按压缩机组的具体要求标记中心标板或基准点。

（5）检查吊装设备、工具、人员及作业环境，吊装安全措施落实情况。吊装场地应硬化完成，吊装人员、机具、索具应准备到位；风速大于10.8m/s的大风或大雾大雪雷雨等恶劣天气时不应进行吊装作业，应进行试调，坚持"十不吊"；吊装所用钢丝绳应绑扎牢固可靠，不应与机组上的仪表、电缆、管道相接触，无法避免时应制作吊装平衡梁。钢丝绳、吊耳、平衡梁及卡环应进行校核。机组在第一次起升前应进行试吊。

（6）整体到货的机组就位前应检查内容：机组悬空后应对其底面进行清扫并及时穿入地脚螺栓（有地脚螺栓预留孔时）。若采用预埋地脚螺栓结构，机组在就位时应采取有效的措施保护地脚螺栓。机组底部的调平螺栓应旋出机组底面 50～60mm；应在与各调平螺栓相对的基础表面位置上放置平垫铁，机组就位后底部调平螺栓宜顶在平垫铁中部且均匀受力。就位后定位基准面、

第四章 站场工程质量管理

线、点对安装基准的平面位置及标高的允许偏差应符合规范要求。

（7）分装到货的机组应按下列要求进行就位：驱动机与压缩机分装到货的机组，有整体的底橇时，应先安装与橇体连接的机器，各后续安装的设备底部安装尺寸应与橇体上的定位尺寸相符。后续设备就位前，应拆下橇体上妨碍吊装作业的管道、仪表、支架等，待机组装配后恢复；后续就位的设备吊装时，每个方位均应有专人监控，吊装过程中移动应缓慢、平稳；驱动机和压缩机单独成橇并在现场进行连接的机组，就位时宜按先重后轻、先大后小和先内后外的顺序。各机组调整完毕后，应对称、均匀地拧紧橇块之间的连接螺栓。机组就位后，机组上作为定位基准的面、线、点对安装基准线的平面位置及标高的允许偏差应符合设计要求。

（8）机组调平应符合设备厂家技术文件和设计文件的规定；有地脚螺栓预留孔的机组，就位后应先进行初调平，初调平合格后，及时对地脚螺栓预留孔进行灌浆处理。往复式压缩机组的调平测量基准点宜在压缩机曲轴箱两端的加工面或滑道上，离心式压缩机组的调平测量基准点宜在压缩机的水平中分面上，垂直剖分式机组或设备厂家不允许解体的机组，调平测量基准点宜在压缩机的轴承中分面上或机组厂家指定的位置。调整机组水平度时应均匀调整机组底部的调平螺栓或垫铁组，应使机组的重量均匀地分散在全部调平螺栓或垫铁组上。

（9）机组调平水平度应符合厂家技术文件、设计规定。

（10）整块底板安装：验收基础。联合基础的中心线应控制在 ±1mm 内；预留地脚螺栓孔。调整任意两条螺栓的距离偏差应不超过 ±1.5mm；地脚螺栓安装完成后安装压缩机底板。用水准仪测出两块压缩机底板的标高差，每块底板至少测量 4 点，并根据此数据调整地角螺栓处的顶丝，以使与压缩机底板的标高和水平度应符合厂家及设计要求；压缩机直接就位安装在底板上，燃气轮机就位前应依据设备制造图纸，在基础表面预装一圈灌浆模版，方便后续灌浆工序；压缩机就位后进行初对中工作，然后安装附属设备、橇间管线，再进行机组精对中工作，完成精对中后，对压缩机和燃气轮机基础进行灌浆。

（11）单块垫板安装：基础验收合格后将地脚螺栓垫板逐个放至预埋螺栓位置，用水准仪测出各垫板的标高差；在垫板上方依次安装楔形垫铁和平垫片，楔形垫铁应为平面与垫板接触；根据测量出的垫板标高差，调整地角螺栓处的楔形垫铁和平垫铁的组合高度，使各组平垫铁的最终标高一致并符合厂家及设计要求，垫片及垫铁的组合厚度偏差为 ±1mm；对预埋地脚螺栓，在机组吊装就位前完成最终灌浆,对底板灌浆;标高调整完成后进行垫板灌浆。

(12)分体安装的机组,在地脚螺栓孔灌浆前应进行联轴器初对中检查。预留孔灌浆之前,灌浆处应清洁湿润。灌浆采用细石混凝土时,其混凝土强度应比基础混凝土强度高一级。混凝土灌浆捣实时,不应使地脚螺栓倾斜或使设备产生位移。

(13)二次灌浆应在机组精调平结束后(一般不超过24h),并应在地脚螺栓孔灌浆混凝土强度达到设计强度的75%以上时进行。灌浆层厚度以30~70mm为宜,外模距机组底座外缘的距离不宜小于80mm。二次灌浆前,机组底座调平螺栓的螺纹部分应涂润滑脂,与灌浆材料接触的基础混凝土表面应湿润且无积水。设备厂家技术文件对灌浆材料无要求时,可采用无收缩水泥砂浆、微膨胀混凝土、环氧砂浆或专用成品灌浆材料进行灌浆;二次灌浆时应按规定制作同期试块,并应通过机械性能试验确认二次灌浆质量。二次灌浆应不间断进行并全部灌满,浇灌时应不断捣实,使混凝土砂浆紧密充满机组支承部位的空间,不留空洞。当环境温度低于5℃时,应采取加热、防冻措施。灌浆后应及时养护,应在灌浆层强度养护达到设计强度的75%后松开机组底座的调平螺栓(或拆除临时垫铁),地脚螺栓应采用力矩扳手按规定的力矩值均匀拧紧。

(14)如无特殊要求,联轴器对中应符合《机械设备安装工程施工及验收通用规范》(GB 50231—2009)的规定;联轴器表面应无毛刺、裂纹和气孔等缺陷,其径向和端面跳动偏差不应大于0.02mm。机组联轴器对中完成后,应拆下联轴器对中工具并保管好。压缩机组找正、调平的测量位置,应按设备厂家技术文件指定的位置进行测量;压缩机组找正、调平的定位基准面、线或点确定后,应在确定的测量位置上进行检验,且应做好标记,复检应在原测量位置进行。联轴器精对中应在压缩机辅助设备及配套管道安装完成后进行,其径向和端面跳动偏差应不大于0.02mm。

(四)站场机组辅助系统安装

1. 主要控制要点

主要控制要点包括:进场人员(主要管理人员主要管理人员、焊工、起重机械操作手、电工、管工、钳工等),进场机具设备(吊车、检测工器具等),进场材料(非标设备、配件、备件等),作业文件(辅助系统安装作业指导书等),作业环境(场地、道路等)。

2. 重点监控内容

1）人员

核查进场人员数量、上岗证、资格证满足作业要求，并已履行报验程序。

2）设备、机具

核查进场机具设备、检测工器具数量、性能规格与施工方案相符，检定证书在有效期，报验手续完备，并已报验合格，设备运转正常，保养记录齐全。

3）材料

核对辅助系统设备规格、型号、数量，核查材料质量证明文件（材质证明书、合格证、检验报告等），并应进行外观检查，材料外观、外形尺寸等应符合规范及设计文件要求。

4）工序关键环节控制

（1）检查施工作业人员技术交底和班前安全交底记录。

（2）复核基础外观及中心线位置、标高，预留孔洞、预埋件满足安装要求。

（3）检查吊装设备、工具、人员及作业环境，吊装安全措施落实情况。

（4）检查通风管道和风机、入口过滤室、风道、润滑油冷却器、空气冷却器、电动机驱动装置等辅助设备安装质量，按基础上的安装基准线对应设备上的基准测点进行调整和测量，核查设备标高、水平度及纵横轴线位置等。

（5）通风管道在安装前应进行清扫，在整个安装过程中，应保证管道内清洁。所有的通风管道全部就位后，应通过调整管道与钢结构上的导向板或支承板间的垫片厚度来调整管道的水平度与垂直度。

（6）过滤室支承钢结构安装应根据设备厂家提供的技术文件要求进行，若无相关要求，应符合《钢结构工程施工质量验收标准》（GB 50205—2020）的规定。过滤室组件在进行各部件组装或连接时，应确保连接面的密封垫片完好，并应确保连接时各部受力均匀。

（7）入口风道和消音器安装前宜先根据设备图纸在地面进行分段组装，入口消音器与弯管之间的膨胀节应事先组装在一起，然后进行就位安装。在进行各段法兰连接前，应对入口管道内部进行全面检查，内部应清洁无杂物、内部连接螺栓应已点焊固定。

（8）燃气轮机排气管道除倒锥段、膨胀节外，应先将排气管道在地面组装，并应通过拉钢丝的方法检查组装后整排管道的直线度，允许偏差为15mm/m；排气管道垂直度允许偏差应为$L/1000$（L为排气管道总长度）。

（9）润滑油冷却器和空气冷却器应按图纸固定风机轴及叶片安装轮毂，轴固定后，其垂直度应不大于1mm/m。换热管束应逐片吊装就位，吊装时应注意管束的管口方位。管束就位后应按设备厂家要求的方式与钢结构框架进行固定，管束与墙板四周的间隙应不大于5mm，否则应采用永久方式进行封堵。空气冷却器安装前应对集气管进行检查并进行清洁，安装时管束内应无残留水，接管管口应采用临时封闭。

（10）检查各系统连接管道焊接外观，检查连接管线清洁及严密性；润滑油系统管道焊接应采用氩弧焊；润滑油管道试压后，应采用中性化学试剂清洗或酸洗钝化处理，出来后应及时进行干燥。管道安装时不应强力组对，不应使设备承受设计规定以外的作用力。管道与设备的连接应符合设计要求；管道与设备连接后，应复测联轴器同心度。

（11）电动机驱动装置安装拆除轴制动器后应清洗轴承，定子内如有干燥剂在安装前确认全部移除干燥剂，联轴器及相关机械部位应根据设备厂家技术文件要求涂抹油脂防止受腐蚀。电机和变压器的安装及试验应符合《电气装置安装工程 电气设备交接试验标准》（GB 50150—2016）和设备厂家技术文件的要求。电动机驱动装置内的导线及其绝缘性检查应符合《电气装置安装工程 电缆线路施工及验收标准》（GB 50168—2018）和设备厂家技术文件的要求。

（12）设备附属管道安装和试压应符合《工业金属管道工程施工规范》GB50235—2010的规定。润滑油系统管道安装应符合：润滑油系统管道焊接应采用氩弧焊；润滑油管道系统试压后，可采用中性化学剂清洗或酸洗钝化法处理，处理后应及时干燥。与压缩机组等设备连接的管道，安装前应将内部吹扫干净。管道安装时，不应强力组对，不应使设备承受设计规定以外的作用力。管道与设备的连接应符合规范要求。

（13）附属设备的就位、找平、找正、检查及调整等安装工作应全部结束，并应有记录。

（五）机组配套辅助系统安装及整机调试

1. 主要控制要点

主要控制要点包括：进场人员（主要管理人员、电工、钳工等），进场机具设备（检测工器具等），进场材料（配件、备件等），作业文件（系统

第四章　站场工程质量管理

调试作业指导书等）。

2. 重点监控内容

1）人员

核查进场人员数量、上岗证、资格证满足作业要求，并已履行报验程序。

2）设备、机具

核查进场机具设备、检测工器具数量、性能规格与施工方案相符，检定证书在有效期，报验手续完备，并已报验合格，设备运转正常，保养记录齐全。

3）材料

核查材料质量证明文件（材质证明书、合格证、检验报告等），并应进行外观检查，材料外观、外形尺寸等应符合规范及设计文件要求。

4）工序关键环节控制

（1）检查施工作业人员技术交底和班前安全交底记录。

（2）试运转前应由建设单位（或监理单位）组织，相关人员参与，审查机组的安装记录文件、试运转方案；检查、确认各分系统调试条件及阀门开关位置，监督各分系统的调试和试运满足设计及相关技术要求。机组上外露转动部分应按要求装设安全罩。

（3）检查润滑油管道已冲洗及滤网杂质符合设计及规范要求。试运转前应拆除油系统的临时滤网，装上正式滤芯。并应排尽冲洗用的临时用油，按规定的润滑油液位加入合格润滑油。润滑油泵、水泵等转动设备应进行灵活性检查，手动盘车应无卡涩现象。

（4）检查压缩机系统及管线气密符合设计及规范要求。

（5）整机调试前，检查设备安装、管线连接情况，各分系统具体调试条件。

（6）检查各系统信号传输及反馈，检查压缩机区域有异常。

（7）单机试运转时其转动方向、轴承温度、油温、油压、燃料气压力、电流、电压等应符合规定，否则应及时停机处理；驱动机单机试运转应按有关技术文件规定进行，电动机驱动试运行时间应不少于4h；驱动机单机试运转完毕后，应复测机组对中值，恢复联轴器，若对中值误差超过允许范围，应进行调整。单机试运转时间不应小于72h，无异常情况，机组各项运行指标符合要求，视为机组负荷试运转合格。单机试运合格后施工单位应参加联合试运，单机试运后应由建设单位组织工程交工。应将机组所带的备品备件、专用工具、仪器仪表、设备出厂的全部随机技术文件以及相关技术文件向建设单位（或运行单位）移交。

三、质量风险管理

站场设备安装质量风险管理见表 4-8。

表 4-8 站场设备安装质量风险管理

序号	管控要点	建设单位	监理	施工单位
1	人员			
1.1	特种作业人员（如焊工、吊管机/焊接车/起重机械操作手、电工）具备特种作业资格证，取得项目上岗证，并与报验人员名单一致	监督	确认	报验
1.2	焊工具备特种作业资格证，焊工取得项目上岗证，施焊项目与考试项目一致	监督	确认	报验
1.3	专职质量检查员到位且具有质检资格	监督	确认	报验
2	设备、机具			
2.1	施工设备（吊管机、焊接车、加热设备、对口器、坡口机）已报验合格，各种设备运转正常	必要时检验	确认	报验
2.2	检测仪器（风速仪、测温仪、焊道尺、温湿度计）已报验合格，并在有效检定日期内	必要时检验	确认	报验
3	材料			
3.1	阀门应有产品合格证，带有伺服机械装置的阀门应有安装使用说明书；试验前应逐个进行外观检查，其外观质量应符合下列要求：（1）阀体、阀盖、阀外表面无气孔、傻眼、裂纹等；（2）垫片、填料应满足介质要求，安装应正确；（3）丝杆、手轮、手柄无毛刺、划痕，且传动机构操作灵活、指示正确；（4）铭牌完好无缺，标识清晰完整；（5）备品备件应数量齐全、完好无损	必要时验收	确认	报验
3.2	焊材已报验合格，具有完整的质量证明文件并经过复检合格（产品合格证、焊材复检报告），规格、材质符合设计及焊接工艺规程要求	必要时验收	确认	报验
3.3	钢管材质、规格等符合设计及焊接工艺规程要求	必要时验收	确认	报验
4	施工方案			
4.1	现场有经过审批合格的设备安装施工方案	必要时审批	审查/审批	编制、审核
5	设备安装			
5.1	安装前，设备基础的中心线位置、标高经复测符合设计要求；同时，检查相邻机组基础的标高差应符合设计要求	监督	平行检查	施工
5.2	基础的尺寸偏差应符合设计资料及泵、压缩机生产厂家安装要求	监督	平行检查	施工

第四章 站场工程质量管理

续表

序号	管控要点	建设单位	监理	施工单位
5.3	支承垫板的安装水平度及标高应符合厂家提供的相关文件要求	监督	平行检查	施工
5.4	地脚螺栓中心线及对角线距离误差不应大于±2mm	监督	平行检查	施工
5.5	阀门安装前必须经过壳体试验及双侧密封试验，且试验结果合格	监督	见证	施工
5.6	焊接阀门安装前，阀门的各种注脂通道、密封面和阀体内的清洁度等应符合规范要求	监督	平行检查	施工
5.7	当阀门与管道以法兰或螺纹方式连接时，阀门应在关闭状态下安装	监督	确认	施工
5.8	当阀门与管道以焊接方式连接时，阀门应打开，焊接时，要采取措施，严防焊接飞溅物损伤阀芯及密封面	监督	旁站	施工
5.9	焊接阀门在焊接时要严格控制预热温度和区域，防止因温度过热损坏密封及填料	监督	旁站	施工
5.10	焊接环境（天气、湿度、风速、环境温度）满足焊接工艺规程及规范要求	监督	确认	施工
5.11	阀门经检查验收或试压后应将阀门手柄和执行机构铅封	监督	巡视	施工
5.12	阀门安装后，要保护好阀门的铭牌，不得将铭牌刷漆、损坏和丢失	监督	平行检查	施工
5.13	泵机组安装应符合下列要求： （1）泵机组安装前，泵基础的位置和尺寸及偏差应符合设计和规范要求； （2）设备就位后，中心线位置允许偏差10mm，标高允许偏差-10～+20mm； （3）纵向安装水平允许偏差0.1/1000，横向安装水平允许偏差0.2/1000，找正调平后横纵向水平偏差不应大于0.05/1000	监督	平行检查	施工
5.14	容器安装（过滤器、分离器等静设备）应符合下列要求： （1）容器安装前，基础的位置和尺寸及偏差应符合设计和规范要求； （2）容器安装的标高、水平度、中心位移、垂直度、方位、支架安装位置偏差应符合规范要求；	监督	平行检查	施工

续表

序号	管控要点							建设单位	监理单位	施工单位
5.14	项次	项目		允许偏差，mm		检查数量	检查方法	监督	平行检查	施工
^	^	^		立式	卧式	^	^	^	^	^
^	1	中心线位置	$D \leqslant 2000$	±5	±5	按每个检验批容器台数抽查20%，但不得少于1台	尺量检查	^	^	^
^	2	^	$D>2000$	±10	^	^	水准仪检查	^	^	^
^	3	标高		±5	±5	^	^	^	^	^
^	4	水平度	圆筒式	轴向（L-支座距离）	—	$L/1000$	^	水准仪或U形管水平仪、尺量检查	^	^	^
^	^	^	^	径向（D-容器外径）	—	$2D/1000$	^	^	^	^	^
^	^	^	箱槽式	纵向（L-容器长度）	$\leqslant L/1000$，且$\leqslant 10$	—	^	^	^	^	^
^	^	^	^	横向（B-容器宽度）	$\leqslant B/1000$，且$\leqslant 5$	—	^	^	^	^	^
^	5	垂直度（H-立式容器高度）		$H/1000$，且不大于25	—	^	经纬仪或线坠检查	^	^	^
^	6	方位（沿底环圆周测量）	$D \leqslant 2000$	$\leqslant 10$	—	^	尺量检查	^	^	^
^	^	^	$D>2000$	$\leqslant 15$	—	^	^	^	^	^
^	7	成排同型端面平行度		<15		^	尺量检查	^	^	^
^	8	成排同型间距		±20		^	尺量检查	^	^	^
5.15	撬装设备安装应符合下列要求： （1）设备基础的位置和尺寸及偏差应符合设计和规范要求，基础坐标位移运行偏差±20mm，平面外形尺寸允许偏差±20mm，基础不同平面标高允许偏差-20～0mm； （2）撬装设备安装的标高、水平度、轴线位移等允许偏差应符合规范要求：							监督	平行检查	施工
^	项次	项目		允许偏差，mm	检查数量	检查方法				
^	1	标高		±5	按每个检验批撬装设备数量抽查20%，但不得少于1台	尺量检查				
^	2	水平度	纵向	$\leqslant L/1000$，且$\leqslant 10$	^	水准仪检查				
^	^	^	横向	$\leqslant B/1000$，且$\leqslant 5$	^	^				
^	3	轴线位移		$\leqslant 15$	^	尺量检查				
^	注：L为设备长度，B为设备宽度									

第四章 站场工程质量管理

续表

序号	管控要点	建设单位	监理	施工单位
5.16	离心式压缩机安装应符合下列要求： （1）设备基础应进行中间交接检验，验收应按设计要求执行； （2）燃驱离心式压缩机管道安装及清洗应符合设计规定； （3）进出口管道应采用无应力安装，管道法兰连接前密封面应清理干净，两法兰密封面间距等于垫片厚度，法兰平行度偏差应小于25mm/m，机组法兰连接时，法兰平行度≤0.1mm，同心度≤0.5mm； （4）燃驱离心式压缩机安装水平度偏差应符合厂家技术文件要求，如无要求时，横纵向水平度偏差不应大于0.02mm/m	监督	平行检查	施工
5.17	往复式压缩机安装应符合下列要求： （1）设备基础应进行中间交接检验，验收应按设计要求执行； （2）燃驱离心式压缩机管道安装及清洗应符合设计规定； （3）进出口管道应采用无应力安装，管道法兰连接前密封面应清理干净，两法兰密封面间距等于垫片厚度，法兰平行度偏差应小于25mm/m，机组法兰连接时，法兰平行度≤0.1mm，同心度≤0.5mm； （4）压缩机安装水平度偏差应符合厂家技术文件要求，如无要求时，机身横纵向水平度偏差不应大于0.05mm/m，曲轴纵向偏差不应大于0.1mm/m	监督	平行检查	施工
6	施工记录			
6.1	现场施工记录数据采集上传及时，内容完整、真实、准确		验收	填写

第三节 消防系统安装工程

一、工艺工法概述

（一）工序流程

消防系统安装工程的工序流程如图4-4所示。

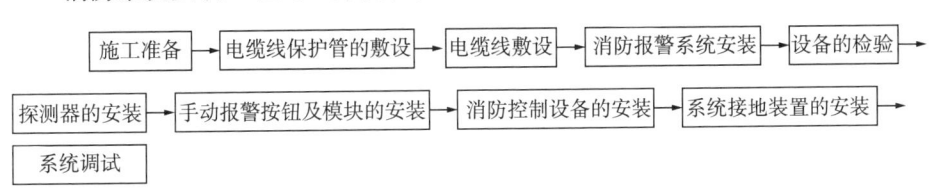

施工准备 → 电缆线保护管的敷设 → 电缆线敷设 → 消防报警系统安装 → 设备的检验 → 探测器的安装 → 手动报警按钮及模块的安装 → 消防控制设备的安装 → 系统接地装置的安装 → 系统调试

图4-4 消防系统安装工程的工序流程

（二）主要工序及技术措施

1. 布线

火灾自动报警系统布线前，应核对设计文件的要求对材料进行检查，导线的种类、电压等级应符合设计文件要求，并按照下列要求进行布线。

（1）火灾自动报警系统的布线，应符合现行国家标准《建筑电气装置工程施工质量验收规范》（GB 50303—2015）的规定。火灾自动报警系统应单独布线，系统内不同电压等级、不同电流类别的线路，不应布在同一管内或线槽的同一槽孔内。在管内或线槽内的布线，应在建筑抹灰及地面工程结束后进行，管内或线槽内不应有积水及杂物。

（2）导线在管内或线槽内，不应有接头或扭结。导线的接头，应在接线盒内焊接或用端子连接。从接线盒、线槽等处引到探测器底座、控制设备、扬声器的线路，当采用金属软管保护时，其长度不应大于2m。敷设在多尘或潮湿场所管路的管口和管子连接处，均应做密封处理。

（3）管路超过下列长度时，应在便于接线处装设接线盒：

①管子长度每超过30m，无弯曲时；
②管子长度每超过20m，有1个弯曲时；
③管子长度每超过10m，有2个弯曲时；
④管子长度每超过8m，有3个弯曲时。

（4）金属管子入盒，盒外侧应套锁母，内侧应装护口；在吊顶内敷设时，盒的内外侧均应套锁母。塑料管入盒应采取相应固定措施。明敷设各类管路和线槽时，应采用单独的卡具吊装或支撑物固定。吊装线槽或管路的吊杆直径不应小于6mm。

（5）线槽敷设时，应在下列部位设置吊点或支点：

①线槽始端、终端及接头处；
②距接线盒0.2m处；
③线槽转角或分支处；
④直线段不大于3m处。

（6）线槽接口应平直、严密，槽盖应齐全、平整、无翘角。并列安装时，槽盖应便于开启。管线经过建筑物的变形缝（包括沉降缝、伸缩缝、抗震缝等）处，应采取补偿措施，导线跨越变形缝的两侧应固定，并留有适当余量。

（7）火灾自动报警系统导线敷设后，应用500V兆欧表测量每个回路导线对地的绝缘电阻，且绝缘电阻值不应小于20MΩ。同一工程中的导线，应

第四章 站场工程质量管理

根据不同用途选择不同颜色加以区分，相同用途的导线颜色应一致。电源线正极应为红色，负极应为蓝色或黑色。

2. 系统主要组件的安装

系统主要组件的安装包括控制器类设备、火灾探测器、手动火灾报警按钮、消防电气控制装置、模块、消防应急广播、扬声器、火灾警报装置、消防专用电话、消防设备应急电源、可燃气体探测报警系统、电气火灾监控系统等内容。

1）组件安装前的检查

（1）核对设计文件的要求对组件进行检查，组件的型号、规格应符合设计文件的要求。

（2）对组件外观进行检查，组件表面应无明显划痕、毛刺等机械损伤，紧固部位应无松动。

2）控制器类设备的安装要求

控制类设备主要包括火灾报警控制器、区域显示器、消防联动控制器、可燃气体报警控制器、电气火灾监控器、气体（泡沫）灭火控制器、消防控制室图形显示装置、火灾报警传输设备或用户信息传输装置、防火门监控器等设备。

（1）控制类设备安装要求。

①控制类设备在消防控制室内的布置要求：

a. 设备面盘前的操作距离，单列布置时不应小于1.5m，双列布置时不应小于2m。

b. 在值班人员经常工作的一面，设备面盘至墙的距离不应小于3m。

c. 设备面盘后的维修距离不宜小于1m。

d. 设备面盘的排列长度大于4m时，其两端应设置宽度不小于1m的通道。

e. 与建筑其他弱电系统合用的消防控制室内，消防设备应集中设置，并应与其他设备间有明显间隔。

②控制类设备采用壁挂方式安装时，其主显示屏高度宜为1.5～1.8m，其靠近门轴的侧面距墙不应小于0.5m，正面操作距离不应小于1.2m；落地安装时，其底边宜高出地（楼）面0.1～0.2m。

③控制器应安装牢固，不应倾斜；安装在轻质墙上时，应采取加固措施。

④引入控制器的电缆或导线的安装要求：

a. 配线应整齐，不宜交叉，并应固定牢靠。

b. 电缆芯线和所配导线的端部，均应标明编号，并与图纸一致，字迹应清晰且不易褪色。

c. 端子板的每个接线端，接线不得超过2根，电缆芯和导线，应留有不小于200mm的余量并应绑扎成束。

d. 导线穿管、线槽后，应将管口、槽口封堵。

⑤控制器的主电源应有明显的永久性标志，并应直接与消防电源连接，严禁使用电源插头。控制器与其外接备用电源之间应直接连接。

⑥控制器的接地应牢固，并有明显的永久性标志。

（2）火灾探测器的安装要求。

①点型感烟、感温火灾探测器：

a. 探测器至墙壁、梁边的水平距离，不应小于0.5m；探测器周围水平距离0.5m内，不应有遮挡物；探测器至空调送风口最近边的水平距离，不应小于1.5m；至多孔送风顶棚孔口的水平距离，不应小于0.5m。

b. 在宽度小于3m的内走道顶棚上安装探测器时，宜居中安装。点型感温火灾探测器的安装间距，不应超过10m；点型感烟火灾探测器的安装间距，不应超过15m。探测器至端墙的距离，不应大于安装间距的一半。

c. 探测器宜水平安装，当确实需倾斜安装时，倾斜角不应大于45°。

②线型光束感烟火灾探测器：

a. 根据设计文件的要求确定探测器的安装位置，探测器应安装牢固，并不应产生位移。在钢结构建筑中，发射器和接收器（反射式探测器的探测器和反射板）可设置在钢架上，但应考虑位移影响。

b. 发射器和接收器（反射式探测器的探测器和反射板）之间的光路上应无遮挡物，并应保证接收器（反射式探测器的探测器）避开日光和人工光源直接照射。

③缆式线型感温火灾探测器：

a. 根据设计文件的要求确定探测器的安装位置及敷设方式；探测器应采用专用固定装置固定在保护对象上。

b. 探测器应采用连续无接头方式安装，如确需中间接线，必须用专用接线盒连接；探测器安装敷设时不应硬性折弯、扭转，避免重力挤压冲击，探测器的弯曲半径宜大于0.2m。

④敷设在顶棚下方的线型感温火灾探测器。

探测器至顶棚距离宜为0.1m，探测器的保护半径应符合点型感温火灾探测器的保护半径要求；探测器至墙壁距离宜为1~1.5m。

第四章　站场工程质量管理

⑤分布式线型光纤感温火灾探测器：

a.根据设计文件的要求确定探测器的安装位置及敷设方式；感温光纤应采用专用固定装置固定。

b.感温光纤严禁打结，光纤弯曲时，弯曲半径应大于50mm；分布式感温光纤穿越相邻的报警区域应设置光缆余量段，隔断两侧应各留不小于8m的余量段；每个光通道始端及末端光纤应各留不小于8m的余量段。

⑥光栅光纤感温火灾探测器：

a.根据设计文件的要求确定探测器的安装位置及敷设方式，信号处理器及感温光纤（缆）的安装位置不应受强光直射。

b.光栅光纤感温火灾探测器每个光栅的保护面积和保护半径应符合点型感温火灾探测器的保护面积和保护半径要求，光纤光栅感温段的弯曲半径应大于300mm。

⑦管路采样式吸气感烟火灾探测器：

a.根据设计文件和产品使用说明书的要求确定探测器的管路安装位置、敷设方式及采样孔的设置。

b.采样管应固定牢固，有过梁、空间支架的建筑中，采样管路应固定在过梁、空间支架上。

⑧点型火焰探测器和图像型火灾探测器：

a.根据设计文件的要求确定探测器的安装位置；探测器的视场角应覆盖探测区域。

b.探测器与保护目标之间不应有遮挡物；应避免光源直接照射探测器的探测窗口；探测器在室外或交通隧道安装时，应有防尘、防水措施。

⑨探测器底座的安装：

a.探测器的底座应安装牢固，与导线连接必须可靠压接或焊接。当采用焊接时，不应使用带腐蚀性的助焊剂。

b.探测器底座的连接导线，应留有不小于150mm的余量，且在其端部应有明显的永久性标志。探测器底座的穿线孔宜封堵，安装完毕的探测器底座应采取保护措施。

⑩探测器报警确认灯应朝向便于人员观察的主要入口方向。探测器在即将调试时方可安装，在调试前应妥善保管并应采取防尘、防潮、防腐蚀措施。

（3）手动火灾报警按钮的安装要求。

①手动火灾报警按钮，应安装在明显和便于操作的部位。当安装在墙上时，其底边距地（楼）面高度宜为1.3～1.5m。手动火灾报警按钮，应安装牢固，

不应倾斜。

②手动火灾报警按钮的连接导线，应留有不小于150mm的余量，且在其端部应有明显标志。

（4）消防电气控制装置的安装要求。

①消防电气控制装置在安装前，应进行功能检查，检查结果不合格的装置严禁安装。

②消防电气控制装置外接导线的端部，应有明显的永久性标志。消防电气控制装置箱体内不同电压等级、不同电流类别的端子应分开布置，并应有明显的永久性标志。

③消防电气控制装置应安装牢固，不应倾斜；安装在轻质墙上时，应采取加固措施。消防电气控制装置在消防控制室内墙上安装时，其主显示屏高度宜为1.5～1.8m，其靠近门轴的侧面距墙不应小于0.5m，正面操作距离不应小于1.2m；落地安装时，其底边宜高出地（楼）面0.1～0.2m。

（5）模块的安装要求。

①同一报警区域内的模块宜集中安装在金属箱内。模块（或金属箱）应独立支撑或固定，安装牢固，并应采取防潮、防腐蚀等措施。隐蔽安装时在安装处应有明显的部位显示和检修孔。

②模块的连接导线，应留有不小于150mm的余量，其端部应有明显标志。

（6）消防应急广播扬声器和火灾警报器的安装要求。

①消防应急广播扬声器和火灾警报器宜在报警区域内均匀安装，安装应牢固可靠，表面不应有破损。火灾光警报装置应安装在安全出口附近明显处，底边距地（楼）面高度在2.2m以上。

②光警报器与消防应急疏散指示标志不宜在同一面墙上，安装在同一面墙上时，距离应大于1m。

（7）消防专用电话的安装要求。

消防专用电话、电话插孔、带电话插孔的手动报警按钮宜安装在明显、便于操作的位置；当在墙面上安装时，其底边距地（楼）面高度宜为1.3～1.5m。消防专用电话和电话插孔应有明显的永久性标志。

（8）消防设备应急电源的安装要求。

①消防设备应急电源的电池应安装在通风良好的地方，当安装在密封环境中时应有通风措施。

②酸性电池不得安装在带有碱性介质场所；碱性电池不得安装在带酸性介质的场所。

第四章 站场工程质量管理

③消防设备应急电源不应安装在有可燃气体的场所。

（9）可燃气体探测器的安装要求。

根据设计文件的要求确定可燃气体探测器的安装位置；在探测器周围应适当留出更换和标定的空间；在有防爆要求的场所，应按防爆要求施工。线型可燃气体探测器的发射器和接收器的窗口应避免日光直射，发射器与接收器之间不应有遮挡物。

（10）电气火灾监控探测器的安装要求。

①根据设计文件的要求确定电气火灾监控探测器的安装位置，有防爆要求的场所，应按防爆要求施工。

②剩余电流式探测器负载侧的 N 线（即穿过探测器的工作零线）不应与其他回路共用，且不能重复接地（即与 PE 线相连）；探测器周围应适当留出更换和标定的空间。

③测温式电气火灾监控探测器应采用专用固定装置固定在保护对象上。

3. 系统接地要求

交流供电和 36V 以上直流供电的消防用电设备的金属外壳应有接地保护，其接地线应与电气保护接地干线（PE）相连接。接地装置施工完毕后，应按规定测量接地电阻，并做记录，接地电阻值应符合设计文件要求。

4. 系统调试要求

系统调试前，应按设计文件要求对设备的规格、型号、数量、备品备件等进行查验；应按相应的施工要求对系统的施工质量进行检查，对属于施工中出现的问题，应会同有关单位协商解决，并应有文字记录；应按相应的施工要求对系统线路进行检查，对于错线、开路、虚焊、短路、绝缘电阻小于 $20M\Omega$ 等问题，应采取相应的处理措施。

对系统中的火灾报警控制器、消防联动控制器、可燃气体报警控制器、电气火灾监控器、气体（泡沫）灭火控制器、消防电气控制装置、消防设备应急电源、消防应急广播设备、消防专用电话、火灾报警传输设备或用户信息传输装置、消防控制室图形显示装置、消防电动装置、防火卷帘控制器、区域显示器（火灾显示盘）、消防应急灯具控制装置、防火门监控器、火灾警报装置等设备应分别进行单机通电检查。

1）火灾报警控制器

调试前应切断火灾报警控制器的所有外部控制连线，并将任一个总线回路的火灾探测器以及该总线回路上的手动火灾报警按钮等部件相连接后，接通电源。按国家标准《火灾报警控制器》（GB 4717—2005）的有关要求采用观察、仪表测量等方法逐个对控制器进行下列功能检查并记录，并应符合下列要求：

（1）检查自检功能和操作级别。

（2）使控制器与探测器之间的连线断路和短路，控制器应在100s内发出故障信号（短路时发出火灾报警信号除外）；在故障状态下，使任一非故障部位的探测器发出火灾报警信号，控制器应在1min内发出火灾报警信号，并应记录火灾报警时间；再使其他探测器发出火灾报警信号，检查控制器的再次报警功能。

（3）检查消音和复位功能。

（4）使控制器与备用电源之间的连线断路和短路，控制器应在100s内发出故障信号。

（5）检查屏蔽功能。

（6）使总线隔离器保护范围内的任一点短路，检查总线隔离器的隔离保护功能。

（7）使任一总线回路上不少于10只的火灾探测器同时处于火灾报警状态，检查控制器的负载功能。

（8）检查主、备电源的自动转换功能，并在备电工作状态下重复（7）检查。

（9）检查控制器特有的其他功能。

（10）依次将其他回路与火灾报警控制器相连接，重复检查。

2）点型感烟、感温火灾探测器

（1）采用专用的检测仪器或模拟火灾的方法，逐个检查每只火灾探测器的报警功能，探测器应能发出火灾报警信号。对于不可恢复的火灾探测器应采取模拟报警方法逐个检查其报警功能，探测器应能发出火灾报警信号。当有备品时，可抽样检查其报警功能。

（2）采用专用的检测仪器、模拟火灾或按下探测器报警测试按键的方法，逐个检查每只家用火灾探测器的报警功能，探测器应能发出声光报警信号，与其连接的互联型探测器应发出声报警信号。

3）线型感温火灾探测器

在不可恢复的探测器上模拟火警和故障，逐个检查每只火灾探测器的火灾报警和故障报警功能，探测器应能分别发出火灾报警和故障信号。可恢复的探测器可采用专用检测仪器或模拟火灾的办法使其发出火灾报警信号，并

第四章 站场工程质量管理

模拟故障，逐个检查每只火灾探测器的火灾报警和故障报警功能，探测器应能分别发出火灾报警和故障信号。

4）线型光束感烟火灾探测器

逐一调整探测器的光路调节装置，使探测器处于正常监视状态，用减光率为 0.9dB 的减光片遮挡光路，探测器不应发出火灾报警信号；用产品生产企业设定减光率（1.0～10.0dB）的减光片遮挡光路，探测器应发出火灾报警信号；用减光率为 11.5dB 的减光片遮挡光路，探测器应发出故障信号或火灾报警信号。选择反射式探测器时，在探测器正前方 0.5m 处按上述要求进行检查，探测器应正确响应。

5）管路采样式吸气感烟火灾探测器

逐一在采样管最末端（最不利处）采样孔加入试验烟，采用秒表测量探测器的报警响应时间，探测器或其控制装置应在 120s 内发出火灾报警信号。根据产品说明书，改变探测器的采样管路气流，使探测器处于故障状态，采用秒表测量探测器的报警响应时间，探测器或其控制装置应在 100s 内发出故障信号。

6）点型火焰探测器和图像型火灾探测器

采用专用检测仪器或模拟火灾的方法逐一在探测器监视区域内最不利处检查探测器的报警功能，探测器应能正确响应。

7）手动火灾报警按钮

对可恢复的手动火灾报警按钮，施加适当的推力使报警按钮动作，报警按钮应发出火灾报警信号。对不可恢复的手动火灾报警按钮应采用模拟动作的方法使报警按钮动作（当有备用启动零件时，可抽样进行动作试验），报警按钮应发出火灾报警信号。

8）消防联动控制器

（1）调试准备。

消防联动控制器调试时，在接通电源前应按以下顺序做准备工作：

①将消防联动控制器与火灾报警控制器相连。

②将消防联动控制器与任一备调回路的输入/输出模块相连。

③将备调回路模块与其控制的消防电气控制装置相连。

④切断水泵、风机等各受控现场设备的控制连线。

（2）调试要求。

①使消防联动控制器分别处于自动工作和手动工作状态，检查其状态显示，并按现行国家标准《消防联动控制系统》（GB 16806—2006）的有关要求，

采用观察、仪表测量等方法逐个对控制器进行下列功能检查并记录：

　　a.自检功能和操作级别；

　　b.消防联动控制器与各模块之间的连线断路和短路时，消防联动控制器能在100s内发出故障信号；

　　c.消防联动控制器与备用电源之间的连线断路和短路时，消防联动控制器应能在100s内发出故障信号；

　　d.检查消音、复位功能；

　　e.检查屏蔽功能；

　　f.使总线隔离器保护范围内的任一点短路，检查总线隔离器的隔离保护功能；

　　g.使至少50个输入/输出模块同时处于动作状态（模块总数少于50个时，使所有模块动作），检查消防联动控制器的最大负载功能；

　　h.检查主、备电源的自动转换功能，并在备电工作状态下重复上一条检查。

　　②接通所有启动后可以恢复的受控现场设备。

　　③使消防联动控制器处于自动状态，按现行国家标准《火灾自动报警系统设计规范》(GB 50116—2013)要求设计的联动逻辑关系进行下列功能检查：

　　a.按设计的联动逻辑关系，使相应的火灾探测器发出火灾报警信号，检查消防联动控制器接收火灾报警信号情况、发出联动控制信号情况、模块动作情况、消防电气控制装置的动作情况、受控现场设备动作情况、接收联动反馈信号（对于启动后不能恢复的受控现场设备，可模拟现场设备联动反馈信号）及各种显示情况；

　　b.检查手动插入优先功能。

　　④使消防联动控制器处于手动状态，按现行国家标准《火灾自动报警系统设计规范》（GB 50116—2013）要求设计的联动逻辑关系依次手动启动相应的消防电气控制装置，检查消防联动控制器发出联动控制信号情况、模块动作情况、消防电气控制装置的动作情况、受控现场设备动作情况、接收联动反馈信号（对于启动后不能恢复的受控现场设备，可模拟现场设备启动反馈信号）及各种显示情况。

　　⑤对于直接用火灾探测器作为触发器件的自动灭火系统除符合本节有关规定，还应按现行国家标准《火灾自动报警系统设计规范》（GB 50116—2013）的规定进行功能检查。

　　⑥依次将其他备调回路的输入/输出模块及该回路模块控制的消防电气控制装置相连接，切断所有受控现场设备的控制连线，接通电源，重复a.～d.

第四章　站场工程质量管理

项检查。

9）区域显示器（火灾显示盘）

将区域显示器（火灾显示盘）与火灾报警控制器相连接，按现行国家标准《火灾显示盘》（GB 17429—2011）的有关要求，采用观察、仪表测量等方法逐个对区域显示器（火灾显示盘）进行下列功能检查并记录：

（1）区域显示器（火灾显示盘）应在 3s 内正确接收和显示火灾报警控制器发出的火灾报警信号。

（2）消音、复位功能。

（3）操作级别。

（4）对于非火灾报警控制器供电的区域显示器（火灾显示盘），应检查主、备电源的自动转换功能和故障报警功能。

10）消防专用电话

按现行国家标准《消防联动控制系统》（GB 16806—2006）的有关要求，采用观察、仪表测量等方法逐个对消防专用电话进行下列功能检查并记录：

（1）检查消防电话主机的自检功能。

（2）使消防电话总机与消防电话分机或消防电话插孔间连接线断线、短路，消防电话主机应在 100s 内发出故障信号，并显示出故障部位（短路时显示通话状态除外）；故障期间，非故障消防电话分机应能与消防电话总机正常通话。

（3）检查消防电话主机的消音和复位功能。

（4）在消防控制室与所有消防电话、电话插孔之间互相呼叫与通话，总机应能显示每部分机或电话插孔的位置，呼叫音和通话语音应清晰。

（5）消防控制室的外线电话与另外一部外线电话模拟报警电话通话，语音应清晰。

（6）检查消防电话主机的群呼、录音、记录和显示等功能，各项功能均应符合要求。

11）消防应急广播

（1）按现行国家标准《消防联动控制系统》（GB 16806—2006）的有关要求，采用观察、仪表测量等方法逐个对消防应急广播进行下列功能检查并记录：

①检查消防应急广播控制设备的自检功能；

②使消防应急广播控制设备与扬声器间的广播信息传输线路断路、短路，消防应急广播控制设备应在 100s 内发出故障信号，并显示出故障部位；

③将所有共用扬声器强行切换至应急广播状态，对扩音机进行全负荷试

验，应急广播的语音应清晰，声压级应满足要求；

④检查消防应急广播控制设备的监听、显示、预设广播信息、通过传声器广播及录音功能；

⑤检查消防应急广播控制设备的主、备电源的自动转换功能。

（2）每回路任意抽取一个扬声器，使其处于断路状态，其他扬声器的工作状态不应受影响。

12）火灾声光警报器

逐一将火灾声光警报器与火灾报警控制器相连，接通电源。操作火灾报警控制器使火灾声光警报器启动，采用仪表测量其声压级，非住宅内使用室内型和室外型火灾声警报器的声信号至少在一个方向上 3m 处的声压级（A 计权）应不小于 75dB，且在任意方向上 3m 处的声压级（A 计权）应不大于 120dB。具有两种及以上不同音调的火灾声警报器，其每种音调应有明显区别。火灾光警报器的光信号在 100～500lx 环境光线下，25m 处应清晰可见。

13）传输设备（火灾报警传输设备或用户信息传输装置）

将传输设备与火灾报警控制器相连，接通电源。按现行国家标准《消防联动控制系统》（GB 16806—2006）的有关要求，采用观察、仪表测量等方法逐个对传输设备进行下列功能检查并记录，传输设备应满足标准要求：

（1）检查自检功能。

（2）切断传输设备与监控中心间的通信线路（或信道），传输设备应在 100s 内发出故障信号。

（3）检查消音和复位功能。

（4）检查火灾报警信息的接收与传输功能。

（5）检查监管报警信息的接收与传输功能。

（6）检查故障报警信息的接收与传输功能。

（7）检查屏蔽信息的接收与传输功能。

（8）检查手动报警功能。

（9）检查主、备电源的自动转换功能。

14）消防控制室图形显示装置

将消防控制中心图形显示装置与火灾报警控制器和消防联动控制器相连，接通电源按现行国家标准《消防联动控制系统》（GB 16806—2006）的有关要求，采用观察、仪表测量等方法逐个对消防控制室图形显示装置进行下列功能检查并记录，消防控制室图形显示装置应满足标准要求：

（1）操作显示装置使其显示建筑总平面布局图、各层平面图和系统图，

第四章　站场工程质量管理

图中应明确标示出报警区域、疏散路线、主要部位，显示各消防设备（设施）的名称、物理位置和状态信息。

（2）使消防控制室图形显示装置与控制器及其他消防设备（设施）之间的通信线路断路、短路，消防控制室图形显示装置应在100s内发出故障信号。

（3）检查消音和复位功能。

（4）使火灾报警控制器和消防联动控制器分别发出火灾报警信号和联动控制信号，显示装置应在3s内接收，并准确显示相应信号的物理位置，且能优先显示火灾报警信号相对应的界面。

（5）使具有多个报警平面图的显示装置处于多报警平面显示状态，各报警平面应能自动和手动查询，并应有总数显示，且应能手动插入使其立即显示首火警相应的报警平面图。

（6）使火灾报警控制器和消防联动控制器分别发出故障信号，消防控制室图形显示装置应能在100s内显示故障状态信息，然后输入火灾报警信号，显示装置应能立即转入火灾报警平面的显示。

（7）检查消防控制室图形显示装置的信息记录功能。

（8）检查消防控制室图形显示装置的信息传输功能。

15）气体（泡沫）灭火控制器

切断驱动部件与气体（泡沫）灭火装置间的连接，接通系统电源。按现行国家标准《消防联动控制系统》（GB 16806—2006）的有关要求，采用观察、仪表测量等方法逐个对气体（泡沫）灭火控制器进行下列功能检查并记录，气体（泡沫）灭火控制器应满足标准要求：

（1）检查自检功能。

（2）使气体（泡沫）灭火控制器与声光报警器、驱动部件、现场启动和停止按键（按钮）之间的连接线断路、短路，气体灭火控制器应在100s内发出故障信号。

（3）使气体（泡沫）灭火控制器与备用电源之间的连线断路、短路，气体（泡沫）灭火控制器应能在100s内发出故障信号。

（4）检查消音和复位功能。

（5）给气体（泡沫）灭火控制器输入设定的启动控制信号，控制器应有启动输出，并发出声、光启动信号。

（6）输入启动模拟反馈信号，控制器应在10s内接收并显示。

（7）检查控制器的延时功能，设定的延时时间应符合设计要求。

（8）使控制器处于自动控制状态，再手动插入操作，手动插入操作应优先。

（9）按设计的联动逻辑关系，使消防联动控制器发出相应的联动控制信号，检查气体（泡沫）灭火控制器的控制输出满足设计的逻辑功能要求。

（10）检查气体（泡沫）灭火控制器向消防联动控制器输出的启动控制信号、延时信号、启动喷洒控制信号、气体喷洒信号、故障信号、选择阀和瓶头阀动作信息。

（11）检查主、备电源的自动转换功能。

16）防火卷帘控制器

逐个将防火卷帘控制器与消防联动控制器、火灾探测器、卷门机连接并通电，手动操作防火卷帘控制器的按钮，防火卷帘控制器应能向消防联动控制器发出防火卷帘启、闭和停止的反馈信号。

用于疏散通道的防火卷帘控制器应具有两步关闭的功能，并应向消防联动控制器发出反馈信号。防火卷帘控制器接收到首次火灾报警信号后，应能控制防火卷帘自动关闭到中位处停止；接收到二次报警信号后，应能控制防火卷帘继续关闭至全闭状态。

用于分隔防火分区的防火卷帘控制器在接收到防火分区内任一火灾报警信号后，应能控制防火卷帘到全关闭状态，并应向消防联动控制器发出反馈信号。

17）防火门监控器

逐个将防火门监控器与火灾报警控制器、闭门器和释放器连接并通电，手动操作防火门监控器，应能直接控制与其连接的每个释放器的工作状态，并点亮其启动总指示灯、显示释放器的反馈信号。

使火灾报警控制器发出火灾报警信号，监控器应能接收来自火灾自动报警系统的火灾报警信号，并在30s内向释放器发出启动信号，点亮启动总指示灯，接收释放器（或门磁开关）的反馈信号。

检查防火门监控器的故障状态总指示灯，使防火门处于半开闭状态时，该指示灯应点亮并发出声光报警信号，采用仪表测量声信号的声压级（正前方1m处），应在65～85dB之间，故障声信号每分钟至少提示1次，每次持续时间应在1～3s之间。

检查防火门监控器主、备电源的自动转换功能，主、备电源的工作状态应有指示，主、备电源的转换应不使监控器发生误动作。

18）系统备用电源

按照设计文件的要求核对系统中各种控制装置使用的备用电源容量，电源容量应与设计容量相符。使各备用电源放电终止，再充电48h后断开设备

第四章 站场工程质量管理

主电源,备用电源至少应保证设备工作 8h,且应满足相应的标准及设计要求。

19)消防设备应急电源

切断应急电源应急输出时直接启动设备的连线,接通应急电源的主电源。按下列要求采用仪表测量、观察方法检查应急电源的控制功能和转换功能,其输入电压、输出电压、输出电流、主电工作状态、应急工作状态、电池组及各单节电池电压的显示情况,并做好记录,显示情况应与产品使用说明书规定相符,并满足以下要求:

(1)手动启动应急电源输出,应急电源的主电和备用电源应不能同时输出,且应在 5s 内完成应急转换。

(2)手动停止应急电源的输出,应急电源应恢复到启动前的工作状态。

(3)断开应急电源的主电源,应急电源应能发出声提示信号,声信号应能手动消除;接通主电源,应急电源应恢复到主电工作状态。

(4)给具有联动自动控制功能的应急电源输入联动启动信号,应急电源应在 5s 内转入到应急工作状态,且主电源和备用电源应不能同时输出;输入联动停止信号,应急电源应恢复到主电工作状态。

(5)具有手动和自动控制功能的应急电源处于自动控制状态,然后手动插入操作,应急电源应有手动插入优先功能,且应有自动控制状态和手动控制状态指示。

(6)断开应急电源的负载,按下列要求检查应急电源的保护功能,并做好记录。

①使任一输出回路保护动作,其他回路输出电压应正常;

②使配接三相交流负载输出的应急电源的三相负载回路中的任一相停止输出,应急电源应能自动停止该回路的其他两相输出,并应发出声、光故障信号;

③使配接单相交流负载的交流三相输出应急电源输出的任一相停止输出,其他两相应能正常工作,并应发出声、光故障信号。

(7)将应急电源接上等效于满负载的模拟负载,使其处于应急工作状态,应急工作时间应大于设计应急工作时间的 1.5 倍,且不小于产品标称的应急工作时间。

(8)使应急电源充电回路与电池之间、电池与电池之间连线断线,应急电源应在 100s 内发出声、光故障信号,声故障信号应能手动消除。

20)可燃气体报警控制器

切断可燃气体报警控制器的所有外部控制连线,将任一回路与控制器相连接后，接通电源。按现行国家标准《可燃气体报警控制器》（GB 16808—2006）的有关要求，采用观察、仪表测量等方法逐个对可燃气体报警控制器进行下列功能检查并记录，可燃气体报警控制器应满足标准要求：

（1）自检功能和操作级别。

（2）控制器与探测器之间的连线断路和短路时，控制器应在100s内发出故障信号。

（3）在故障状态下，使任一非故障探测器发出报警信号，控制器应在1min内发出报警信号，并应记录报警时间；再使其他探测器发出报警信号，检查控制器的再次报警功能。

（4）消音和复位功能。

（5）控制器与备用电源之间的连线断路和短路时，控制器应在100s内发出故障信号。

（6）高限报警或低、高两段报警功能。

（7）报警设定值的显示功能。

（8）控制器最大负载功能，使至少4只可燃气体探测器同时处于报警状态（探测器总数少于4只时，使所有探测器均处于报警状态）。

（9）主、备电源的自动转换功能，并在备电工作状态下重复（8）的检查。

（10）依次将其他回路与可燃气体报警控制器相连接重复（2）～（8）的检查。

21）可燃气体探测器

依次逐个对探测器施加达到响应浓度值的可燃气体标准样气，采用秒表测量、观察方法检查探测器的报警功能，探测器应在30s内响应；撤去可燃气体，探测器应在60s内恢复到正常监视状态。对于线型可燃气体探测器除按要求检查报警功能外，还应将发射器发出的光全部遮挡，采用秒表测量、观察方法检查探测器的故障报警功能，探测器相应的控制装置应在100s内发出故障信号。

22）电气火灾监控器

切断监控设备的所有外部控制连线，将任一备调总线回路的电气火灾探测器与电气火灾监控器相连，接通电源。按现行国家标准《电气火灾监控系统 第1部分：电气火灾监控设备》（GB 14287.1—2014）的有关要求，采用观察、仪表测量等方法逐个对电气火灾监控器进行下列功能检查并记录，电气火灾监控器应满足标准要求：

（1）检查自检功能和操作级别。

（2）使监控器与探测器之间的连线断路和短路，监控器应在100s内发

第四章　站场工程质量管理

出故障信号（短路时发出报警信号除外）；在故障状态下，使任一非故障部位的探测器发出报警信号，控制器应在1min内发出报警信号；再使其他探测器发出报警信号，检查监控器的再次报警功能。

（3）检查消音和复位功能。

（4）使监控器与备用电源之间的连线断路和短路，监控器应在100s内发出故障信号。

（5）检查屏蔽功能。

（6）检查主、备电源的自动转换功能。

（7）检查监控器特有的其他功能。

（8）依次将其他备调回路与监控器相连接，重复（2）～（5）检查。

23）电气火灾监控探测器

（1）按现行国家标准《电气火灾监控系统 第2部分：剩余电流式电气火灾监控探测器》（GB 14287.2—2014）的有关要求，采用观察方法逐个对电气火灾监控探测器进行下列功能检查并记录，电气火灾监控探测器应满足标准要求：

①采用剩余电流发生器对监控探测器施加剩余电流，检查其报警功能；

②检查监控探测器特有的其他功能。

（2）按现行国家标准《电气火灾监控系统 第3部分：测温式电气火灾监控探测器》（GB 14287.3—2014）的有关要求，采用观察方法逐个对电气火灾监控探测器进行下列功能检查并记录，电气火灾监控探测器应满足标准要求：

①采用发热试验装置给监控探测器加热，检查其报警功能；

②检查监控探测器特有的其他功能。

24）其他受控部件

系统内其他受控部件的调试应按相应的国家标准或行业标准进行，在无相应标准时，宜按产品生产企业提供的调试方法分别进行。

25）火灾自动报警系统性能

将所有经调试合格的各项设备、系统按设计连接组成完整的火灾自动报警系统，按设计文件的要求，采用观察方法检查系统的各项功能。

（1）自动喷水灭火系统、水喷雾灭火系统、泵组式细水雾灭火系统的显示要求：

①显示消防水泵电源的工作状态；

②显示消防水泵（稳压或增压泵）的启、停状态和故障状态，水流指示器、

信号阀、报警阀、压力开关等设备的正常工作状态和动作状态，消防水箱（池）最低水位信息和管网最低压力报警信息；

③显示消防水泵的联动反馈信号。

（2）消火栓系统的显示要求：

①显示消防水泵电源的工作状态；

②显示消防水泵（稳压或增压泵）的启、停状态和故障状态，消火栓按钮的正常工作状态和动作状态及位置等信息、消防水箱（池）最低水位信息和管网最低压力报警信息；

③显示消防水泵的联动反馈信号。

（3）气体灭火系统的显示要求：

①显示系统的手动、自动工作状态及故障状态；

②显示系统的驱动装置的正常工作状态和动作状态，防护区域中的防火门（窗）、防火阀、通风空调等设备的正常工作状态和动作状态；

③显示延时状态信号、紧急停止信号和管网压力信号。

（4）泡沫灭火系统的显示要求：

①显示消防水泵、泡沫液泵电源的工作状态；

②显示系统的手动、自动工作状态及故障状态；

③显示消防水泵、泡沫液泵的启、停状态和故障状态，消防水池（箱）最低水位和泡沫液罐最低液位信息；

④显示消防水泵和泡沫液泵的联动反馈信号。

（5）干粉灭火系统的显示要求：

①显示系统的手动、自动工作状态及故障状态；

②显示系统的驱动装置的正常工作状态和动作状态，防护区域中的防火门窗、防火阀、通风空调等设备的正常工作状态和动作状态；

③显示延时状态信号、紧急停止信号和管网压力信号。

（6）防烟排烟系统的显示要求：

①显示防烟排烟系统风机电源的工作状态；

②显示防烟排烟系统的手动、自动工作状态及防烟排烟风机的正常工作状态和动作状态；

③应显示防烟排烟系统的风机和电动排烟防火阀、电控挡烟垂壁、电动防火阀、常闭送风口、排烟阀（口）、电动排烟窗的联动反馈信号。

（7）防火门及防火卷帘系统的显示要求：

①显示防火门监控器、防火卷帘控制器的工作状态和故障状态等动态

第四章　站场工程质量管理

信息；

②显示防火卷帘、常开防火门、人员密集场所中因管理需要平时常闭的疏散门及具有信号反馈功能的防火门的工作状态；

③显示防火卷帘和常开防火门的联动反馈信号。

（8）电梯的显示要求：

①显示消防电梯电源的工作状态；

②显示消防电梯的故障状态和停用状态；

③显示电梯动作的反馈信号及消防电梯运行时所在楼层。

（9）消防联动控制器应显示各消防电话的故障状态。

（10）消防联动控制器应显示消防应急广播的故障状态。

（11）消防联动控制器应显示受消防联动控制器控制的消防应急照明和疏散指示系统的故障状态和应急工作状态信息。

二、关键质量风险点识别

（一）布线

1. 主要控制点

主要控制点包括：进场人员（主要管理人员主要管理人员、电工等），进场机具设备（检测工器具等），进场材料，作业文件，作业环境（风速、温湿度、层间温度等）。

2. 监理重点管控内容

1）人员

核查进场人员数量、上岗证、资格证满足作业要求，并已履行报验程序。

2）设备、机具

核查进场机具设备、检测工器具数量、性能规格与施工方案相符，检定证书在有效期，报验手续完备，并已报验合格，设备运转正常，保养记录齐全。

3）材料

核查材料质量证明文件（材质证明书、合格证、检验报告等），并应进行外观检查，应抽检设备尺寸规格等符合规范和设计文件要求。

4）工序关键环节控制

（1）火灾自动报警系统的布线，应符合现行国家标准《建筑电气装置工程施工质量验收规范》（GB 50303—2015）的规定。

（2）火灾自动报警系统布线时，应根据现行国家标准《火灾自动报警系统设计规范》（GB 50116—2013）的规定，对导线的种类、电压等级进行检查。

（3）在管内或线槽内的布线，应在建筑抹灰及地面工程结束后进行，管内或线槽内不应有积水及杂物。

（4）火灾自动报警系统应单独布线，系统内不同电压等级、不同电流类别的线路，不应布在同一管内或线槽的同一槽孔内。

（5）导线在管内或线槽内，不应有接头或扭结。导线的接头，应在接线盒内焊接或用端子连接。

（6）从接线盒、线槽等处引到探测器底座、控制设备、扬声器的线路，当采用金属软管保护时，其长度不应大于2m。

（7）敷设在多尘或潮湿场所管路的管口和管子连接处，均应作密封处理。

（8）管路超过下列长度时，应在便于接线处装设接线盒。

（9）金属管子入盒，盒外侧应套锁母，内侧应装护口；在吊顶内敷设时，盒的内外侧均应套锁母。塑料管入盒应采取相应固定措施。

（10）明敷设各类管路和线槽时，应采用单独的卡具吊装或支撑物固定。吊装线槽或管路的吊杆直径不应小于6mm。

（11）线槽敷设时，应在按规范要求设置吊点或支点。

（12）线槽接口应平直、严密，槽盖应齐全、平整、无翘角。并列安装时，槽盖应便于开启。

（13）管线经过建筑物的变形缝（包括沉降缝、伸缩缝、抗震缝等）处，应采取补偿措施，导线跨越变形缝的两侧应固定，并留有适当余量。

（14）火灾自动报警系统导线敷设后，应用500V兆欧表测量每个回路导线对地的绝缘电阻，该绝缘电阻值不应小于20MΩ。

（15）同一工程中的导线，应根据不同用途选不同颜色加以区分，相同用途的导线颜色应一致。电源线正极应为红色，负极应为蓝色或黑色。

（二）控制器类设备的安装

1. 主要控制点

主要控制点包括：进场人员（主要管理人员主要管理人员、电工等），进场机具设备（检测工器具等），进场材料，作业文件，作业环境（风速、温湿度、层间温度等）。

第四章　站场工程质量管理

2. 监理重点管控内容

1）人员

核查进场人员数量、上岗证、资格证满足作业要求，并已履行报验程序。

2）设备、机具

核查进场机具设备、检测工器具数量、性能规格与施工方案相符，检定证书在有效期，报验手续完备，并已报验合格，设备运转正常，保养记录齐全。

3）材料

核查材料质量证明文件（材质证明书、合格证、检验报告等），并应进行外观检查，应抽检设备尺寸规格等符合规范和设计文件要求。

4）工序关键环节控制

（1）检查施工作业人员技术交底和班前安全交底记录。

（2）火灾报警控制器、可燃气体报警控制器、区域显示器、消防联动控制器等控制器类设备（以下称控制器）在墙上安装时，其底边距地（楼）面高度、靠近门轴的距离以及高出地面的距离应符合设计要求。

（3）控制器应安装牢固，不应倾斜；安装在轻质墙上时，应采取加固措施。

（4）引入控制器的电缆或导线，应符合规范要求。

（5）控制器的主电源应有明显的永久性标志，并应直接与消防电源连接，严禁使用电源插头。控制器与其外接备用电源之间应直接连接。

（6）控制器的接地应牢固，并有明显的永久性标志。

（三）火灾探测器安装

1. 主要控制点

主要控制点包括：进场人员（主要管理人员、电工等），进场机具设备（检测工器具等），进场材料，作业文件，作业环境（风速、温湿度、层间温度等）。

2. 监理重点管控内容

1）人员

核查进场人员数量、上岗证、资格证满足作业要求，并已履行报验程序。

2）设备、机具

核查进场机具设备、检测工器具数量、性能规格与施工方案相符，检定证书在有效期，报验手续完备，并已报验合格，设备运转正常，保养记录齐全。

3）材料

核查材料质量证明文件（材质证明书、合格证、检验报告等），并应进行外观检查，应抽检设备尺寸规格等符合规范和设计文件要求。

4）工序关键环节控制

（1）检查施工作业人员技术交底和班前安全交底记录。

（2）点型感烟、感温火灾探测器的安装，应符合要求。

（3）线型红外光束感烟火灾探测器的安装，应符合规范要求。

（4）缆式线型感温火灾探测器在电缆桥架、变压器等设备上安装时，宜采用接触式布置；在各种皮带输送装置上敷设时，宜敷设在装置的过热点附近。

（5）敷设在顶棚下方的线型差温火灾探测器，至顶棚距离宜为0.1m，相邻探测器之间水平距离不宜大于5m；探测器至墙壁距离宜为1～1.5m。

（6）可燃气体探测器的安装应符合规范要求。

（7）通过管路采样的吸气式感烟火灾探测器的安装应符合规范要求。

（8）点型火焰探测器和图像型火灾探测器的安装应符合规范要求。

（9）探测器的底座应安装牢固，与导线连接必须可靠压接或焊接。当采用焊接时，不应使用带腐蚀性的助焊剂。

（10）探测器底座的连接导线，应留有不小于150mm的余量，且在其端部应有明显标志。

（11）探测器底座的穿线孔宜封堵，安装完毕的探测器底座应采取保护措施。

（12）探测器报警确认灯应朝向便于人员观察的主要入口方向。

（13）探测器在即将调试时方可安装，在调试前应妥善保管并应采取防尘、防潮、防腐蚀措施。

（四）手动火灾报警按钮安装

1. 主要控制点

主要控制点包括：进场人员（主要管理人员、电工等），进场机具设备（检测工器具等），进场材料，作业文件，作业环境（风速、操作空间等）。

2. 监理重点管控内容

1）人员

核查进场人员数量、上岗证、资格证满足作业要求，并已履行报验程序。

2）设备、机具

核查进场机具设备、检测工器具数量、性能规格与施工方案相符，检定证书在有效期，报验手续完备，并已报验合格，设备运转正常，保养记录齐全。

第四章　站场工程质量管理

3）材料

核查材料质量证明文件（材质证明书、合格证、检验报告等），并应进行外观检查，应抽检设备尺寸规格等符合规范和设计文件要求。

4）工序关键环节控制

（1）检查施工作业人员技术交底和班前安全交底记录。

（2）手动火灾报警按钮应安装在明显和便于操作的部位。安装高度和位置应符合设计要求。

（3）手动火灾报警按钮应安装牢固，不应倾斜。

（4）手动火灾报警按钮的连接导线留有余量应符合设规范要求，且在其端部应有明显标志。

（五）消防电气控制装置安装

1. 主要控制点

主要控制点包括：进场人员（主要管理人员、电工等），进场机具设备（检测工器具等），进场材料，作业文件，作业环境（风速、操作空间等）。

2. 监理重点管控内容

1）人员

核查进场人员数量、上岗证、资格证满足作业要求，并已履行报验程序。

2）设备、机具

核查进场机具设备、检测工器具数量、性能规格与施工方案相符，检定证书在有效期，报验手续完备，并已报验合格，设备运转正常，保养记录齐全。

3）材料

核查材料质量证明文件（材质证明书、合格证、检验报告等），并应进行外观检查，应抽检设备尺寸规格等符合规范和设计文件要求。

4）工序关键环节控制

（1）检查施工作业人员技术交底和班前安全交底记录。

（2）消防电气控制装置在安装前，应进行功能检查，不合格者严禁安装。

（3）消防电气控制装置外接导线的端部，应有明显的永久性标志。

（4）消防电气控制装置箱体内不同电压等级、不同电流类别的端子应分开布置，并应有明显的永久性标志。

（5）消防电气控制装置应安装牢固，不应倾斜；安装在轻质墙上时，应采取加固措施。

（六）模块安装

1. 主要控制点

主要控制点包括：进场人员（主要管理人员、电工等），进场机具设备（检测工器具等），进场材料，作业文件，作业环境（风速、温湿度、层间温度等）。

2. 监理重点管控内容

1）人员

核查进场人员数量、上岗证、资格证满足作业要求，并已履行报验程序。

2）设备、机具

核查进场机具设备、检测工器具数量、性能规格与施工方案相符，检定证书在有效期，报验手续完备，并已报验合格，设备运转正常，保养记录齐全。

3）材料

核查材料质量证明文件（材质证明书、合格证、检验报告等），并应进行外观检查，应抽检设备尺寸规格等符合规范和设计文件要求。

4）工序关键环节控制

（1）检查施工作业人员技术交底和班前安全交底记录。

（2）同一报警区域内的模块宜集中安装在金属箱内。模块（或金属箱）应独立支撑或固定，安装牢固，并应采取防潮、防腐蚀等措施。

（3）模块的连接导线应留有不小于150mm的余量，其端部应有明显标志。

（4）隐蔽安装时在安装处应有明显的部位显示和检修孔。

（七）火灾应急广播扬声器和火灾警报装置安装

1. 主要控制点

主要控制点包括：进场人员（主要管理人员、电工等），进场机具设备（检测工器具等），进场材料，作业文件，作业环境（风速、温湿度、层间温度等）。

2. 监理重点管控内容

1）人员

核查进场人员数量、上岗证、资格证满足作业要求，并已履行报验程序。

2）设备、机具

核查进场机具设备、检测工器具数量、性能规格与施工方案相符，检定证书在有效期，报验手续完备，并已报验合格，设备运转正常，保养记录齐全。

第四章　站场工程质量管理

3）材料

核查材料质量证明文件（材质证明书、合格证、检验报告等），并应进行外观检查，应抽检设备尺寸规格等符合规范和设计文件要求。

4）工序关键环节控制

（1）检查施工作业人员技术交底和班前安全交底记录。

（2）火灾应急广播扬声器和火灾警报装置安装应牢固可靠，表面不应有破损。

（3）火灾光警报装置应安装在安全出口附近明显处，距地面1.8m以上。光警报器与消防应急疏散指示标志不宜在同一面墙上，安装在同一面墙上时，距离应大于1m。

（4）扬声器和火灾声警报装置宜在报警区域内均匀安装。

（八）消防专用电话安装

1. 主要控制点

主要控制点包括：进场人员（主要管理人员、电工等），进场机具设备（检测工器具等），进场材料，作业文件，作业环境（风速、操作空间等）。

2. 监理重点管控内容

1）人员

核查进场人员数量、上岗证、资格证满足作业要求，并已履行报验程序。

2）设备、机具

核查进场机具设备、检测工器具数量、性能规格与施工方案相符，检定证书在有效期，报验手续完备，并已报验合格，设备运转正常，保养记录齐全。

3）材料

核查材料质量证明文件（材质证明书、合格证、检验报告等），并应进行外观检查，应抽检设备尺寸规格等符合规范和设计文件要求。

4）工序关键环节控制

（1）检查施工作业人员技术交底和班前安全交底记录。

（2）消防电话、电话插孔、带电话插孔的手动报警按钮宜安装在明显、便于操作的位置；当在墙面上安装时，其底边距地（楼）面高度宜为1.3～1.5m。

（3）消防电话和电话插孔应有明显的永久性标志。

（九）消防设备应急电源安装

1. 主要控制点

主要控制点包括：进场人员（主要管理人员、电工等），进场机具设备（检测工器具等），进场材料，作业文件，作业环境（风速、温湿度、层间温度等）。

2. 监理重点管控内容

1）人员

核查进场人员数量、上岗证、资格证满足作业要求，并已履行报验程序。

2）设备、机具

核查进场机具设备、检测工器具数量、性能规格与施工方案相符，检定证书在有效期，报验手续完备，并已报验合格，设备运转正常，保养记录齐全。

3）材料

核查材料质量证明文件（材质证明书、合格证、检验报告等），并应进行外观检查，应抽检设备尺寸规格等符合规范和设计文件要求。

4）工序关键环节控制

（1）检查施工作业人员技术交底和班前安全交底记录。

（2）消防设备应急电源的电池应安装在通风良好地方，当安装在密封环境中时应有通风装置。

（3）酸性电池不得安装在带有碱性介质的场所，碱性电池不得安装在带酸性介质的场所。

（4）消防设备应急电源不应安装在靠近带有可燃气体的管道、仓库、操作间等场所。

（5）单相供电额定功率大于30kW、三相供电额定功率大于120kW的消防设备应安装独立的消防应急电源。

（十）系统调试

1. 主要控制点

主要控制点包括：进场人员（主要管理人员、电工等），进场机具设备（检测工器具等），进场材料，作业文件，作业环境（风速操作空间等）。

2. 监理重点管控内容

1）人员

核查进场人员数量、上岗证、资格证满足作业要求，并已履行报验程序。

第四章　站场工程质量管理

2）设备、机具

核查进场机具设备、检测工器具数量、性能规格与施工方案相符,检定证书在有效期,报验手续完备,并已报验合格,设备运转正常,保养记录齐全。

3）材料

核查材料质量证明文件（材质证明书、合格证、检验报告等）,并应进行外观检查,应抽检设备尺寸规格等符合规范和设计文件要求。

4）工序关键环节控制

（1）检查施工作业人员技术交底和班前安全交底记录。

（2）系统线路应按规范要求检查系统线路,对于错线、开路、虚焊、短路、绝缘电阻小于20MΩ等应采取相应的处理措施。

（3）对系统中的火灾报警控制器、可燃气体报警控制器、消防联动控制器、气体灭火控制器、消防电气控制装置、消防设备应急电源、消防应急广播设备、消防电话、传输设备、消防控制中心图形显示装置、消防电动装置、防火卷帘控制器、区域显示器（火灾显示盘）、消防应急灯具控制装置、火灾警报装置等设备分别进行单机通电检查。

（4）各类设备调试要符合《火灾自动报警系统施工及验收标准》（GB 50166—2019）要求。

三、质量风险管理

消防系统安装工程质量风险管理见表4-9。

表4-9　消防系统安装工程质量风险管理

序号	管控要点	建设单位	监理	施工单位
1	人员			
1.1	特种作业人员（如电工等）具备特种作业资格证,取得项目上岗证,并与报验人员名单一致	监督	确认	报验
1.2	专职质量检查员到位且具有质检资格	监督	确认	报验
2	设备、机具			
2.1	进场机具设备（检测工器具等）已报验合格,各种设备运转正常,并在有效检定日期内	必要时检验	确认	报验
3	材料			
3.1	核查材料质量证明文件（材质证明书、合格证、检验报告等）,并应进行外观检查,应抽检设备尺寸规格等符合规范和设计文件要求	必要时验收	确认	报验

续表

序号	管控要点	建设单位	监理	施工单位
4	施工方案			
4.1	现场有经过审批合格的设备安装施工方案	必要时审批	审查/审批	编制、审核
5	布线			
5.1	火灾自动报警系统布线时，应根据现行国家标准《火灾自动报警系统设计规范》（GB 50116—2013）的规定，对导线的种类、电压等级进行检查	监督	巡视	施工
5.2	火灾自动报警系统的布线，应符合现行国家标准《建筑电气装置工程施工质量验收规范》（GB 50303—2015）的规定	监督	巡视	施工
6	控制器类设备的安装			
6.1	控制器类设备（以下称控制器）在墙上安装时，其底边距地（楼）面高度宜为1.3～1.5m，其靠近门轴的侧面距墙不应小于0.5m，正面操作距离不应小于1.2m；落地安装时，其底边宜高出地（楼）面0.1～0.2m	监督	平行检查	施工
6.2	控制器应安装牢固，不应倾斜；安装在轻质墙上时，应采取加固措施；引入控制器的电缆或导线，应符合规范要求；控制器的主电源应有明显的永久性标志，并应直接与消防电源连接，严禁使用电源插头。控制器与其外接备用电源之间应直接连接；控制器的接地应牢固，并有明显的永久性标志	监督	平行检查	施工
7	火灾探测器安装			
7.1	各类探测器的安装，应符合规范要求	监督	平行检查	施工
7.2	探测器的底座应安装牢固，与导线连接必须可靠压接或焊接。当采用焊接时，不应使用带腐蚀性的助焊剂；探测器底座的连接导线，应留有不小于150mm的余量，且在其端部应有明显标志；探测器底座的穿线孔宜封堵，安装完毕的探测器底座应采取保护措施；探测器报警确认灯应朝向便于人员观察的主要入口方向；探测器在即将调试时方可安装，在调试前应妥善保管并应采取防尘、防潮、防腐蚀措施	监督	平行检查	施工
8	手动火灾报警按钮安装			
8.1	手动火灾报警按钮应安装在明显和便于操作的部位。当安装在墙上时，其底边距地（楼）面高度宜为1.3～1.5m；手动火灾报警按钮应安装牢固，不应倾斜	监督	平行检查	施工
8.2	手动火灾报警按钮的连接导线应留有不小于150mm的余量，且在其端部应有明显标志	监督	旁站	施工
9	消防电气控制装置安装			

第四章　站场工程质量管理

续表

序号	管控要点	建设单位	监理	施工单位
9.1	消防电气控制装置在安装前，应进行功能检查，不合格者严禁安装；消防电气控制装置外接导线的端部，应有明显的永久性标志；消防电气控制装置箱体内不同电压等级、不同电流类别的端子应分开布置，并应有明显的永久性标志；消防电气控制装置应安装牢固，不应倾斜；安装在轻质墙上时，应采取加固措施	监督	见证	施工
10	模块安装			
10.1	同一报警区域内的模块宜集中安装在金属箱内；模块（或金属箱）应独立支撑或固定，安装牢固，并应采取防潮、防腐蚀等措施；模块的连接导线应留有不小于150mm的余量，其端部应有明显标志；隐蔽安装时在安装处应有明显的部位显示和检修孔	监督	平行检查	施工
11	火灾应急广播扬声器和火灾报警装置安装			
11.1	火灾应急广播扬声器和火灾警报装置安装应牢固可靠，表面不应有破损；火灾光警报装置应安装在安全出口附近明显处，距地面1.8m以上。光警报器与消防应急疏散指示标志不宜在同一面墙上，安装在同一面墙上时，距离也大于1m；扬声器和火灾声警报装置宜在报警区域内均匀安装	监督	平行检查	施工
12	消防专用电话安装			
12.1	消防电话、电话插孔、带电话插孔的手动报警按钮宜安装在明显、便于操作的位置；当在墙面上安装时，其底边距地（楼）面高度宜为1.3～1.5m；消防电话和电话插孔应有明显的永久性标志	监督	平行检查	施工
13	消防设备应急电源安装			
13.1	消防设备应急电源的电池应安装在通风良好地方，当安装在密封环境中时应有通风装置	监督	见证	施工
13.2	酸性电池不得安装在带有碱性介质的场所，碱性电池不得安装在带酸性介质的场所；消防设备应急电源不应安装在靠近带有可燃气体的管道、仓库、操作间等场所；单相供电额定功率大于30kW、三相供电额定功率大于120kW的消防设备应安装独立的消防应急电源	监督	平行检查	施工
14	系统调试			
14.1	系统线路应按规范要求检查系统线路，对于错线、开路、虚焊、短路、绝缘电阻小于20MΩ等应采取相应的处理措施	监督	平行检查	施工
14.2	对系统中的各类控制器、消防设备应急电源、消防应急广播设备、消防电话、传输设备、消防控制中心图形显示装置、消防电动装置等设备分别进行单机通电检查	监督	平行检查	施工
15	施工记录			
15.1	现场施工记录数据采集上传及时，内容完整、真实、准确		验收	填写

第四节 给排水工程

一、工艺工法概述

(一) 给排水工程工序流程

给排水工程的工序流程图如图 4-5 所示。

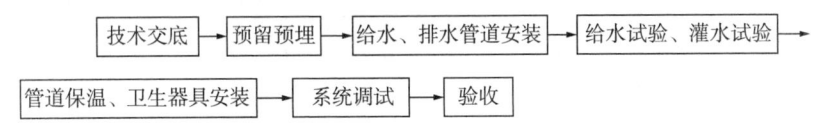

技术交底 → 预留预埋 → 给水、排水管道安装 → 给水试验、灌水试验 →
管道保温、卫生器具安装 → 系统调试 → 验收

图 4-5 给排水工程的工序流程

(二) 给排水主要工序及技术措施

1. 施工准备

（1）施工前设计单位进行设计交底。

（2）施工测量。

①临时水准点和管道轴线控制桩的设置便于观察且必须牢固，并采取保护措施。开槽铺设管道的沿线临时水准点，每200m不宜少于1个。

②临时水准点、管道轴线控制桩和高程桩，经过复核后方可使用，并经常考核。

③已建管道、构筑物等与本工程衔接的平面位置和高程在开工前校核。

2. 管道安装与铺设

（1）管道在沟槽地基、管基质量检验合格后安装，安装时宜从下游开始。

（2）接口工作坑配合管道及时开挖，开挖尺寸符合设计规定并方便施工。

（3）管节下沟时，不得与槽壁支撑及槽下的管道相互碰撞；沟内运管不得扰动天然地基。

（4）合槽施工时，先安装埋设较深的管道，当回填土高程与邻近管道基础高程相同时，再安装相邻管道。

（5）管道安装时，将管节的中心及高程逐节调整准确，安装后的管节进

第四章 站场工程质量管理

行复测，合格后可进行下一工序的施工。

（6）管道安装时，随时清扫管道中的杂物，管道暂时停止安装时，两端临时封堵。

（7）雨期施工采取以下措施：

①合理缩短开槽长度，暂时中断安装的管道临时封堵；已安装的管道验收后及时回填土。

②做好槽边雨水径流疏导路线的设计、槽内排水及防止漂管事故的应急措施。

③雨天不宜进行接口施工。

（8）安装柔性接口的管道，当其纵坡大于18%时，或安装刚性接口的管道，当其纵坡大于36%，采取防止管道下滑的措施。

3. 管道水压试压

（1）室内生活给水管线按照《建筑给水排水及采暖工程施工质量验收规范》（GB 50242—2002），室外生活给水管线和排水管线施工和验收执行《给水排水管道工程施工及验收规范》（GB 50268—2008）。

（2）管道水压、闭水试验前，做好水源引接及排水疏导线路设计。

（3）管道灌水从下游缓慢灌入。灌入时，在试验管端的上游管顶及管段中的凸起点设排水阀，将管道内的气体排除。

（4）异形截面管道的允许渗水量可按周长折算为圆形管道计。

二、关键质量风险点识别

（一）主要控制点

主要控制点包括：进场人员（主要管理人员、测量工、电工、瓦工、焊工等），进场机具设备（搅拌机、打夯机、焊接等），进场材料（给排水管材、水泥、砂、石灰等），作业文件（给排水施工方案等）。

（二）重点管控内容

1. 人员

核查进场人员数量、上岗证、资格证满足作业要求，并已履行报验程序。

2. 设备、机具

核查进场机具设备、检测工器具数量、性能规格与施工方案相符，检定

261

证书在有效期，报验手续完备，并已报验合格，设备运转正常，保养记录齐全。

3. 工序关键环节控制

（1）审查给排水施工方案。

（2）检查施工作业人员技术交底和班前安全交底记录。

（3）对既有管道、构（建）筑物与拟建工程衔接的平面位置和高程，开工前必须进行校测。监督施工现场的各种粉尘、废气、废弃物以及噪声、振动措施落实。管道附属设备安装前应对有关的设备基础、预埋件、预留孔的位置、高程、尺寸等进行复核。组织相关单位共同验槽。施工前、施工过程要及时监督施工单位按照设计、规范要求对基坑、基槽进行降水、支护、放坡，防止出现塌方。沟下施工时，沟上必须有人进行监护。堆土不得影响建（构）筑物、各种管线和其他实施安全；堆土距沟槽边缘的距离不应小于0.8（硬质土）~1m（软质土），且高度不应超过1.5m。在沟槽边坡稳固地段设置供施工人员上下沟槽的安全梯或坡道。采用木支撑、撑板或钢支撑时，构件的强度、刚度应符合规范要求，连接应牢固，并经常检查，发现职称构件有弯曲、松动、位移或劈裂等迹象是，应及时处理；雨期及春季解冻时期应加强检查；槽底局部超挖或发生扰动时，处理应符合设计、规范要求。管道交叉处理应满足管道间最小净距要求，且按照有压管道避让无压管道、支管道避让干线管道、小口径关傲避让大口径管道的原则处理。施工过程要对既有管道进行临时保护，所采取的措施应征求有关单位的意见。新建给排水管道与既有管道交叉部位的回填压实度应符合设计要求，并应使回填材料与被支撑管道贴紧密实。给排水管道回填时应采取防止管道发生位移或损伤的措施，并防止漂管，并检测管道有无损伤或变形。给排水管道敷设坡度应符合设计要求，压力管道上的阀门，安装前应逐个进行启闭检验。

（4）管道系统设置的弯头、三通、边境处应采用混凝土支撑或金属卡箍拉杆撑高技术措施；在消火栓及闸阀的底部处理应符合设计要求；非紧缩性承插连接管道，每根管节应有3个以上的固定措施。安装完的管道中心线及高层调整合格后，即将管底有效支撑脚范围用中粗砂回填密实，不得用土或其他材料回填。给水管道的试压压力和试验时长应符合设计、规范要求。并网运行前进行冲洗或消毒，必须经严密性试验合格后方可投入运行。管道焊接、水压试验合格后方可进行管道保温。施工期间保温材料不得受潮；保温层的厚度应符合设计、规范要求。

（5）聚乙烯管、聚丙烯管及其复合管的水压试验压力应符合设计、规范

第四章　站场工程质量管理

要求，预试验阶段、主试验阶段稳压时间、压力和最终压降应符合设计、规范要求。

（6）无压管道闭水试验应按井距分隔，抽样选取，带井试验。试验段上游设计水头不超过罐顶内壁时，试验水头应以试验段上游罐顶内壁加2m计；试验段上游设计水头超过罐顶内壁时，试验水头应以试验段上游设计水头加2m计；计算出的试验水头小于10m，但已超过上游检查井井口时，试验水头应以上游检查井井口高度为准。闭水试验时应进行外观检查，不得有漏水现象，且实测渗水量应符合设计规范要求。

（7）隐蔽或埋地的排水管道在隐蔽前必须做灌水之言，其灌水高度不应低于卫生器具的上边缘或底层地面高度；卫生器具灌满水后静置24h后各连接件无渗漏为合格；排水通畅无阻。

三、质量风险管理

给排水工程质量风险管理见表4-10。

表4-10　给排水工程质量风险管理

序号	管控要点	建设单位	监理	施工单位
1	人员			
1.1	特种作业人员（如电工等）具备特种作业资格证，取得项目上岗证，并与报验人员名单一致	监督	确认	报验
1.2	材料设备管理人员具备上岗资质，人员配备与报验人员名单一致	监督	确认	报验
1.3	专职质量检查员到位且具有质检资格	监督	确认	报验
2	设备、机具			
2.1	核查进场机具设备、检测工器具数量、性能规格与施工方案相符，检定证书在有效期，报验手续完备，并已报验合格，设备运转正常，保养记录齐全	必要时检验	确认	报验
3	材料			
3.1	核查材料质量证明文件（材质证明书、合格证、检验报告等），并应进行外观检查，应抽检设备尺寸规格等符合规范和设计文件要求	必要时验收	确认	报验
4	施工方案			
4.1	现场有经过审批合格的设备安装施工方案	必要时审批	审查/审批	编制/审核
5	室内给水系统安装			

续表

序号	管控要点	建设单位	监理	施工单位
5.1	室内给水管道及配件、室内消防栓系统、给水设备的安装应符合设计要求和相应的规范规定	监督	平行检查	施工
6	室内排水系统安装			
6.1	隐蔽或埋地的排水管道在隐蔽前必须做灌水试验,其灌水高度应不低于底层卫生器具的上边缘或底层地面高度;生活污水铸铁管道、塑料管道的坡度必须符合设计;排水塑料管必须按设计要求及位置装设伸缩节	监督	平行检查见证	施工
6.2	安装在室内的雨水管道安装后应做灌水试验且符合要求;雨水管道如采用塑料管,其伸缩节安装应符合设计要求;悬吊式雨水管道的敷设坡度不得小于5‰;埋地雨水管道的最小坡度,应符合规范要求	监督	平行检查见证	施工
7	施工记录			
7.1	现场施工记录数据采集上传及时、内容完整、真实、准确		验收	填写

第五节 暖通工程

一、工艺工法概述

（一）工序流程

采暖系统安装工艺流程如图4-6所示。

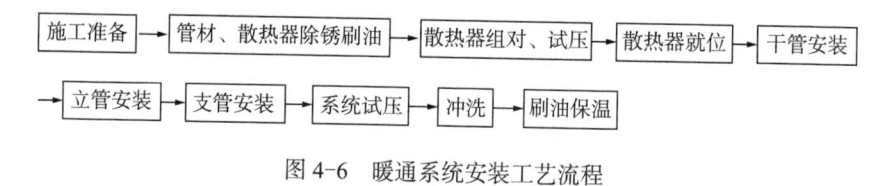

施工准备→管材、散热器除锈刷油→散热器组对、试压→散热器就位→干管安装→立管安装→支管安装→系统试压→冲洗→刷油保温

图4-6 暖通系统安装工艺流程

（二）主要工序及技术措施

1. 安装准备

安装作业应具备以下条件：土建主体已完成，预留孔洞、预留件及沟槽

第四章　站场工程质量管理

位置准确，尺寸符合要求；散热器挂装前墙面要抹灰及粉刷（落地安装时地面标高或做法要确定）。

安装前应熟悉图纸，有交底文件，绘制施工草图，确定管卡、甩口位置及坡向等，并对进入施工现场的材料、制品进行检查验收。

2. 管材、散热器除锈刷油

采用非镀锌焊接钢管时，安装前应集中对管材进行手工除锈并刷防锈漆一道。对于铸铁散热器，通常除锈、刷防锈漆一道后，还应再刷一道面漆后才进行组对。

3. 采暖主干管安装

（1）采暖主干管焊接连接时，焊口允许偏差应符合表4-11的要求，采暖干管的布置要考虑保温层厚度，便于操作维修及排水、泄水。特别是架空层或地沟内的干管有多根时，更应合理布置。当设计未注明坡度时，应符合下列规定：

①汽、水同向流动的热水采暖管道和汽、水同向的蒸汽管道及凝水管道，坡度应为3‰，不得小于2‰。

②汽、水逆向流动的热水采暖管道和汽、水逆向的蒸汽管道，坡度不小于5‰。

表4-11　焊口允许偏差

序号	项目			允许偏差	检验方法
1	焊口平直度		管壁厚10mm以内	管壁厚1/4	焊接检验尺和游标卡尺检查
2	焊缝加强面		高度	+1mm	
			宽度		
3	咬边		深度	小于0.5mm	直尺检查
		长度	连续长度	25mm	
			总长度（两侧）	小于焊缝长度的10%	

（2）干管安装从进户或分支点处开始。按设计要求和现场情况确定支架形式及位置，找好坡度及标高，可先设可靠的支撑，上管穿墙时先将套管装上，就位找正后，用气焊点焊2~3点，然后施焊。干管装到一定程度时，就应检查核对标高、坡度、留口位置及方向，变径位置及做法正确，核对、调整后，安装永久支撑（架）并待其牢固后才能拆下临时支撑。

（3）遇有伸缩器，应考虑预拉伸及固定支架的配合。干管转弯作为自然补偿时，应采用煨制弯头。

（4）干管分流处（有时合流处也必须设）设羊角弯主要是为稳定各分路流量，有时也兼有补偿作用。分路阀门离分路点不宜过远。干管末端设集气罐时，要专设支架，干管应接在集气罐高度 1/3 处，放气管应用卡子稳固。

（5）穿墙、穿楼板刚套管要找匀、找正，与墙、板固定牢靠，穿墙套管出不应兼作支架。对于上供下回热水系统，干管变径位置在合流点前或分流点后 200～300mm 处。

4. 立支管安装

（1）采暖立管与干管的连接通常均为挖眼三通焊接，立管与干管距墙尺寸不一样，可先将立管上的螺纹阀装在煨有乙字弯的短管上后，再进行定位、焊接。阀门后上，则需将阀门大盖拆下，拧上阀体后再将大盖装上。干管上开孔所产生的残渣不得留在管内，且分支管道绝对不许在焊接时插入干管内，而应按相关要求进行对口。

（2）立管留口标高要配合散热器类型、管件尺寸支管坡度要求等因素确定。故应在散热器就位并调整、稳固后再进行立管的实测和预制。立支管变径连接为三通时，宜采用变径三通而不宜采用等径三通加补芯。

（3）支管上的乙字弯要根据散热器安装情况（有无暖气槽、每组片数等）及散热器规格尺寸进行煨制，不宜尺寸单一的大量预制。散热器支管的坡度为 1%，坡向应利于排气和泄水，支管长度大于 1.5m 时，须设置管卡或托勾。

（4）支管与散热器的连接通常用活接头，上活接头时要注意介质流动方向，使得活接头的大盖预套在上游支管上较为合理。

5. 系统试压、冲洗

采暖系统安装完毕，管道保温之前应进行水压试验，试验压力应符合设计要求。当设计未注明时，可按以下规定进行：

（1）蒸汽、热水采暖系统，应以系统顶点工作压力加 0.1MPa 做水压试验，同时在系统顶点的试验压力不小于 0.3MPa。

（2）对于高温热水采暖系统，试验压力应为系统顶点工作压力加 0.4MPa。

（3）使用塑料管及复合管的热水采暖系统，以系统工作压力加 0.2MPa 做水压试验，同时在系统顶点的试验压力不小于 0.4MPa。

使用钢管及复合管的采暖系统，应在试验压力下 10min 内压力降不大于 0.02MPa，降至工作压力后，检查整个系统，不渗不漏为合格。

使用塑料管的采暖系统，应在试验压力下 1h 内压力降不大于 0.05MPa，然后降至工作压力的 1.15 倍，稳压 2h，压力降不大于 0.03MPa，同时各连接处不渗不漏为合格。

试压充水宜从系统下部注入,将气排尽,边注水边组织人力进行检查,有渗漏处能及时处理好的(如堵头、活接头未上紧),可及时处理,不能马上处理(如焊口渗漏)或未能处理好的要做记号,以便退水后处理。泄水口应尽量大些,以利于提高流速,冲尽杂质。

系统试压合格后,应对系统进行冲洗,直至排出水不含杂质,而后再清理过滤器及除污器。

6. 刷油、保温

系统冲洗完毕,可按设计要求进行刷油(非保温管及散热器)和保温,保温层、保护层做法将在本书第七章介绍,保温层允许偏差应符合表4-12的要求。

表4-12 保温层厚度和表面平整度的允许偏差及检验方法

序号	项目		允许偏差,mm	检验方法
1	厚度		$+0.1\delta$ -0.05δ	用钢针刺入
2	表面平整度	卷材	5	用2m靠尺和楔形塞尺检查
		涂抹	10	

二、关键质量风险点识别

(一)主要控制点

主要控制点包括:进场人员(主要管理人员、管工、电工等),进场机具设备(运输机具、检测工器具等),进场材料,作业文件,作业环境(风速、温湿度、层间温度等)。

(二)重点管控内容

1. 人员

核查进场人员数量、上岗证、资格证满足作业要求,并已履行报验程序。

2. 设备、机具

核查进场机具设备、检测工器具数量、性能规格与施工方案相符,检定证书在有效期,报验手续完备,并已报验合格,设备运转正常,保养记录齐全。

3. 材料

核查暖通设备、材料等产品质量证明文件（材质证明书、合格证、检验复验报告等）符合设计要求，并应进行外观检查。

4. 工序关键环节控制

（1）检查施工作业人员技术交底和班前安全交底记录。

（2）所有材料进场时应对品种、规格、外观等进行验收。包装应完好，表面无划痕及外力冲击破损。

（3）主要器具和设备必须有完整的安装使用说明书。在运输、保管和施工过程中，应采取有效措施防止损坏或腐蚀。

（4）室内供暖系统的形式应符合设计要求；散热设备、阀门过滤器、温度、流量、压力等测量仪表应按设计要求安装齐全，不得随意增减或更换；供暖管道保温层和防潮层应符合规范要求：保温材料的厚度应符合设计要求；保温管壳的绑扎、粘贴应牢固，铺设应平整。硬质或半硬质保温管壳的拼接缝隙不应大于5mm，并应用黏结材料勾缝添满；纵缝应错开，外层的水平接缝应设在侧下方。阀门及法兰部位的保温应严密，且能单独拆卸并不得影响其操作功能。供暖系统安装完毕后，管道保温前应进行水压试验，试验压力应符合设计要求；试压合格后，应对系统进行冲洗并清扫过滤器及除污器。并在供暖期内与热源进行联合试运转和调试，结果符合设计要求。

三、质量风险管理

暖通工程质量风险管理见表4-13。

表4-13 暖通工程质量风险管理

序号	管控要点	建设单位	监理	施工单位
1	人员			
1.1	特种作业人员（如电工等）具备特种作业资格证，取得项目上岗证，并与报验人员名单一致	监督	确认	报验
1.2	材料设备管理人员具备上岗资质，人员配备与报验人员名单一致	监督	确认	报验
1.3	专职质量检查员到位且具有质检资格	监督	确认	报验
2	设备、机具			

第四章 站场工程质量管理

续表

序号	管控要点	建设单位	监理	施工单位
2.1	核查进场机具设备、检测工器具数量、性能规格与施工方案相符，检定证书在有效期，报验手续完备，并已报验合格，设备运转正常，保养记录齐全	必要时检验	确认	报验
3	材料			
3.1	核查材料质量证明文件（材质证明书、合格证、检验报告等），并应进行外观检查，应抽检设备尺寸规格等符合规范和设计文件要求	必要时验收	确认	报验
4	施工方案			
4.1	现场有经过审批合格的设备安装施工方案	必要时审批	审查/审批	编制、审核
5	室内热水供应系统安装			
5.1	热水供应系统安装完毕，管道保温之间前应进行水压试验。试验压力应符合设计要求	监督	平行检查	施工
5.2	热水供应管道应尽量利用自然弯补偿热伸缩，直线段过长则应设置补偿器。补偿器型式、规格、位置应符合设计要求，并按有关规定进行预拉伸	监督	平行检查	施工
5.3	辅助设备的安装必须符合设计要求和设备说明书的规定	监督	平行检查	施工
6	施工记录			
6.1	现场施工记录数据采集上传及时，内容完整、真实、准确		验收	填写

第六节　通风与空调工程

一、工艺工法概述

（一）工序流程

风管系统的安装工艺流程：

风管及部件预制→托吊架制作→托吊架安装→风管预组装→风管吊装、连接→部件安装→检验→保温。

空调设备安装工艺流程：

安装准备→设备基础验收→设备开箱检验→设备运输→设备安装。

(二)主要工序及技术措施

1. 风管系统安装

1) 风管预组装

根据现场具体情况(如风管尺寸大小、刚度情况、起吊能力、人员配备及其他管道限制等)确定预组装风管的长度,以便尽可能地减少高处作业量。但切记不可贪大,造成起吊困难或风管变形甚至发生意外。

2) 风管吊装、连接

(1) 吊装顺序应先干管、后支管,垂直风管应由下向上安装,风管如需整体吊装时,绳索不可直接捆绑风管,而应用木板托住风管底部,方可起吊。

(2) 当风管离地300mm时,可暂停起吊,检查倒链、滑轮、绳索、绳扣牢靠,风管重心正确。一切正常,再继续起吊。

(3) 风管上架后,及时安装托架及垫木。法兰连接时,先上垫片,对正法兰,穿上几个螺栓并戴上螺母,但暂不紧固,用尖头钢筋插入穿不上螺栓的孔,拨正法兰,所有螺栓上毕,再均匀逐渐拧紧。螺母宜在法兰同一侧。法兰片厚度不小于3mm,垫片不应凸入管内也不宜凸出法兰外。当托吊架调正稳固后,才可解开绳扣,进行下一段安装。

(4) 水平干管找平找正后,才可安装立支管,采性短管应松紧适度,无明显扭曲。可伸缩性金属或非金属软风管不应有死弯或塌凹。

(5) 风管连接应平直,明装风管水平度允开饰差为3/1000,垂直度允许偏差为2/1000,总偏差不应大于20mm。暗装风管应无明显偏差。

(6) 水平风管直径或边长尺寸小于等于400mm时,支吊架间距不应大于4m;风管直径长大于400mm时,支吊架间距不应大于3m,垂直风管支架间距不大于4m。支吊架离风口或插接管的距离不宜小于200mm。

3) 部件安装

(1) 各类风管部件及操作机构的安装,以能保让其正常的使用功能,并便于操作。

(2) 斜插板风阀的安装,阀板必须为向上拉起;水平安装时,阀板应为顺流方向插入。防火分区隔墙两侧的防火阀,距墙表面不大于200mm。防火阀易熔件应在阀体装毕后再安装。手动密封阀上箭头方向与受冲击方向要一致。

(3) 防火阀直径或长边尺寸大于等于630mm时,宜设独立支吊架。水

第四章　站场工程质量管理

平主风管长度超过20m时，应设防止摆动的固定点，每个系统不少于1个。

（4）风口与风管连接应紧密，与装饰面相贴紧。同一房间内相同风口安装高度要一致，排列整齐。明装无吊顶的风口，安装位置和标高偏差不应大于10mm；风口水平安装，水平度偏差不应大于3/1000；垂直安装，垂直度偏差不应大于2/1000。

（5）风口安装时应自行吊挂，不应与吊顶龙骨发生受力关系。当需切断吊顶龙骨时，应配合相关专业确定切断及附加龙骨的具体做法。当需切断中大龙骨时，应增设吊挂点。

4）风管系统严密性检验

风管系统安装完毕后，应进行严密性检验。

5）风管保温

（1）空调风管保温不宜用岩棉类保温材料。

（2）风管表面应处理后再涂刷由保温材料供应商提供的黏结剂，以保证保温材料黏结牢靠，在保温材料切口结合部位也应涂敷黏结剂。

（3）对于电加热器前后800mm及穿越防火隔墙两侧2m范围内的风管和绝热层，必须采用不燃的绝热材料。

（4）当采用卷材或板材时，保温材料表面平整度允许偏差为5mm。防潮层应完整，封闭良好，搭接缝应顺水。

2. 空调机组及风机盘管的安装

1）安装准备、基础验收

安装前检查现场的运输空间、设备孔洞尺寸及场地清理情况，进行技术、安全交底，核对设备型号及基础尺寸。应尽可能地在设备到货，并与图纸核对预留孔洞尺寸、位置无误后，再行浇筑基础。浇筑时安装人员应配合土建施工人员进行尺寸核对。

2）设备开箱检验及运输

设备开箱验收应有建设单位代表或监理在场，要检查外包装有无受损、受潮，设备名称、型号、技术条件与设计文件一致；产品说明书、合格证、装箱清单和设备技术文件应齐全；设备表面无缺损、锈蚀，随机附件、专用工具、备用配件齐全；用手盘动风机叶轮，检查有无摩擦声，检查表冷器、过滤器等装置情况。

空调设备现场运输之前不开箱或保留底座为好，设备运输时的倾斜角度应符合产品要求。

3）装配（组装）式空调机组安装

目前，工程中使用的装配式空调机组多由供货商负责安装，施工人员主要是配合协调好连接口位置、尺寸、做法即可。

4）吊顶式空调机组安装

吊顶式空调机组安装位置通常距办公区较近，机组与送回风管及水管均应采用柔性连接，且宜采用弹簧减振吊架安装。对于噪声控制严格的场所，机组外表面应采用30mm橡塑保温材料进行保温、吸声处理。

5）风机盘管机组安装

（1）风机盘管有立式、卧式、吊顶式等多种形式，可明装亦可暗装。其中普通型送回风所接风管总长度不宜大于2m，高静压型不宜大于6m，且风管断面宜与风机盘管送回风口相同。

（2）风机盘管水系统水平管段和盘管接管的最高点应设排气装置，最低点应设排污泄水阀，凝结水盘的排水支管坡度不宜小于0.01。

（3）机组安装前宜进行单机三速试运转及水压检漏试验。试验压力为系统工作压力的1.5倍，试验观察时间为2min，不渗不漏为合格。机组应设单独支吊架，吊杆与设备连接处应使用双螺母紧固找平、找正，使四个吊点均匀受力。也可采用橡胶减振吊架，机组与风管回风箱或风口的连接要严密可靠。

（4）机组供回水配管必须采用弹性连接，多用金属软管和非金属软管。橡胶软管只可用于水压较低并且是只供热的场合。

（5）暗装卧式风机盘管的下步吊顶应留有活动检查口，便于机组整体拆卸和维修。

6）消声器安装

（1）大量使用的消声器，消声弯头，消声风管和消声静压箱应采用专业生产厂的产品，如需现场制作时，可按设计要求或相关标准图集进行。

（2）消声器在安装前应检查支吊架等固定件的位置正确，预埋件或膨胀螺栓安装牢靠。消声器、消声弯头应单独设支架，不得由风管支撑。

（3）消声器支吊架的吊杆位置应较消声器宽40～50mm。吊杆端部可加工成50～80mm的长螺纹，以便找平、找正，并用双螺栓固定。

7）除尘器过滤器安装

（1）现场组装的除尘器壳体应做漏风量检测，在设计工作压力下允许漏风率为5%。布袋除尘器，电除尘器壳体及辅助设备应有可靠的接地保护。

（2）高效过滤器应在空调系统进行全面清扫和系统连续试车12h以后，在现场拆开包装进行安装，安装前须进行外观检查和仪器检漏，采用机械密

第四章　站场工程质量管理

封时须采用密封垫料，其厚度为 6～8mm，定位贴在过滤器边框上，安装后垫料的压缩应均匀，压缩率为 25%～50%，以确保安装后过滤器四周及接口严密不漏。

（3）风机过滤器单元在系统试运转时，必须在进风口处加装临时中效过滤器作为保护。

（4）框架式或粗效、中效袋式空气过滤器的安装，过滤器四周与框架应均匀压紧，无可见缝隙，并应便于拆卸和更换滤料。

（5）除尘器转动部件的动作应灵活、可靠，排灰阀、卸料阀的安装应严密，便于操作和维修。除尘器安装的允许偏差和检验方法应符合表 4-14 的要求。

表 4-14　除尘器安装的允许偏差和检验方法

序号	项目		允许偏差 /mm	检验方法
1	平面位移		≤10	用经纬仪或拉线、尺量检查
2	标高		±10	用水准仪、直尺、拉线和尺量检查
3	垂直度	每米	≤2	吊线和尺量检查
		总偏差	≤10	

（6）脉冲袋式除尘器的喷吹孔应对准文氏管的中心，同心度允许偏差为 2mm，分室反吹袋式除尘器的滤袋安装必须平直，每条滤袋的拉紧力应保持在 25～35N/m，与滤袋连接接触的短管和袋帽应无毛刺。

二、关键质量风险点识别

（一）主要控制点

主要控制点包括：进场人员（主要管理人员、管工、电工等），进场机具设备（运输机具、检测工器具等），进场材料，作业文件，作业环境。

（二）重点管控内容

1. 人员

核查进场人员数量、上岗证、资格证满足作业要求，并已履行报验程序。

2. 设备、机具

核查进场机具设备、检测工器具数量、性能规格与施工方案相符，检定证书在有效期，报验手续完备，并已报验合格，设备运转正常，保养记录齐全。

3.材料

核查材料质量证明文件（合格证、检验报告等），安装材料应符合设计文件规定。

4.工序关键环节控制

（1）检查施工作业人员技术交底和班前安全交底记录。

（2）空调型号、规格、数量和管道、自控阀门等应符合设计要求。通风与空调工程中的送风系统、排风系统及空调风系统、空调水系统的安装应符合规范要求；空调风管协调及部件的绝缘层和防潮层施工质量应符合规范要求；通风和空调系统安装完毕后应进行单机试运转和调试，调试结果符合设计要求。

三、质量风险管理

通风与空调工程的质量风险管理见表4-15。

表4-15　通风与空调工程的质量风险管理

序号	管控要点	建设单位	监理	施工单位
1	人员			
1.1	特种作业人员（如电工等）具备特种作业资格证，取得项目上岗证，并与报验人员名单一致	监督	确认	报验
1.2	材料设备管理人员具备上岗资质，人员配备与报验人员名单一致	监督	确认	报验
1.3	专职质量检查员到位且具有质检资格	监督	确认	报验
2	设备、机具			
2.1	核查进场机具设备、检测工器具数量、性能规格与施工方案相符，检定证书在有效期，报验手续完备，并已报验合格，设备运转正常，保养记录齐全	必要时检验	确认	报验
3	材料			
3.1	核查材料质量证明文件（材质证明书、合格证、检验报告等），并应进行外观检查，应抽检设备尺寸规格等符合规范和设计文件要求	必要时验收	确认	报验
4	施工方案			
4.1	现场有经过审批合格的设备安装施工方案	必要时审批	审查/审批	编制、审核
5	通风与空调工程安装			

第四章　站场工程质量管理

续表

序号	管控要点	建设单位	监理	施工单位
5.1	通风机的型号、规格等应符合现行国家产品标准和设计规范要求	监督	确认	施工
5.2	风管部件及其安装必须符合设计规范要求	监督	平行检查	施工
5.3	风机的隔振钢支架与吊架，其结构形式和外形尺寸应符合设计或设备技术文件的规定；隔振器和钢支架与吊架的安装应按其荷载和使用场合进行选用，并应符合设计和设备技术文件的规定	监督	平行检查	施工
5.4	通风机传动装置的外露部位以及直通大气的进出口必须装设防护罩（网）或采取其他安全措施	监督	平行检查	施工
6	施工记录			
6.1	现场施工记录数据采集上传及时，内容完整、真实、准确		验收	填写

第七节　电气工程

一、工艺工法概述

（一）工序流程

工序流程如图 4-7 所示。

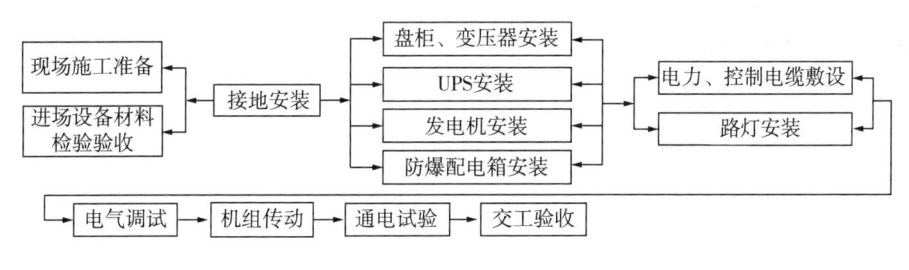

图 4-7　工序流程图

（二）主要工序及技术措施

1. 电缆线路工程

（1）施工前应对电缆进行详细检查：规格、型号、截面、电压等级均符合设计要求，外观无扭曲、损坏、漏油、渗油等现象。电缆敷设前进行绝缘摇测或耐压试压，线间及对地的绝缘电阻应不小于 10MΩ。电缆敷设前，应根据现场实际情况，事先将电缆的排列用表或图的方式画出来，以防电缆的交叉和混乱。

（2）电缆在桥架里排列，其总的截面不应大于桥架断面的 40%，排列整齐并固定牢固。

2. 管配线工程

（1）预制预埋：施工前，应掌握电气等专业图纸，做好支吊架预制。由室外引入室内的电气管线应预埋好穿墙管，做好建筑物的防水处理。

（2）管路连接时，钢管必须采用螺纹连接，严禁对接和塑料管套接，螺纹连接及管与线盒连接处，必须用专用接地夹做接地跨接线，管与线盒或管与线槽之间必须用锁扣连接。管子进入线盒的长度为 2～5mm，管子切断口后凿平刮光，防止出现划伤或其他危险情况。

（3）导线在穿管前，应将管内的积水及杂物清除干净。穿线时导线颜色应分开，严禁管内有导线接头。不同回路不得穿入同一根管内。

3. 滑接线工程

1）滑接线的测量定位

（1）测量滑接线最低点。离地平面的距离不得少于 3.5m，在汽车通道处不得少于 6m。

（2）滑接线离其他设备，管道的距离不少于 1.5m。滑接线距易燃气体、液体管道的距离不应少于 3m，与一般管道距离不得小于 1m。

（3）测量每个支架的位置（一般装置在吊车梁的预留孔或焊在起重机移动的钢梁上），每个支架安装的水平标高，并用色笔准确标注。

（4）支架安装位置应与建筑结构相对称。终端支架距离滑接线末端不应大于 800mm。当起重机在终端位置时，滑接线距离滑接线末端不应少于 200mm。

（5）不得在建筑物的伸缩缝和起重机的轨道梁接头处安装支架。

第四章 站场工程质量管理

2）瓷瓶螺栓的安装

（1）瓷瓶通常用8000（13600）型无轨电车绝缘瓷瓶。安装于室外或潮湿场所应用户外式绝缘瓷瓶。捻注前后测量绝缘电阻。

（2）瓷瓶螺栓捻注工艺：将螺栓上的油污及瓷瓶擦净。用425号及其以上水泥、石膏、石棉、细砂、水配置填料；用质量比水泥：细砂=1：1，搅拌均匀后加入0.5%的石膏，边加水边搅拌。用手抓能结团为宜。填实，填平，常温养护三日后安装；将失眠捣碎用（重量比）水泥三份、石棉一份与水泥搅拌均匀后，边喷水边搅拌均匀，水分不宜太多，用手捻能结团，但不黏手为宜。边填边用平口凿捻坚实，填满但不得高出瓷瓶平面，抹平洒水，干固后进行安装。

（3）瓷瓶安装：安装前应用500V摇表，摇测绝缘电阻应符合要求。

3）支架的加工和安装

（1）支架加工：应选好的型号加工，断料应用锯，不宜用气焊均割。断料长度误差不应大于5mm；型钢支架钻孔，应用电钻或冲床冲孔，不宜用气焊割孔，孔径不应大于螺栓直径1.5mm；型钢支架焊接应在平板胎具上焊接，焊接牢固，焊缝平整，高出焊面1.5～3mm。无夹渣、无气孔、焊渣打净、焊后无扭曲；型钢架加工制成后，应除锈和刷防腐油漆及色漆，刷油漆应均匀，色泽光滑无遗漏。

（2）支架安装：型钢支架安装应按已测量的位置和型号安装；型钢支架安装在混凝土梁和起重机钢梁上。水平误差不大于1mm。水平总误差不大于10mm，垂直误差不大于2/1000；圆钢滑接线支架和软电缆滑道支架在墙上安装牢固。

4）滑接线的加工及安装（无设计规定时）

（1）滑接线的加工：型钢滑接线在断料前应用调直器调直。单根全长不直度不应大于2mm，不得有扭曲现场；角钢、槽钢端头应断齐，端头应平整光滑；型钢滑接线连接应用与滑接线相同截面的托板衬在滑接线内面，用电焊焊三个边。焊缝应饱满、平整、无咬肉、气孔及夹渣；圆钢滑接线不宜在中间接头。若需要接头时，应由设计认可，并提出质量要求。

（2）滑接线安装：滑接线安装应平直，滑接线中心线与起重机移动轨道中心线平行误差不大于10mm。滑触面应磨光，不得有凹坑及毛刺。悬吊滑接线的驰度相互偏差值少于20mm；滑接线长度超过50m应加补偿装置，连接应牢固；滑接线经过结构伸缩缝处，在伸缩缝两侧应加支架。支架距离伸缩缝不大于150mm。在滑接线的分段变形缝、检修处应留有10～20mm间隙。

5）软电缆滑道及软电缆安装

软电缆滑道及软电缆安装应按设计和起重机技术文件规定进行安装。

6）指示灯的安装

指示灯的安装应牢固。

7）滑接触器的安装

滑接触器应按产品规定，安装牢固，沿滑接线滑触可靠。在任何位置滑触器的中心线不应越出滑接线的边缘。

8）试运行交验

（1）滑接线及软电线安装完毕后，检查和清扫干净，用摇表摇测相间及相对地的绝缘电阻，电阻值应大于 0.5MΩ，并做记录。

（2）检测符合要求送电空载运行。检查无异常现场后，再带负荷运行，滑触器在运行中与滑接线全程滑接平滑，无较大火花和异常现场后，交建设单位使用。

4.母线安装工程

1）设备开箱清点检查

设备开箱清点检查，并做好记录；母线槽分段标志清晰齐全，外观无损伤变形，内部无损伤，母线螺栓固定搭截面应平整，其镀银无麻面、起皮及未覆盖部分，绝缘电阻合格；根据母线槽排列图和装箱单，检查母线槽、进线箱、插接开关箱及附件，其规格、数量应符合要求。

2）支架制作

若供应商未提供配套支架或配套支架不适合现场安装时，应根据设计和产品文件规定进行制作。

3）支架安装

支架和吊架安装时必须拉线或吊线锤，以保证成排支架或吊架的横平竖直，并按规定间距设置支架和吊架；母线槽的拐弯处以及与配电箱、柜连接处必须安装支架，直线段支架间距不应大于2m，支架和吊架必须安装牢固。

4）母线槽安装

按照母线槽排列图，将各节母线槽、插接开关箱、进线箱送至各安装地点，从起始端（或电气竖井入口处）开始向上、向前安装；曲线母线槽在插接母线槽组装中要根据其部位进行选择。

5）分段测试

母线在连接过程中可按楼层数或母线槽段数，每连接到一定长度便测试

第四章 站场工程质量管理

一次,并做好记录,随时控制接头处的绝缘情况,分段测试一直持续到母线安装完后的系统测试。

6) 试运行

母线槽送电前,要将母线槽全线进行认真清扫,母线槽上不得挂连杂物和积有灰尘;检查母线之间的连接螺栓以及紧固件等有无松动现象;用兆欧表摇测相间、相对零、相对地的绝缘电阻,并做好记录;检查测试符合要求后送电空载运行24h无异常现象,办理验收手续。

5. 电力变压器安装工程

1) 施工前的准备工作

(1) 场地准备:变压器道轨安装完毕,并验收合格。

(2) 工具、设备准备:注油设备、登高设备、消防器材、工具。

(3) 变压器绝缘判断。

(4) 到现场的油要试验合格,若不是同批同型号油应做混油试验。

(5) 浸入油中的运输附件、油箱应无渗漏并取油样试验合格。

2) 器身检查

(1) 器身检查时应符合下列规定:

周围空气温度不宜低于0℃,器身温度不宜低于周围空气温度。空气相对湿度≤65%时,器身暴露时间小于16h;空气相对湿度≤75%时,器身暴露时间小于12h;空气相对湿度>75%时,应开始工作或立即停止工作。

(2) 器身检查主要项目:

器身各部位无移动现象,检查时严禁攀登引线;所有螺栓应紧固,并有防松措施,绝缘螺栓应无损伤,防松绑扎完好;铁芯应无变形、铁轭与夹件间的绝缘垫应良好;铁芯一点接地,无多点接地;拆开接地线后,铁芯对地绝缘良好;打开夹件与铁轭接地片后,铁芯拉板及铁轭拉带应紧固,绝缘良好;绝缘围屏绑扎牢固,围屏上所有线圈引出处的封闭应良好;绕组绝缘层应完整,各绕组应排列整齐,间隙均匀,油路无堵塞;绕组的压钉应紧固,围屏上所有线圈引出线处的封闭应良好。引出线绝缘包扎牢固、引出线绝缘距离合格,固定牢靠;引出线的裸露部分应无毛刺或尖角,其焊接应良好;引出线与套管的连接应可靠,接线正确;绝缘屏障应完好,且固定牢固,无松动现象;油路畅通、检查各部件应无油泥、水滴、金属屑末等杂物。

3) 附件安装

附件安装包括:高压套管、低压套管、冷却装置、储油柜、气体继电器、压力释放装置、吸湿器、净油器、测温装置及油路安装。

4）真空注油

注油前，使用真空滤油机将油处理合格。

抽真空的极限允许值：220kV变压器为0.101MPa，110kV变压器为0.08MPa，真空保持时间不得少于8h，抽真空时应监视箱壁的弹性变形，在此真空度下开始从油箱底部的注油阀注油，注油全过程应保持此真空度，油温以40～60℃为宜。必须用真空滤油机打油，当油注到油面距油箱顶盖约200～300mm时，停止注油，继续保持真空，保持时间：220kV不得小于4h，110kV不得小于2h。抽真空时必须将在真空下不能承受机械强度的附件与油箱隔离，对允许同样真空度的部件，应同时抽真空。

5）补油及调整油位

松开气体继电器处封板，用大气直接接触真空，在向储油柜补油时，避免出现假油位现象。打开集气室的排气阀门和升高座等处的所有放气塞，将残余气体放尽，调整油位，使油表指示的油面与当时实测油温下所要求的油位面相符。

6）整体密封试验

在储油柜上用气压进行试验，其压力为油箱盖上能承受0.03MPa压力，试验持续时间为24h，应无渗漏。

6. 盘、柜安装工程

1）基础型钢的选用

依据设计图纸的材质和规格，选用GB型钢，同时型钢的出厂合格证、材质单必须全。对型钢的外观质量要认真检查，型钢不应有严重锈蚀、裂缝、局部凸凹现象，型钢全长力求平直、表面光滑、壁厚均匀。

2）除锈及防腐处理

首先采用钢丝刷除锈，然后用破布擦去锈垢，使型钢见到金属光泽；根据基础型钢敷设长度进行切割，切割后应首先进行校直。

3）基础型钢的制作

（1）依据设计图纸的安装位置，进行基础型钢的安装。

（2）仪表盘柜基础型钢的安装必须与设计图纸相符，仪表盘、柜、操作台的型钢座底的制作尺寸，应与仪表盘、柜、操作台相符，其直线度允许偏差为1mm/m，当型钢底座长度大于5m时，全长允许偏差为5mm；仪表盘、柜、操作台的型钢底座安装时，上表面应保持水平，其水平度允许偏差为1mm/m，

第四章　站场工程质量管理

当型钢底座长度大于 5m 时，全长允许偏差为 5mm。

（3）型钢的尺寸测定后必须采用无齿锯切割，确保断面型钢的垂直度，以及型钢长短尺寸精度。

4）基础型钢的安装

根据设计图纸的安装位置，将组装好的型钢进行安装，并用水准仪检测标高符合设计要求；依据盘箱柜安装底座恐惧，将其测定准确后，根据规范表格要求进行仪表控制室盘、柜、箱安装；用垫块对型钢进行找平、找正。

5）仪表盘确认

根据盘箱配置图，确定安装场所。

6）仪表盘箱的开装及运输

仪表盘箱的开装要在安装场所附近进行，并确认图纸号及箱号排列顺序，检查盘面外观质量；确认仪表盘的内部零配件、仪器设备等完好，油污进水迹象等；开箱后除掉内部防振、防松动挡块。

7）盘、柜的安装

（1）柜体就位与找正。

柜体就位应在室内已清理干净，环境无尘时开始盘、柜的安装工作；先按图纸规定的顺序将柜做好标记，然后用人工将其搬运到安装位置，利用撬棍撬到大致位置，然后再精确地调整一列的首块盘，再以此为标准逐个调整其他盘；调整柜体垂直度，垂直度应控制在柜体总高度的 1.5/1000H（$H-$柜高）以内；相邻柜的顶部水平误差要小于等于 2mm，成列柜顶部最大水平误差不大于 5mm；相邻两柜面的不平度不大于 1mm，整列柜的各柜面不平度最多不大于 5mm。

（2）柜体固定。

柜体就位找正后，进行柜体固定。高压开关柜固定方式采用焊接：焊接位置应在柜体内侧，每处焊缝在 20～40mm 之间，每个柜体的焊缝不应少于 4 处；保护屏等二次设备间屏柜固定采用螺接固定。

（3）高压开关柜的母线安装。

母线表面应光滑、平整、无变形、无扭曲现象；当母线平放时，贯穿螺栓应由下往上穿，其余情况下螺母应在维护侧，螺栓露扣 2～3 扣，紧固件齐全，相邻螺栓间应有 3mm 以上的净距；母线在支柱绝缘子上固定时，固定应平整牢固，绝缘子不受母线的额外应力；母线伸缩节不得有裂纹、断股和折皱现象，总截面不应小于母线界面的 1.2 倍。

（4）小车柜的安装。

小车柜的外观应整洁、无机械损伤和裂纹；小车隔离触头应洁净光滑，镀银层完好，静触头的各弹簧压力一致，动触头进入静触头既要接触牢固可靠，又要灵活轻巧，并有一定的缓冲间隙；二次回路的插头与插座结合紧密，控制系统无断线与短接现象，辅助开关动作正确可靠。

7. 断路器安装工程

1）开箱检查

开箱检查清点断路器的所有部件、备件及专用工具应齐全、无锈蚀和机械损伤，瓷件与铁件应黏合牢固；绝缘部件不应变形、受潮；邮箱焊缝严实，不渗油，外部油漆应完整。

2）放线定位及支架预制

基础的中心距离及高度的误差不应大于10mm；预留孔洞及预埋铁件的中心误差不应大于10mm；中心线误差不应大于2mm；支架应除锈刷油。

3）操作机构安装

断路器上端、下端接线与导电母线接触良好，同时开关不得收到来自母线方面的机械应力；操作机构可视需要而定，此时机构拐臂与机构主轴的夹角为50°。断路器拐臂与断路器主轴的夹角为41°。

4）操作机构调整

断路器调整后参数应符合相关规定的要求；将操作机构处于分闸位置，并用传动拉杆将断路器与机构连接起来。断路器及机构轴上的拐臂角度必须适当。应当严格遵守有关断路器及机构安装试探性要求的力学条件，保证机构操作灵活可靠；开关调整前必须加注合格的变压器油，调整时必须手动操作。

8. 隔离开关、负荷开关及高压熔断器安装工程

1）安装前的检查试验

设备的型号应与设计规定相符，并有出厂合格证；接线端子及载流部分应清洁无锈蚀，灭弧室、熔断器管均应完好；绝缘子及瓷件表面应清洁，无裂纹、破损及焊渣等；铁件与瓷件的黏合应牢固；传动机构的动作应灵活，其上应涂润滑剂；做交流耐压试验。

2）安装与调整

（1）传动装置的安装与调整。

装置与带电部分之间的距离，应符合母线安装的有关规定；较长拉杆脱开或拉断有可能初级带电部分时，应加装保护罩；各拉杆、轴套、连接轴及定位销均应固定牢固，分合闸操作应灵活无晃动；辅助开关和闭锁装置的切换应正确，接点接触应可靠；户外传动装置应有防雨防尘措施；装置的接地

应可靠。

（2）隔离开关、负荷开关的调整要求。

消弧触头合闸时，动触头应先与消弧触头接通，且在与固定触头接触前不应分离；分闸时触头的接通顺序则相反；三相开关的各刀片与固定触头接触的先后时间之误差，应符合制造厂规定；分闸时动静触头间的开距或回转角度，应符合制造厂规定，动触头、静触头中心距的误差不大于2mm；合闸后动触头、静触头与固定触头的钳口底部之间应有3～5mm的间隙；回转型开关则要求解除严密、两侧间隙均匀；户外隔离开关载流部分的可挠连接不应有折损或严重凹陷现象。

合闸后触头应进行接触紧密度的检查。触头的接触应洁净、无锈蚀，并涂有中性凡士林。制造厂有规定时，还应测量触头的接触压力，且应保证触头接触后无回弹现象。负荷开关的操作机构应灵活，手动操作时不应有显著摩擦或阻力，操作机构的调整还应符合断路器操作机构调整的有关要求。

（3）高压熔断器的安装。

熔断器插入钳口后，其与钳口的接触面应紧密，插入后应将防脱环扣好；熔断丝的熔断电流应符合设计规定，熔断丝上应无裂口及伤痕；熔断器的出现端头与母线连接后，应使瓷瓶等处不受额外力的作用。

9. 电抗器安装工程

1）施工准备

工作前必须检查所使用的各种设备、附件、工具等，发现不安全因素时，应立即进行检修或向有关人员报告，严禁使用不符合安全要求的设置和工具。

2）基础件预埋及轨道安装

焊接作业前应对焊机进行检查，电焊机外壳必须接地，其电源的装拆应由维护电工进行。焊把线连接处不得有接头外露现象；焊钳与焊把线必须绝缘良好、连接牢固。

埋件焊接时，严禁带水作业，对潮湿地方的焊接，应戴绝缘手套、穿绝缘鞋作业。雷雨天应停止露天焊接作业，电焊机应有防雨措施。

焊接、切割作业前应清理周围的易燃物或采取隔离措施，作业点应与氧气、乙炔保持安全距离，正确操作避免回火，对乙炔瓶存在漏气现象的必须及时处理或更换。

锯割轨道时，应夹紧轨道，锯床在运转中不准加油和卡、卸轨道，否则应停车进行。

用轨道校正器或千斤顶校正轨道时，应有夹具并应对正，不得偏斜，以免滑出伤人。

3）本体运输，卸车，就位

检查轨道两侧空间有无障碍物，清理周围堆积物和杂物，并在运输通道周围设置警戒人员，禁止无关人员接近运输通道。

作业时应有专人统一指挥，指挥信号应清晰明确。

作业时，严禁跨越钢丝绳和用于接触在运行中的绳索及传动机械。

场内运输中途暂停时，应采取安全措施，如：停止牵引装置、钢丝绳卡牢、抵住滚轮等。

本体运输小车转向或停止时，使用千斤顶应随时注意用垫物支撑牢固，以免千斤顶倾倒引发事故。

在本体顶部绑扎钢丝绳等作业时，要防止滑倒坠落，必要时系安全带。

4）排氮

打开排气阀门时，应缓慢开启，工作人员应侧面站立，避免由于氮气冲击伤人。在拆除本体上排氮堵板时，应分次对称护松螺栓，防止堵板突然蹦起造成事故。注油排氮时应采取防火措施，现场配备足够的消防器材。

5）器身检查

吊运工作应有专人统一指挥，指挥信号应清晰、明确；起吊前应事先由专业技术人员制定安全技术措施；在本体顶部绑扎制丝绳时，要防止滑倒；起吊前检查起重机，起吊工具、绳索质量良好，不符合要求的，严禁使用；起吊时应绑扎牢固，经检查确认无误，方可起吊；作业人员进入本体内，充氮本体需经充办排氮，并经过测氧仪检查本体内部氧气浓度符合要求后，方可进入本体内；铁芯掉离箱体后，应用枕木垫平，放稳，防止滑倒；焊接处理引线时，应采取绝热和隔离措施，避免着火；器身检查现场，要设置消防器材，作业人员要会使用灭火器；器身内检时，应向本体内补充干燥空气，其他人员不得在本体箱盖上进行任何作业；进行各项电气试验时，其他工作必须停止；器身检查现场，照明灯具、线路必须安全可靠，内检时必须使用防爆安全行灯等安全灯具。

6）干燥

干燥用的电源及导线应经过计算，要设置负荷保护和温度报警装置。

干燥过程中，应设值班人员。操作时应戴绝缘手套并设专人监护，以免发生事故。

用涡流干燥时，应使用绝缘线。使用裸线时，必须是低压电源，并应有可靠的安全绝缘措施。

干燥现场不得放置易燃物品,并应备有足够的消防器材。

7)附件安装

检查起重机或起重机具灵活、可靠,绳索牢固。吊装高压套管时,应绑扎牢固,经检查确认无误后,方可起吊。套管就位后,负责拉引线的工作人员要系好安全带。

8)绝缘油过滤

滤油机及金属管道应接地良好,避免由于油流摩擦产生静电;操作滤油机时,应按滤油机的操作程序进行;滤油纸烘干过程中严防温升过高起火。

9)抽真空、注油、热油循环、补油和静置

在本体顶部连接管路等作业时应有防滑措施,必要时系安全带;在给真空泵、油泵加润滑油时应停机操作;操作滤油机时,应按滤油机的操作程序进行。

10)整体密封试验

在本体顶部连接管路等作业时应有防滑措施,必要时系安全带;严格按照设计压力加压试验,避免压力过高引起事故。

11)中性点设备安装

作业用梯子和临时脚手架,应牢固可靠,工作平台不得有妨碍安全的孔洞;安装工作应有专人统一指挥,指挥信号应清晰、明确;起吊设备前检查起重机,起吊工具及绳索质量良好,不符合要求的,严禁使用;起吊时应绑扎牢固,经检查确认无误,方可起吊;高空作业必须系好安全带,其固定位置应安全可靠。

12)电气试验

控制措施按《电气试验及机组试运行》有关控制措施执行。

13)洁净,喷漆、标识

高处作业必须系好安全带,其固定位置应安全可靠;加强通风,个人劳动防护用具佩戴应符合劳保规定要求;使用喷枪时,加漆打气应按要求进行。

14)工程交接验收

手持灯具应符合安全要求;高处作业必须系好安全带,其固定位置应安全可靠;严禁攀爬变压器和电抗器等设备,应走专用爬梯并注意防滑。

10.避雷器安装工程

1)施工前准备

施工前,应先进行技术、人员、机具和施工材料的准备。

2）设备基础安装及检查

根据设备到货的实际尺寸，核对土建基础符合要求，包括位置、尺寸等，底架横向中心线误差不大于10mm，纵向中心线偏差相间中心偏差不大于5mm；设备底座基础安装时，要对基础进行水平调整及对中，可用水平尺调整，用粉线和卷尺测量误差，以确保安装位置符合要求，要求水平误差≤2mm，中心误差≤5mm。

3）设备开箱检查

与厂家、监理及建设单位代表一起进行设备开箱，并记录检查情况；开箱时应避免损坏设备；开箱后检查瓷件外观，应光洁无裂纹、密封应完好，附件应齐全，无锈蚀或机械损伤现象；避雷器各节的连接应紧密；金属接触的表面应清除氧化层、污垢及异物，保护清洁。检查均压环变形、裂纹、毛刺。

4）设备安装及调整

支架标高误差≤5mm，垂直度偏差≤5mm，顶面水平偏差≤2mm；避雷器安装时，必须根据产品成套供应的组件编号进行，不得互换，法兰间连接可靠；在线监测装置与避雷器连接导体超过1m时应设置绝缘支柱支撑，过长的硬母线应采取预防"热胀冷缩"应力的措施，接地部位一处与接地网可靠连接，另一处与集中接地装置可靠连接；避雷器接触表面应擦拭干净，出去氧化膜及油漆，并涂一层电力复合脂；避雷器的引线与母线、导线的接头，截面积不得小于规定值，并要求上下引线连接牢固，不得松动。

11. 电容器安装工程

1）施工前准备

施工前，应先进行技术、人员、机具和施工材料的准备。

2）基础检查

根据电容器到货的实际尺寸，核对土建基础符合要求，包括位置、尺寸等，如果预埋铁板不符合要求，需通知现场监理工程师联系有关单位进行整改；清楚基础槽钢表面的灰砂，核实基础槽钢可靠接地。

3）设备开箱检查

设备开箱检查产品的铭牌数据与设计图纸相符，并检查出厂文件齐全；检查包装箱内零部件与装箱清单相符；检查产品运输过程中有无损伤和变形，检查电容器的本体有无渗漏，电容器套管有无破损和裂纹，连接线有松动，绝缘有破损等。

电容器开箱后，按电容容量分别存放，并由试验人员进行电气试验，检查容量及绝缘，并按容量进行配合分组。

4）电容器组框架安装

（1）成套电容器框组安装前，应按要求做好型钢基础。

（2）组装式电容器安装前应先按图纸要求做好框架，电容器可分层女装，一般不超过三成，层间不应加设隔板，电容器的构架应采用非可燃材料制成。构架间的水平距离不小于0.5m，下层电容器的地步距地不应小于0.3m，电容器的母线对上层构架的距离不应小于20cm，每台电容器之间的距离按说明书和设计要求安装，如无要求时不应小于50mm。

（3）基础型架及构架必须按要求刷漆和做好接地。

5）电容器安装

（1）电容器通常安装在专用电容器室内，不应安装在潮湿、多尘、高温、易燃、易爆及有腐性体场所。

（2）电容器的新定电压应与电网电压相府。一般应采用角形联接。

（3）电容器组应保持三相平衡，三相不平衡电流不大于5%。

（4）电容器必须有放电环节，以保证停电后迅速将储存的电能放掉。

（5）电容器安装时铭牌应向通道一侧。

（6）电容器的金属外壳必须有可靠接地。

6）母线安装

（1）电容器联接线应采用软导线，接线应对称一致，整齐美观，线端应加线鼻子，并压接牢固可靠。

（2）电容器组用母线连接时，不要使电容器套管（接线端子）受机械应力，压接应严密可靠，母线排列整齐，并刷好相色。

（3）电容器组控制导线的联接应符合盘柜配线、二次回路配线的要求。

7）送电前的检查

（1）绝缘摇测：1kV以下的电容器应用1000V摇表摇测，3～10kV电容器应用2500V摇表摇测，并做好记录。摇测时应注意摇测方法，以防电容放电烧坏摇表，摇完后要进行放电。

（2）耐压试验：电力电容器送电前应做交接试验。交流耐压试验应符合相关标准要求。

12. 互感器安装工程

1）施工前准备

施工前，应先进行技术、人员、机具和施工材料的准备。

2）设备基础安装及检查

根据设备到货的实际尺寸，核对土建基础符合要求，包括位置、尺寸等，底架横向中心线误差不大于10mm，纵向中心线偏差相间中心偏差不大于5mm；设备底座基础安装时，要对基础进行水平调整及对中，可用水平尺调整，用粉线和卷尺测量误差，以确保安装位置符合要求，要求水平误差≤2mm，中心误差≤5mm。

3）设备开箱检查

与厂家、监理及建设单位代表一起进行设备开箱，并记录检查情况；开箱时应避免损坏设备；开箱后检查瓷件外观，应光洁无裂纹、密封应完好，附件应齐全，无锈蚀或机械损伤现象；互感器的变壁分接头的位置和极性应符合规定；二次接线板应完整，引线段子应连接牢固，绝缘良好，标志清晰；油浸式互感器需检查油位指示器、瓷套法兰连接处、放油阀均无渗油现象。

4）设备安装及调整

电流互感器二次接线盒或铭牌的朝向应符合设计要求；互感器的引线与母线、导线的接头，截面积不得小于规定值，并要求上下引线连接牢固，不得松动；安装后保证垂直度符合要求，同排设备保证在同一轴线，整齐美观，螺栓紧固均匀，按设计要求进行接地连接，相色标志应正确。备用的电流互感器二次端子应短接并接地。

13. 蓄电池安装工程

1）设备点检检查

（1）设备拆箱点检检查应由施工单位，供货单位，建设单位共同进行，并做好记录。

（2）根据装箱单或供货清单的规格、品种、数量进行清点。

（3）制造厂的有关技术文件齐全。

（4）设备的规格、型号符合设计要求，附件齐全，部件损坏。

（5）铅酸蓄电池应检查的内容：蓄电池槽应无裂纹、无损伤，槽盖板应密封良好；蓄电池的正、负端柱必而极性正确，并应无变形；防酸栓、催化栓等配件应齐全无损伤；滤气帽的通气性能良好；透明的蓄电池槽，应检查极板无严重受潮和变形；槽内部位应齐全无损伤。

（6）镉镍碱性蓄电池应检查的内容：蓄电池外壳应无裂纹、无损伤、无漏液等现象；极性正确，壳内部件齐全无损伤；有气孔塞通气性能良好；连接条，螺栓及螺母应齐全，无锈蚀；带电解液的蓄电池，其液面高度应在两液

第四章 站场工程质量管理

面线之间；防漏栓基应无松动，脱落。

2）母线，电缆及台架安装

（1）蓄电池室内的母线支架安装要符合设计要求。支吊架以及绝漆子铁脚均应刷耐酸漆。

（2）蓄电池引出电缆的敷设，除应符合现行国家标准《电气装置安装工程电缆线路施工及验收标准》（GB 50168—2018）中的有关规定外，还应符合下列要求：宜采用塑料护套电缆；引出线应用塑料色带标明正、负极性。正极为赭色，负极力蓝色；孔洞及保护管处应用耐酸，碱材料密封。

（3）蓄电室内裸母线安装除应符合有关规范外，还应采取防腐蚀措施。连接处应涂电力复合脂。

（4）台架的安装：台架，基架数间距应符合设计要求；台架安装前应刷耐酸漆或焦油沥青；电压高于48V的蓄电池架，应用绝缘子或绝券垫与地面绝缘；台架的安装应平整，不得歪斜。

3）蓄电池组安装

（1）蓄电池安装应按设计图纸及有关技术文件进行施工。

（2）蓄电池安装应平稳，间距均匀；同一排列的蓄电池应高度一致，排列整行。

（3）有抗震要求时，其抗震措施应符合有关规定，并牢固可靠。

（4）温度计、液面线应放在易于检查一侧。

4）配液与充放电

（1）配液前应做好的工作：硫酸应是蓄电池专用硫酸，并应有制造厂产品合格证；蒸馏水应符合标准要求；蓄电油槽内应清理干净；做好充电电源的准备工作，确保电源可靠供电；准备好配液用具，测试设备及劳保用品。

（2）调配电解液：在调配电解渡时，将蒸馏水放到已准备好的配液容器中，然后将浓硫酸缓慢的倒入蒸馏水中，同时用玻璃棒搅拌以便混合均匀，迅速散热；严禁将蒸馏水往硫酸内倒，以防发生剧热爆炸。

（3）电解液调配好的密度应符合产品说明书的技术规定。

（4）蓄电池放电后应立即充电，间隔不宜超过10h。

（5）充放电全过程，按规定时间做好电压、电流、比重、温度记录及绘制充放电特性曲线图。

（6）蓄电池室通风必预良好；蓄电池室严禁烟火；极板焊接时，必须由有经验的焊工进行，电工配合；蓄电池配液应由有施工经验的电工操作，并设专人监护；配液时蓄电池室应备5%的碳酸钠溶液和清水以防意外；严格禁止把蒸馏水向硫酸内倾倒；配注电解液时，操作人员必须佩戴专用保护用品（防护眼镜、胶皮手套、胶皮围裙、胶皮靴、口罩），确保操作安全；蓄电池充加电严格按技术资料进行，以防过充、过放损坏极板，影响使用寿命。

5）碱性蓄电池充放电及注意事项

（1）碱性蓄电池配液及充放电要按产品说明书和有关技术资料进行。

（2）电解液的注入：清洗电池，揉去油污；注入电解液需用玻璃漏斗或盗漏斗；注入后2h进行电压测量，如测不出可等8～10h，再测一次，还测不出电压或电压过低，说明电池已坏，需更换电池；电解液注入后2h还要检查液面高度，页面必须高出极板10～15mm；在电解液中注入少量的火油或凡士林，使其漂浮在液面上，隔绝空气，防止空气中二氧化碳与电解液接触。

（3）充、放电：碱性蓄电池的充、放电应按说明书的要求进行。

6）蓄电池送电及验收

（1）蓄电池送电：蓄电池二次充电后，经过对蓄电池电压，电解液比重，温度检查正常后交建设单位使用。

（2）验收：验收时应提交下列资料文件：产品说明书及有关技术文件；蓄电池安装，充电、放电记录；材质化验报告。

14. 照明器具及配电箱、板安装工程

1）施工准备

材料要求：各型灯具，开关插座配电箱其型号、规格必须符合设计要求及图示标准的规定，器具内配线严赫外露，配件齐全，无机械损伤、无变形，油漆脱落缺陷，所有产品应有产品合格证。

作业条件：各种管路、线盒已敷设完毕，盒子收工平整，线路等线已穿完，并已做完绝缘测试，顶棚、墙面抹灰，室内装修及地面清理工作均已完成。

2）灯具安装

吸顶及壁装灯具安装，根据设计图确定灯位，灯具等贴建筑物墙面，灯箱应完全遮盖住灯头盒，对着灯头盒位置，开好进线孔，将电源线穿入灯箱，在穿线孔处应套上塑料管保护导线，在灯箱两端用膨胀螺栓或塑料膨胀管固定，将电源线压入灯箱内的端子板上，灯具反光板固定于灯箱，并将灯箱调平顺直，上好灯管。

嵌入吊灯内的轻型灯具，其支架可直接固定于立龙骨上，将电源线引入灯箱，连接可靠并包扎紧密，调整各灯口灯脚，装灯管灯罩，调整灯具边距使之与顶棚面装修线条平齐。

第四章　站场工程质量管理

大型灯具必须预埋吊钩。

应急灯必须灵敏可靠，事故照明灯具应有特殊标志。

3）开关插座安装

跷板开关距地面高度为1.4m，距门边为15～20cm，开关不得置于单扇门后，开关位置应与灯位相对应，灯具相线应经过开关控制，插座安装，普通插座距地面50cm，同一堵墙上相同标高装置标高偏差不大于2mm，同一室内标高偏差不大于5mm，插座接线必须按指定位置连接，暗装开关插座四边紧贴墙面，固定牢固可靠。

安装时先将盒内导线留出维修长度，剥除外皮，不得损伤线芯，将芯导线线芯直接插入开关插座的接线孔中用顶丝压紧，线芯不得外露，多组导线先分相序按规范要求连接，包扎绝缘后再接入，然后将开关插座推入盒中，用配套螺栓固定。

4）配电箱安装

强配电箱，弱电箱应距地1.6m，插座箱距地1.5m，管线入箱后，分清回路规格相序，绑扎成束，排列整齐；小于2.5mm^{2}的单股线可直接接入器具，多股铜芯线应刷锡后接入，大截面多股导线应通过鼻子连接，箱内器具应固定可靠，间距均外，启闭灵活，零部件齐全。

5）通电试运行

灯具、开关、插座、配电箱安装完毕，各回路绝缘电阻遥测合格后方可允许通电试运行，应将配电箱卡片填写好部位，回路编号，通电后，应仔细检查灯具的控制灵活准确，开关与灯具的控制顺厅应相对应，检查插座接线正确，漏电开关动作应灵敏可靠，如果发现问题，必预先切断电源，再查找原因修复。

15.电动机的电气检查和接线工程

1）外观检查

（1）电动机铭牌上制造厂名、出厂日期、电动机型号规格、接线方式、工作方法、绝缘等级等记录清晰。

（2）电动机型号规格符合设计要求，附件备件齐全。

（3）电动机安装牢固，连接紧密、牢固。

2）试验调整

（1）交流电动机。

交流电动机试验内容包括：绝缘电阻和吸收比、直流电阻、交流耐压试压、线圈极性、空载试验等。

①绝缘电子和吸收比测量。

测量绝缘电阻采用兆欧表。

可变电阻器、起动电阻器、天磁电阻器的绝缘电阻与回路一起测量，其值不低于 0.5MΩ。

电动机轴承绝缘电阻采用 1000V 兆欧表测量，其值不低于 0.5MΩ。

②直流电阻测量。

直流电阻测量采用电桥。

测量结果应满足：1kV 以上或 100kV 以上电动机各相绕组直流电阻值相互差别不应超过其最小值的 2%，中性点未引出的电动机可测线间直流电阻，其相互差别不应超过其最小值的 1%。可变电阻器、起动电阻器、天磁电阻器的直流电阻值与产品出厂值比较，其差值不应超过 10%。

③交流耐压试验见表 4-16、表 4-17。

表 4-16　定子绕组的交流耐压试验电压

额定电压（kV）	3	6	10
试验电压（kV）	5	10	16

表 4-17　绕线式电动机转子绕组交流耐压试验电压

转子工况	不可逆	可逆
试验电压（V）	$1.5V_K+750$	$3.0V_K+750$

同步电动机转子绕组的交流耐压试验电压值为额定励磁电压的 7.5 倍，且不应低于 1200V，但不应高于出厂试验电压值的 75%。

④定子绕组的记性及其连接检查。

定子绕组的极性及连接检查结构应与铭牌相符合。

⑤电动机的空载试验。

电动机空载运行 2h，记录空载电流。

（2）直流电动机。

直流电动机的试验内容包括：励磁绕组和电枢的绝缘电阻和直流电阻、交流耐压试验，励磁回路连同所有连接设备的绝缘电阻和交流耐压试验，励磁可变电阻器的直流电阻，电动机绕组的极性及其连接正确性，直流发电机的空载特性和以转子绕组为负载的励磁机负载特性曲线。

①绝缘电阻和直流电阻的测量方法与交流电动机相同，绝缘电阻的测量值不应低于 0.5MΩ，直流电阻的测量值与出厂值比较，励磁绕组的差值不大

第四章　站场工程质量管理

于2%，可变电阻器差值不大于10%。

②交流耐压试验时，励磁绕组对外壳和电枢绕组对轴的试验电压为1.5Ve+750（V），但不小于1200V，励磁回路连同所有连接设备的试验电压为1000V。

③直流发电机空载特性和以转子线组为负载的励磁机负载特性曲线与出厂资料比较应无明显差别。

（3）电频发电机。

电频发电机的试验内容包括：绕组的绝缘电阻、直流电阻、交流耐压试验，发电机的空载特性曲线相序。

①绕组绝缘电阻不低于0.5MΩ。各相或各分支的绕组直流电阻值与出厂值相差不超过2%，励磁绕组直流电阻值与出厂值比较无明显差别。

②绕组的交流耐压试验电压为出厂试验值的75%。

③空载特性曲线与出厂数值比较无明显差别。

④测得的相序与标记相符。

（4）同步发电机及调相机。

同步发电机及调相机的试验内容包括：绕组的绝缘电阻、直流电阻，耐压试验，发电机和励磁机的励磁回路连同所百连接设备的绝缘电阻交流耐压试验，定子铁芯试验，轴承和转子进水支座绝缘电阻，电阻器直流电阻，三相短路特性曲线，空载特性曲线，灭磁时面常数，定子残压，相厅，检温计的绝缘电阻及温度校验等。

①定子绕组的各相绝缘电阻不平衡系数不大于2，直流各相或各分支绕组电阻相互差别不超过其最小值的2%，与出厂值比较相差不大于2%。

②测量转子绕组的绝缘电阻时，200V及以上采用2500V兆欧表，200V及以下采用1000V兆欧表，转子绕组绝缘电阻测量值不低于0.5MΩ。水内冷转子绕组用500V及以下兆欧表测量，其绝缘电阻不低于5000Ω。

③发电机和励磁回路连同所有连接设备的绝缘电阻值不低于0.5MΩ，交流耐压试验电压为1000V。

④定子铁芯采用0.8～1.0T磁通密度进行试验，铁芯齿部温升不超过25℃，各齿温差不超过15℃，试验持续时间为90min。

⑤发电机、励磁、机绝缘轴承和转子进水支座绝缘电阻值，采用1000V兆欧表测量不低于0.5MΩ。

⑥检温计的绝缘电阻采用250V兆欧表测量，其温度计误差不超过制造厂规定。

⑦灭磁、电阻器、自同步电阻器直流电阻与铭牌值比较，相差不超过10%。

⑧三相短路特性出线和空载特性出线与出厂值比较，应在测量误差范围内。

⑨发电机在空载额定电压下，测量定子开路时的灭磁时间常数和自动天磁装置分闸后的定子残压，符合制造厂规定。

⑩测量相序与铭牌值相符。

⑪空载额定电压时及带负荷后测量，汽轮发电机的轴承油膜短路时转子两端轴上的电压宜等于轴承与机座间的电压，水轮发电机应测轴对机座的电压。

（5）电机绝缘电阻不合要求时应进行电机干燥。干燥可用灯泡干燥法或电流干燥法。

3）抽芯检查

电动机有下列情况之一时，应做抽芯检查：出厂日期超过制造厂保证期限；经外观检查或电气试验质量可疑时；开启式电动机经端部检查可疑时；试运转异常；40kW 及以上电动机安装前。

检查内容：内部清洁无杂物；电机铁芯、轴径、滑环、换向器等清洁，无伤痕、锈蚀现象，通风孔物阻塞；线圈绝缘层完好，绑线无松动；定子槽楔无断裂、凸出及松动，每根槽楔的空响长度不超过1/3，端部槽楔牢固；转子平衡块坚固，平衡螺栓锁牢，风扇方向正确，叶片无裂纹；磁极及铁轭固定良好，励磁线圈紧贴磁极，不松动；电动机绕组连接正确、焊接牢固；直流电机磁极中心线与几何中心线一致；电动机滚珠轴承工作面光滑、无裂纹、无锈蚀，滚动体与内外圈接触良好，无松动，加入轴承内的润滑脂填满内部空隙的2/3。

4）接线

电动机接线包括电源线路、控制和检测线路的端接以及接地（接震）线的敷设。电动机接线应先校线，确保线路连接准确。

16. 二次回路结线工程

1）熟悉图样

看懂并熟悉电路原理图、施工接线图、屏面布置图等；按施工接线图标记端子功能名称，填写名称单，并规定纸张尺寸，以便加工端子标条。

2）核对器件及贴标

根据施工接线图，对柜体内所有电器元件的型号、规格、数量、质量进行核对并确认安装符合要求，如发现电器元件外壳罩有碎裂，缺陷及接点有

第四章 站场工程质量管理

生锈、发霉等质量问题,应给予调换。

按图样规定的电器元件标志,将"器件标贴"贴于该器件适当位置,要求"标贴"整齐美观,并避开导线行线部位,便于阅读。

3)布线

线束要求横平竖直,层次分明,外层导线应平直,内层导线不扭曲或扭绞。在布线时,要将贯穿上下的较长导线排在外层,分支线与主线成直角,从线束的背面或侧面引出,线束的弯曲宜逐条用手弯成小圆角,其弯曲半径应大于导线直径的2倍,严禁用钳强行弯曲。

4)捆扎线束

塑料缠绕管捆扎线束可根据线束直径选择适当材料。缠绕管捆扎线束时,每节间隔5~10mm,力求间隔一致,线束应平直。

根据元件位置及配线实际走向量出用线长度,加上20cm余量后落料、拉直、套上标号套。

用线夹将圆束线固定悬挂于柜内,使之与柜体保持大于5mm距离,且不应贴近有夹角的边缘敷设,在柜体骨架或底板适当位置设置线夹,二线夹之间的距离,横向不超过300mm,纵向不超过400mm,紧固后线束不得晃动,且不损伤导线绝缘。

跨门线一律采用多股软线,线长以门开至极限位置及关闭时线束不受其拉力与张力的影响而松动,损伤绝缘为原则并与相邻的器件保持安装距离,线束两端用支持件压紧,根据走线方位弯成U形或S形。

5)分路线束

分路到继电器的线束,一般按水平居二个继电器中间两侧分开的方向行走,到接线端的每根线应略带弧形,裕度连接。同屏内的各种继电器接线的弧形,应力求一致。

6)剥线头

导线端头连接器件接头,应按相关规定要求进行,每根导线须有弧形余量(推荐10cm),剪断导线多余部分,按规格用剥线钳剥去端头所需长度塑胶皮后把线头适当折弯,为防止标号头脱落,注意:剥线时不得损伤线芯。

7)钳铜接头和弯羊眼圈

按导线截面选择铜端头规格,并选好冷压钳规格,用冷压钳将导线芯线压入铜端头内,注意其裸线部分不得大于0.5mm,导线也不得负于铜端头表面,更不得将绝缘层压入铜端头内,特殊元件可不加铜端头但须经有关部门同意。

回路中所有冷压端头应采用OT型铜端头,一般不得采用UT型,特殊元件可根据实际情况选择 UT 型铜端头或 IT 型铜端头。

有规定须热敷的产品在铜端头冷压后，用 50W 或 30W 的电烙铁进行焊锡。注意，焊锡点应牢固，均匀发亮，不得有残留助焊剂或损伤绝缘。

单股导线的羊眼圈，曲圆的方向应与螺钉的紧固方向相同，开始曲圆部分和绝缘外皮的距离为 2～3mm，以垫圈不会压住绝缘外皮为原则，圆圈内径和螺钉的间隙应不大于螺钉直径的 1/5，不允许弯成不正确的圆圈。

截面小于或等于 1mm² 单股导线，应用焊接方法与接点连接，如元件的接点为螺钉紧固，要用焊片过渡。

导线芯线压入铜端头后，要求牢固，不得松动，"标号套"字迹方向从左到右，从上到下。

8）器件连接

严格按施工接线图接线。

接线前先用万用表或对线器校对正确，并注意标号套在接线后的视读方向，如发现方向不对应立即纠正。

当二次线接入一次线时，应在母线的相应位置钻 ϕ6mm 孔，用 M5 螺钉紧固，或用子母垫圈进行连接。

对于管形熔断器的连接线应在上端或左端接点引入电源，下端或右端接点引出，对于螺旋形熔断器应在内部接点引入电源，由螺旋套管接点引出。

电流互感器的二次线不允许穿过相间，每组电流互感器只允许一点接地，并设独立接地线，不应串联接地，接地点位置应按设计图纸要求制作，如图纸未注时，可用专用接地垫圈在柜体接地。

将导线接入器件接头上，用器件上原有螺钉护紧（除特殊垫圈可不加弹簧外），应加弹簧垫圈（即螺钉→弹簧垫圈→垫圈→器件→垫圈→螺母，螺钉→垫圈→器件→垫圈→弹赁垫圈→螺母），螺钉必须拧紧，不得有滑牙，螺钉帽不得有损伤现象，螺纹露出螺母 1～5 扣（以 2～3 扣为宜）。

标号套套入导线，导线压上铜端头后，必须格"标号套"字体向外，各标号套长度统一，排列整齐。

所有器件不接线的端子都需配齐螺钉、螺母、垫圈并拧紧。

导线与小功率电阻及须焊接的器件连接时，在焊接处与导线之间应加上绝缘套管，导线与发热建连接时，其绝缘层剥离长度，按表 4-18 规定，并套上适当长度的瓷管。

长期带电发热元件安装位置应靠上方，按其功率大小与周围元件及导线束距离不小于 20mm。

表 4-18　绝缘层剥离长度

管形电阻发热功率为额定不同百分比时	7.5～15W		25～200W	
	≤30%	≤50%	≤30	≤50%
选用 BV、BVR 导线剥去的绝缘长度（mm）	10	20	20	40

17. 电伴热带安装工程

1）伴热带的敷设

（1）电伴热带一般敷设在管道纵切面水平中心线偏下45°处。如多根平铺，可向上、下平移，但不应敷设在管道正上方。用压敏胶带将伴热带径向固定在管道上，遇到弯头处或法兰处应适当增加胶带的用量。然后在敷设的伴热带上横向覆盖铝箔胶带，并压平。是伴热带紧贴管道面，提高热效率。

（2）该型号伴热带的每个回路不能超过其最大使用长度。每个回路中至少包括一个电源接线盒、一个温控装置、若干个中间接线盒和终端接线盒。终端接线盒由伴热带根数而定，有多少根用多少只。

（3）电伴热带在管道、容器上的敷设方式：平行直铺、连续"S"形敷设、横"U"形敷设，一般不允许缠绕敷设。具体的敷设方式要根据设计给出的长度及功率要求来决定。

（4）遇到法兰、管架预留伴热带 0.5m，蝶阀、球阀 0.8m，截止阀 1m，大管道阀门另加；对于埋地管道每只接线盒预留伴热带 2m。

（5）对管道"引上弯""引下弯""水平弯"处，电伴热带的应敷设在"阴面"。即管道的中下部，避免正下方敷设。

（6）在管道的"T"接部位，无论是"同径"还是"异径"，伴热带的敷设应在一侧。对于横"U"形敷设方式的，伴热带，禁止上下形式的"相对"敷设。

（7）电伴热带敷设在管道上的固定间距一般 50cm，转弯处应缩短固定距离，并适当增加胶带缠绕圈数。

2）保温层的敷设

保温层的安装，选择与管道直径匹配的保温材料，保温材料的对口和接口应紧凑连贯，形成一个整体并固定。

3）保护层的安装

保护层的重叠咬合处，对于纵向没有特殊要求，但是对横向安装咬合处的布置避开伴热带敷设位置。尽量选择在伴热带敷设位置的相对侧，即"相对法安装"。

18. 接地装置及避雷针（带、网）安装工程

1）接地装置安装

当设计无要求时，接地装置长度不应小于2.5m，其相互间距一般不小于5m；接地装置的埋设深度不应小于0.6m，角钢及钢管接地体垂直配置；接地装置与建筑物距离不宜小于3m。

接地装置的焊接应采用搭接焊，搭接长度应符合下列规定：扁钢与扁钢搭接为扁钢宽度的2倍，不少于三面施焊；圆钢与圆钢搭接为圆钢直径的6倍，双面施焊；圆钢与扁钢搭接为圆钢直径的6倍，双面施焊；扁钢与钢管、扁钢与角钢焊接，紧贴角钢外侧两面或紧贴3/4钢管表面，上下两侧施焊；除埋设在混凝土中的焊接接头外，有防腐措施。

当设计无要求时，接地装置的材料采用为钢材，热漫镀锌处理。

2）接地干线安装

接地线应与接地装重用扁钢连接，分室内和室外两种，室外接地干线与支线一般敷设在沟内。室外接地干线多为暗敷。

明敷接地干线应水平或垂直敷设，也可沿建筑物倾斜结构平行在直线段上，不应有高低起伏及弯曲情况。

明敷接地引下线及室内接地干线的支持件间距应均匀，水平直线部分0.5～1.5m，垂直直线部分1.5～3m；弯曲部分0.3～0.5m。

接地干线在穿越墙壁，楼板和地坪处应加套钢管或其他坚固的保护套管，钢套管应与接地线做电气连通。

变配电室内明敷接地干线安装应符合下列规定：便于检查，敷设位置不妨碍设备的拆卸与检修；当沿建筑物墙壁水平敷设时，距地面高度250～300m；与建筑物墙壁间的间隙10～15mm；当接地干线跨越建筑物变开缠时，设补偿装置；接地干线表面沿长度方向，每段为15～100mm，分别涂以黄色和绿色相间的条纹；变压器室，高压配电室的接地干线上应设置不少于2个供临时接地用的接线柱或接地螺栓；当电缆穿过零序电流互感器时，电缆头的接地线应通过零序电流互感器后接地；由电缆头至穿过零序电流互感器的一段电缆金属护层和接地线应对地绝缘；配电间隔和静止补偿装置的栅栏门及变配电室金属门铰链处的接地连接，应采用编制铜线。变配电室的避雷器应用最短的接地线与接地干线连接；设计要求接地的幕墙金属框架和建筑物的金属门窗，应就近与接地干线连接可靠，连接处不同金属间应有防电化腐蚀措施。

第四章 站场工程质量管理

3）避雷针（带、网）制作与安装

按设计要求的材料所需长度分上，中，下三节进行下料。

安装时，先将支座钢板固定的底板固定在预埋的地脚螺栓上，焊上一块肋板，再将避雷针立起，找直、找正后，进行点焊，然后校正，焊上其他三块肋板。最后将引下线焊在底板上。

女儿墙宽度大于300mm时，避雷带距女儿墙外侧为150mm，接地干线支架其顶部应距墙面15～20mm。

避雷带应平正顺直，固定点支持件间距均司，固定可靠，每个支持件应能承受大于49N（5kg）的垂直拉力。当设计无要求时，支持件水干直线间距0.5～1.5m，垂直直线间距1.5～3m，弯曲处0.3～0.5m。

避雷针、避雷带应位置正确，焊接固定的早道饱满无遗漏，螺柱固定的应备帽等防松零件齐全，焊接部分补刷的防腐油气完整。

二、关键质量风险点识别

（一）主要控制要点

主要控制要点包括：进场人员（主要管理人员、安装工、电工），进场设备机具（电流表、电压表、微安表、试电笔、绝缘棒、直流单双臂电桥、绝缘电阻测试仪、万用电表、相序表、钳形电流表、接地电阻测试仪），进场材料（电缆、电线），作业文件（电气工程安装方案），作业环境（静电、接地等）。

（二）重点管控内容

1. 人员

核查进场人员数量、上岗证、资格证满足作业要求，并已履行报验程序。

2. 设备机具

核查进场机具设备、检测工器具数量、性能规格与施工方案相符，检定证书在有效期，报验手续完备，并已报验合格，设备运转正常，保养记录齐全。

3. 材料

核查材料质量证明文件（合格证、检验报告等），并应进行外观检查；电缆的规格型号应符合设计文件规定。

4. 工序关键环节控制

（1）检查施工作业人员技术交底和班前安全交底记录。

（2）检查电缆规格、型号符合设计要求，具有产品技术质量证明文件；电缆试验符合 GB 50150—2016《电气装置安装工程 电气设备交接试验标准》的规定。

（3）检查电缆敷设的位置，保护措施符合 GB 50168—2018《电气装置安装工程 电缆线路施工及验收标准》或 GB 50303—2015《建筑电气工程施工质量验收规范》等规范的规定。

（4）检查爆炸、火灾危险环境使用的电缆，其规格、型号符合设计规定。

（5）检查金属电缆支架、桥架及其引入、引出的金属导管的接地符合要求，接地线的选用符合要求。

（6）检查终端电缆头、中间接头的制作符合设计及规范要求，接线去向、相位和防火隔堵措施等符合要求。

（7）检查电缆支架、托架、桥架的安装质量符合设计要求。

（8）检查电缆敷设的质量符合设计要求。

（9）检查电缆支架、托架、桥架的安装质量符合设计要求。

（10）检查配线的材质、适用场所及连接符合设计及 GB 50303—2015《建筑电气工程施工质量验收规范》的要求。

（11）检查爆炸、火灾危险环境导管与设备、导管与导管的连接的防爆措施，隔离密封措施符合 GB 50257—2014《电气装置安装工程 爆炸和火灾危险环境电气装置施工及验收规范》的要求。

（12）检查电缆（线）导管安装的质量符合规范规定。

（13）检查导管连接的质量符合规范要求。

（14）检查导管明敷的质量符合规范要求。

（15）检查爆炸、火灾危险环境配管的质量符合规范要求。

（16）检查滑接线各相间和对地的绝缘电阻值符合规范要求。

（17）检查电支架及绝缘子安装质量符合规范要求。

（18）检查滑接线安装质量符合规范要求。

（19）检查滑接线连接质量符合规范要求。

（20）检查滑接器安装的质量符合规范要求。

（21）检查接地与防腐的质量符合规范要求。

（22）检查母线的通电条件符合要求。重点是母线支架和封闭、插接式母线的外壳接地（PE）连接完成，母线绝缘电阻测试和交流工频耐压试验合格。

第四章　站场工程质量管理

（23）检查母线规格、型号符合设计要求，高压绝缘子和穿墙套管的电气试验符合 GB 50150—2016《电气装置安装工程　电气设备交接试验标准》的规定，产品技术质量证明文件齐全。

（24）检查注入套管内的绝缘油试验符合 GB 50150—2016《电气装置安装工程　电气设备交接试验标准》的规定。

（25）检查母线与母线或母线与电器接线端子，当采用螺栓连接时，搭接面及搭接尺寸符合 GB 50303—2015《建筑电气工程施工质量验收规范》的规定。

（26）检查母线搭接螺栓的拧紧力矩符合 GB 50303—2015《建筑电气工程施工质量验收规范》的规定。

（27）检查绝缘子的底座、套管的法兰、保护网（罩）及母线支架等可接近裸露导体接地符合要求。

（28）检查母线搭接螺栓的拧紧力矩符合 GB 50303—2015《建筑电气工程施工质量验收规范》的规定。

（29）检查支架及绝缘子安装质量符合要求。

（30）检查硬母线、软母线安装的质量要求符合要求。

（31）检查隔板及瓷套管安装的质量要求。

（32）检查断路器型号及规格符合设计要求，断路器的电气试验调整结果符合 GB 50150—2016《电气装置安装工程　电气设备交接试验标准》的规定，产品技术质量证明文件齐全有效。

（33）检查油断路器注入断路器的绝缘油合格。

（34）检查六氟化硫断路器充有六氟化硫气体的部件，其压力值应符合 GB 50150—2016《电气装置安装工程　电气设备交接试验标准》的规定。

（35）检查断路器安装质量符合要求。

（36）检查隔离开关、负荷开关及高压熔断器的型号、规格符合设计要求，电气试验调整结果符合 GB 50150—2016《电气装置安装工程　电气设备交接试验标准》的规定，产品技术质量证明文件齐全有效。

（37）检查隔离开关安装的质量符合要求。

（38）检查负荷开关安装的质量符合要求。

（39）检查传动装置安装的质量符合要求。

（40）检查操作机构安装的质量符合要求。

（41）检查导电部分的质量符合要求。

（42）检查闭锁装置安装的质量符合要求。

（43）检查高压熔断器安装的质量符合要求。

（44）检查接地防腐的质量符合要求。

（45）检查电抗器型号和规格符合设计要求，试验结果符合 GB 50150—2016《电气装置安装工程 电气设备交接试验标准》的规定，产品技术质量证明文件齐全有效。

（46）检查电抗器外观质量符合要求。

（47）检查电抗器线圈绕向质量符合要求。

（48）检查设备连接与间隔的质量符合要求。

（49）检查电抗器的支柱绝缘子接地的质量符合要求。

（50）检查避雷器型号和规格符合设计要求，电气试验、交接试验结果符合 GB 50150—2016《电气装置安装工程 电气设备交接试验标准》的规定，产品技术质量证明文件齐全有效。

（51）检查避雷器外观质量符合要求。

（52）检查避雷器安装质量符合要求。

（53）检查均压环与放电计数器安装质量符合要求。

（54）检查排气式避雷器安装的质量符合要求。

（55）检查隔离间隙安装的质量符合要求。

（56）检查电容器型号和规格符合设计要求，电气试验、交接试验结果符合 GB 50150—2016《电气装置安装工程 电气设备交接试验标准》的规定，产品技术质量证明文件齐全有效。

（57）检查电容器外观质量符合要求。

（58）检查电容器安装质量符合要求。

（59）检查耦合电容器的质量符合要求。

（60）检查注入互感器的变压器油合格。

（61）检查互感器外观质量符合要求。

（62）检查互感器安装质量符合要求。

（63）检查不同形式互感器安装质量符合要求。

（64）检查蓄电池规格型号符合设计规定，产品技术质量证明文件齐全有效。

（65）检查蓄电池电解液配制，首次充、放电的各项指标符合产品技术要求的规定。

（66）检查蓄电池外观检查合格。

（67）检查蓄电池组安装的质量符合要求。

（68）检查蓄电池母线安装的质量符合要求。

（69）检查端电池切换器安装的质量符合要求。

第四章　站场工程质量管理

（70）检查大（重）型灯具安装用的吊钩、预埋件应埋设牢固，相关规格试验符合要求。

（71）检查灯具的接地措施符合要求。

（72）检查爆炸、危险环境所用产品符合设计规定。

（73）检查灯具、开关、插座安装的质量符合规定。

（74）检查配电箱、板安装的质量符合规定。

（75）检查导线连接的质量符合规定。

（76）检查电动机的电气试验符合 GB 50150—2016《电气装置安装工程 电气设备交接试验标准》的规定。

（77）检查发电机的试验符合规范规定。

（78）检查发电机馈电线路两端的相序与原供电系统的相序一致。

（79）检查发电机本体和机械部分的可接近裸露导体接地（PE）可靠。检查发电机中性线（N）与接地干线直接连接，螺栓防松零件齐全，且有标识。

（80）检查电动机安装的质量符合要求。

（81）检查发电机组安装的质量符合要求。

（82）检查导线型号、规格符合设计要求，导线间及对地绝缘电阻值符合 GB 50150—2016《电气装置安装工程　电气设备交接试验标准》的规定。

（83）检查二次回路及其相关元器件均按相关技术规程、规定进行试验调整合格。

（84）检查二次回路结线的质量符合要求。

（85）检查引入盘、柜内的电缆及芯线的质量符合要求。

（86）检查可动部位导线连接的质量符合要求。

（87）检查电伴热带型号、规格符合设计要求，产品技术质量证明文件齐全有效。

（88）检查绝缘测试符合产品技术要求。

（89）检查电伴热带外观符合要求。

（90）检查电伴热带敷设及附件安装方法与安装工艺符合产品技术规格书要求。

（91）检查接地装置及避雷针（带、网）的接地方式和接地电阻值符合设计要求。

（92）检查接至电气设备、器具的接地分支线连接方式符合规范要求。

（93）检查接地装置敷设的质量符合要求。

（94）检查接地体（线）连接的质量要求符合要求。

（95）检查爆炸危险环境的接地装置安装的质量符合要求。

（96）检查避雷针（带、网）安装的质量符合要求。

三、质量风险管理

电气工程的质量风险管理见表4-19。

表4-19 电气工程的质量风险管理

序号	控制要点	建设单位	监理	施工单位
1	人员			
1.1	专职质量检查员到位且具有质检资格	监督	确认	报验
2	设备、机具			
2.1	进场机具设备、检测工器具数量、性能规格应与施工方案相符，检定证书在有效期，并已报验合格，设备运转正常，保养记录齐全	必要时检验	确认	报验
3	材料			
3.1	进场电缆经报验合格，质量证明文件（合格证、检验报告等）完成，并应经外观检查；电缆的规格型号应符合设计文件规定；配线、导管、滑接线等符合设计文件规定	必要时验收	确认	报验
4	方案			
4.1	现场有经过批准的施工方案	必要时审批	审查/审批	编制、审核
5	线缆敷设			
5.1	检查电缆敷设的位置及保护措施应符合设计和规范要求	监督	平行检查	施工
5.2	爆炸、火灾危险环境使用的电缆，其规格、型号符合设计规定	监督	平行检查	施工
5.3	终端电缆头、中间接头的制作应符合设计及规范要求，接线去向、相位和防火隔堵措施等与设计要求一致	监督	抽查	施工
5.4	电缆支架、托架、桥架的安装质量应符合设计要求	监督	平行检查	施工
5.5	电缆敷设的质量应符合设计要求	监督	确认	施工
5.6	爆炸、火灾危险环境导管与设备、导管与导管的连接的防爆措施，隔离密封措施符合规范要求	监督	平行检查	施工
6	管配线			
6.1	检查配线的材质、适用场所及连接符合设计及规范的要求	监督	平行检查	施工
6.2	检查电缆（线）导管安装的质量、导管连接的质量、导管明敷的质量符合规范要求	监督	平行检查	施工
6.3	检查爆炸、火灾危险环境导管与设备、导管与导管的连接的防爆措施、隔离密封措施、配管的质量符合规范要求	监督	抽查	施工

第四章 站场工程质量管理

续表

序号	控制要点	建设单位	监理	施工单位
7	滑线、母线			
7.1	滑接线、滑接器、母线连接和安装质量符设计要求	监督	平行检查	施工
7.2	设备的可接近裸露导体接地（PE）连接完成后，经检查合格后方能进行试验	监督	平行检查见证	施工
8	电力变压器			
8.1	变压器及其附件的试验调整符合相关规定	监督	见证	施工
8.2	变压器的运行参数、接地符合规范要求	监督	平行检查	施工
8.3	变压器用绝缘油符合规范要求	监督	确认	施工
8.4	油浸变压器本体、附件安装的质量、干式变压器安装的质量、线路连接的质量符合要求	监督	平行检查	施工
9	盘、柜安装			
9.1	盘、柜的型号和规格符合设计要求，并有产品技术质量证明文件	监督	平行检查	施工
9.2	接地（PE）连接完成后，应核对柜、屏、台、箱、盘内的元件规格、型号，且交换试验合格才能投入试运行	监督	平行检查见证	施工
10	断路器安装			
10.1	断路器型号和规格符合设计要求，并有产品技术质量证明文件	监督	平行检查	施工
10.2	油断路器注入断路器的绝缘油应合格	监督	见证	施工
10.3	六氟化硫断路器充有六氟化硫气体的部件，其压力值应符合规范的要求	监督	平行检查	施工
11	隔离开关、符合开关及高压熔断器安装			
11.1	隔离开关、负荷开关及高压熔断器的型号、规格应符合设计要求	监督	确认	施工
11.2	隔离开关、负荷开关及高压熔断器的电气试验调整应符合规范要求	监督	见证	施工
12	电抗器、避雷器、电容器、互感器安装			
12.1	电抗器、避雷器、电容器、互感器型号和规格应符合设计要求，并有产品技术质量证明文件	监督	确认	施工
12.2	电抗器的试验、避雷器和电容器的电气试验应符合规范的规定，交接试验合格后才能通电	监督	见证	施工
12.3	注入互感器的变压器油应合格	监督	见证	施工
13	蓄电池安装			
13.1	蓄电池型号、规格、数量应符合设计要求，并具备产品质量证明文件	监督	确认	施工
13.2	蓄电池首次充、放电的各项指标应符合产品技术要求的规定	监督	确认	施工
13.3	蓄电池规格、型号应符合设计规定，并有产品技术质量证明文件	监督	确认	施工
14	照明器具及配电箱、板安装			

续表

序号	控制要点	建设单位	监理	施工单位
14.1	电气器具及线路绝缘电阻测试合格才能通电试验，照明器具的规格、型号应符合设计要求，并有产品技术质量证明文件	监督	平行检查确认	施工
14.2	大（重）型灯具安装用的吊钩、预埋件应设牢固，吊杆及其销杆的防松、防震装置齐全、可靠。吊钩圆钢直径不应小于灯具挂销直径，且不应小于6mm	监督	平行检查	施工
14.3	当灯具距地面高度小于2.4m时，灯具的可接近裸露导体应接地（PE）可靠，并应有专用接地螺栓和标识	监督	平行检查	施工
14.4	爆炸、危险环境所用产品应符合设计规定，有相应防爆措施。灯具的防爆标志、外壳防护等级和温度组别应与爆炸危险环境相适配	监督	平行检查	施工
15	电动机和发电机的电气检查和接线工程			
15.1	电动机的电气试验应符合规范的规定	监督	平行检查见证	施工
15.2	1000V以上或容量100kW以上的电动机电气试验应分相进行交流耐压实验、直流耐压和泄漏电流试验、直流电阻实验	监督	平行检查见证	施工
15.3	发电机馈电线路连接后，两端的相序应与原供电系统的相序一致	监督	平行检查	施工
15.4	发电机本体和机械部分的可接近裸露导体应接地（PE）可靠。发电机中性线（N）应与接地干线直接连接，螺栓防松零件应齐全，且有标识	监督	平行检查	施工
16	二次回路结线工程			
16.1	导线型号、规格应符合设计要求，导线间及对地绝缘电阻值应符合GB 50150—2016规定。检查数量：全部	监督	平行检查	施工
16.2	二次回路及其相关元器件均应按相关技术规程、规定进行试验调整合格	监督	平行检查见证	施工
17	电伴热带安装工程			
17.1	电伴热带型号、规格应符合设计要求，并有产品技术质量证明文件	监督	平行检查	施工
17.2	绝缘测试应符合产品技术要求	监督	平行检查见证	施工
18	接地装置及避雷针（带、网）安装			
18.1	接地装置及避雷针（带、网）的接地方式和接地电阻值应符合设计要求	监督	见证平行检查	施工
18.2	接至电气设备、器具的接地分支线，应直接与干线相连，不应串联连接	监督	平行检查	施工
19	施工记录			
19.1	现场施工记录数据采集上传及时，内容完整、真实、准确		验收	填写

第四章 站场工程质量管理

第八节 自动化仪表工程

一、工艺工法概述

（一）工序流程

工序流程如图 4-8 所示。

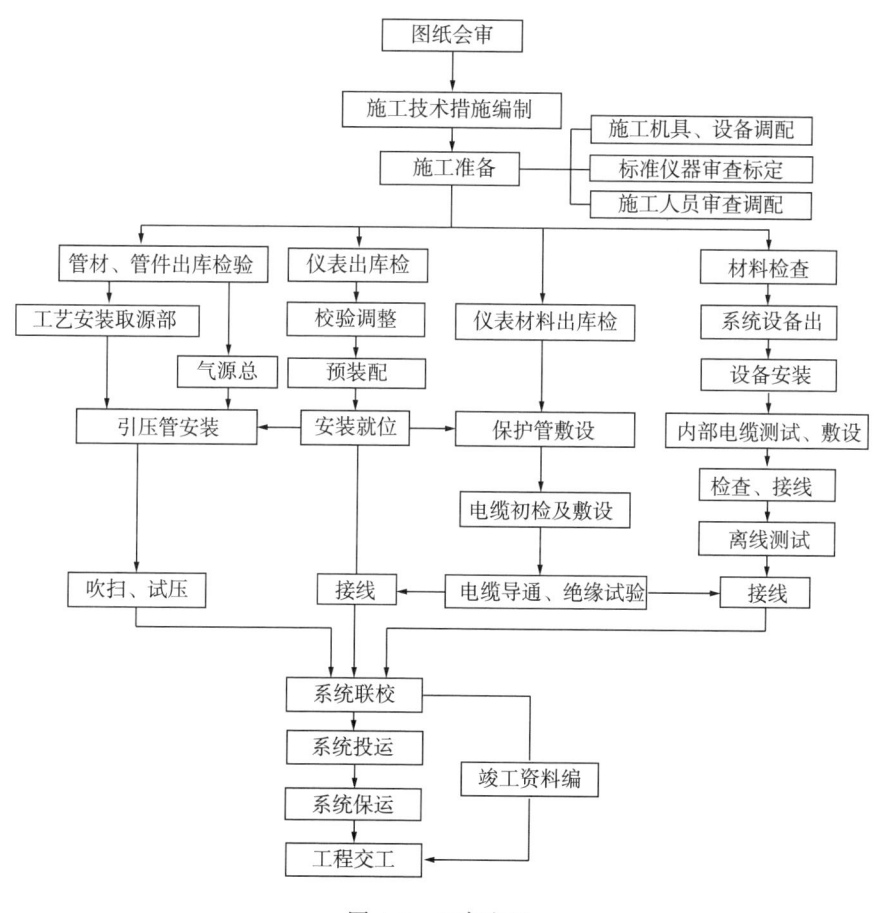

图 4-8 工序流程

（二）主要工序及技术措施

1. 仪表盘（柜、台、箱）安装工程

1）基础型钢的选用

依据设计图纸的材质和规格，选用优质型钢，同时型钢出厂合格证、材质单必须齐全；对型钢的外观质量要认真检查，型钢不应有严重锈蚀、裂缝、局部凸凹现象，型钢全长利求平直、表面光滑、壁厚均匀。

2）除锈及防腐处理

型钢外表面除锈工作，首先采用钢丝刷子除垢，然后再用破布擦去锈垢，使型钢见到金属光泽；根据基础型钢敷设长度进行切割，切割后首先进行校直；基础型钢的制作安装焊接处，在涂层时要把药皮打掉后，进行涂层工作。

3）基础型钢的制作

（1）依据设计图纸的安装位置，进行基础型钢的预埋安装。

（2）仪表盘柜基础型钢的安装必预与设计图纸相符，同时也必须满足《自动化仪表工程施工及质量验收规范》（GB 50093—2013）要求，仪表盘、柜、操作台的型钢座底的制作尺寸，应与仪表盘、柜、操作台相符，其直线度允许偏差为1mm/m，当型钢底座长度大于5m时，全长允许偏差为5mm；仪表盘、柜、操作台的型钢底座安装时，上表面应保持水平，其水平度允许偏差为1mm/m，当型钢底座长度大于5m时，全长允许偏差为5mm。

（3）型钢的尺寸测定后必须采用无齿锯切割，切割时要认真检查齿步切割角度，确保调正挡位于90°位置处，并于切割时考虑齿长的厚度，从而确保断面型钢的垂直度，以及型钢长短尺寸精度。

（4）基础型钢的组装，首先要把短尺端用气焊切割马蹄槽，使之能正好下到长尺端的端槽内；切割马蹄槽要考虑型钢的壁厚及插入深度并保证型钢规格尺寸；其次在组装焊接时第一部是点焊宇固，依次组装其余三个转角，同样是用弯尺检测垂直，用水平尺检测水平度。初步组装后用钢直尺（或卷尺）检测槽钢对角线长度，使之误差在1.5mm范围内（经验数据）为合格。当超差在允许范围内后，将基础型钢加以焊固。

4）基础型钢的安装

（1）根据设计图纸的安装位置，将组装好的型钢运至仪表室（保护性运输）进行安装。安装前要测准土建标高，落实准确后，将基础型钢放置在安装图标定图位处，看其上表面露出地面标高符合前述规程要求。依据预埋件安装位置，首先将四个角垫好，使之满足要求为止，使误差越小越好。然后

第四章　站场工程质量管理

将其焊接牢固。

（2）依据盘箱柜安装底座孔距，将其测定准确后，在型钢底座上进行气焊开孔，力求干净整洁，开孔后用平锉或磨光机进行打磨，并将打磨处及焊接处（焊接药皮打掉）防腐处理。

（3）根据规范表格要求进行仪表控制室盘、柜、箱安装检验批之一般项目内容的真报工作。

5）仪表盘箱确认

充分掌握该项图纸及有关资料的说明及要求，根据装箱单，确认盘箱的名称、规格、型号及数量；根据盘箱配置图，确定安装场所，并认真查看搬运路线上有无软弱环节。同时采取好加强措施。

6）仪表盘箱的开装及运输

（1）仪表盘箱的开装要在安装场所附近进行，并确认图纸图纸号及箱号排列顺序，检查盘面外观质量。

（2）确认仪表盘的内部零配件及端子排，仪器设备等完好，有无进水迹象等。

（3）开箱后清除掉内部防振、防松动挡块。因盘箱外包装较紧密牢固，同时钉子铁条等较多，开装时首先要注意轻轻保护性开箱，小心伤害自己及他人，其次是要将开箱后的废物杂料清理到指定场所，做好文明施工。

（4）针对盘箱结构及图纸设计序号进行有序调运，借用吊车及天车吊运时，必须由架工专人指挥，工号员配合运输。

（5）当盘箱运至仪表室时，首先在走台上放好液杠（滚杠长度要适宜，一般较盘宽200mm为宜），将盘稳稳地放在滚杠上面，然后运进室内摆放好。

（6）滚运盘箱时，前后一定要用力均匀，号令统一，避开杠端部，慎防压脚，另外，盘箱不要过于倾斜，倾角小于15°。

7）盘箱定位安装

（1）将盘柜按图纸设计位置排放在基础型钢上，用记号笔把盘柜底角安装孔画到基础型钢上，准备开孔。

（2）仪表盘箱的安装依照GB 50093—2013《自动化仪表工程施工及质量验收规范》相应条款规定进行。

2.温度仪表安装工程

1）温度取源部件位置及方位检查

温度取源部件（法兰短接、元件连接头，保护套等）安装位置及方位检查。

按专业设计分工，凡直接在工艺设备，管道上开孔，焊接的取源部件均由设备，管道专业在制造。预制的同时完成。工艺设备，管道安装就位后，仪表专业施工人员应根据自控专业设计图纸和工艺流程图按仪表设计位号核查各取源部件的安装位置符合设计和仪表施工规范的要求。

温度取源部件的规格，材质和连接件形式或类型必须符合设计要求，其安装位置也应符合施工规范要求，取源部件安装位置应安装在设备或管道温度变化灵敏和具有代表性的地方，不应设在流体热交换较差或温度变化缓慢的滞流百区。

温度取源部件在管道上的安装方位，成行合下列规定：

（1）在管道上垂直安装时，取源部件轴线成与管道轴线垂直桐交。在水平管道上安装时，取源部件宜设置在管道水平中心线的上半部或正上方。

（2）在管道的拐弯处安装时，宜逆着物料流向，取源部件轴线应与工艺管道轴线相重合。

（3）与管道呈倾斜角度安装时，宜逆着物料流向，取源部件轴线应与工艺管道轴线相交。

以上三种安装方式是为了保证测量元件能插至工艺管道温度变化灵敏的管道中心区，后两种安装方式增大了测温元件与被测物料之间热交换的传导面积，增强温度检测的灵敏性。

2）温度取源部件续接安装

温度取源部件的续接安装包括带螺纹接头法兰连接件的安装，扩大管安装和表面热电偶的插座安装等。设备、管道上预留的温度取源部件通常为法兰式短接管，温度计测温元件（双金属、温包、热电偶、热电阻）的连接部件形式多采用法兰连接和螺纹连接，为了符合测温元件安装形式的要求，接续部件形式和规格应与元件保护套连接件和工艺设备及管道上预留法兰相适配，而且续接部件及螺栓，垫片的材质必须符合设计要求。

当工艺管道的公称直径小于DN50时，为了满足测温元件插入深度的需要，应将管道扩径至DN80及以上，即加设一段扩大管。

表面式热电偶的插座安装方式，通常将插座直接焊接在工艺管道或设备的外壁上。

3）温度仪表出库检查

温度仪表出库检查应根据设计规定的温度检测位号所属的仪表的类型、型号、规格及分度号领取，并对出库仪表进行外观检查，仪表外观应完好无损，铭牌清晰。

第四章　站场工程质量管理

4）温度仪表支架制做安装

温度仪表的支架制做安装主要是指在现场就地安装的温度变送器、冷端补偿器、压力式温度计显示仪表支架的制作安装。支架制作形式，尺寸应与仪表的安装方式和仪表外部连接件尺寸相符，板式支架应平整、美观。支架安装位置应与施工图中仪表的安装位置一致，固定牢固可靠。

5）温度仪表安装

就地仪表的交装位置应按设计文件规定施工，当设计文件未具体明确时，应行合下列要求：

（1）光线充足，操作和维护方便。

（2）仪表的中心距离操作地而的高度宜为 1.2～1.5m。

（3）显示仪表应安装在便于观察示值的位置。

（4）仪表不应安装在有振动、潮湿、易受机械损伤、有强电磁场干扰、高温、温度变化剧烈和有腐蚀性气体的位置。

（5）测温元件应安装在能真实反映输入变量的位置。

压力式温度计的工作原理是基于温包内所城充的介质在热交换过程中产生热膨胀，利用热膨胀压力来测量温度，为确保压力式温度计对温度测量的准确性，温包必须全部浸入被测对象中。

在安装压力式温度计时，应对温包和毛细管加以保护，毛细管的弯曲半径不应小于 50mm。当温包与显示仪表安装间距大于 1m 时，为防止毛细管受到机械损伤，应设置毛细管专用保护托架，当压力式温度计安装位置的环境温度变化剧烈时，为减少环境温度变化对测量示值的影响，对毛细管应采取隔热措施，其隔热措施通常采用绝热材料，可采用石棉绳或石棉布缠绕毛细管进行隔热。

安装在多粉尘部位的测温元件，为减轻粉尘对测温元件保护套管的冲刷磨损，应在测温元件的上游侧加装角铁或其他遮挡物等保护措施。

当测温元件安装在易受被测物料强烈冲才的位置，以及测温元件水平方位安装，其插入深度超过 1m 或被测温度大于 700℃时，应采取防弯曲措施。

为了避免物料对测温元件保护套竹的强烈冲击而发生弯曲，应在生产工艺、设备结构或管道走向可能的条件下，优先选择在设备的顶部垂直安装测温元件或在管道的拐弯处逆着物流的流向安装感温元件。

当测温元件在水平方位安装，且插入深度较飞成被测温度大于 700℃时，通常应选用耐高温合金钢的保护套，或者加设防弯曲固定支撑等措施。

表面温度计的测温元件的感温端面应与被测对象的表面紧密接触，并固定牢固。

温度变送器的安装位置应符合设计规定，安装应平正牢固，集中安装时应排列整齐。

6）校接线

温度检测系统的校接线。在仪表接线之前，仪表信号电缆和补偿导线均应经校线和绝缘试验合格后方可进行接线。接线时应首先分辨电缆芯线序号和补偿导线绝缘层的色标，然后根据检测元件、温度变送器（或温度补偿器）和显示仪表接线端子上的标记序号或"＋""－"符号进行接线。接线应正确，线端接触良好，紧固牢靠，检测元件接线盒内的导线应留有适当的余度，接线工作完成后应将盒盖关闭严实，并根据设计文件要求对接线盒的电缆（线）入口采取必要的密封措施。

对于补偿导线和热电偶的分度号和"＋""－"极性的判定，当产品分度号和线绝缘层色标不清晰时可采用温升法测量热电偶和补偿导线的热电势，查分度表值分辨，并区分线间的极性。补偿导线的分度号必须与热电偶的分度号保持一致。

关于线路电阻的配制应根据设计文件规定或产品使用说明书的要求确定。

7）压力试验

安装在设备或管道上的检测元件应随同设备或管道系统进行压力试验，要求取源部件的连接部件密封严密、无渗漏。

3.压力仪表安装工程

1）压力取源部件安装

压力取源部件有两类。一类是取压短节，也就是一段短管，用来焊接管道上的取压点和取压阀门；一类是外螺纹短节，即一端有外螺纹，一般是KG1/2'，一端没有螺纹。在管道上确定取压点后，把没有螺纹的一端焊在管道上的压力点（立开孔），有螺纹的一端便直接拧上内螺纹截止阀（一次阀）即可。不管采用哪一种形式取压，压力取源部件安装必须符合下列条件：

（1）取压部件的安装位置应选在介质流速稳定的地方。

（2）压力取源部件与温度取源部件在同一管段上时，压力取源部件应在温度取源部件的上侧。

（3）压力取源部件在施焊时要注意端部下能超出工艺设备或工艺管道的内壁。

第四章　站场工程质量管理

（4）测量带有灰尘、固体颗粒或沉淀物等混浊介质的压力时，取源部件应倾斜向上安装，在水平工艺管道上应顺流束成锐角安装。

（5）当测量温度高于60℃的液体、蒸汽或可凝性气体的压力时，就地安装压力表的取源部件应加装环形弯或U形冷凝弯。

（6）测量波动剧烈（如泵、压缩机的出口压力）的压力时，应在压力仪表之前加装针形阀和缓冲器，必要时还应加装阻尼器。

（7）测量黏性大或易结晶的介质压力时，应在取压装置上安装隔离罐，使罐内和导压管内充满隔离液，必要时可采取保温措施。

（8）测量含尘介质压力时，最好在取压装置后安装一个除尘器。

就地压力表的安装位置必须便于观察。泵出口的压力表必须安装在出口阀门前。

2）压力管路连接

管路连接系统主要采用卡套式阀门与卡套或管接头。其特点是耐高温，密封性能好，装卸方便，不需要动火焊接。

管路连接采用外螺纹截止阀和压垫式管接头，是化工常用的连接形式。

管路连接系统采用外螺纹截止阀、内螺纹阀和压垫式管接头，是炼油系统常用的连接形式。

3）附件安装

仪表在下列情况使用时应加附加装置，但不应产生附加误差，否则应考虑修正。

（1）为了保证仪表不受被测介质侵蚀或黏度太大、结晶的影响，应加装隔离装置。

（2）为了保证仪表不受被测介质的急剧变化或脉动压力的影响，加装缓冲器。尤其在压力剧增和压力陡降时，最容易使压力仪表损坏报废，甚至弹簧管崩裂，发生泄漏现象。

（3）为了保证仪表不受振动的影响，压力仪表应加装减振装置及固定装置。

（4）为了保证仪表不受被测介质高温的影响，应加装充满液体的弯管装置。

（5）专用的特殊仪表，严禁他用，也严禁在没有特殊可靠的装置上进行测量，更严禁用一般的压力表做特殊介质的压力测量。

（6）对于新购置的压力检测仪表，在安装使用之前，一定要进行计量检定，以防压力仪表运输途中震动、损坏或其他因素破坏准确度。

4）压力仪表的安装

水平管道上的取压口一般从顶部或侧面引出，以便于安装。安装压力变送器，导压管引远时，水平和倾斜管道上取压的方位要求如下：流体为液体时，在管道的下半部，与管道水平中心成45°的夹角范围内，切忌在底部取压；流体为蒸汽或气体时，一般为管道的上半部，与管道水平中心线成0～45°的夹角范围内。

压力变送器的安装方式基本相同，分为支架安装、保温箱与保温箱安装、直接安装等几种方式。

4. 流量仪表安装工程

1）流量孔板（喷嘴）的安装

核查孔板（喷嘴），实测、计算孔板（喷嘴）参数并做好记录；确定孔板安装位置；按要求安装节流件。

2）取压嘴的安装

不锈钢取压嘴安装前应先对取压嘴进行光谱分析，然后用砂纸将取压嘴去锈，用氩弧焊点上取压嘴，校正、校直后，将取压嘴焊接牢固。

3）机翼风量装置的安装

安装于二次风箱前，将设备所带连通管与设备所留孔进行焊接，将连通管一头堵死，另一头引出测量管路（注意正、负压方向应接正确）。

4）差压取压装置的安装

节流装置的差压（由正、负取压装置组成）从环室或带环室法兰的取压口引出。

在ϕ500mm以上的管道上安装无环室的节流装置是，节流装置前后的管道上应分别开凿2～4个取压孔，用均压管道连接后，再引至压差计。

5）流量变送器的安装

流量变送器安装前应按照位号、名称对号入座；螺栓内加好垫片且紧固好螺栓，三阀组正、负压门关闭，打开平衡门；外观完好无损，安装位置及高应保证操作维护方便；变送器安装地点离取样点距离（s）应3<s<45m；附件齐全，固定牢固，接头连接无机械应力、无泄漏。

5. 物位仪表安装工程

1）物位取源部件安装位置的确定

物位取源部件安装位置的确定应在工艺设备，容器在装置区就位之后，根据设计文件或工艺设备结构图查询物位取源部件的安装位置。物位取源部

第四章　站场工程质量管理

件的安装位置应符合自控设计文件和工艺设备结构方位图的要求，当设备结构方位图无明确方位时，则应参照自控平面布置图正确选择。物位取源部件的安装位置应选择在物位变化灵敏，且不使检测元件受到物料冲击的地方。

2）物位取源部件安装

物位取源部件的安装是指钢带式或浮标式液位计所用的导向管或导向装置的安装。导向管或导向装置的安装必须垂直安装，并应保证导向管内液面变化与容器内液位同步。

导向管的制作通常在现场预制，导向管的内径和长度应满足浮子在全行程范围内上下移动自如，且与管壁不发生摩擦，不受物料冲击。导问管的底部管壁宜切割成三足鼎立式，确保导向管内液体与被测容器内液体连通，并与其液位变化同步。

导向管底部与容器底部的同定，为了便于清理容器底部的淤泥，使导向管底端与容器底部之间应留有适当的间距，宜在导向管与容器底部之问加设型钢基础，以加强导向管安装的稳定性。

在工艺设备或容器侧壁上安装浮球式液位仪表（液位开关）的法兰短管的长度及管径规格必须保证浮球在全行程方位内自由活动。

3）仪表出库检查

仪表出库应按设计位号成套出库，物位仪表的外观应完好无损、附件齐全、仪表的规格、型号、材质必须符合设计要求。

4）仪表附件安装及支架制作安装

单室平衡容器适用于工艺设备或容器内的气相介质在环境温度下易生成冷凝液的被测对象，为了消除冷凝液在液位测量管道内液柱高度的变化对液位测量值带来的影响，采用单室平衡容器作为差压（液位）变送器负压室测量管道的冷凝平衡容易，利用平衡容器内冷凝液液柱高度的自衡定特性，将测量管内的液柱高度衡定在一定的高度，该衡定的液柱高度对差压变送器负压室测量压力的影响作为一个已知值，可以通过变送器的负迁移机构将该值的影响消除掉。单室平衡容器的安装高度应符合设计规定，当设计未明确规定时，单室平衡容器安装高度不应低于被测设备或容器上部气相取源部件的高度。

双室平衡容器是采用差压法测量钢炉汽包液位时常用的平衡容器。双室平衡容器的安装应符合下列规定：安装前应根据设计文件规定复校平衡容器的制造尺寸，并检查双室平衡容器内部管道的严密性；双室平衡容器应垂直安装，室平衡容器的安装位置应使平衡容器上的中心标志线与锅炉汽包正常工作液位相重合。

补巴式平衡容器常用于作为检测高温高压设备液位的平衡容器。高温高压设备试车时。从冷态至热态，由于工作温度的变化设备会产生膨胀，而与设备相连接的补偿式平衡容器会随同设备一起产生热位移，易造成器件损坏，且补偿式平衡密器较重，不能以取源短管作为它的支持，必须单独设置支撑支架，因此，补偿式平衡容器的支撑方式不应采取刚性固定方式，应采取稳定可靠的活动支撑方式。补信式平衡容器及其管路的安装应符合下列规定：安装前复核平衡容器的制造尺小，并检查平衡容器内部管道的严密性；平衡容器应垂直安装，并应使其零水位标志与汽包零水位线处于同一水平上；平衡容器的疏水管应引至工艺管道的下降管，其垂直距离为 10m 左右，在下降管侧应装截止阀。

5）仪表设备安装

电接点水位计的测量筒应垂直安装，筒体内零水位电极的轴线与被测容器正常工作时的零水位线应处于同一高度。

关于非接触式物位检测仪表在散口容器或池子上的安装，当容器或池壁结构不允许或不易在其上设置固定支架时，应根据设计规定的安装位置，就近利用周围的地物条件制作悬臂式支架。

浮球液位开关的安装高度应符合设计文件规定。

浮筒式液位计安装应使浮筒处于垂直状态，浮筒外壳中心标志线应与被测设备正常工作液位处于同一高度。

钢带式液位计安装时，浮子的导向装置应垂直安装，钢带的导管也应垂直安装，应使浮子和钢带分别在导问装置和导管内上下活动自如。

用差压计或差压变送器测量液位时，差压仪表的安装高度不应高于被测设备下部（即液相部位）取源部件取压口的标高。

当用双法兰差压变送器，吹气法或利用低沸点气化传递的方法测量液位时，不受此规定的限制。

双法兰差压变送器毛细管的敷设应有保护措施，其弯曲半径不应小于50mm，当周围环境温度变化剧烈时，应采取隔热措施。

核辐射式液位计安装应符合下列规定：安装前应编制施工方案；施工管理及安全防护措施必须符合有关放射性同位素工作卫生防护的国家标准规定；在安装现场应设有明显的警戒标志牌；放射源与检测器的安装位置及方位应符合设计文件和产品使用说明书的要求。

超声波式、微波式（雷达式）物位计的安装，从换能器（即发射/接收器或天线或波导管）至被测物位的垂直范围内不应有结构性遮挡物。

第四章 站场工程质量管理

6. 成分分析和物性检测仪表安装工程

1）取源部件安装

取源部件应安装在压力稳定、能灵敏反映真实成分变化和取得具有代表性的分析样品的位置，取样点周围不应有层流、涡流、空气渗入、死角、物料堵塞或非生产过程的化学反应。

被分析的气体内含有固体或液体杂质时，取源部件的轴线与水平线之间仰角应大于5°。

在水平和倾斜的管道上安装取源部件时，安装方位与安装压力的要求相同。

2）仪表设备安装

被分析样品的排放管应直接与排放总管连接，总管应引至室外安全场所，其集液处应有排液装置。

可燃气体检测器和有毒气体检测器的安装位置应根据所检测气体的密度确定。其密度大于空气时，检测器应安装在距地面200～300mm的位置；其密度小于空气时，检测器应安装在泄漏域的上方位置。

7. 机械量和其他仪表安装工程

（1）电阻应变式称重仪表的安装应符合下列要求。负荷传感器的安装和承载应在称重容器及其所有部件和连接件的安装完成后进行；负荷传感器应安装为垂直状态，传感器的主轴线应与加荷轴线相重合，各个传感器的受力应均匀；当有冲击负荷时，应按设计文件规定采取缓冲措施。

（2）称重容器与外部的连接应为软连接；水平限制器的安装应符合设计文件规定；传感器的支撑面及底面均应平滑，不得有锈蚀、擦伤及杂物。

（3）机械量仪表的涡流传感器探头与前置放大器之间应用专用同轴电缆连接，电缆阻抗应与探头和前置放大器相匹配。

（4）测量位移、振动、速度等机械量的仪表安装应符合下列规定：测量探头的安装应在机械安装完毕、被测机械部件处于工作位置时进行，探头的定位应按照说明说的技术规定进行固定；涡流传感器测量探头与前置放大器之间的连接应使用同轴电缆，该电缆的阻抗应与探头和前置放大器相匹配。

8. 执行器安装工程

1）执行器出库检查

执行器出库应按设计位号及设备清单出库，设备检查内容包括外观检查和设备铭牌核查，执行器的外观应完好无损，所附器部件齐全、无损伤，执行器及器件设备的型号、规格、材质应符合设计要求。

2）阀体强度与阀座密封试验

阀体强度或阀座密封试验，应根据设计文件或用户要求而定。

当设计文件无具体规定时，阀体强度试验和阀座密封试验项目检查，通常是核查制造厂所出具的产品合格证明和试验报告，但是，对于事故切断阀、事故放空阀和用于切换部位的电磁阀均应进行阀座密封试验，其试验结果应符合产品技术文件的要求。

3）与管道专业设备交接

控制阀的安装一般都由管道专业负责安装，与管道专业办理设备交接手续仅移交直接在管道上安装的控制阀，移交时，应认真核对控制阀铭牌标识内容和安装位号标识，要求控制阀的位号、规格、型号必须符合设计规定。

4）控制阀安装配合

控制阀的安装位置在管道专业的施工图上行标注，在管道专业安装控制阀的过程中，仪表专业应予以配合。配合内容应检查控制阀的安装方位、阀门进出口方向、阀门手柄所处方位以及与控制阀配套安装的陶器件（如电磁阀、阀门定位器等）的方位，控制阀阀体的进出口安装方形应正确，安装方位以垂直安装为最佳，阀门手柄及配套附器件的方位应留有便于人员操作、便于安装维护的操作空间。在控制阀安装过程中，当发现阀的安装位置未能满足上达要求时，应及时向设计人员反映，以取得设计人员的认同和变更。

5）执行机构安装

执行机构安装位置应符合设计规定，当设计未明确规定安装位置时，应根据产品使用说明书中的安装技术要求和现场的实际情况来确定执行器的安装位置。执行机构及其传动部件安装应行合下列要求：

（1）执行机构的机械传动应灵活、无松动、无空行程及卡涩现象。

（2）执行机构与调节机构之间的连杆长度应可调节，并应保证调节机构从全关到全开时，与执行机构的全行程对应。

（3）执行机构的安装方式应保证执行机构与调节机构的相对位置，当调节机构随同工艺管道产生热位移时，其相对位置仍保持不变。

（4）液动执行器安装，为确保控制系统管道内充满液体和液体内的气体能易于排出，液动执行机构的安装位置应低于控制器，当必须高于控制器时，两者间的最大高差不应超过10m，且管道的集气处应有排气阀，靠近控制器处应有逆止阀或自动切断阀。

（5）执行机构的安装应固定牢固。

活塞式执行机构的安装方式应根据产品使用说明的要求或活塞式执行机

构的结构特征来确定。

电磁阀的进出口方向应安装正确。安装前应按产品使用说明书的规定检查线圈与阀体间的绝缘电阻，并应通电检查阀芯动作，阀芯动作应灵活，无卡涩现象。

电动执行器应配套齐全、完好，内部接线正确；检查行程开关、力矩开关及其传动机构各部件动作应灵活、可靠，绝缘电阻符合产品使用说明书的要求。

6）气液动管路连接

气动及液动执行机构的管路配制与连接，管内应洁净净、无尘土杂质，对于活塞式执行机构，管子应有足够的伸缩余度，使管子不妨碍缸体的动作。管路的连接应正确，密封良好。

7）校接线

在电气线路接线之前应完成线路绝缘电阻的检测和校线工作，执行器端子接线应符合设计图纸和产品使用说明书的要求，线与端子的接触应良好，紧固牢靠，线号标志正确、清晰，接线盒电线入口密封按设计规定密封合格。

9. 仪表线路安装工程

1）施工准备

自控专业施工平面布置图、安装图及材料表等准备齐全；技术人员及施工人员进行专业图纸审查和图纸会审，对图纸审查中发现的问题及时上报监理、建设单位及专业设计人员；编制材料计划，编制施工技术方案并报批；施工过程中需要的设备、机具、计量器具及消耗材料在安装前必须准备齐全；技术人员对作业人员做好施工技术交底和安全技术交底，明确施工重点、难点，使参加施工人员掌握施工技术质量要求和图纸要求。

2）材料验收

采用的型钢、管材、管件、电缆、导线、电缆桥架等主要材料，应符合设计要求及现行国家或行业标准的有关规定。

对材料验收包括：材料的外观、规格、型号、数量、材质符合设计要求，并有材质证明书和合格证。对电缆桥架、型钢、管材及管件进行外观检查，其表面应无裂纹、锈蚀、伤痕、凹陷、折叠等缺陷，电缆及导线无其他机械损伤。

采用的电焊条（焊丝）的材质按母材的材质选定，并有合格证。

对仪表设备的附属件、零部件，易损件等进行外观检查，不得有缺陷。

3）托架及支架安装

（1）托架、支架制作。

制作托架、支架时，应将材料矫正、平直，采用机械切割方法，切口表面应平整，不应有卷边和毛刺；型钢除锈、涂防锈漆完毕符合质量要求。

电缆桥架宽度 500mm 及以上的托架制作，一般采用的型钢为 10# 槽钢，电缆桥架宽度 400mm 及以下的托架制作仪表采用 50×50 的角钢。托架宽度应比桥架宽度大 2～3mm，横撑连接间距为 1m，托架长度一般为 6m，焊接时采用双面焊接。

在托架制作过程中，要采取适当的防变形措施；制作好的托架、支架应牢固、平直、尺寸准确。

（2）电缆桥架的制作。

电缆桥架及其配件应选用制造厂的标准产品，其结构形式、规格、材质、涂漆等均应符合设计文件规定，并应有质量证明文件。

当弯头、三通、变径等配件需要在现场制作时，宜采用切割机、锯弓等对成品直通电缆槽进行加工，不能使用电焊或气焊切割。切割后的电缆桥架均需打磨，使边缘光滑无毛刺、无裂缝。电缆桥架弯曲半径不应小于在该电缆槽中敷设的电缆最小弯曲半径，变径应平整、准确、无毛刺。

现场制作的配件宜采用螺栓连接。特殊情况可用焊接，焊接时应采用断续焊，并应有防变形措施，接缝应相互错开，焊完后配件应平整牢固，焊缝应打磨光滑。加工成型后的配件应及时除锈剥底气和面漆。

电缆桥架底部应有漏水孔，漏水孔宜按之字形错开排列，孔径为 $\phi5 \sim \phi8$mm。如需现场开孔时，应从里向外进行施工，并应作防腐处理。

（3）支架、托架安装。

①支架安装。

支架安装在允许焊接的金属结构上和有预埋件的水泥框架上，应采用双面焊接固定。

支架安装在允许焊接的工艺设备上时，应预先焊接一块与其材质相同的加强板，然后将支架焊在加强板上，以增加支架的受力面积，保证支架的强度。在有防火要求的钢结构上焊接支架时，应在防火施工池前进行。

在无预埋件的水泥框架上采用膨胀螺栓固定。不允许焊接支架的管道上，应采用 U 形螺栓、抱箍或卡子固定、横平竖直、整齐美观，在同一直线段上的支架间距应均匀。

支架不应安装在高温或低温管道上。支架安装在有坡度的电缆沟内或建

第四章　站场工程质量管理

筑结构上时,其安装坡度应与电缆沟或建筑结构的坡度相同。支架安装在有弧度的设备或结构上时,其安装弧度应与设备或结构的弧度相同,在拐弯处、伸缩缝两侧、终端处的位置应设置支架。

电缆直接明敷时,水平方向支架间距宜为0.8m,垂直方向宜为1m。

②托架安装。

托架安装前,根据仪表电缆桥架平面布置图和施工现场实际情况,确定托架的标高、走向。

托架的安装跨度大于10m时,采取加强措施,可适当增加支架或吊架。

托架安装如和工艺管道、设备发生碰撞时,及时与设计沟通,改变标高或走向。

4) 电缆桥架安装

电缆桥架安装在工艺管架上时,宜在管道的侧面或上方。对于高温管道,不应平行安装在其上方。电缆桥架安装的程序是先主干线,后分支线,先将弯头、三通和变径定位,后直线段安装。

电缆桥架内的隔板形状应成L形,且低于电缆桥架高度,边缘应光滑。若隔板与槽体采用焊接固定时,应在L形底边的两侧采用交替定位焊固定,隔板之间的接口应用定位焊连成整体,并及时做好防腐处理。

电缆桥架宜采用半圆头防锈螺栓连接,螺母应在电缆槽的外侧,固定应牢固。特殊情况下,若采用焊接时,应焊接牢固,且不应有明显的焊接变形。焊接后,打掉药皮,清除飞溅;焊缝与母材应圆滑过渡,并补涂防锈漆和面漆。

电缆桥架安装直线长度超过50m时,要采用在支架上焊接滑动导向板的固定方式,在槽板接口处要预留适当的防热膨胀间隙。

电缆桥架安装应横平竖直,排列整齐,底部接口应平整无毛刺。成排电缆桥架安装时,其弯曲弧度应一致。电缆桥架的上部与建筑物和构筑物之间应留有便于操作的空间。槽与槽之间、槽与仪表柜和仪表箱之间、槽与盖之间、盖与盖之间的连接处,应对合严密。槽的端口宜封闭。

电缆桥架的开孔应采用机械加工方法。电缆桥架垂直段大于2m时,应在垂直段上,下端槽内增设固定心缆川的支架。当垂直段大于4m时,还应在其中部增设支架。

电缆桥架连接时中间要留有2～5mm的缝隙。电缆桥架由室外进入建筑物内时,桥架向外的坡度不得小于1/100。

5) 电缆保护管安装

保护管用的管材、管件等,应附有手续齐全的产品技术文件,材质、规格和型号应符合设计文件规定。保护管外观不应有变形及裂缝，内壁应清洁、无毛刺，管口应光滑、无锐边。保护管安装位置应选择在不影响操作、不妨碍设备检修、运输和行走的地方。保护管不应平行敷设在高温设备、管道的上方和具有腐蚀性液体的设备、管道的下方。保护管与保温设备、管道保温层表面之间的距离应大于200mm，与其他设备、管道表面之间的距离应大于150mm。

6）电缆敷设接线

线路应按最短路径集中敷设，横平竖直，整齐美观，不宜交叉。线路不应敷设在影响操作和妨碍设备、管道检修的位置；线路不应敷设在高温设备、管道的上方，也不宜敷设在腐蚀性管道或设备的下方。

线路从室外进入室内，应有防水和封堵措施。线路进入盘、柜、箱时，宜从底部进入，并应有防水密封措施。

线路敷设完毕，应进行导通试验和标号，并测量电缆电线的绝缘电阻，填写绝缘电阻测量记录。测量绝缘电阻应在仪表设备及部件接线前进行，否则必须将已连接的仪表设备及部件断开。电缆的绝缘电阻测量包括测量电缆芯，电缆芯与外保护层、绝缘层之间的绝缘电阻。

7）防爆密封

安装在爆炸危险场所的仪表、仪表线路、电气设备及材料，其规格型号必须符合设计文件规定。防爆设备应有铭牌和防爆标志，并在铭牌上标明国家授权部门所发给的防爆合格证编号。其型号、规格的替代，必须经原设计单位确认。

安装在爆炸危险场所的仪表、电气设备及材料，其外部应无损伤及裂纹，产品标识规范、清晰、耐久。

防爆仪表和电器设备引入电缆时，应采用防爆密封圈挤紧或用密封填料进行封固，外壳上多余的孔应做防爆密封，弹性密封圈的一个孔应密封一根电缆。

当电缆槽或电缆沟道通过不同等级的爆炸危险区域的分隔间隔时，在分割间壁必须做充填密封。

10. 仪表管道安装工程

1）管路敷设

安装前核对钢号、尺寸，并进行外观检查和内部吹扫。吹扫后管端应临时封闭，避免脏物进入；管路沿水平敷设时，应有一定的坡度，差压管路应

第四章　站场工程质量管理

大于1/12，否则应在管路最高或最低点装设排气或排水阀门；测量气体的导管应从取压装置处先向上引出，向上高度不宜小于600m，其连接接头的孔径下应小于导管内径；敷设管路时必须考虑主设备及管道的热膨胀，并应采取补偿措施，以保证管路不受损伤；仪表阀门前的管路，应参加主设备的工作压力试验，低压管路应进行严密性试验。

2）管路弯制和连接

金属管子的弯制宜采用冷弯方法；管子的弯曲半径对于金属管应不小于其外径的3倍，管子弯曲后，应无裂缝、凹坑，弯曲断面的椭圆度不大于10%；高压管路上高要分支时，应采用与管路相同材质的三通，不得在管路上直接开孔焊接；不同直径管子的对口焊接，其内径差不宜超过2mm，否则应采用变径管，相同直径管子的对口焊法，不应有错口现象。

3）管路固定

管路支架的间距应均匀，各种管子所用支架距离为：无缝钢管水平敷设时1～1.6m，垂直敷设时1.6～2m；施工完毕的管路两端应挂有标明编号、名称及用途的标示牌。

11. 仪表试验工程

安装在设备或管道上的检测元件应随同设备或管道系统进行压力试验，要求取源部件的连接部件密封严密、无渗漏。

（1）安装完毕的仪表管道、在试压前应进行检查，不得有漏焊、堵塞和错接的现象。

（2）仪表管道的压力试验应以液体为试验介质，仪表气源管道和气动信号管道以及设计压力小于或等于0.6MPa的仪表管道，可采用气体为试验介质。

（3）液压试验压力应为1.5倍设计压力，当达到试验压力后，稳压10min，以压力不降、无渗漏为合格。

（4）液压试验介质应使用洁净水，在环境温度5℃以下进行试验时应采取防冻措施，实验结束后应将液体排放干净。

（5）气压试验压力应为1.15倍的设计压力，试验时应逐步缓慢升压，达到试验压力后，稳压10min，再将试验压力降至设计压力，停压5min，用发泡剂检验不渗漏为合格。

（6）气压试验介质应使用空气或氮气。

（7）压力试验用的压力表应鉴定合格，其准确度不得低于1.5级，表的量程应为试验压力的1.5～2倍。

（8）压力试验合格后，宜在管道的另一端泄压，检查管道堵塞。并应拆除压力试验用的临时堵头或盲板。

二、关键质量风险点识别

（一）主要控制要点

主要控制要点包括：进场人员（主要管理人员、安装工）、进场设备机具（水平尺、角尺、接地电阻测试仪、数字万用表、兆欧表等）、进场材料（仪表盘）、作业文件（自动化仪表工程安装方案）、作业环境。

（二）重点管控内容

1. 人员

核查进场人员数量、上岗证、资格证满足作业要求，并已履行报验程序。

2. 设备机具

核查进场机具设备、检测工器具数量、性能规格与施工方案相符，检定证书在有效期，报验手续完备，并已报验合格，设备运转正常，保养记录齐全。

3. 材料

核查材料质量证明文件（合格证、检验报告等），并应进行外观检查；备品、备件数量应齐全；仪表盘、柜、台、箱内部设备布置应美观合理；设备的规格型号以及机械或电气连接应符合设计文件规定。

4. 工序关键环节控制

（1）检查施工作业人员技术交底和班前安全交底记录。

（2）检查设备、材料的规格型号符合设计文件、随机技术文件的规定。

（3）检查仪表接管、接线符合规范规定。

（4）检查仪表供电系统符合设计文件规定。

（5）检查仪表防爆、隔离、密封和接地措施（工作接地、保护接地、屏蔽接地）符合设计文件规定。

（6）检查仪表盘、柜、台、箱的安装位置和安装方式符合设计文件、规范要求。

（7）检查仪表盘、柜、台、箱的标识符合规范要求。

（8）检查仪表的安装位置和安装方式符合设计文件、规范要求；重点是

第四章 站场工程质量管理

接触式温度检测仪表,热电偶,压力式温度计和表面式温度计的安装位置和安装方式。

(9)检查仪表接管、接线符合规范规定;重点是温度取源部件的耐压试验和安装后严密性测试符合要求。

(10)检查仪表防爆、隔离、密封和接地措施(工作接地、保护接地、屏蔽接地)符合设计文件规定;重点是毛细管的敷设以及隐蔽安装的测温原件的防护措施。

(11)检查仪表安装材料符合设计文件。

(12)检查仪表标识符合规范要求。

(13)检查仪表、压力取源部件、测量管路的型号、规格、材质、测量范围、压力等级等符合设计文件规定。

(14)检查仪表的安装位置符合设计文件、规范要求;重点是被测物料流速的状态。

(15)检查仪表接管、接线符合规范规定;重点是压力取源部件或者引压管的耐压试验和安装后严密性测试、绝缘符合要求。

(16)检查仪表防爆、隔离、吹洗、密封和接地措施(工作接地、保护接地、屏蔽接地)符合设计文件规定;重点是测量高压的压力仪表的安装位置、高度和防护措施。

(17)检查仪表安装材料符合设计文件。

(18)检查低压测量用压力仪表的安装高度符合规范要求。

(19)检查流量仪表、检测元件、测量管路的型号、规格、材质、测量范围、压力等级等符合设计文件规定,随机技术文件齐全。

(20)检查仪表的安装位置符合设计文件、规范要求;重点是被测物料流速的状态。

(21)检查节流装置的安装符合设计文件、规范要求;重点是孔板、喷嘴,节流装置取压口的方位和倾斜角,流量取源部件上下游直管段的最小长度,节流件的安装。

(22)检查仪表接管、接线质量符合规范要求;重点是差压式流量计正负压室与测量管道的连接,引压管道倾斜方向和坡度,过滤器、消气器、隔离器、冷凝器、沉降器、集气器的安装。

(23)检查仪表防爆、隔离、吹洗、密封和接地措施符合设计文件规定;重点是测量高压的压力仪表的安装位置、高度和防护措施。

(24)检查仪仪表、检测元件、物位取源部件、测量管路的型号、规格、材质、测量范围、加工尺寸、压力等级等符合设计文件规定；随机技术文件齐全。

（25）检查仪表的安装位置和安装方式符合设计文件、规范要求；重点是检测元件、物位取源部件和仪表的安装，物位仪表的定位管、导向容器、导向装置。

（26）检查仪表接管、接线符合规范规定；差压式仪表物位取源部件或引压管道的安装、耐压与严密性试验以及接线。

（27）检查仪表防爆、隔离、密封和接地措施符合设计文件规定；重点是核辐射式物位计的安装位置。

（28）检查仪表的特殊安装要求符合规范要求；重点是补偿式平衡容器、双法兰式差压变送器毛细管和磁感应式仪表的敷设。

（29）检查执行器的安装位置和安装方式符合设计文件、规范要求重点是执行器的安装位置、安装角度和介质流向，机械传动部件的安装。

（30）检查执行器的接管、接线符合规范规定：重点是耐压与严密性试验应符合设计文件规定。

（31）检查仪表的特殊使用要求符合规范要求：防爆、隔离、吹洗、脱脂、密封和接地措施应符合设计文件规定。控制阀阀体强度、阀芯泄漏性试验，电磁阀线圈与阀体间的绝缘电阻应符合随机技术文件的要求。

（32）检查安装位置符合设计文件、规范要求：重点是汇线槽、桥架、保护管的安装位置应符合设计文件规定，且避开强电磁场、高温、易燃、可燃、腐蚀性介质的工艺管道或设备；接线箱的安装位置应符合设计文件规定；在电缆槽内，交流电源线路和仪表信号线路之间采用金属隔板隔开。设备附带的专用电缆的敷设应符合随机技术文件的要求。

（33）检查安装方式符合规范要求：重点是汇线槽的支架间距应合理，焊接应符合设计文件规定；汇线槽、桥架应安装牢固，对口连接应采用平滑的半圆头螺栓，螺母应在汇线槽的外侧，并应预留适当的膨胀间隙，内部应清洁、无毛刺，槽口光滑、无锐边、有电缆护口；保护管应连接牢固，无严重变形，内部清洁、无毛刺，管口光滑、无锐边、有电缆护口，管外壁防腐或防护措施应符合设计文件规定；电（光）缆的敷设方式应符合设计文件的规定；隐蔽敷设的电（光）缆，其路径、埋设深度应符合设计文件规定，与任何地下管道平行或交叉敷设时，应采取能够避免电磁辐射和热力影响的措施；电（光）缆在两端、拐弯、伸缩缝、热补偿区段、易震部位均应留有裕度，在桥架、垂直汇线槽、仪表盘、柜、台、箱内应固定且松紧适度；电伴热带的敷设和固定应符合随机技术文件的要求。

第四章 站场工程质量管理

（34）检查接线质量符合设计文件、规范要求：重点是电（光）缆的导通、衰减等技术指标应符合设计文件规定，电缆的绝缘电阻大于 5MΩ；仪表盘、柜、台、箱内的线路不应有接头，其绝缘保护层不应有损伤；电缆终端和中间接头的制作、接线和接地应符合设计文件规定和随机技术文件的要求；光缆终端和中间接头的连接方式和技术指标应符合设计文件规定；电伴热带终端和中间接头的连接方式应符合随机技术文件的要求。

（35）检查仪表管道、管道附件、阀门的安装符合设计文件、规范要求：重点是能够保证气（液压）源和信号的有效传输。

（36）检查安装方式符合规范要求：重点是主分支仪表管道连接方式应符合设计文件规定；仪表管道与高温设备、管道连接时，应采取防止热膨胀补偿的措施；差压测量管路的正负压管连接正确，应安装在环境温度相同的位置；高压钢管的弯曲半径宜大于管道外径的 5 倍，其他金属管的弯曲半径宜大于管道外径的 3.5 倍，塑料管的弯曲半径宜大于管道外径的 4.5 倍，弯制后的管道应没有裂纹和凹陷；仪表管道应采用机械方式固定，在振动场所和固定不锈钢、合金、塑料等管道时，管道与支架间应加软垫、绝缘垫隔离；仪表管道的安装不应使仪表承受机械应力；仪表管道、阀门的压力试验应符合设计文件规定，管路连接应严密无泄漏；仪表管道内部应冲洗或吹扫合格。

（37）检查仪表管道的焊接质量符合设计文件要求。

（38）检查仪表的特殊使用要求符合规范要求。

（39）检查仪表供电设备的试验符合设计文件、仪表技术文件和验收规范的要求：重点是电源的电能转换、整流和稳压性能试验，不间断电源的自动切换性能、切换时间和切换电压值应符合设计要求。

（40）检查综合控制系统的试验符合设计文件、仪表技术文件和验收规范的要求：重点是通电前应确认全部设备、器件和线路的绝缘电阻、接地电阻符合设计文件规定，接地系统应工作正常；通电检查全部设备和器件的工作状态应符合设计文件规定、运行正常；系统中单独的显示、记录、控制、报警等仪表设备应进行单台校准和试验合格；系统内的插卡、控制和通信设备、操作站、计算机及外部器件等进行状态检查、离线测试应符合设计文件规定；系统显示、处理、操作、控制、报警、诊断、通信、冗余、打印、拷贝等基本功能应符合设计文件规定；控制方案、控制和联锁程序试验应符合设计文件规定。

（41）检查回路试验符合设计文件、规范要求。重点是检测回路显示仪表部分的指示值应与现场被测变量一致；控制回路的控制器和执行器的全行程动作方向和位置应符合设计文件规定，执行器附带的定位器、回讯器、限位开关等仪表设备应动作灵活、指示正确；控制回路在"自动"调节状态下的调节功能应符合设计文件规定和生产过程控制的实际需要。

（42）检查程序控制系统和联锁系统的试验符合设计文件、规范要求。重点是程序控制系统和联锁系统有关装置的硬件和软件功能试验、系统相关的回路试验应符合设计文件规定；系统中所有的仪表和部件的动作设定值的整定应符合设计文件规定；联锁条件判定、逻辑关系、动作时间和输出状态等的试验应符合设计文件规定。

（43）检查现场监控与通信系统的试验符合设计文件、规范要求。重点是仪表设备的整定值应符合设计文件规定；报警灯光、音响和屏幕应显示正确，消音、复位和记录功能正确；各项通信技术指标应符合设计文件规定。

（44）检查人机界面良好，操作使用和维护方便。

三、质量风险管理

自动化仪表工程的质量风险管理见表 4-20。

表 4-20　自动化仪表工程的质量风险管理

序号	控制要点	建设单位	监理	施工单位
1	人员			
1.1	专职质量检查员到位且具有质检资格	监督	确认	报验
2	设备、机具			
2.1	进场机具设备、检测工器具数量、性能规格应与施工方案相符，检定证书在有效期内，并已报验合格，设备运转正常，保养记录齐全	必要时检验	确认	报验
3	材料			
3.1	核查材料质量证明文件（合格证、检验报告等），并应进行外观检查；备品备件数量应齐全；仪表盘、柜、台、箱内部设备布置应美观合理；设备的规格型号以及机械或电气连接应符合设计文件规定	必要时验收	确认	报验
4	方案			
4.1	现场有经过批准的施工方案	必要时审批	审查/审批	编制、审核
5	仪表盘（柜、台、箱）安装工程			
5.1	仪表盘、柜、台、箱及橇装设备的产品技术文件和质量证明文件应齐全，铭牌、防爆标识、防护等级、型号、位号、数量、外形尺寸、安装孔尺寸、内外表面涂层等应符合设计文件规定	监督	平行检查	施工

第四章 站场工程质量管理

续表

序号	控制要点	建设单位	监理	施工单位
5.2	仪表盘、柜、台、箱的安装位置和平面布置应符合设计文件规定；仪表盘、柜、台、箱之间及盘、柜、操作台内部各设备构件之间的连接应牢固，用于安装的紧固件应为防锈材料；安装固定不应采用焊接方式；仪表盘、柜、台、箱应无变形和表面涂层损伤	监督	平行检查	施工
5.3	当仪表管道引入安装在有爆炸和火灾危险、有毒及有腐蚀性物质环境的仪表盘、柜、台、箱时，其管道引入孔处应做密封处理；仪表盘、柜、台、箱及橇装设备的内部的仪表线路接线应正确牢固，导通和绝缘检查合格，线端应有编号	监督	平行检查	施工
5.4	仪表供电系统的安装应符合设计文件规定	监督	平行检查	施工
5.5	仪表盘、柜、台、箱及橇装设备的防爆措施应符合设计文件规定；仪表盘、柜、台、箱及橇装设备的内的本质安全电路敷设配线时，应与非本质安全电路分开；接线端子之间的间距，不得小于50mm；当间距不符合要求时，应采用高于端子的绝缘板隔离；工作接地系统应符合设计文件规定；保护接地系统应符合设计文件规定；屏蔽接地应符合设计文件规定	监督	平行检查	施工
6	温度仪表安装			
6.1	温度取源部件、温度检测仪表的型号、规格、材质、测量范围、压力等级等应符合设计文件规定，质量证明文件齐全	监督	确认	报验
6.2	温度取源部件的安装位置应符合设计文件规定	监督	旁站	施工
6.3	温度检测仪表的安装应符合下列规定：（1）仪表的安装位置应符合设计文件规定，安装应牢固，不应承受非正常外力；（2）表面温度计的感温面与被测对象表面应接触紧密，固定牢固；（3）压力式温度计的温包应全部浸入被测对象中	监督	平行检查	施工
6.4	温度检测仪表的接线应正确牢固，导通和绝缘检查合格	监督	平行检查	施工
6.5	有特殊要求的温度检测仪表安装应符合下列规定：（1）防爆和接地措施应符合设计文件规定；（2）毛细管的敷设应有保护措施，弯曲半径应大于50mm，周围温度变化剧烈时应采取隔热措施	监督	平行检查	施工
7	压力仪表安装			
7.1	压力取源部件、压力检测仪表的型号、规格、材质、测量范围、压力等级等应符合设计文件规定，质量证明文件齐全	监督	确认	报验
7.2	压力取源部件的安装位置应符合设计文件规定	监督	旁站	施工
7.3	压力检测仪表的安装位置应符合设计文件规定，安装应牢固、平正，不应承受非正常外力。检验数量：全数检查	监督	平行检查	施工

续表

序号	控制要点	建设单位	监理	施工单位
7.4	与仪表连接的管道、线路的安装质量应符合下列规定：（1）仪表管道的型号、规格、材质等应符合设计文件规定，质量证明文件齐全；（2）当仪表管道与仪表设备连接时，应连接严密，且不应使仪表设备承受机械应力；（3）仪表管道的安装、压力试验和泄漏性试验应符合设计文件规定；（4）接线应正确牢固，导通和绝缘检查合格	监督	平行检查	施工
7.5	有特殊要求的压力检测仪表的安装应符合下列规定：（1）防爆、接地、隔离、吹洗措施应符合设计文件规定；（2）毛细管的敷设应有保护措施，弯曲半径应不小于50mm，周围温度变化剧烈时应采取隔热措施；（3）测量高压的压力仪表安装在操作岗位附近时，安装高度和防护措施应满足安全操作的要求	监督	平行检查	施工
8	流量仪表安装			
8.1	流量取源部件、流量检测仪表的到货验收应符合下列规定：（1）型号、规格、材质、测量范围、压力等级等应符合设计文件规定，质量证明文件齐全；（2）孔板的入口和喷嘴的出口边缘应无毛刺、圆角或可见损伤，并应按设计数据或制造标准验证其制造尺寸	监督	确认	报验
8.2	流量取源部件、流量检测仪表的安装应符合设计文件的规定	监督	旁站	施工
9	物位仪表安装			
9.1	物位取源部件、物位检测仪表的型号、规格、材质、测量范围、压力等级等应符合设计文件规定，质量证明文件齐全	监督	确认	报验
9.2	物位取源部件、物位检测仪表的安装应符合相关规范的要求	监督	旁站	施工
9.3	与仪表连接的管道、线路的安装质量、检验数量和检验方法、有特殊要求的物位检测仪表安装、检验数量和检验方法应符合相关规范的规定	监督	平行检查	施工
10	成分分析和物性检测仪表安装			
10.1	分析取源部件、分析仪表的型号、规格、材质、测量范围、压力等级等应符合设计文件规定，质量证明文件齐全	监督	确认	报验
10.2	分析取源部件的安装应符合下列规定：（1）分析取源部件的安装位置应符合设计文件规定；（2）被分析的气体内含有异相杂质时，取源部件的轴线与水平之间的仰角应大于15°。检验数量：全数检查	监督	旁站	施工
10.3	成分分析和物性检测仪表的安装应符合相关规范的规定	监督	平行检查	施工
10.4	与仪表连接的管道、线路的安装质量、检验数量和检验方法应符合规范规定。成分分析和物性检测仪表的脱脂、防爆、接地、隔离和吹洗措施应符合设计文件规定	监督	平行检查	施工
11	机械量和其他仪表安装			
11.1	机械量和其他检测仪表的型号、规格、材质、测量范围、压力等级等应符合设计文件规定，质量证明文件齐全	监督	确认	报验

第四章 站场工程质量管理

续表

序号	控制要点	建设单位	监理	施工单位
11.2	机械量和其他检测仪表的安装、与仪表连接的管道、线路的安装质量、检验数量和检验方法应符合相关规范的规定	监督	平行检查	施工
11.3	机械量和其他检测仪表的防爆、接地、隔离和吹洗措施应符合设计文件规定	监督	平行检查	施工
12	执行器安装			
12.1	执行器的型号、规格、材质、压力等级等应符合设计文件规定，产品技术文件和质量证明文件齐全	监督	确认	报验
12.2	执行器的安装、与仪表连接的管道、线路的安装质量、检验数量和检验方法应符合相关规范的规定	监督	平行检查	施工
12.3	执行机构的防爆、接地和隔离措施应符合设计文件规定	监督	平行检查	施工
13	仪表线路安装			
13.1	仪表线路的安装应符合设计文件的要求	监督	平行检查	施工
13.2	支架的规格、材质、结构形式应符合设计文件规定，安装应符合现行国家标准的规定	监督	平行检查	施工
13.3	电缆桥架的安装、电缆导管的安装、电缆、电线、光缆的敷设应符合设计文件规定	监督	平行检查	施工
14	仪表管道安装			
14.1	仪表管道及阀门、管配件、接头的型号、规格、材质应符合设计文件规定；仪表管道的安装应符合国家现行标准规定	监督	平行检查	施工
14.2	测量管道的敷设应符合设计文件的规定；高温测量管道、低温测量管道敷设时应采取膨胀补偿措施	监督	平行检查	施工
14.3	气源管道采用镀锌钢管时，应采用螺纹连接并密封良好，拐弯处应采用弯头	监督	平行检查	施工
14.4	油压管道不得平等敷设在高温设备和管道上方，与热表面绝热层的距离应大于150mm；仪表供液系统的安装应符合产品技术文件的规定	监督	平行检查	施工
14.5	仪表管道压力试验应符合现行国家标准 GB 50093—2013 的规定	监督	平行检查	施工
14.6	有特殊要求的仪表管道的安装应符合相关规范的规定	监督	平行检查	施工
15	仪表试验工程			
15.1	检查仪表单体调试符合设计文件、仪表技术文件和试验方案规定；重点是仪表的禁油和脱脂情况，仪表的输出信号是数字量还是模拟量，应符合的相关要求	监督	平行检查	施工

续表

序号	控制要点	建设单位	监理	施工单位
15.2	检查综合控制系统的试验符合设计文件、仪表技术文件和验收规范的要求	监督	见证	施工
15.3	检查综合控制系统的试验符合设计文件、仪表技术文件和验收规范的要求	监督	见证	施工
15.4	检查程序控制系统和联锁系统的试验符合设计文件、规范要求	监督	见证	施工
15.5	检查现场监控与通信系统的试验符合设计文件、规范要求	监督	见证	施工
15.6	检查人机界面良好，操作使用和维护方便	监督	平行检查	施工
16	施工记录			
16.1	现场施工记录数据采集上传及时，内容完整、真实、准确	必要时签字	验收	填写

第九节 通信工程

一、工艺工法概述

（一）工序流程

工序流程如图4-9所示。

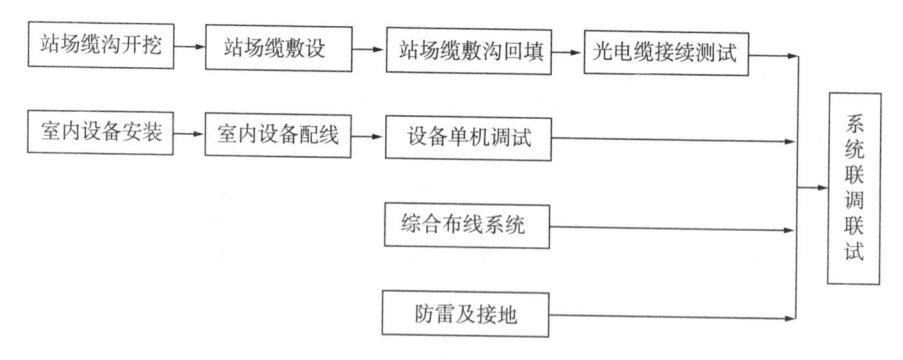

图4-9 通信工程工序流程图

第四章　站场工程质量管理

（二）主要工序及技术措施

1. 设备安装

1）定位设备

按照设计文件中的平面设计图，在一列槽道的前面吊垂线，作为机架前面定位基准线，并依次画出机柜底座外框线，用笔在每台设备的外框线内写上"××设备"作为临时标记。

2）安装加固机架

机架安装遵循横平竖直的原则，要用水平尺调整机架的水平度和垂直度，几个机架和室内其他设备都要取齐，一般要求机架后面板和室内走线架后沿取齐，每个机架使用不少于四个螺栓进行固定，每个机架地脚都要和地面牢固接触，不能悬空。

3）放绑、编焊各种电缆

机架的保护地线应使用铜鼻子可靠的连接到室内保护地铜排上，应以最短的方式走捷径，不能拐死弯、直角和盘圈。

机架的传输线（PCM线）不能和机柜电源线等捆扎在一起，应分开铺设，间距应大于10cm。

室内各种线缆的两端都应扎上标牌，以区分各自的功能。

4）电缆校对及静电检查

用万用表测量电源的极性、导通、绝缘情况。

检查保护电线（机壳屏蔽地）的接触电阻小于设计（或设备要求）。

按照各类设备的接线图表，根据工程设计图表，检查供电链路，从电源分配设备的输入端起，到末级负载设备的电源线。

按照各类设备的接线图表，根据工程设备图表检查告警链路，从上一级监控中心到低端设备之间的连线。

按照各类设备的接线图表，根据工程设备图表，检查全部传输链路，从相邻的高端设备到低端设备之间的连线，包括2M线、网管线、光纤等，有漏接、错接现象。

检查传输链路、告警链路、供电链路全部导线，与机架构件有短路现象。

2. 电缆走道及槽道安装

1）测量划线

在机房测量划线时，应对机房面积大小、洞孔、房柱、地槽、门窗等位置进行测量，并与工程设计图纸核对。如发现误差较大，安装时需要有较大的变动时，应与建设、设计单位共同研究处理。

2）安装位置确定

水平走线架、槽道安装位置、高度应符合施工图纸规定。其位置左右偏差≤50mm，水平偏差≤2mm/m。

3）走线架、槽道安装

安装列间槽道或列走线架应端正、牢固，与主槽道或主走线架保持垂直。每列槽道或列走线架应成一条直线，偏差≤30mm。列槽道的两侧板与机架顶部前后面板相吻合。盖板、侧板和底板安装应完整、缝隙均匀，零件安装齐全，槽道侧板拼接处水平度偏差不超过2mm。

水平走线架的连固铁与上梁，槽道支架与上梁应安装牢固，平直，无明显的弯曲。电缆支架安装应端正，距离均匀。垂直走线道位置应与上下楼孔或走线路由相适应，与地面垂直度偏差≤0.1％。穿墙走道位置应与墙洞相适应。

槽道、走线架横铁安装距离均匀，间隔250～300mm。列间撑铁，吊挂位置要适当。

槽道、走线架应在同一垂直而上。吊挂的吊杆高度，垂度应与走线架，槽道水平位置相适应。

各列的列间撑铁要在同一直线上，靠机房两端的列间撑铁对墙加固的方式应符合工程设计要求。旁侧支撑的终端加固件安装应牢固、端正、平直。

立柱安装位置应符合工程设计要求。安装稳固，与地而垂直，垂直度偏差≤0.1％。同一侧立柱应在同一直线上。

安装沿墙单边或双边走线架时，在墙上安装的支撑架应牢固可靠，高度一致，沿水平方向间隔距离均匀。安装后的走线架应整齐，不得有起伏不平的歪斜现象。

电缆走线架穿过楼板孔或墙洞的地方，应加装子口保护。电缆放绑线料完毕后，应用盖板封信洞口（采用阻燃材料），其颜色应与地板或墙壁一致。

各种铁件的漆面应平整无损。如需补漆，其颜色应与原漆颜色基本一致。

光纤护槽宜安装在电缆槽道支铁上，应牢固、平直、无明显弯曲。在槽道内的高度宜与槽道侧板一侧基本平齐，不影响槽道内电缆的布放。光纤护槽的盖板应方便开合操作，位于列槽道内部分的侧而应留出随时能够引出光纤的出口。

固定铁件的膨胀螺栓打孔位置不宜选择在机房主承重梁上，确实避不开主承重梁时，孔位应选在距主承重梁下沿120mm以上的侧面位置。

第四章 站场工程质量管理

机房内所有不带电的金属走线架（槽）、连固铁、吊挂、立柱必须作电气连通，与机房接地排连接牢固。

3. 电缆布放和连接

布放电缆应按照 YDJ44-89《电信网光纤数字传输系统工程施工及验收暂行技术规定》中的有关标准执行。

光纤连接线的规格、程式应符合设计规定，技术指标应符合设计文件或技术规范的要求；光纤连接线的走向、路由应符合设计规定；光纤连接线二段的余留长度应统一并符合工艺要求；槽道内光纤连接线拐弯处的曲率半径不小于 38～40mm；光纤连接线在槽道内应加套管或线槽保护。无套管保护部分宜用活口扎带绑扎，扎带不宜扎得过紧；光纤连接线在槽道内应顺直，无明显扭绞。

4. 敷设机房电源线

综合布线系统的缆线常采用槽道或桥架敷设，在电缆槽道或桥架上敷设电缆时，应符合以下规定要求：

（1）电缆在桥架或敞开式的槽道内敷设时，为了使电缆布置牢固、美观整齐，应采取稳妥的固定绑扎措施。

（2）电缆在封闭式的槽道内敷设时，要求在槽道内缆线均应平齐顺直，排列有序，尽量互相不重叠或不交叉，缆线在槽道内不应溢出，影响槽道盖盖合。

铜线的敷设：

（1）敷设电缆应合理安排，不宜交叉；敷设时应防止电缆之间及电缆与其他硬件体之间的摩擦；固定时，松紧应适度。

（2）多芯电缆的弯曲半径，不应小于其直径的 6 倍。同轴电缆的弯曲半径，不小于其外径的 10 倍。

（3）线缆槽敷设截面利用率 ≤ 60%，线缆穿管敷设利用率 ≤ 40%。

（4）信号电缆（线）与电力电缆（线）交叉敷设时，宜成直角；当平行敷设时，其相间的距离应符合设计规定。

（5）明敷设信号线路与具有强磁场电气设备之间的净距离，宜大于 1.5m；当采用屏蔽电缆或穿金属保护管以及在线槽内敷设时，宜大于 0.8m。

5. 设备接地

设备目前宜采用联合接地或按设计要求接地。新设备及天线等连接部件应符合设计规定。接地引入线与接地体焊接牢固，焊缝处作防腐处理。

1）出、入电缆的接地与防雷

（1）出、入局（站）交流电力线的接地与防雷。

选用具有金属铠装层的电力电缆出、入局（站）时应将电缆线埋入地下，其金属护套两端应就近接地。当局（站）设有阴极保护装置时，其电缆金属护套通过放电器接地，缆内两端的芯线应加装避雷器件。当高压或380V交流电入局（站）时，电力电缆长度应满足设计要求。

（2）出、入（局）通信电缆的接地防雷。

出、入局（站）通信电缆线应采取由地下出、入局（站）的方式，所采用的电缆，其金属护套应在进线室做保护接地，缆内芯线应在设备前对地加装保安装置。由楼顶引入机房的电缆应选用具有金属护套的电缆，并应在采取了相应的防雷措施后方可进入机房。

2）局内设备的接地与防雷

直流电源工作地应从接地汇集线上引入。

所有交、直流配电设备的机壳应从接地汇集线上引入保护接地线。交流配电屏中的中性线汇集排应与机架绝缘。严禁采用中性级做交流保护地线。

配线架应从接地汇集上引入保护接地。同时配线架与机房通信机架间不应通过走线架形成电气连通。

通信设备除做工作接地外，其机壳应作保护接接地。

机房内空调等金属设施应按设计要求引接保护地线。

通信机房内接地线的布置方式，可采取辐射式或平面型。要求机房内所有通信设备除从接地汇集线上就近引接地线外，不得通过安装加固螺栓与建筑钢筋相碰而自然形成的电气连通。

通信局（站）内各类需要接地的设备与接地汇集线之间的连线，其截面应根据通过的最大负荷电流确定，一般采用 $35\sim95mm^2$ 的多股绝缘铜线，不准使用裸导线布放。

3）接地电阻值和测量

地线安装完毕，在回土前，应用接地电阻测量仪测量地线电阻，做好记录，随工人员应进行认真检查。测量仪所用连接线必须是绝缘多股导线，同时雨后不宜立即测试。

6. 信号系统安装

1）信号设备安装

信号设备的安装应端正牢固，零件齐全；各种信号灯的规格、色别应符

第四章　站场工程质量管理

合设计或设备要求，灯帽、灯罩完好；编码设备信号盘安装位置应符合规范要求。

2）信号线编焊

信号线的规格、线径应符合施工图规定；信号线束的编扎与电缆的编扎要求相同，但信号线在线束分支处打双扣；双线输送的音流线应互相扭绞，铃流、音流线应单独编成一束；信号线束出线位置应与端子对正，不得有明显偏斜；信号线在走道上布放，应每隔一横铁绑一次，在槽道内布放时不得与电缆交叉；焊接信号线焊点光滑均匀，无假焊、漏焊，露铜不大于2mm，芯线绝缘无损伤。

7. 主馈电线安装

（1）布线系统路由及布放位置应符合施工图规定，所用材料规格应符合设计要求。

（2）布线平直、整齐、无明显欺负、扭曲或锤痕。

（3）母线接头处接触面应平整紧贴，并抹一薄层凡士林；接头螺丝加弹簧垫圈及平垫圈，拧紧。

（4）母线支铁装置应端正牢固，安装位置应符合规范要求。

（5）母线表面油漆均匀，负极刷蓝漆，正极刷红漆。

8. 信号系统调试

1）信号机检测

启动、人工或自动转换正常；人工、自动告警及人工切除告警正常；铃流、音流输出功率、电压应符合厂家规定；断续信号脉冲输出应符合厂家规定；各种信号脉冲输出控制键工作正常，符合设计要求。

2）信号告警系统检测

告警灯规格、色别应符合要求；各类熔丝熔断后，相应机架、机列及总信号盘灯亮、铃响；闭塞、全忙指示、机架、机列及总信号盘灯亮指示符合要求。

9. 卫星天线安装

1）天线安装

立柱底座与基础膨胀螺栓应胫骨；天线扇面应平整，原膜完好；天线隔离度指标应大于等于30dB；安装方位角及俯仰角应符合工程设计要求，垂直方向和水平方向应留有调整余量。

2）室外单元安装

电缆的路由及走向应符合施工图的规定，电缆排列应整齐，外皮无损伤，中频电缆与电源线缆应分离布放；馈线出入机房，其洞口应按工程设计要求加固和采取防雨措施，馈线与天线馈源、馈源与设备的连接接口应能自然吻合，馈线不应承受外力；天线馈源加固应符合设备出厂说明的技术要求。馈源极化方向和波导接口应符合工程设计及馈线的走向要求，加固应合理，与馈线连接的接口面应清洁干净，电接触良好。

3）室内单元安装

设备工作状态、各类指示灯应正常；设备供电应符合设备要求，确保设备性能稳定性，输入电压应符合设备性能要求；应采用油气调控中心统一规划的 IP 地址，配置完成后应对系统进行链路测试。

4）链路指标和业务测试

接收信号的信噪比（EbNo）应符合设计要求；卫星通信链路指标应符合设计要求，误码率应符合 YD/T5028 规范要求。

10. 设备加电前检查

通电前应对机架、部件、布线进行绝缘电阻、绝缘强度的检查，并应符合要求；接触器与继电器的可动部分动作灵活、无松动和卡阻，其接触表面应无金属碎屑或烧伤痕迹；接触器和闸刀的灭弧装置完好；布线和接线正确，无碰地、短路、开路、假焊等情况。机内各种插件连接正确、无松动；各种开关、闸刀、熔断器容量规格应符合设计要求；机架保护地线连接可靠；测试机内布线及设备非电子器件对地绝缘电阻应符合说明书规定，无规定时，应不小于 2MΩ/500V；交流、直流配电设备及开关电源、交换设备等通电检验项目应符合产品技术说明书要求。

二、关键质量风险点识别

（一）主要控制点

进场人员（主要管理人员、电工等），进场机具设备（检测工器具等），进场材料，作业文件，作业环境。

（二）重点管控内容

1. 人员

核查进场人员数量、上岗证、资格证满足作业要求，并已履行报验程序。

第四章 站场工程质量管理

2. 设备、机具

核查进场机具设备、检测工器具数量、性能规格与施工方案相符，检定证书在有效期，报验手续完备，并已报验合格，设备运转正常，保养记录齐全。

3. 材料

核查光纤收发器、电涌保护器、摄像机、卫星通信系统设备、周界报警系统设备、话音通信、电缆等材料质量证明文件（材质证明书、合格证、检验报告等），并应进行外观检查，应检查应检查设备规格、型号、数量等符合规范和设计文件要求。

4. 工序关键环节控制

（1）检查施工作业人员技术交底和班前安全交底记录。

（2）设备安装应严格按照厂家提供的操作手册及厂家督导员的要求进行施工，并按要求佩戴好防静电护腕；通信系统施工过程中，应严格遵守操作规程，确保工程质量。建设或监理应及时组织随工检验，检查施工工艺和进行技术指标检测。

（3）工业电视监控图像信息记录和回放的设置，应能保存原始场景监视记录，保存时间应在30天以上，各项设置技术指标应符合设计要求。摄像机的安装：先对摄像机进行初步安装，经通电试看、细调，检查各项功能，观察监视区域的覆盖范围和图像质量，符合要求后方可固定；设备具体组装方式参阅随机附带的设备说明书及安装手册。站内监控终端和远程监控终端在以多画面拼接或单画面显示监控图像时应能实现监控终端对前端任意一路可旋转摄像机转动、镜头拉伸、预置位调用等动作的控制。

（4）机柜中的电源线应独立的从接线箱引接电源，严禁从其他设备上引接。设备安装时，注意电源的正负极性，防止烧坏设备或发生短路。光（电）缆在防爆场所进出应采用防爆胶泥进行防爆封堵。

（5）周界报警被动微波探测器的电源线缆报警设备的金属外壳、机柜、支架和金属管、槽等，应采用等电位连接。探测器底座、模块的连接导线，应留有不小于150mm的余量，且在其端部应有明显标志。探测器的底座应安装牢固可靠，与导线连接必须可靠压接或焊接。当采用焊接时，不应使用带腐蚀性的助焊剂。探测器确认灯应面向便于人员观察的主要入口方向。系统报警器的防拆报警功能，信号线开路、短路报警功能，电源线被剪的报警功能应符合设计要求。系统应能将全部或部分区域任意设防和撤防；设防、撤防状态应有不同显示。系统应具有报警、故障、被破坏（包括开机、关机、撤防、更改等）等信息的显示记录功能；系统记录应包括事件发生的时间、地点、性质等，记录信息应不能更改。系统断电重启后，能够自动恢复到原有工作状态。

（6）会议电视系统传声器应设置于各扬声器的辐射角之外。摄像机的布置应使被摄入物都收入视角范围之内；采用流动安装的摄像机，应避免连接线缆对周围人员影响。投影仪和投影幕的安装牢固、平整，呼叫带宽不小于4Mbps，速率在128kbps—8Mbps之间任意可调。布置方位应尽量使与会者处在较好的视距离和视角范围之内。会议终端XVGA输出接口，能显示远端PC界面的内容，支持1280×1024分辨率。

（7）同一列有两台以上不同尺寸的机架安装时，要以设备的面板平齐为准。

（8）两台设备之间应连接牢固。

（9）调整机架时要用橡皮榔头或用榔头垫木块敲击机架底部，不准用力直接敲击机架和天线。

（10）模块隐蔽安装时在安装处应有明显的部位显示和检修孔。

（11）光缆、电缆敷设应符合设计规范要求。

（12）子工作接地线与保护接地线必须分开，保护接地导体不得利用金属软管。报警设备的金属外壳、机柜、支架和金属管、槽等，应采用等电位连接。工业电视系统应采用共用接地，接地电阻不应大于1Ω，采用单独接地时，接地电阻不应大于4Ω，接地线采用截面积不小于16mm^{2}的铜芯绝缘导线。

（13）桥架要与地面平行，垂直走道要与地面垂直，要做到横平竖直，无起伏不平或歪斜现象。

（14）如有垂直下楼走道，其位置应以电缆下楼孔为准。

（15）槽架安装时要保持平直和稳固。

（16）电缆桥架的安装位置符合施工图要求，水平电缆走道扁铁与柜架横梁保持平等，其水平偏差每米应小于2mm，垂直电缆走道与地面保持垂直，其垂直偏差小于3mm。

（17）电缆的布放路由要正确，排列要整齐。

（18）电缆的捆绑要牢固，松紧适度、平直、端正，扎扣要整齐一致。

（19）电缆转弯要均匀、圆滑、一致，曲率半径不小于60毫米。

（20）桥架内电缆要求竖直，无死弯，电缆不溢出槽道。

（21）电缆连接要正确、牢固、保证质量。

（22）出线方法应一致，要做到整齐、美观。

第四章　站场工程质量管理

（23）电缆焊接时要牢固，不要烫伤线缆外皮，焊点要牢靠，光滑均匀，不得有冷焊、假焊、漏焊、错焊。

（24）电缆不得有中间接头。

（25）VDF、DDF架上的连线位置应按图纸仔细核对。

（26）线缆在机架内部布放时，应理顺，并做适当绑扎，不得影响原机内部线和子架安装。

（27）同轴电缆线径与同轴插头的规格须吻合。

（28）剥线使用相应的剥线钳，严禁损伤电缆内导体。

（29）组装同轴插头时，各种配件应组装齐全、位置正确、内导体焊接要牢固，采用恒温电烙铁。

（30）同轴插头焊接组接完毕后，使用专用紧压钳将同轴插头的外导体与电缆的外导体一次性压接牢固。轴电缆成端完成后，用万用表检查芯与芯，外导体与外导体相通，内外导体间的绝缘良好绝缘电阻符合规范要求。

（31）光纤及线缆布放路由应符合设计要求；收、发排列方式应便于维护。光纤及线缆宜布放在护槽内，应保持顺直，无扭绞。无护槽时，光纤应加穿保护管，保护管应顺直绑扎在电缆槽道内或走线架上，并与电缆分开放置。光纤连接线的余长不宜超过2m，应整齐盘放，曲率半径应不小于30mm。光纤及线缆两端应粘贴标签，标签应粘贴整齐一致，标识应清晰、准确、规范。多根硅芯管在同一地段同沟敷设时，排列方式、绑扎要求及硅芯管间距应符合设计规定。

（32）信号线与电力线间距应符合设计及规范要求。

（33）布放机房电源线的路由、路数、布放位置、使用导线的规格，器材绝缘强度及熔丝的容量均应符合设计要求。

（34）电源线应采用整段线料，不得在中间接头。

（35）布放的电源线应平直，排列整齐，与设备连接应牢固，接触良好。

（36）安装后的电源线末端必须用胶带等绝缘物封头，电缆剖头处必须用胶带和护套封扎。

（37）安装机房地线的路由、路数、布放位置，使用导线的规格，绝缘强度均应符合设计要求。

（38）地线应采用整段线料，不得在中间接头。

（39）布放的地线应平直，排列整齐，与设备连接应牢固，接触良好。

（40）卫星天线立柱底座与基础膨胀螺栓应紧固。天线扇面应平整，源膜应完好。天线安装位置应符合设计要求,紧固螺母要拧紧上齐。天线隔离度指标应大于等于30dB。卫星天线安装方位角及俯仰角应符合工程设计要求,垂直方向和水平方位应留有调整余量。用水泥埋设的地脚螺栓应养护5天以上,方可安装加固天线,地脚螺栓预留长度应大于12cm。

三、质量风险管理

通信工程的质量风险管理见表4-21。

表4-21 通信工程的质量风险管理

序号	控制要点	建设单位	监理	施工单位
1	人员			
1.1	专职质量检查员到位且具有质检资格	监督	确认	报验
2	设备、机具			
2.1	进场机具设备、检测工器具数量、性能规格应与施工方案相符,检定证书在有效期,并已报验合格,设备运转正常,保养记录齐全	必要时检验	确认	报验
3	材料			
3.1	核查材料质量证明文件(材质证明文件、合格证、检验报告等),并应进行外观检查,应抽检设备尺寸规格等符合规范和设计文件要求	必要时验收	确认	报验
4	方案			
4.1	现场有经过批准的施工方案	必要时审批	审查/审批	编制、审核
5	交换台、业务台安装			
5.1	测试芯线绝缘电阻合格;机台安装应稳固,台间连接牢固,机台安装后机面平齐、整洁,机台地线连接应牢固,接地良好;机台面板零附件排列整齐、安装牢固、位置正确;机台内电缆排列顺直、整齐;所有焊点无脱落	监督	见证/平行检查	施工
6	信号系统安装			
6.1	各种信号设备按照要端正,零件要齐全,信号灯的规格、色别应符合设计或设备要求	监督	平行检查	施工
6.2	信号线在走道上应进行绑扎,焊接应牢固	监督	巡检	施工
7	主馈电线安装			
7.1	测试主馈电线线间及对地绝缘电阻合格,结果应满足设计及规范要求	监督	见证	施工

第四章 站场工程质量管理

续表

序号	控制要点	建设单位	监理	施工单位
7.2	主馈电线布线要平直、整齐、无明显起伏或扭曲。母线接头处接触面应平正紧贴，接头牢固，导电良好	监督	巡视、平行检查	施工
8	信号系统调试			
8.1	检测信号机的各项性能、指标，使其达到规范要求	监督	旁站	施工
8.2	检测信号告警系统的各种性能、指示，使其达到规范规定	监督	旁站	施工
9	卫星天线安装			
9.1	天线安装位置应符合设计要求，紧固螺母要拧紧上齐	监督	巡视、检查	施工
9.2	天线的通信方向必须符合设计要求，天线的水平和俯仰方向应有一定的调整余量	监督	巡视、检查	施工
9.3	用水泥埋设的地脚螺栓应养护5天以上，方可安装加固天线，地脚螺栓预留长度应大于12cm	监督	巡视、检查	施工
10	设备安装			
10.1	安装要牢固、不晃动，做到横平竖直，误差不应超过千分之二，如机架本身偏差较大时，应调整	监督	见证	施工
10.2	同一列有两台以上不同尺寸的机架安装时，要以设备的面板平齐为准。两台设备之间应连接牢固	监督	巡检	施工
10.3	调整机架时要用橡皮榔头或用榔头垫木块敲击机架底部，不准用力直接敲击机架和天线	监督	巡检	施工
10.4	天线，数字配线架（DDF），音频配线架（VDF）端子板的位置，安装排列及各种标志符合设计要求，各部件安装正确，牢固，方向一致，排列整齐，标志清晰	监督	巡检	施工
10.5	子架安装牢固，排列整齐，插接件接触良好	监督	巡检	施工
11	电缆走道及槽道安装			
11.1	走道扁铁应平直，不应扭曲或倾斜	监督	巡视、平行检查	施工
11.2	水平走道要与地面平行，垂直走道要与地面垂直，要做到横平竖直，无起伏不平或歪斜现象	监督	巡视、平行检查	施工
11.3	如有垂直下楼走道，其位置应以电缆下楼孔为准	监督	巡视、平行检查	施工
11.4	槽道安装时要保持平直和稳固	监督	巡视、平行检查	施工
11.5	电缆走道及槽道的安装位置符合施工图要求，水平电缆走道扁铁与柜架横梁保持平等，其水平偏差每米应小于2mm，垂直电缆走道与地面保持垂直，其垂直偏差小于3mm	监督	巡视、平行检查	施工
12	电缆布放和连接			
12.1	布放线缆的绝缘、规格程式、数量、路由走向、布放位置等应符合施工图设计要求	监督	巡视、平行检查	施工

续表

序号	控制要点	建设单位	监理	施工单位
12.2	电缆的布放路由要正确，排列要整齐；电缆的捆绑要牢固，松紧适度，平直、端正，扎扣要整齐一致；电缆转弯要均匀、圆滑、一致，曲率半径不小于60毫米；槽道内电缆要求竖直，无死弯，电缆不溢出槽道；电缆连接要正确、牢固，保证质量；出线方法应一致，要做到整齐、美观；电缆焊接时要牢固，不要烫伤线缆外皮，焊点要牢靠，光滑均匀，不得有冷焊、假焊、漏焊、错焊；电缆不得有中间接头	监督	巡视、平行检查	施工
12.3	同轴电缆线径与同轴插头的规格须吻合；剥线使用相应的剥线钳，严禁损伤电缆内导体；组装同轴插头时，各种配件应组装齐全、位置正确，内导体焊接要牢固，采用恒温电烙铁；同轴插头焊接组接完毕后，使用专用紧压钳将同轴插头的外导体与电缆的外导体一次性压接牢固。轴电缆成端完成后，用万用表检查芯与芯，外导体与外导体相通，内外导体间的绝缘良好，一般电阻不应小于100kΩ	监督	巡视、平行检查	施工
13	敷设机房电源线			
13.1	布放机房电源线的路由、路数、布放位置、使用导线的规格，器材绝缘强度及熔丝的容量均应符合设计要求；布放的电源线应平直，排列整齐，与设备连接应牢固，接触良好	监督	巡视、平行检查	施工
13.2	电源线应采用整段线料，不得在中间接头；安装后的电源线末端必须用胶带等绝缘物封头，电缆剖头处必须用胶带和护套封扎	监督	巡视、平行检查	施工
14	设备接地			
14.1	安装机房地线的路由、路数、布放位置、使用导线的规格，器材绝缘强度均应符合设计要求	监督	见证	施工
14.2	地线应采用整段线料，不得在中间接头；布放的地线应平直，排列整齐，与设备连接应牢固，接触良好	监督	巡视、平行检查	施工
15	设备加电前检查			
15.1	加电前检查设备子架机盘的型号和机盘的安装位置符合设备说明书及设计图纸的要求	监督	巡视、平行检查	施工
15.2	设备的所有端子插接正确，各部件间的连接电缆的连接正确，电接触可靠	监督	巡视、平行检查	施工
15.3	电源盘及机架的总熔丝、分熔丝容量应符合设备说明书规定	监督	巡视、平行检查	施工
15.4	检查设备保护地线接牢，接地电阻应小于4Ω	监督	见证	施工
16	施工记录			
16.1	现场施工记录数据采集上传及时，内容完整、真实、准确		验收	填写

第四章　站场工程质量管理

第十节　安全预警系统

一、工艺工法概述

（一）工序流程

工序流程：施工准备→设备、材料检验→路由复测→传感光缆、适配器敷设安装→系统功能检查与测试。

（二）主要工序及技术措施

1. 施工准备

光纤管道安全预警系统是依靠采集管道沿线的振动信号而发挥作用的，应了解管道沿线施工场地和其他振动源并进行信息采集、录入数据库，且应及时进行数据更新。

对大型工程、重点工程需要编写施工组织设计；对小型工程编写施工方案即可，根据建设方的要求编制相应文件。

2. 设备、材料检验

适配器是光纤管道安全预警系统的重要、主要线路部件，安装前应严格按照随机说明书对适配器进行测试检验。

3. 路由复测

核实远、近端适配器的安装位置和采集管道沿线的振动源情况；远、近端适配器安装位置有调整的，应在竣工图注明。

4. 传感光缆、适配器敷设安装

传感光缆可采取和通信光缆共用一缆的方式实现。远、近端适配器通过尾缆和通信光缆接头盒 T 接，从而实现传感光缆和通信光缆共用。通过近端适配器后，光纤管道安全预警系统通过尾缆进入机房和 FU 相连。通信光缆利用原来的进站光缆进入机房。

由于光纤管道安全预警系统本省技术的要求，两根传感光纤的总衰减差和长度差应严格按指标控制。对于传感光纤的衰减差值大于 1dB 的传感光纤纤对要考虑更换光纤，以确保系统的工作性能；对长度差值大于 0.5m 的传感光纤纤对，现场应对光纤长度进行补偿。

远、近端适配器的尾缆和传感光纤、传输光纤以及FU单元的收发端口之间有严格的对应关系，错乱会导致系统故障，尾缆、适配缆的线序应严格按说明书进行连接。

5. 系统功能检查与测试

1）通电前的检查

检查主要包括电源情况、接地情况、板卡位置、标识牌、各种开关位置、纤序等。

2）设备通电检查

检查主要包括：光面模块、光源模块、通信模块、电源模块、风扇模块和预警管理终端（FST）的检查。

3）预警单元（FU）系统性能测试及功能检查

光源模块两个输出光口的功率平衡是系统性能的重要保证。当两个输出光口功率失衡时，应现场对光源模块内部光路进行调整。

光纤管道安全预警系统安装完毕后应对设备本身的性能进行检验，主要包括对沿线振动的敏感性、定位的准确性、对振动时间的反应速度等。

4）预警管理终端（FST）及区域监控中心（DMC）主要功能检查

系统安装、加电后，应依据规范要求检查预警管理终端和区域监控中心的主要功能以及预警信息的一致性。

5）通信链路测试

通信链路测试主要是保证链路的畅通，确保预警管理终端、区域监控中心能正确接收预警单元的预警信息。

二、关键质量风险点识别

（一）主要控制点

进场人员（主要管理人员、电工等），进场机具设备（检测工器具等），进场材料，作业文件，作业环境。

（二）重点管控内容

1. 人员

核查进场人员数量、上岗证、资格证满足作业要求，并已履行报验程序。

第四章　站场工程质量管理

2. 设备、机具

核查进场机具设备、检测工器具数量、性能规格与施工方案相符，检定证书在有效期，报验手续完备，并已报验合格，设备运转正常，保养记录齐全。

3. 材料

核查材料质量证明文件（材质证明书、合格证、检验报告等），并应进行外观检查，应抽检设备尺寸规格等符合规范和设计文件要求。

4. 工序关键环节控制

（1）检查施工作业人员技术交底和班前安全交底记录。

（2）系统灵敏度（预警范围）应符合设计要求，一般有效检测范围应覆盖光缆两侧各15m。

（3）系统定位精度允许误差应不大于±100m。

（4）系统告警响应时间应不大于60s。

（5）预警系统管理软件（含电子地图）功能应符合设计要求。

三、质量风险管理

安全预警系统质量风险管理见表4-22。

表4-22　安全预警系统质量风险管理

序号	控制要点	建设单位	监理	施工单位
1	人员			
1.1	专职质量检查员到位且具有质检资格	监督	确认	报验
2	设备、机具			
2.1	进场机具设备、检测工器具数量、性能规格应与施工方案相符，检定证书在有效期，并已报验合格，设备运转正常，保养记录齐全	必要时检验	确认	报验
3	材料			
3.1	核查材料质量证明文件（材质证明文件、合格证、检验报告等），并应进行外观检查，应抽检设备尺寸规格等符合规范和设计文件要求	必要时验收	确认	报验
4	方案			
4.1	现场有经过批准的施工方案	必要时审批	审查/审批	编制、审核
5	光纤预警设备安装工程			

续表

序号	控制要点	建设单位	监理	施工单位
5.1	系统灵敏度（预警范围）应符合设计要求，一般有效检测范围应覆盖光缆两侧各 15m	监督	见证	施工
5.2	系统定位精度允许误差应不大于正负 100m	监督	平行检查	施工
5.3	系统告警响应时间应不大于 60s	监督	见证	施工
5.4	预警系统管理软件（含电子地图）功能应符合设计要求	监督	见证	施工
6	施工记录			
6.1	现场施工记录数据采集上传及时，内容完整、真实、准确		验收	填写

第十一节　储罐工程

一、工艺工法概述

（一）工序流程

储罐施工工序为：测量放线→土方开挖与回填→地基处理→钢筋绑扎→模板支护→混凝土浇筑→级配砂石回填→沥青砂面层→大罐焊接→气密严密性试验→沉降试验→防腐、保温绝热。

（二）主要工序及技术措施

1. 测量放线

用水准仪将站内已知绝对高程点引入施工现场的永久建筑物上，或根据现场情况制作受保护水准点，经复核无误后，以此作为控制构筑物相对标高的相对水准点。用经纬仪将站内已知坐标引入施工现场内，并加以保护，经复核无误后，以此点作为相对坐标。按照图纸要求确定构筑物位置，期间做好测量放线施工记录，然后根据构筑物位置坐标，按照图纸要求用 50m 钢卷尺配合经纬仪确定罐基础中心点，并在每个罐四个方向上各设置一个控制桩，控制桩四周用混凝土加以保护并做出明显的标志。以每个罐中心点按图纸要求半径加放坡和工作面确定开挖范围，并以石灰粉画线做出标记，完毕后请

第四章　站场工程质量管理

监理工程师代表签字验收。

2. 土方开挖与回填

根据地质勘察部门给出的水文地质资料，现场实测高程和设计图纸确定开挖方式，根据设计现场平面图纸和现场情况确定开挖顺序及运土方案。土方开挖可采用大开挖施工方案，人工配合施工。挖掘机挖土并装车，用自卸车将土运出施工现场，堆放在建设单位指定的场所，并观察场地有条件预留回填土。开挖深度控制在垫层下底面标高处，距离垫层底部标高100mm厚时，采用人工挖土，清理基坑。

储罐基础环梁施工完毕，模板拆除后，将现场杂物清理干净，开始进行土方回填。如有预留回填土，可用人工配合装载机回填；如现场未预留，则用挖掘机开挖装车，自卸汽车将土运至施工现场，进行环梁外土方的回填。回填时应注意每层土的回填厚度在250～300mm之间，分层夯实，夯实系数满足设计要求，回填土的含水量应在规范规定范围内，达到"手握成团落地开花"，否则会影响回填土的夯实密实度。每层回填结束后，应根据规范要求及时取样送检，保证回填土的压实质量。

3. 钢筋绑扎

储罐环梁施工包括环梁钢筋工程施工、环梁模板工程和环梁混凝土工程施工，首先介绍环梁钢筋工程施工，即钢筋绑扎。

1）钢筋制作

（1）操作工艺。

钢筋表面要洁净，所黏着的油污、泥土、浮锈等在使用前必须清理干净，可用冷拉工艺除锈，或用机械方法、手工除锈等。钢筋调直，可用机械或人工调直。经调直后的钢筋不得有局部弯曲、死弯、小波浪形，其表面伤痕不应使钢筋截面减少5%。采用冷拉方法调直的钢筋的冷拉率：Ⅰ级钢筋冷拉率不宜大于4%；Ⅱ级、Ⅲ级钢筋冷拉率不宜大于1%；预制构件的吊环不得冷拉，只能用Ⅰ级热轧钢筋制作；对不准采用冷拉钢筋的结构，钢筋调直冷拉率不得大于1%。筋切断应根据钢筋号、直径、长度和数量，长短搭配，先断长料后断短料，尽量减少和缩短钢筋短头，以节约钢材。

（2）钢筋弯钩或弯曲。

钢筋弯钩形式有三种，分别为：半圆弯钩、直弯钩及斜弯钩。钢筋弯曲后，弯曲处内皮收缩，外皮延伸，轴线长度不变，弯曲处形成圆弧，弯起后尺寸大于下料尺寸，弯曲调整值满足要求，钢筋弯心直径一般为2.5d，平直部分一般为3d。钢筋弯钩增加长度的理论计算值：对装半圆弯钩为6.25d对直弯钩为3.5d，对斜弯钩为4.9d；Ⅱ级钢筋末端需作90°或135°弯折时，应按规范规定增大弯心直径。

（3）箍筋。

箍筋的末端应作弯钩，弯钩形式应符合设计要求。当设计无具体要求时，对Ⅰ级钢筋，其弯钩的弯曲直径应大于受力钢筋直径，且不小于2.5d；弯钩平直部分的长度对一般结构王不宜小于5d，对有抗震要求的不应小于10d。箍筋调整值，即为弯钩增加长度和弯曲调整值两项之差或和，根据箍筋量外包尺寸或内皮尺寸而定。

（4）钢筋下料。

钢筋下料长度应根据构件尺寸、混凝土保护层厚度，钢筋弯曲调整值和弯钩增加长度等规定综合考虑：

直钢筋下料长度 = 构件长度 − 保护层厚度 + 弯钩增加长度；

弯起钢筋下料长度 = 直段长度 + 斜弯长度 − 弯曲调整值 + 弯钩增加长度；

箍筋下料长度 = 箍筋内周长 + 箍筋高度值 + 弯钩增加长度。

2）绑扎与安装

钢筋进场必须根据施工进度计划，做到分期分批分别堆放，并做好钢筋的保护工作，避免锈蚀或油污，确保钢筋保持清洁。箍筋必须呈封闭型，开口处设置135°弯钩，弯钩平直段长度不小于10d。钢筋的数量、规格、接头位置、搭接长度、间跑应严格按施工图施工。

3）钢筋绑扎的质量要求

钢筋的品种和质量必须符合设计要求和有关标准规定；钢筋的规格、形状、尺寸、数量、间距、锚固长度、接头位置必须符合设计和规范规定。

4）钢筋连接

焊接前须清除钢筋表面铁锈、熔渣、毛刺残渣及其他杂质等；梁搭接焊采用单面焊，搭接长度不小于钢筋直径d的10倍；焊接前应先将钢筋预弯，使两钢筋搭接的轴线位于同一直线上，用两点定位焊固定。

4. 模板工程

1）支模系统用料

为了方便控制环梁截面尺寸及垂直度，可在罐中心搭设井架，其高度与环梁顶面标高相同。为了保证拆模后混凝土表面光洁、平整，同时又为了降低成本，施工中可采用钢模板并配以部分木模板，模板之间缝隙采用泡沫胶

第四章 站场工程质量管理

条密封，支撑体系采用 ϕ48mm 钢管及 50mm×100mm 木方支撑。环梁模板外围采用 ϕ14mm 圆钢 7 道、间距 400mm，用倒链拉紧焊接，防止混凝土胀模，然后在环梁外围周圈用钢管支撑加固，防止模板整体位移。环梁内模采用三道根据内模弧度预制的钢管（ϕ48mm 钢管）加固，防止混凝土向内胀模。支撑体系采用三排周圈脚手架，保证整个环梁模板体系的稳定牢固。为防止模板根部胀模，在上述模板支护完毕后，按照模板卡孔在垫层上钻孔 150mm 深，穿入适当钢筋橛，间隔 1000mm 一个。内外模板之间增加铁拉条，竖向间距 600mm，水平间距 900mm，呈梅花布置，两端根据模板 U 形卡眼位置在铁条上打眼，与模板用 U 形卡锁牢，保证环梁截面尺寸。

2）模板工程的质量要求

（1）模板及支撑系统必须具有足够的强度、刚度和稳定性。

（2）模板的接缝不大于 2.5mm。

（3）模板的实测允许偏差见表 4-23，其合格率控制在 90% 以上。

表 4-23 模板实测允许偏差

项目名称	允许偏差值（mm）
轴线位移	5
标高	±5
截面尺寸	+4，-5
垂直度	3
表面平整度	5

3）模板拆除

罐基础模板拆除应先拆除斜拉杆或斜支撑，再拆除纵横龙骨或钢管卡，接着将 U 形卡或插销等附件拆下，然后用撬棍轻轻撬动模板，使模板离开墙体，将模板逐块传下并堆放。

5．混凝土浇筑

1）混凝土浇筑要求

（1）混凝土自泵车混凝土管口下落的自由倾落高度不得超过 2m。

（2）浇筑混凝土时应分段分层进行，每层的分层浇筑高度控制在小于 500mm 的范围内。浇筑时，从环梁的一点向两个方向同时推进，最后合开接头，不留施工缝，并振捣密实。振捣时采用梅花状布点，严禁直接振捣模板和钢筋，浇筑过程中严禁在拌合物中加水。

（3）使用插入式振动器时应快插慢拔，插点要均匀排列，逐点移动，按顺序进行，不得遗漏，做到均匀振实。移动间距不大于振动棒作用半径的1.5倍（一般为300～400mm）。振捣上一层时应插入下层混凝土面50mm，以消除两层间的接缝。

（4）浇筑混凝土应连续进行。如必须间歇，其间歇时间应尽量缩短，并应在前层混凝土初凝之前，将次层混凝土浇筑完毕。间歇的最长时间应按所用水泥品种及混凝土初凝条件确定，如果超过2h，一般应按施工缝处理。

（5）浇筑混凝土时应派专人经常观察模板钢筋、预留孔洞、预埋件、插筋等有无位移、变形或堵塞情况，发现问题应立即停止浇灌，并应在已浇筑的混凝土初凝前修整完毕。

2）后浇带的设置

（1）后浇带是为在现浇钢筋混凝土施工过程中，克服由于温度、收缩而可能产生有害裂缝而设置的临时施工缝。该缝根据设计要求保留一段时间后再浇筑，将整个结构连成整体。

（2）后浇带的设置距离，应考虑在有效降低温差和收缩应力的条件下，通过计算来获得。有关规范对此的规定是：在正常的施工条件下，混凝土若置于露天，则为20m。

（3）后浇带的宽度应考虑施工简便，避免应力集中。一般其宽度为70～100cm。后浇带内的钢筋应完好保存。

（4）后浇带在浇筑混凝土前，必须将整个混凝土表面按照施工缝的要求进行处理。填充后浇带混凝土可采用微膨胀或无收缩水泥，也可采用普通水泥加入相应的外添加剂拌制，但必须要求填筑混凝土的强度等级比原结构强度提高一级，并保持至少15d的湿润养护。

3）混凝土的养护

（1）混凝土浇筑完毕后，应在12h以内加以覆盖（塑料薄膜、草帘），并浇水养护。

（2）每日浇水次数应能保持混凝土处于足够的润湿状态，常温下每日浇水两次。

（3）可喷洒养护剂，在混凝土表面形成保护膜，防止水分蒸发，达到养护的目的。

（4）采用塑料薄膜覆盖时，其四周应压至严密，并应保持薄膜内有凝结水，养护用水与拌制混凝土用水相同。

6.砂（石屑）垫层施工

（1）砂垫层宜采用颗粒级配良好、质地坚硬的中、粗砂、但不得含有草根、

第四章　站场工程质量管理

垃圾等杂质，含泥量不超过5%，可用混合拌匀的碎石和中、粗砂，不得用粉砂或冻结砂，若用石屑，含泥量不得超过7%。

（2）砂垫层每层铺设厚度为200～250mm，分层厚度可用标桩控制，砂垫层的捣实可选用振实、夯实或压实等方法进行，用平板震动器洒水振实时，砂的最优含水量为15%～20%，亦可用水撼法夯实（湿陷性黄土及强风化岩除外），砂垫层的厚度不宜小于300mm。

（3）砂垫层捣实后，质量检查及检验应按有关要求进行。

（4）砂垫层完工后应注意保护。保持表面平整，防止践踏。

7. 沥青砂绝缘层施工

（1）沥青砂绝缘层用砂应为干燥的中、粗砂，砂中含泥量不得大于5%。

（2）沥青砂绝缘层所用沥青应符合下列规定：

①当罐内介质温度低于80℃时，宜采用60号甲（或60号乙）道路石油沥青，也可用30号甲（或30号乙）建筑石油沥青。

②当罐内介质温度在80～95℃时，宜采用30号甲（或30号乙）建筑石油沥青。

（3）沥青砂由92%～90%的中、粗砂和8%～10%的热沥青拌和而成，具体施工要求应按设计图纸和现场材料情况通过试验确定，施工时应将砂子加热至100～150℃，石油沥青加热至160～180℃（冬季180～200℃），并立即在热状态下拌和均匀后使用，集中搅拌的沥青砂，必须用保温车运输。

（4）沥青砂亦可采用冷拌，冷拌时应用含硫量不大于0.5%的燃料油和砂按现场试验确定的配比搅拌均匀。

（5）沥青砂绝缘层，应分层分块铺设，每层虚铺厚度不宜大于400mm，上下层接缝错开距离不应小于500mm，可按扇形或环形分格，扇形分块时，扇形最大弧长不宜大于12m，环形分块时，环带宽按每带宽约6m确定。

沥青砂上下层分块的间隙应错开，施工时块间缝隙用10～20mm厚的模板隔开。模板应按沥青砂铺设坡度、标高进行加工，待沥青砂压实烙平冷却后，将模板抽出后灌热沥青并熨平。

（6）热拌沥青砂铺设温度不应低于140℃，用压路机碾压密实，然后用加热烙铁烙平、平板振动器振实，或用火滚滚压平实。

（7）热拌沥青砂在施工间歇后继续铺设前，应将已压实的面层边缘加热，并涂一层热沥青，施工缝应碾压平整，无明显接缝痕迹。

（8）沥青砂层压实后用抽样法进行检验，抽样数量每200m不少于1处，但每一个罐基础不少于2处，其压实后的密实度应大于95%。

（9）沥青砂绝缘层不得在雨天施工，如必须在雨天施工，必须采取有效措施严加覆盖。

（10）沥青砂绝缘层应按设计要求铺设平整，其厚度为80～100mm，罐基础顶面由中心向四周的坡度为15%～35‰，厚度偏差不得大于±10mm，表面凹凸度不得大于15mm，标高差不得大于±7mm。

8. 储罐预制、组织焊接、检测和试验

储罐壁、地板板预制前应绘制排版图，并符合：各圈壁板的纵焊缝宜向同一方向逐圈错开；底圈壁板的纵焊缝与罐底边缘版的对接焊缝之间的距离不应小于300mm；开孔与罐壁纵、环焊缝中心及罐壁最下端角焊缝边缘的距离应符合规范要求；两开孔之间的距离应符合规范要求。

壁板滚制后，应立置在平台上用样板检查，垂直方向上用支线样板检查，旗舰型不应大于2mm；水平方向上用弧形样板检查，其间隙不应大于4mm。

当环境温度低于-16℃（普通碳素钢）、-12℃（低合金钢）时，钢材不应进行剪切和冷弯曲加工。热煨成型的构件不应有过烧现象。储罐地板排版直径宜按照设计直径放大0.1%～0.15%；罐底环形边缘版沿罐底半径方向的最小尺寸不应小于700mm；边缘板最小直径边尺寸不应小于700mm。罐底中幅板的宽度不应小于1000mm，长度不应小于2000mm；与罐底环形边缘板连接的不规则中幅板最小质变尺寸不应小于700mm。底板任意相邻焊缝之间的距离不应小于300mm；底板环形边缘板的允许偏差应符合规范要求。

罐板安装前应将预制件坡口或搭接部位的铁锈、水分及污物清理干净。罐底采用带垫板的对接接头时，垫板英语对接的两块地板贴紧，并点焊固定，其缝隙不应大于1mm罐底板对接接头间隙应符合设计及规范要求。中幅板采用搭接接头时，其搭接宽度应符合焊接工艺规程要求；搭接接头的三层钢板重叠部分，应将上层底板切角，切角长度应为搭接宽度的2倍，切角宽度应为搭接宽度的2/3；罐底焊接顺序应符合设计、规范要求。

壁组装前，应对预制成型的壁板的几何尺寸进行检查，合格后方可组装；底圈壁板或倒装法施工顶圈壁板应符合设计及规范要求；壁板的垂直度、相邻两壁板上口水平允许偏差和罐壁焊接后，壁板内表面任意点的半径允许偏差应符合规范要求。壁板组装时，内表面和错边量应符合设计及规范要求；组装焊接后，纵焊缝的棱角度和罐壁的局部凹凸变形量应符合规范要求；固定顶安装前应检查包边角钢或抗拉/压环的半径偏差；顶板应按画好的等分线

第四章　站场工程质量管理

对称组装。罐体的开工接管中心位置偏差、开孔补强板的曲率应符合规范要求；开孔接管法兰的密封面不用有焊瘤和划痕。罐壁、顶板焊接顺序应符合设计、规范要求。

固定顶顶板预制应绘制排版图，并符合规范要求：顶板任意相邻焊缝间距不应小于200mm；加强肋加工成型后，应用弧形岩板检查，旗舰型不应大于2mm；顶板与加强肋焊接时应采取防变形措施；顶板拼装成型脱胎后，应用弧形样板检查，其间隙不应大于10mm。

抗风圈、加强圈，包边角钢、抗拉环、抗压环等弧形构件加工成型后，应用弧形样板检查弧度，期间隙不应大于2mm。罐壁开孔的补强板预制。焊接环境（天气、湿度、风速、环境温度）满足焊接工艺规程及规范要求。

在组装焊接过程中应防止电弧擦伤等现象，钢板表面的焊疤应打磨平滑。定位焊及工卡局的焊接应有合格焊工担任；焊前预热应按照焊接工艺规程执行，预热范围应符合规范要求；焊接顺序应符合设计及规范要求；焊缝焊接后，应在工艺规定的焊缝部位标识焊工代号，不锈钢材质和设计不允许打钢印标识的焊缝不应打焊工钢印。需要热消氢处理的焊缝应在焊接完毕后立即进行，处理温度应符合焊接工艺规程要求；在施工过程中产生的各种表面缺陷的修补和焊后返修应符合焊接工艺规程和规范要求。

储罐钢板的最低标准屈服强度大于390MPa时，应在焊接24h以后进行无损检测。无损检测人员资格应符合规范要求。所有罐底焊缝应采用真空箱法进行严密性试验，实验负压值不得低于53kPa，无渗漏为合格。最低标准屈服强度大于390MPa的罐底边缘板的对接焊缝，在根部焊道焊接完毕后，应进行渗透检测；在最后一层焊接完毕后，应再进行渗透检测或磁粉检测。罐底焊缝、罐壁焊缝、底圈罐壁与罐底的T形接头的罐内角焊缝的无损检测方法和合格标准应符合设计文件或规范要求。浮顶检验方法和质量应符合规范要求。

开孔的补强板焊接后，应由信号孔通入100～200kPa压缩空气，检查焊缝严密性，无渗漏为合格。

罐体组装焊接后，其几何尺寸和形状应符合设计规范要求。

充水试验过程和试验结果应符合设计文件要求，并检查罐底严密性，储罐强度和严密性，固定顶的强度、稳定性及严密性，浮顶及内浮顶的升降试验及严密性，浮顶排水管的严密性，基础沉降观测等符合设计文件要求。

9. 散水工程施工

沥青砂面层铺设、环梁外回填土和砂石垫层回填完毕后进行环梁外混凝土散水的施工，施工前将回填土面层的杂物清理干净并平整好，再撒适量的水将土湿润，并检查模板的稳固性，准备工作完成后，将拌和好的混凝土运至施工现场并铺平摊好，并将混凝土拍打密实，在面层上洒上适量的1:2的砂灰，用抹子赶光压实，当混凝土初凝后，再对面层进行压光。施工时应注意混凝土的配合比要满足设计要求和配合比要求，用于拌制混凝土用的碎石粒径不能太大，应满足施工的要求。散水施工完毕后应对混凝土经常进行洒水养护，以保证混凝土强度的增长和工程的质量。

大罐基础施工完毕后进入罐体安装阶段，期间按照规范要求沿环梁均布若干个观测点，并进行沉降观测的第一次观测，做好观测记录。观测过程中应遵循固定观测点、固定观测人、固定的观测仪器、固定的观测路线的"四定"原则。

二、关键质量风险点识别

（一）主要控制要点

主要控制要点包括：进场人员（主要管理人员、测量工、机械操作手、电工、焊工等），进场机具设备（挖掘机、推土机、打夯机、卷板机、吊车、焊机、发电机、检测工器等），进场材料（石灰、沥青砂、环氧沥青、土工膜、土工布、罐体板材及附件、焊材等等），作业文件（储罐基础施工方案、焊接工艺规程、指导书等），作业环境（风速、温湿度操作空间等）。

（二）重点管控内容

1. 人员

核查进场人员数量、上岗证、资格证满足作业要求，并已履行报验程序。

2. 设备、机具

核查进场机具设备、检测工器具数量、性能规格与施工方案相符，检定证书在有效期，报验手续完备，并已报验合格，设备运转正常，保养记录齐全。

3. 材料

核查材料质量证明文件（材质证明书、合格证、检验、复检报告等），

第四章　站场工程质量管理

并应进行外观检查，材料外观、外形尺寸等应符合规范及设计文件要求。

4. 工序关键环节控制

（1）检查施工作业人员技术交底和班前安全交底记录。

（2）属于危险性较大分部分项工程或超过一定规模的危险性较大的分部分项工程模板工程及支撑体系专项方案应经过监理审批；监理机构应编制专项监理细则。

（3）检查模板所用的材料，保证工程结构和构件各部分形状尺寸和相互位置的正确。具有足够的承载能力，刚度和稳定性，能可靠地承受新浇筑混凝土的自重和侧压力，以及在施工过程中所产生的荷载。模板构造简单，拆装方便，并有利于钢筋的绑扎，安装和混凝土浇筑、养护等要求。

（4）建筑物梁、板、柱模板支护需搭设脚手架，脚手架搭设符合安全规定；高空作业采取防坠落措施，作业人员挂好安全带。

（5）混凝土浇筑前，模板内不得有积水、木屑、铅丝、铁钉等杂物，模板表面也应清洁无浮浆，并以水湿润，保证模板不变形。

（6）模板的接缝不应漏浆，模板与混凝土的接触面应涂隔离剂。竖向横板和支架的支撑部分，当安装在基土上时应加设垫板，且基土必须坚实并有排水措施。

（7）横板及支架在安装过程中，设置防倾覆的临时固定设施。跨度≥4m 的梁、板，模板应起拱，无设计时可按跨度的 1‰～3‰起拱。

（8）核对在模板上的预埋件和预留孔均不得遗漏，安装必须牢固，位置准确，所埋套管必须焊好止水钢板，以免渗水。现浇结构模板安装的允许偏差，应符合设计或规范规定。

（9）固定在模板上的预埋件、预埋孔、预留洞不得遗漏，中心线位置、尺寸符设计要求。

（10）现浇结构的横板及其支架拆除时的混凝土强度应符合设计要求，当设计无具体要求时，倒模在混凝土强度能够保证其表面及棱角不因拆除横板而受损坏后方可拆除；底模在混凝土强度符合规范要求后方可拆除。

（11）检查施工单位报验的试验室资质等级及试验范围；法定计量部门对试验设备出具的计量检定证明；试验室管理制度；试验人员资格证书等应满足要求。

（12）钢筋加工的形状、尺寸必须符合设计、规范要求，钢筋的表面应洁净、无损伤、油渍、漆污和铁锈等应在使用前清除干净，带有颗粒状或片状老锈的钢筋不得使用。钢筋的弯钩角度、平直长度须达到有关施工规范、图纸要求。

（13）箍筋的末端应作弯钩，形式应符合设计要求。

（14）梁的横纵向受力钢筋接头位置应相互错开，钢筋接头连接区段长度符合规范要求。梁在一跨内或柱在一层内，同一根钢筋不得有两个接头，梁上部钢筋在跨中 1/3 范围内接头，下部钢筋在支座范围内接头。

（15）检查钢筋绑扎、（明确钢筋直径、搭接长度、满焊）绑扎接头符合规范规定。钢筋焊接人员必须持证上岗，并在资质范围内进行焊接操作。焊接所用焊条、焊剂牌号、性能须符合设计要求和有关规范要求。

（16）钢筋焊接焊缝不得有质量缺陷，搭接处采用满焊，焊缝厚度为 0.25d，且不小于 4mm。焊缝宽度不小于 0.7d 且不大于 10mm。钢筋焊接接头尺寸符合规范要求。

（17）钢筋安装及预埋件符合设计要求。

（18）监理对钢筋机械连接接头、焊接接头试件进行见证取样，见证接头的抽取、取样和封样过程。

（19）核查混凝土配合比应符合设计要求，配合比应经试验室试验合格。

（20）砼浇筑前应有良好的和易性，不得有初凝和离析现象。

（21）在浇筑竖向结构混凝土前，应先在底部填以 50mm-100mm 厚与混凝土砂浆成分相同的水泥砂浆，浇筑中不得发生离析现象，当浇筑高度超过 3m，应采用串筒、溜管或振动溜管使混凝土下落。

（22）浇筑竖向尺寸较大的结构物时，应分层浇筑，每层浇筑厚度宜控制在 300mm-350mm；大体积混凝土宜采用分层浇筑方法，可利用自然流淌形成斜坡沿高度均匀上升，分层厚度不应大于 500mm。

（23）大体积混凝土浇筑（压缩机基础）前，施工单位须编制单独的施工方案报监理单位审批，落实措施，减少水化热；加强测温，严格控制混凝土里表温差临界温度，尽早采取降温措施。

（24）浇筑混凝土应连续进行。当必须间歇时，其间歇时间宜缩短，并应在前层混凝土凝结之前，将次层混凝土浇筑完毕。

（25）混凝土振捣必须采用机械振捣，振捣棒插入间距、深度应在作用力范围，混凝土必须振捣密实，并应避免漏振、欠振和超振。采用振捣器捣实混凝土时，每一振点的振捣延续时间应将混凝土表呈现浮浆面不再沉落，应避免碰撞钢筋、模板及预埋件等。为使混凝土保证良好的性能，当采取分层浇筑时，振捣器插入下层混凝土内的深度应不小于 50mm。

（26）当采用表面振动器时，其移动间距应保证振动器的平板能覆盖已

第四章　站场工程质量管理

振动部分的边缘。施工缝的位置应在混凝土浇筑前确定，并宜留在结构受剪力较小且便于施工的部位。

（27）在拌制和浇筑过程中，检查原材料的品种，规格和用量，以及混凝土的坍落度，搅拌时间等。

（28）混凝土浇筑过程中必须做好防雨措施，保证砼的质量不受影响。

（29）混凝土在拌制过程中，还要按要求在混凝土的浇筑地点随机留取试件，砼强度试块的取样、制作、养护、试验必须符合 GB 50204 的规定。

（30）对已浇筑完毕的混凝土，检查轴线位移、标高、外形尺寸等，跟踪养护措施的落实。

（31）检查击实试验，确定最优含水率。

（32）检查回填用材料应符合设计要求（如回填土最优含水率，砂等质量）。

（33）检查混凝土环梁防腐质量符合设计要求；检查回填土分层压实情况，尤其是边缘部位的压实质量。

（34）检查各层回填土密实度、标高应符合设计要求。

（35）防渗层材料、施工质量应符合设计或方案。

（36）沥青砂所用材料的质量和沥青砂配合比应符合设计要求，绝缘层摊铺时温度、厚度、密实度应符合设计要求。

（37）沥青砂垫层表面应平整密实、色泽一致。

（38）沥青砂垫层中心标高、表面坡度应符合设计要求。

（39）检查回填土、砂垫层、沥青砂回填质量应符合设计要求（如压实度等）。

（40）焊接材料（焊条、焊丝、焊剂及保护气体）应具有质量合格证明书并符合相关规范要求。

（41）储罐壁、地板板预制前应绘制排版图，并符合：各圈壁板的纵焊缝宜向同一方向逐圈错开；底圈壁板的纵焊缝与罐底边缘版的对接焊缝之间的距离不应小于 300mm；开孔与罐壁纵、环焊缝中心及罐壁最下端角焊缝边缘的距离应符合规范要求；两开孔之间的距离应符合规范要求。

（42）壁板滚制后，应立置在平台上用样板检查，垂直方向上用支线样板检查，旗舰型不应大于 2mm；水平方向上用弧形样板检查，其间隙不应大于 4mm。

（43）当环境温度低于 -16℃（普通碳素钢）、-12℃（低合金钢）时，钢材不应进行剪切和冷弯曲加工。热煨成型的构件不应有过烧现象。

（44）储罐地板排版直径宜按照设计直径放大 0.1% ~ 0.15%；罐底环

形边缘版沿罐底半径方向的最小尺寸不应小于700mm；边缘板最小直径边尺寸不应小于700mm。罐底中幅板的宽度不应小于1000mm，长度不应小于2000mm；与罐底环形边缘板连接的不规则中幅板最小质变尺寸不应小于700mm。底板任意相邻焊缝之间的距离不应小于300mm；底板环形边缘板的允许偏差应符合规范要求。

（45）固定顶顶板预制应绘制排版图，并符合规范要求：顶板任意相邻焊缝间距不应小于200mm；加强肋加工成型后，应用弧形岩板检查，旗舰型不应大于2mm；顶板与加强肋焊接时应采取防变形措施；顶板拼装成型脱胎后，应用弧形样板检查，其间隙不应大于10mm。

（46）抗风圈、加强圈，包边角钢、抗拉环、抗压环等弧形构件加工成型后，应用弧形样板检查弧度，期间隙不应大于2mm。罐壁开孔的补强板预制应符合规范要求。

（47）储罐组装前，须有基础施工记录和验收资料，并对基础进行复验，合格后方可安装。

（48）不同位置焊缝焊接工艺规程；焊接材料应符合焊接工艺工程要求。

（49）罐板安装前应将预制件坡口或搭接部位的铁锈、水分及污物清理干净。罐底采用带垫板的对接接头时，垫板英语对接的两块地板贴紧，并点焊固定，其缝隙不应大于1mm罐底板对接接头间隙应符合设计及规范要求。中幅板采用搭接接头时，其搭接宽度应符合焊接工艺规程要求；搭接接头的三层钢板重叠部分，应将上层底板切角，切角长度应为搭接宽度的2倍，切角宽度应为搭接宽度的2/3；罐底焊接顺序应符合设计、规范要求。

（50）罐壁组装前，应对预制成型的壁板的几何尺寸进行检查，合格后方可组装；底圈壁板或倒装法施工顶圈壁板应符合设计及规范要求：壁板的垂直度、相邻两壁板上口水平允许偏差和罐壁焊接后，壁板内表面任意点的半径允许偏差应符合规范要求。壁板组装时，内表面和错边量应符合设计及规范要求；组装焊接后，纵焊缝的棱角度和罐壁的局部凹凸变形量应符合规范要求；固定顶安装前应检查包边角钢或抗拉/压环的半径偏差；顶板应按画好的等分线对称组装。罐体的开工接管中心位置偏差、开孔补强板的曲率应符合规范要求；开孔接管法兰的密封面不用有焊瘤和划痕。罐壁、顶板焊接顺序应符合设计、规范要求。

（51）拆除组装工卡具时，不应损伤母材，如母材有损伤，应进行修补。

（52）焊接环境（天气、湿度、风速、环境温度）满足焊接工艺规程及规范要求。

第四章　站场工程质量管理

（53）在组装焊接过程中应防止电弧擦伤等现象，钢板表面的焊疤应打磨平滑。

（54）定位焊及工卡局的焊接应有合格焊工担任；焊前预热应按照焊接工艺规程执行，预热范围应符合规范要求；焊接顺序应符合设计及规范要求；焊缝焊接后，应在工艺规定的焊缝部位标识焊工代号，不锈钢材质和设计不允许打钢印标识的焊缝不应打焊工钢印。需要热消氢处理的焊缝应在焊接完毕后立即进行，处理温度应符合焊接工艺规程要求；在施工过程中产生的各种表面缺陷的修补和焊后返修应符合焊接工艺规程和规范要求。

（55）储罐钢板的最低标准屈服强度大于390MPa时，应在焊接24h以后进行无损检测。无损检测人员资格应符合规范要求。所有罐底焊缝应采用真空箱法进行严密性试验，实验负压值不得低于53KPa，无渗漏为合格。最低标准屈服强度大于390MPa的罐底边缘板的对接焊缝，在根部焊道焊接完毕后，应进行渗透检测；在最后一层焊接完毕后，应再进行渗透检测或磁粉检测。罐底焊缝、罐壁焊缝、底圈罐壁与罐底的T形接头的罐内角焊缝的无损检测方法和合格标准应符合设计文件或规范要求。浮顶检验方法和质量应符合规范要求。

（56）开孔的补强板焊接后，应由信号孔通入100～200kPa压缩空气，检查焊缝严密性，无渗漏为合格。

（57）罐体组装焊接后，其几何尺寸和形状应符合设计规范要求。

（58）充水试验过程和试验结果应符合设计文件要求，并检查罐底严密性，储罐强度和严密性，固定顶的强度、稳定性及严密性，浮顶及内浮顶的升降试验及严密性，浮顶排水管的严密性，基础沉降观测等符合设计文件要求。

（59）涂装前，要将涂料充分搅拌均匀，无结皮、结块现象，方准涂装。

（60）储罐金属表面的除锈等级、锚纹深度应符合设计规范要求。钢材表面处理后，采用干燥、洁净的压缩空气进行吹扫，灰尘度满足设计规范要求。涂装过程中按照先涂底漆，再涂中间漆，最后涂面漆的顺序依次涂装，并且底漆、中间漆必须达到规定的干膜厚度，不能最后都用面漆补涂，以免影响防腐层的层间结构，给防腐蚀带来负面影响。

（61）涂装施工，必须进行相对湿度和露点的控制，应符合设计规范要求。钢板表面温度必须高于露点3℃，这一状态要保持在喷砂、涂装和固化过程中。在喷砂和涂装中，施工环境中空气相对湿度要控制在80%以下，超过80%应停止施工。

（62）底漆、中间漆、面漆的涂装时间间隔应在上道漆完全固化后进行下道漆的施工，如果涂料有特殊要求，则按说明书执行，涂下道漆前所有漏涂或损坏的表面应进行补涂。

（63）每道漆膜涂装完成后，都要进行目测检查，不得有漏涂、针孔、气泡、流挂、褶皱等缺陷出现，如有应及时处理。最终涂层外观应平整均匀，色泽一致，无漏、针孔、气泡、流挂等缺陷。

（64）对底漆、中间漆、面漆厚度应用防腐蚀涂层测厚仪器和电火花检漏仪进行检测，检查比例和质量并应符合设计要求。漆膜厚度不足或有漏点应进行补涂。

（65）以罐底板、罐壁板、浮顶及其他结构各作为一个黏结力检测区域，每个区域选择一处进行检测，黏结力应达到合格要求。

（66）对底漆、中间漆、面漆施工完成，进行隐蔽工程验收。

（67）绝热工程应在储罐强度试验、气密性试验合格及防腐工程完成后进行。

（68）在雨雪天、寒冷季节施工时，应采取防雨雪和防冻措施。

（69）设置防潮层的绝热层表面，应清理干净，部应有突角、凹坑及起砂现象。

（70）施工环境温度应符合设计文件或产品说明书的规定。

（71）绝热材料及制品性能和尺寸符合设计要求。

三、质量风险管理

储罐工程质量风险管理见表 4-24。

表 2-24　储罐工程质量风险管理

序号	控制要点	建设单位	监理	施工单位
1	人员			
1.1	专职质量检查员到位且具有质检资格	监督	确认	报验
1.2	特种作业人员（如焊工、操作手、电工、架子工等）具备特种作业资格证，焊工取得项目上岗证，并与报验人员名单一致（重点检查新增人员）	监督	确认	报验
1.3	焊工人员配备满足施焊要求，施焊项目与考试项目一致	监督	确认	报验
2	设备、机具			

第四章 站场工程质量管理

续表

序号	控制要点	建设单位	监理	施工单位
2.1	测量仪器（水平仪、钢盘尺、风速仪、测温仪、焊道尺、温湿度计、千分尺/游标卡尺、电火花检漏仪、电阻率测定仪、涂层测厚仪等）已报验合格，并在有效检定日期内	必要时检验	确认	报验
2.2	施工设备（焊接车、加热设备等）已报验合格，焊接设备性能满足焊接工艺要求，设备运转正常，保养记录齐全	必要时检验	确认	报验
3	材料			
3.1	核查材料质量证明文件（材质证明文件、合格证、检验报告等），并应进行外观检查，应抽检设备尺寸规格等符合规范和设计文件要求	必要时验收	确认	报验
3.2	现场存储条件（焊材保存）满足标准要求	必要时验收	确认	报验
4	方案			
4.1	现场有经过批准的施工方案及作业指导书	必要时审批	审查/审批	编制、审核
5	储罐基础沥青砂垫层工程			
5.1	对施工作业人员进行了技术交底，且有记录	监督	确认	实施
5.2	基础沥青砂垫层施工前，应对基础尺寸及质量进行检查验收，合格后方可施工	监督	平行检查	施工
5.3	沥青砂垫层所用材料的质量和沥青砂配合比应符合设计要求，材料有合格证、质量证明文件和试验报告；沥青砂垫层的压实质量符合设计要求，有检测报告；沥青砂垫层表面应平整密实，黏结牢固，色泽一致；沥青砂垫层中心标高、表面坡度应符合设计要求	监督	见证/平行检查	施工
6	储罐预制作工程			
6.1	储罐制作安装时所用的检验样板应符合相关规定：直线样板的长度不应小于1m，测量焊缝角变形的弧形样板，其弦长不应小于1m	监督	平行检查	施工
6.2	当环境温度低于-16℃（普通碳素钢）、-12℃（低合金钢）时，钢材不应进行剪切和冷弯曲加工	监督	确认	施工
6.3	热煨成型的构件不应有过烧现象	监督	确认	施工
7	储罐组装焊接工程			
7.1	储罐组装前，应将预制件坡口或搭接部位的铁锈、水分及污物清理干净	监督	平行检查	施工
7.2	拆除组装工卡具时，不应损伤母材，如母材有损伤，应进行修补	监督	平行检查	施工

363

续表

序号	控制要点	建设单位	监理	施工单位
7.3	焊接环境（天气、湿度、风速、环境温度）满足焊接工艺规程及规范要求。以下环境不能焊接：在雨天或雪天，风速超过8m/s（焊条电弧焊）或2m/s（气体保护焊），环境气温低于要求，大气相对湿度超过90%	监督	平行检查	施工
7.4	在组装焊接过程中应防止电弧擦伤等现象，钢板表面的焊疤应打磨平滑	监督	平行检查	施工
7.5	检测要求，碳素钢应在焊缝冷却环境温度、低合金钢应在焊接24h以后进行	监督	平行检查	施工
7.6	预制件在运输、堆放和吊装过程中造成的变形及涂层脱落，应进行矫正和修补	监督	平行检查	施工
8	涂装工程			
8.1	涂装前要将涂料充分搅拌均匀，无结皮、结块现象，方准涂装	监督	平行检查	施工
8.2	涂装过程中按照先涂底漆，再涂中间漆，最后涂面漆的顺序依次涂装，并且底漆、中间漆必须达到规定的干膜厚度，不能最后用面漆补涂，以免影响防腐层的层间结构，给防腐蚀带来负面影响	监督	平行检查	施工
8.3	对底漆、中间漆、面漆的涂装应符合相关规定要求，其厚度应用防腐蚀涂层测厚仪器检测，并应符合设计要求	监督	平行检查	施工
8.4	以罐底板、罐壁板、浮顶及其他各结构各作为一个黏结力检测区域，每个区域选择一处进行检测，黏结力应达到合格要求	监督	平行检查	施工
8.5	对底漆、中间漆、面漆施工完成，进行隐蔽工程验收	监督	旁站	施工
9	绝热工程			
9.1	绝热工程应在储罐强度试验、气密性试验合格及防腐工程完成后进行	监督	见证	施工
9.2	在雨雪天、寒冷季节施工时，应采取防雨雪和防冻措施	监督	确认	施工
9.3	设置防潮层的绝热层表面，应清理干净，部应有突角、凹坑及起砂现象	监督	平行检查	施工
9.4	施工环境温度应符合设计文件或产品说明书的规定	监督	平行检查	施工
10	施工记录			
10.1	现场施工记录数据采集上传及时，内容完整、真实、准确		验收	填写

第四章 站场工程质量管理

第十二节 建筑工程

一、工艺工法概述

（一）工序流程

场区平面施工要在设计图纸制定的区域进行。场区平面施工的目的是按设计图纸要求准确定出各设施的具体位置，根据场站各部分安装的需要，进行场地平整，修筑进场道路以便为后续工程的施工创造必要的条件。当场地是坡地或矮丘时，更要按设计要求修建成平底或台地，才能开展其他的工序，否则对后续工程产生严重的不利影响。

场区平面施工的主要内容有：定位放线、场地平整、土建工程施工等。

（二）主要工序及技术措施

1. 定位放线

定位放线要依据国家永久水准点和线路（站场）控制桩进行，定位放线可按以下程序进行。

（1）测量人员根据站场总平面图和各设施基础施工图，用经纬仪和测距仪确定站场总体位置和各种设施的基础位置，钉上控制桩，撒上白灰线。

（2）按站场总半面图和各设施基础施工图，用水平仪确定出站场各点标高和设施基础位置标高，钉上标高控制桩。

（3）整个站场平整完毕后，按站场总平面图设置临时性坐标、标高参考点，经监理/建设单位代表核查后，用混凝土固定好。在以后各设施施工时，都要以临时性坐标、标高参考点为准。

（4）在设施定位后，放线中如基础较小（围墙除外），可用钢尺确定基础位置尺寸。

2. 场地平整

场地平整应在获得建设单位同意后进行，在此之前要查清站场内的地下、地上障碍物和植物种类，并测量画出土方调配方格图，开工前需得到监理/建设单位代表同意。

场地平整主要依靠土工机械进行，必要时可以采用人工平整。

场地平整时，用推土机从站场一边开始进行平整，平整标高按站场总平面图有关要求执行。用水平仪跟踪测量标高，以确定推土高度。在推土过程中，发现有低洼、坑洞要及时用合适的材料进行回填、压实，多余的土要及时运到指定的位置堆放。按施工总平面图确定道路的位置，修筑临时用道，临时道路要高出站场地面。临时道路两边要挖设临时排水沟。

在整个场地平整过程中，要保护好不许清除的现有建筑物、地下管道、地下设施等，保护好现有道路，电线杆等。

3. 土建工程

站场土建工程包括站场内各种土方工程、钢筋混凝土工程、房屋建筑工程和水工保护工程等，这些工程的施工可以参照其他有关土木工程施工图书。

二、关键质量风险点识别

（一）测量放线

1. 主要控制要点

主要控制要点包括：进场测量人员，测量工具，作业文件（施工组织设计、专项方案等），放线后复测符合规范要求。

2. 重点管控内容

1）人员

测量及查验人员具备测量员资格证，并与报验人员名单一致。

2）设备、机具

测量仪器（GPS、全站仪、经纬仪、水准仪、激光测距仪等）已报验合格，经法定部门计量检定合格，并在有效检定日期内。

3）工序关键环节控制

（1）查现场控制桩保护情况。

（2）复核控制桩校核成果是否与设计位置相吻合，检查控制桩的保护措施以及平面控网，高程控制网和临时水准点的测量成果。

（3）按照设计总平面图所给的平面位置标高，图纸中的轴线进行定位复测。

（4）监理按施工单位报送的测量放线控制成果及保护措施进行检查。

第四章　站场工程质量管理

（二）总图土方平衡工程

1. 主要控制要点

主要控制要点包括：进场人员（主要管理人员、测量工、挖掘机/推土机操作手、电工等），进场机具设备（挖掘机、打夯机、检测工器具等），进场材料（石灰、砂等），作业文件（施工方案、作业指导书等）。

2. 重点管控内容

1）人员

核查进场人员数量、资格证满足作业要求，并已履行报验程序。

2）设备机具

核查进场机具设备、检测工器具数量、性能规格与施工方案相符，检定证书在有效期，报验手续完备，并已报验合格，设备运转正常，保养记录齐全。

3）材料

核查材料质量证明文件（材质证明书、合格证、检验报告等），并应进行外观检查。

4）工序关键环节控制

（1）施工作业人员开展了技术交底记录和班前安全讲话。

（2）场区开挖前，检查地下构筑物、在役管道、电缆、光缆位置已确定，并做好标记。

（3）复核高程控制点以及场地测量方格网。

（4）检查开挖顺序、开挖路线、机械下基坑斜道的设置符合设计及安全要求，车辆进出场道路及环境保护措施应落实。

（5）地下水位较高的地区，需编制降水方案，基槽排水沟、集水井设置到位，保证雨水、地下水能有组织排水。

（6）检查开挖深度和放坡，监督挖出的土和碎石应 0.8（硬质土）～ 1m（软质土）以外堆放，高度不超过 1.5m。

（7）检查场区开挖后与地质勘查报告相符，如不符应会同设计、施工单位共同研究处理。

（8）土方回填前，检查回填基层应符合规范要求，场区内管道、基础等周围已夯实稳固，避免造成移位。

（9）监理应检查填方土料，符合设计及规范要求，方可同意用于土方回填。

（10）监督施工单位土方回填，要求施工单位分层填土、压实，及时测定压实系数、每一层土方回填必须达到设计要求，才能进行上层土方回填。

（11）检查铺土厚度、压实遍数符合设计要求。

（12）检查土方回填后标高符合设计要求。

（三）建（构）筑物基槽开挖

1. 主要控制要点

主要控制要点包括：进场人员（主要管理人员、测量工、挖掘机械操作手等），进场机具设备（挖掘机、检测工器具等），作业文件（基槽开挖作业指导书等）。

2. 重点管控内容

1）人员

核查进场人员数量、上岗证、资格证满足作业要求，并已履行报验程序。

2）设备、机具

核查进场机具设备、检测工器具数量、性能规格与施工方案相符，检定证书在有效期，报验手续完备，并已报验合格，设备运转正常，保养记录齐全。

3）工序关键环节控制

（1）开展了技术交底记录和班前安全讲话。

（2）现场设计给定的坐标及高程控制点对建（构）筑物进行准确定位。

（3）开挖前，场区内地下构筑物、在役管道、电缆、光缆位置已确定，并做好标记。

（4）依据现场设计给定的坐标及高程控制点对建（构）筑物进行定位。

（5）开挖深度超过深度超过3m（含3m）的基坑（槽）的土方开挖、支护、降水工程；开挖深度虽未超过3m，但地质条件、周围环境和地下管线复杂，或影响毗邻建、构筑物安全的基坑（槽）的土方开挖、支护、降水工程，应有监理审批通过的施工方案。对开挖深度超过5m（含5m）的基坑（槽）的土方开挖、支护、降水工程施工方案应经专家论证通过。

（6）开挖前，场区内地下构筑物、在役管道、电缆、光缆位置已确定，并做好标记。

（7）机械开挖的基槽（坑）需留出100～200mm深度，然后人工清理至设计标高，以免扰动基底，基地应为无扰动的原状土，从而保证设计要求的地基承载力，基槽（坑）开挖后若发现地基与地址勘查报告不符时，应会同勘察、设计、施工、建设单位相关技术人员共同研究处理，并有记录。

第四章　站场工程质量管理

（8）开挖时应根据土质情况和深度进行放坡，挖出的土和碎石应离基槽边缘 0.8（硬质土）～1m（软质土）以外堆放，高度不超过 1.5m。

（9）地下水位较高的地区，需编制降水方案，基槽排水沟、集水井设置到位，保证雨水、地下水能有组织排水。

（10）基坑开挖应严格执行有关安全规范。

（11）检查钎探平面布置图，核查孔深、击锤数，测算地基承载力。

（12）施工单位对开挖完的基槽（坑）经自检合格后上报监理单位，由监理单位组织会同勘察、设计、施工、建设单位相关技术人员共同参加验槽，并有记录。

（13）基础回填时，监理应对填方土料检查，符合设计及规范要求后方可同意用于土方回填。监督施工单位土方回填，要求施工单位分层填土、压实，及时测定压实系数、每一层土方回填必须达到设计要求，才能进行上层土方回填。

（四）地基处理

1. 主要控制要点

主要控制要点包括：进场人员（主要管理人员、测量工、机械操作手、电工等），进场机具设备（挖掘机、推土机、打夯机、打桩机、检测工器具等），进场材料（石灰、碎石、混凝土等），作业文件（地基处理方案等）。

2. 重点管控内容

1）人员

核查进场人员数量、上岗证、资格证满足作业要求，并已履行报验程序。

2）设备机具

核查进场机具设备、检测工器具数量、性能规格与施工方案相符，检定证书在有效期，报验手续完备，并已报验合格，设备运转正常，保养记录齐全。

3）材料

核查材料质量证明文件（材质证明书、合格证、检验报告等），并应进行外观检查，应见证取样碎石、砂、水泥等材料送实验室复验。

4）工序关键环节控制

（1）开展了技术交底记录和班前安全讲话。

（2）核查现场地质情况与勘查文件相符，审查地基处理方案，确定地基处理的目的、处理范围和处理后要求达到的各项技术指标。

（3）检查施工单位报验的试验室资质等级及试验范围；法定计量部门对试验设备出具的计量检定证明；试验室管理制度；试验人员资格证书等应满足要求。

（4）检查地基处理用材料符合设计要求（如灰土配比、碎石级配、混凝土等级）。

（5）现场监测地基处理施工质量，检查回填土分层压实情况，检查桩基长度和数量。

（6）检查地基处理后标高符合设计要求。

（7）检查地基处理试验结果符合设计要求（如回填土压实度、桩基承载力检测等）。

（五）模板工程

1. 主要控制要点

主要控制要点包括：进场人员（主要管理人员、木工、起重机械操作手、电工等）、进场机具设备（木工设备、检测工器具等）、作业文件（模板支护作业指导书等）、作业环境（风速、脚手架安装等）。

2. 重点管控内容

1）人员

核查进场人员数量、上岗证、资格证满足作业要求，并已履行报验程序。

2）设备、机具

核查进场机具设备、检测工器具数量、性能规格与施工方案相符，检定证书在有效期，报验手续完备，并已报验合格，设备运转正常，保养记录齐全。

3）工序关键环节控制

（1）开展了技术交底记录和班前安全讲话。

（2）属于危险性较大分部分项工程或超过一定规模的危险性较大的分部分项工程模板工程及支撑体系专项方案应经过监理审批；监理机构应编制专项监理细则。

（3）检查模板所用的材料，保证工程结构和构件各部分形状尺寸和相互位置的正确。具有足够的承载能力，刚度和稳定性，能可靠地承受新浇筑混凝土的自重和侧压力，以及在施工过程中所产生的荷载。模板构造简单，拆装方便，并有利于钢筋的绑扎，安装和混凝土浇筑、养护等要求。

（4）建筑物梁、板、柱模板支护需搭设脚手架，脚手架搭设符合安全规定；

第四章　站场工程质量管理

高空作业采取防坠落措施，作业人员挂好安全带。

（5）混凝土浇筑前，模板内不得有积水、木屑、铅丝、铁钉等杂物，模板表面也应清洁无浮浆，并以水湿润，保证模板不变形。

（6）模板的接缝不应漏浆，模板与混凝土的接触面应涂隔离剂。

（7）竖向横板和支架的支撑部分，当安装在基土上时应加设垫板，且基土必须坚实并有排水措施。

（8）横板及支架在安装过程中，设置防倾覆的临时固定设施。跨度≥4m的梁、板，模板应起拱，无设计时可按跨度的1‰～3‰起拱。

（9）核对在模板上的预埋件和预留孔均不得遗漏，安装必须牢固，位置准确，所埋套管必须焊好止水钢板，以免渗水。现浇结构模板安装的允许偏差，应符合设计或规范规定。

（10）固定在模板上的预埋件、预埋孔、预留洞不得遗漏，中心线位置、尺寸符合设计要求。

（11）现浇结构的横板及其支架拆除时的混凝土强度应符合设计要求，当设计无具体要求时，倒模在混凝土强度能够保证其表面及棱角不因拆除横板而受损坏后方可拆除；底模在混凝土强度符合规范要求后方可拆除。

（六）钢筋工程

1. 主要控制要点

主要控制要点包括：进场人员（主要管理人员、钢筋工、起重机械操作手、电工、焊工等），进场机具设备（钢筋加工机械、检测工器具等），作业文件（钢筋工程作业指导书等）。

2. 重点管控内容

1）人员

核查进场人员数量、上岗证、资格证满足作业要求，并已履行报验程序。

2）设备、机具

核查进场机具设备、检测工器具数量、性能规格与施工方案相符，检定证书在有效期，报验手续完备，并已报验合格，设备运转正常，保养记录齐全。

3）材料

核查材料质量证明文件（材质证明书、合格证、检验、复验报告等），并应进行外观检查，材料的外观、外形尺寸等应符合规范及设计文件要求。

4）工序关键环节控制

（1）开展了技术交底记录和班前安全讲话。

（2）检查钢筋的数量、规格、型号必须符合设计要求。钢筋分类摆放，不合格品及下脚料标示清楚。

（3）钢筋加工的形状、尺寸必须符合设计要求，钢筋的表面应洁净，无损伤、油渍，漆污和铁锈等应在使用前清除干净，带有颗粒状或片状老锈的钢筋不得使用。钢筋的弯钩角度、平直长度须达到有关施工规范、图纸要求。

（4）箍筋的末端应作弯钩，形式应符合设计要求。

（5）梁的横纵向受力钢筋接头位置应相互错开，钢筋接头连接区段长度符合规范要求。梁在一跨内或柱一层内，同一根钢筋不得有两个接头，梁上部钢筋在跨中1/3范围内接头，下部钢筋在支座范围内接头。

（6）检查钢筋绑扎及绑扎接头符合规范规定。钢筋焊接人员必须持证上岗，并在资质范围内进行焊接操作。焊接所用焊条、焊剂牌号、性能须符合设计要求和有关规范要求。

（7）钢筋焊接焊缝不得有质量缺陷，搭接处采用满焊，焊缝厚度为$0.25d$，且不小于4mm。焊缝宽度不小于$0.7d$且不大于10mm。钢筋焊接接头尺寸符合规范要求。

（8）钢筋安装及预埋件符合设计要求。

（9）监理对钢筋机械连接接头、焊接接头试件进行见证取样，见证接头的抽取、取样和封样过程。

（七）混凝土工程

1. 主要控制要点

主要控制要点包括：进场人员（主要管理人员、起重机械操作手、电工等），进场机具设备（混凝土搅拌设备、检测工器具等），作业文件（混凝土工程作业指导书等）。

2. 重点管控内容

1）人员

核查进场人员数量、资格证满足作业要求，并已履行报验程序。

2）设备、机具

核查进场机具设备、检测工器具数量、性能规格与施工方案相符，检定证书在有效期，报验手续完备，并已报验合格，设备运转正常，保养记录齐全。

第四章　站场工程质量管理

3）材料

核查材料质量证明文件（材质证明书、合格证、检验报告等），并应进行外观检查，材料的外观、外形尺寸等应符合规范及设计文件要求。

4）工序关键环节控制

（1）开展了技术交底记录和班前安全讲话。

（2）在浇筑混凝土前，必须对模板及其支架，钢筋和预埋件必须进行检查并做好记录。

（3）核查混凝土配合比符合设计要求，配合比经试验室试验合格。

（4）砼浇筑前应有良好的和易性，不得有初凝和离析现象。

（5）在浇筑竖向结构混凝土前，应先在底部填以 50～100mm 厚与混凝土砂浆成分相同的水泥砂浆，浇筑中不得发生弯折现象，当浇筑高度超过 3m，应采用串筒、溜管或振动溜管使混凝土下落。

（6）浇筑竖向尺寸较大的结构物时，应分层浇筑，每层浇筑厚度宜控制在 300～350mm；大体积混凝土宜采用分层浇筑方法，可利用自然流淌形成斜坡沿高度均匀上升，分层厚度不应大于 500mm。

（7）大体积混凝土浇筑（压缩机基础）前，施工单位须编制单独的施工方案报监理单位审批，落实措施，减少水化热；加强测温，严格控制砼内外温差临界温度，尽早采取降温措施。

（8）浇筑混凝土应连续进行。当必须间歇时，其间歇时间宜缩短，并应在前层混凝土凝结之前，将次层混凝土浇筑完毕。

（9）混凝土振捣必须采用机械振捣，振捣棒插入间距、深度应在作用力范围，混凝土必须振捣密实，并应避免漏振、欠振和超振。采用振捣器捣实混凝土时，每一振点的振捣延续时间应将混凝土表呈现浮浆面不再沉落，应避免碰撞钢筋、模板及预埋件等。为使混凝土保证良好的性能，当采取分层浇筑时，振捣器插入下层混凝土内的深度应不小于 50mm。

（10）当采用表面振动器时，其移动间距应保证振动器的平板能覆盖已振动部分的边缘。施工缝的位置应在混凝土浇筑前确定，并宜留在结构受剪力较小且便于施工的部位。

（11）在拌制和浇筑过程中，检查原材料的品种，规格和用量，以及混凝土的坍落度，搅拌时间等。

（12）混凝土浇筑过程中必须做好防雨措施，保证混凝土的质量不受影响。

（13）混凝土在拌制过程中，还要按要求在混凝土的浇筑地点随机留取试件，混凝土强度试块的取样、制作、养护、试验必须符合 GB 50204 的规定。

（14）对已浇筑完毕的混凝土，检查轴线位移、标高、外形尺寸等，跟踪养护措施的落实。

（15）监理应对混凝土取样进行见证，见证混凝土的抽取、取样和封样过程。

（八）主体砌筑

1. 主要控制要点

主要控制要点包括：进场人员（主要管理人员、瓦工、起重机操作手等）、进场机具设备（砂浆搅拌机、检测工器具等）、作业文件（砌筑作业指导书等）。

2. 重点管控内容

1）人员

核查进场人员数量资格证满足作业要求，并已履行报验程序。

2）设备、机具

核查进场机具设备、检测工器具数量、性能规格与施工方案相符，检定证书在有效期，报验手续完备，并已报验合格，设备运转正常，保养记录齐全。

3）材料

核查材料质量证明文件（材质证明书、合格证、检验、复检报告等），并应进行外观检查，材料的外观、外形尺寸等应符合规范及设计文件要求。

4）工序关键环节控制

（1）开展了技术交底记录和班前安全讲话。

（2）砌筑前，必须用钢尺校核放线尺寸。砌筑砖前，普通砖应提前1～2天浇水湿润。严禁使用干砖或处于吸水饱和状态的砖砌筑。烧结类块体的相对含水率60%～70%；混凝土多孔砖及混凝土实心砖不需要浇水湿润，但在气候干燥炎热的情况下，宜在砌筑前喷水湿润。其他非烧结类块体的相对含水率40%～50%。

（3）砖的品种、砌筑砂浆的配合比、强度等级必须符合设计要求。不同品种的水泥不得混用。施工中不应用强度等级小于M5水泥砂浆替代同强度等级水泥混合砂浆，如需替代，应将水泥砂浆提高一个强度等级。砂浆中掺入的砌筑砂浆增塑剂、早强剂、缓凝剂、防冻剂、防水剂等外加剂，其品中和用量应经有资质的检测单位检验和试配确定。砌体结构工程使用的湿拌砂浆，除直接使用外必须储存在不吸水的专用容器内。现场拌制的砂浆应随拌随用，拌制的砂浆应在3h内使用完毕；当施工期间最高气温超过30℃时，应

第四章　站场工程质量管理

在 2h 内使用完毕。预拌砂浆及蒸压加气混凝土砌块专用砂浆的使用时间应按照厂方提供的说明书确定。

（4）脚手架、施工踏板搭设符合安全规定；高空作业采取防坠落措施，作业人员须采取戴安全帽、系挂安全带和防坠器等措施。

（5）砖砌体应上下错缝，内外搭砌，砖砌体水平灰缝的砂浆应饱满，实心砖砌体水平灰缝的砂浆饱满度不得低于 80%；砖柱水平恢复和竖向灰缝饱满度不得低于 90%。竖向灰缝宜采用挤浆或加浆方法，使其砂浆饱满，严禁用水冲浆灌缝。

（6）砖砌体的水平灰缝厚度和竖向灰缝宽度一般为 10mm，但不应小于 8mm，也不大于 12mm。

（7）砖砌体接槎处灰浆密实，缝、砖平直。砖砌体墙转角处留槎设置满足设计要求。

（8）砖砌体的垂直度、表面平整度符合规范要求。

（九）地下防水工程

1. 主要控制要点

主要控制要点包括：进场人员（主要管理人员、瓦工、防腐工等），进场机具设备（检测工器具等），作业文件（防水工程作业指导书等）。

2. 重点管控内容

1）人员

核查进场人员数量、资格证满足作业要求，并已履行报验程序。

2）设备、机具

核查进场机具设备、检测工器具数量、性能规格与施工方案相符，检定证书在有效期，报验手续完备，并已报验合格，设备运转正常，保养记录齐全。

3）材料

核查材料质量证明文件（材质证明书、合格证、检验、复检报告等），并应进行外观检查，材料的外观、外形尺寸等应符合规范及设计文件要求。

4）工序关键环节控制

（1）开展了技术交底记录和班前安全讲话。

（2）临边作业、高空作业采取防坠落措施，作业人员须采取戴安全帽、系挂安全带和防坠器等措施。

（3）地下防水工程所使用防水材料的品种、规格、性能等必须符合现行国家或行业产品标准和设计要求。检查防水材料、外加剂及其配合比必须符合设计要求。防水卷材与胶结材料必须符合设计要求和施工规范规定。

（4）水泥砂浆防水层与基层必须结合牢固，无空鼓。每层宜连续施工，各层紧密贴合不留施工缝。

（5）卷材防水层及其变形缝，预埋管件等细部做法必须符合设计要求和施工规范规定。

（6）基层牢固，表面洁净，阴阳角呈圆弧形或钝角，冷底子油涂布均匀。防水层应满铺不断，接缝严密，各层之间和防水层与基层之间应紧密结合，无裂纹、损伤、气泡、脱层或滑动现象。

（7）卷材的搭接长度，长边不小于100mm，短边不小于150mm，上下两层和相邻两幅卷材的接缝应错开，上下层卷材不得相互垂直铺贴。热熔法铺贴时卷材接缝部位应溢出热熔的改性沥青胶料，并黏结牢固，封闭严密。

（8）在立面和平面的转角处，卷材的接缝应留在平面上距立面不小于600mm处。

（9）所有转角处均应铺贴附加层。最后一层卷材贴好后，应在其表面上均匀地涂一层厚为1～1.5mm的热沥青胶结材料。卷材防水层完工并经验收合格后应及时做保护层。保护层厚度应符合设计、规范要求。

（10）场站墙身防潮层设置符合设计要求，防水砂浆中防水粉的掺量符合规范和设计要求。

（11）有机防水涂料基面应干燥。当基面较潮湿时，应涂刷湿固化型胶结剂或潮湿界面隔离剂；无机防水涂料施工前，基面应充分润湿，但不得有明水。有机防水涂料宜用于主体结构的迎水面，无机防水涂料宜用于主体结构的迎水面或背水面。涂料防水层的甩槎处接缝宽度不应小于100mm，接涂前应将其甩槎表面处理干净；采用有机防水涂料时，基层阴阳角处应做成圆弧；在转角处、变形缝、施工缝、穿墙管等部位应增加胎体增强材料和增涂防水涂料，宽度不应小于50mm；涂料防水层在转角处、变形缝、施工缝、穿墙管等部位做法必须符合设计要求。

（12）防水混凝土结构的变形缝、施工缝、后浇带、穿墙管、埋设件等设置和构造必须符合设计要求。

（13）地下防水工程的施工，应建立各道工序的自检、交接检和专职人员检查的制度，并有完整的检查记录。工程隐蔽前，应由施工单位通知有关单位进行验收，并形成隐蔽工程验收记录；未经监理单位或建设单位代表对上道工序的检查确认，不得进行下道工序的施工。地下防水工程施工期间，

第四章 站场工程质量管理

必须保持地下水位稳定在工程底部最低高程 0.5m 以下，必要时应采取降水措施。对采用明沟排水的基坑，应保持基坑干燥。

（14）施工缝用止水带、遇水膨胀止水条或止水胶、水泥基渗透结晶型防水涂料和预埋注浆管必须符合设计要求。墙体水平施工缝应留设在高出底板表面不小于 300mm 的墙体上。拱、板与墙结合的水平施工缝，宜留在拱、板和墙交接处以下 150～300mm 处；垂直施工缝应避开地下水和裂隙水较多的地段，并宜与变形缝相结合。

（15）中埋式止水带埋设位置应准确，其中间空心圆环与变形缝的中心线应重合。后浇带：采用掺膨胀剂的补偿收缩混凝土，其抗压强度、抗渗性能和限制膨胀率必须符合设计要求。

（16）地下防水工程不得在雨天、雪天和五级风及其以上时施工。

（十）钢结构

1. 主要控制要点

主要控制要点包括：进场人员（主要管理人员、焊工、起重机工、电工、架子工、铆工等），进场机具设备（起重机、焊机、检测工器具等），作业文件（钢结构作业指导书等）。

2. 重点管控内容

1）人员

核查进场人员数量、资格证满足作业要求，并已履行报验程序。

2）设备、机具

核查进场机具设备、检测工器具数量、性能规格与施工方案相符，检定证书在有效期，报验手续完备，并已报验合格，设备运转正常，保养记录齐全。

3）材料

核查材料质量证明文件（材质证明书、合格证、检验、复检报告等），并应进行外观检查，材料的外观、外形尺寸等应符合规范及设计文件要求。

4）工序关键环节控制

（1）开展了技术交底记录和班前安全讲话。

（2）检查所有零件、部件、构件的品种、规格必须符合设计要求，钢结构防火涂料品种技术性能、厚度符合设计要求。高强度大六角头螺栓连接副和扭剪型高强度螺栓连接副出厂时应分别随箱带有扭矩系数和紧固轴力（预拉力）的检验报告。

（3）施工单位对其首次采用的钢材焊接材料焊接方法焊后热处理等应进行焊接工艺评定，并应根据评定报告确定焊接工艺。钢结构焊接采用的钢材、焊接材料、焊接方法、焊后热处理符合设计要求；焊缝表面不得有裂纹，焊瘤等缺陷；焊缝外观应达到：外形均匀，成型好，焊道与焊道、焊道与基本金属表面间过度平滑，焊渣和飞溅物清除干净。焊接球焊缝、设计要求的一级、二级焊缝应进行无损检验其质量应符合设计、规范要求。

（4）高强度大六角头螺栓连接副终拧完成1h后48h内应进行终拧扭矩检查。钢结构制作和安装单位应按规定分别进行高强度螺栓连接摩擦面的抗滑移系数试验和复验；现场处理的构件摩擦面应单独进行摩擦面抗滑移系数试验。扭剪型高强度螺栓连接副终拧后，除因构造原因无法使用专用扳手终拧掉梅花头者外，未在终拧中拧掉梅花头的螺栓数不应大于该节点螺栓数的5%对所有梅花头未拧掉的扭剪型高强度螺栓连接副应采用扭矩法或转角法进行终拧并做标记且按规范进行终拧扭矩检查。

（5）检查钢结构中主体结构的整体垂直度和整体平面弯曲，钢屋架桁架、梁及受压杆件的垂直度和侧向弯曲矢高的允许偏差应符合规定值。

（6）钢结构柱等主要构件的中心线及标高基准点等标记应齐全，安装的允许偏差应符合标准规定。

（7）钢结构涂装前钢材表面应用喷砂或抛丸除锈应符合设计要求和国家现行有关标准规定。处理好的钢材表面不应有焊渣、焊疤、灰尘、油污、毛刺等。涂装遍数、涂层材料、厚度（含防火涂料涂装）均应符合设计要求。

（十一）门窗工程

1. 主要控制要点

主要控制要点包括：进场人员（主要管理人员、木工、电工等），进场机具设备（木工设备、检测工器具等），作业文件（门窗工程作业指导书等）。

2. 重点管控内容

1）人员

核查进场人员数量、上岗证、资格证满足作业要求，并已履行报验程序。

2）设备、机具

核查进场机具设备、检测工器具数量、性能规格与施工方案相符，检定证书在有效期，报验手续完备，并已报验合格，设备运转正常，保养记录齐全。

第四章　站场工程质量管理

3）材料

核查材料质量证明文件（材质证明书、合格证、检验、复检报告等），并应进行外观检查，材料的外观、外形尺寸等应符合规范及设计文件要求。

4）工序关键环节控制

（1）开展了技术交底记录和班前安全讲话。

（2）高处作业、临边作业安全防护措施已经落实，施工人员劳动保护用品佩戴齐全且正确。

（3）监理对门窗工程的检查，首先是监督施工单位从选材、制作到安装必须严格按照设计图纸和施工验收规范的要求进行施工。

（4）检查门窗规格、几何尺寸符合要求。

（5）铝合金门窗安装必须牢固，预埋件的数量、位置、埋设连接方法必须符合设计要求。关闭严密，间隙均匀，开关灵活。

（6）门窗框与墙体间缝隙填嵌饱满密实，表面平整、光滑、无裂纹。

（7）人造木板门的甲醛释放量；建筑外窗的气密性能、水密性能和抗风压性能应进行复验，且结果合格。

（8）预埋件和锚固件；隐蔽部位的防腐和填嵌处理；高层金属窗防雷连接节点应进行隐蔽工程验收。在砌体上安装门窗严禁采用射钉固定。推拉门窗必须牢固，必须安装防脱落装置。

（9）外观质量表面洁净，无划痕、碰伤，无锈蚀，涂胶表面光滑、平整、厚度均匀、无气孔。

（10）门窗安装允许偏差、限值符合规范要求。

（11）玻璃层数、品种、规格、尺寸、色彩、图案和涂膜朝向应符合设计要求。带密封条的玻璃压条，气密封条应与玻璃贴紧，压条与型材之间应无明显缝隙。

（十二）抹灰及粉刷工程

1. 主要控制要点

主要控制要点包括：进场人员（主要管理人员、瓦工、电工等），进场机具设备（砂浆搅拌机、检测工器具等），作业文件（粉刷工程作业指导书等）。

2. 重点管控内容

1）人员

核查进场人员数量、资格证满足作业要求，并已履行报验程序。

2）设备、机具

核查进场机具设备、检测工器具数量、性能规格与施工方案相符，检定证书在有效期，报验手续完备，并已报验合格，设备运转正常，保养记录齐全。

3）材料

核查材料质量证明文件（材质证明书、合格证、检验、复检报告等），并应进行外观检查，材料的外观、外形尺寸等应符合规范及设计文件要求。

4）工序关键环节控制

（1）开展了技术交底记录和班前安全讲话。

（2）抹灰的等级及适用范围应符合设计要求，抹灰工程采用的砂浆品种，应按设计要求选用。

（3）脚手架、施工踏板搭设符合安全规定；高空作业采取防坠落措施，作业人员采取防坠落措施，正确佩戴安全帽、正确使用安全带、防坠器。

（4）检查基体表面平整度，检查钢、木门窗框位正确，与墙体连接牢固，连接处的缝隙应用柔性密封材料加以填塞，并对基层进行处理。

（5）各抹灰层之间的抹灰层与基体之间必须黏结牢固，无脱层、空鼓；面层不得有爆灰和裂缝（风裂除外）等缺陷（空鼓而不裂的面积不大于 $200cm^2$ 者可不计）。

（6）室内墙体阳角处须按照设计要求做泥砂浆护角，当设计无要求时，应采用不低于 M20 水泥砂浆护角，厚度同内墙抹灰，高度不应低于 2m，两侧均抹过墙角 50mm，遇门洞口处护角设计同高。

（7）一般抹灰层的外观质量：普通抹灰：表面光滑，洁净，接槎平整；中级抹灰：表面光滑，洁净，接槎平整，灰线清晰顺直。各种砂浆抹灰层，在凝结前应防止快干、水冲、撞击、振动和受冻，在凝结后应采取措施防止玷污和损坏。水泥砂浆抹灰层应在湿润条件下养护。

（8）检查抹灰总厚度大于或等于 35mm 时的加强措施；不同材料基体处的加强措施。加强网与各基体的搭接宽度不应小于 100mm。

（9）墙体粉刷前，检查基层腻子应平整、坚实、牢固、无粉化起内墙腻子的黏结强度应符合规范的规定；卫生间墙面必须使用耐水腻子。

（10）外墙涂料施工应以分格缝、墙的阴角处或水落管等为分界线。涂料表面的质量要求，不允许掉粉，起皮，漏刷，透底，允许轻微少量的返碱，咬色，流坠，疙瘩，门窗，灯具等应洁净。

第四章　站场工程质量管理

（十三）屋面工程

1. 主要控制要点

主要控制要点包括：进场人员（主要管理人员、瓦工、电工、架子工等），进场机具设备（木工设备、起重机、检测工器具等），作业文件（屋面工程作业指导书等）。

2. 重点管控内容

1）人员

核查进场人员数量、上岗证、资格证满足作业要求，并已履行报验程序。

2）设备、机具

核查进场机具设备、检测工器具数量、性能规格与施工方案相符，检定证书在有效期，报验手续完备，并已报验合格，设备运转正常，保养记录齐全。

3）材料

核查材料质量证明文件（材质证明书、合格证、检验、复检报告等），并应进行外观检查，材料的外观、外形尺寸等应符合规范及设计文件要求。

4）工序关键环节控制

（1）开展了技术交底记录和班前安全讲话。

（2）脚手架、施工踏板搭设符合安全规定；高空作业采取防坠落措施，作业人员采取防坠落措施，正确佩戴安全帽、正确使用安全带、防坠器等。

（3）检查找平层，无明显的脱皮、起砂等缺陷。检查屋面找平层厚度、排水坡度符合设计或规范要求。在屋面与墙的连接处，隔汽层应沿墙面向上连续铺设，高处保温层上表面不得小于150mm。隔汽层、隔离层不得有破损现象。

找平层突出屋面结构的连接处和转角处，做成圆弧形或钝角，整齐平顺。基层与突出屋面结构（如女儿墙、腔、天窗壁、变形缝、烟囱、管道等）的连接处，以及在基层的转角处（檐口、天沟、斜沟、水落口、屋脊）等均应做成半径为100～150mm的圆弧或钝角。

（4）找平层分格缝纵横不宜大于6m，分格缝的宽度宜为5～20mm。找平层的抹平工序应在砂浆或细石混凝土初凝前完成，且压光工序应在终凝前完成。

（5）用块体材料做保护层时，宜设置分格缝，分隔缝综合间距不应大于10m，分格缝宽度宜为20mm；细石混凝土做保护层时，混凝土应振捣密实，表面应抹平压光，分格缝纵横间距不宜大于6m，分格缝的宽度宜为

10～20mm。保护层的坡度应符合设计要求。

（6）屋面保温（隔热）材料的强度、密度、导热系数和含水率及配合比必须符合设计要求和规范规定。

（7）整体保温层用的沥青膨胀珍珠岩或沥青膨胀蛭石应用机械搅拌，色泽一致，无沥青团，压缩比及厚度应符合设计要求，表面应平整。

（8）松散保温材料应分层铺设，并适当压实，每层铺设厚度不宜大于150mm，压实程度与厚度应事先根据设计要求经试验确定。

（9）屋面铺贴防水卷材前，应按设计要求涂刷基层处理剂。

（10）高聚物改性沥青防水卷材的搭接缝，宜用材料相容的密封材料封严。

（11）卷材铺贴方法和搭接宽度应正确，接缝严密，并不得出现皱褶、气泡、空洞、起鼓和翘边。平行于屋脊的搭接缝，应顺流水方向搭接；垂直于屋脊的搭接缝应顺导风向搭接。

（12）复合防水层不得有渗漏和积水现象。在防水层在天沟、檐沟、檐口、水落口、泛水、变形缝和伸出屋面管道的防水构造。应符合设计要求。

（13）密封防水部位的基层应牢固、表面应平整，不得有裂纹、蜂窝、麻面、起皮和起砂现象；密封材料嵌填影密实、连续、饱满，黏结牢固，不得有气泡、开裂、脱落等缺陷。

（14）瓦屋面必须铺置牢固。在大风及地震设防地区或屋面坡度大于100%时，应按设计要求采取固定加强措施。瓦屋面顺水条、挂瓦条、搭接宽度、挑出墙面的长度等应符合规范要求。

（15）金属板材边缘应整齐。表面光滑，不得有翘曲、脱模和锈蚀等缺陷。安装和运输过程中不得损伤金属板。金属板应依据板型和深化设计的排版图铺砌，并应按照设计图纸规定的连接方式固定。

（16）检查屋面有无渗漏，积水和排水系统应通畅。屋面防水工程完工后，应进行感官质量检查和雨后观察或淋水、蓄水试验，不得有渗漏和积水现象。

（17）板状材料、纤维材料、喷涂硬泡聚氨酯、现浇泡沫混凝土保温层的厚度、屋面热桥部位处理应符合设计要求。

（十四）道路工程

1. 主要控制要点

主要控制要点包括：进场人员（主要管理人员、测量工、钢筋工、木工、挖掘机操作手、电工、瓦工等），进场机具设备（钢筋加工机械、挖掘机、木工设备、混凝土搅拌机、检测工器具等），作业文件（道路工程作业指导

第四章　站场工程质量管理

书等）。

2.重点管控内容

1）人员

核查进场人员数量、资格证满足作业要求，并已履行报验程序。

2）设备、机具

核查进场机具设备、检测工器具数量、性能规格与施工方案相符，检定证书在有效期，报验手续完备，并已报验合格；设备运转正常，保养记录齐全。

3）材料

核查材料质量证明文件（材质证明书、合格证、检验、复检报告等），并应进行外观检查，材料的外观、外形尺寸等应符合规范及设计文件要求。

4）工序关键环节控制

（1）开展了技术交底记录和班前安全讲话。

（2）路基开工前应做好测量工作，其中包括导线、中线、水准点复测、横断面检查与补测、增设水准点等。

（3）路基填土必须分层填筑压实，不同性质的土不得混填，严禁有翻浆、弹簧现象。路基表面应密实平整，排水良好，路基边坡应直顺，表面应平整密实稳定，曲线半径、护坡道应符合设计要求，曲线应平顺圆滑。

（4）基层石灰土中大于 15～25mm 的土块不得超过 5%。土的塑性指数符合设计要求或有关规范规定，其无侧限抗压强度试验方法应符合标准规定，灰土必须拌和均匀、色泽一致。石灰质量和剂量必须符合设计要求，石灰必须消解，严禁含有没有消解的颗粒。

（5）基层表面应平整坚实，不得有明显的轮迹，表面不得有浮土、脱皮、松散、弹簧现象，路基层应保持湿润，洒水养生。

（6）沥青混合料油石必须准确、拌和均匀、色泽一致，不得有焦枯结块现象，碾压顺序和沥青混合料温度必须符合规范规定，施工缝必须密实平整，纵向接缝必须在摊铺后立即进行碾压，横向接缝必须沿接缝进行碾压。

（7）混凝土路面应平整坚实，不得松散、泛油、脱落、裂缝、推挤、烂边和粗细料集中现象，接茬应紧密平顺，烫缝不得枯焦，终压不得有明显轮迹，面层与其他建筑物应衔接平顺，不得有积水现象。混凝土应见证取样，混凝土强度、防冻等级应符合设计要求。

（8）路缘石外观应符合规范要求，无缺棱掉角现象。铺砌后的路缘石标高应符合设计要求。

（十五）装饰装修工程

1. 主要控制要点

主要控制要点包括：进场人员（主要管理人员、测量工、木工、电工、瓦工、架子工等），进场机具设备（搅拌机、木工设备、检测工器具等），进场材料（水泥、砂、石灰、装饰砖、混凝土等），作业文件（装饰装修方案等）。

2. 重点管控内容

1）人员

核查进场人员数量、资格证满足作业要求，并已履行报验程序。

2）设备机具

核查进场机具设备、检测工器具数量、性能规格与施工方案相符，检定证书在有效期，报验手续完备，并已报验合格，设备运转正常，保养记录齐全。

3）材料

核查材料（装饰砖、静电地板、铜排、支撑等）质量证明文件（材质证明书、合格证、检验、复检报告等），并应进行外观检查，应见证取样碎石、砂、水泥等材料送实验室复验，对色彩、材质、品牌有要求的材料需经建设单位批准。

4）工序关键环节控制

（1）审查装饰装修方案，并上报建设单位批准。

（2）开展了技术交底记录和班前安全讲话。

（3）对装饰装修材料检查验收，并对部分材料进行抽样、见证、送检，对色彩和材质有严格要求的材料还需留取小样、以备必要时检查核对。

（4）装饰装修工程施工前，检查预埋、预留已完成。

（5）检查装饰装修工程的轴线与标高，对现场装饰装修制作安装质量及隐蔽工程施工质量检查验收。

（6）检查装饰工程平整度、垂直度、缝格平直、固定牢固，地砖、饰面砖有空鼓现象。

（7）检查装饰工程外观，表面洁净、图案清晰、光亮光滑、色泽一致，且色号符合设计要求。

（8）吊顶内管道、设备的安装及水管试压、风管严密性；木龙骨防火、防腐处理；埋件；吊杆安装、龙骨安装、填充材料的设置、反支撑及钢结构转换层应符合设计要求，并进行隐秘工程验收。重型设备和有振动荷载的设备严禁安装在吊顶工程的龙骨上。整体面层吊顶工程的金属吊杆和龙骨应经过表面防腐处理；石膏板、水泥纤维板的接缝应按其施工工艺标准进行板缝防裂处理。

（9）格栅吊顶标高、尺寸、起拱和造型应符合设计要求，且应安装牢固。

（10）轻质隔墙与顶棚和其他墙体的交接处应采取防开裂措施。隔墙板材不应有裂缝或缺损。骨架隔墙的墙面板应安装牢固，无脱层、翘曲、折裂及缺损；骨架隔墙的沿地、沿顶及边框龙骨应与基体结构连接牢固。

（11）活动隔墙轨道应与基体结构连接牢固，并位置正确。用于组装、推拉和制动的构配件应安装牢固、位置正确，推拉应安全、平稳、灵活。

（12）检查细部工程安装符合设计要求，接缝严密吻合，不得有歪斜、裂缝、翘曲及损坏。

（13）检查防静电地板材质、规格、外观是否设计要求；接地铜母排截面尺寸和紫铜带截面、紫铜带网格尺寸和焊接质量应符合说设计、规范要求；紫铜带应压在地板支柱下，紫铜带通过压接方式连接到端子板上；防静电活动地板对地电阻应符合设计、规范要求。

（十六）绿化工程

1. 主要控制要点

主要控制要点包括：进场人员（主要管理人员、工人等），进场机具设备（运输、挖掘、铲运机具等），进场材料（植物、草、种子等），作业文件，作业环境（风、雨等）。

2. 重点管控内容

1）人员

核查进场人员满足作业要求，并已履行报验程序。

2）设备机具

核查进场机具设备数量、性能规格与施工方案相符，并已报验合格，设备运转正常，保养记录齐全。

3）材料

核查植物、草、种子等产品质量证明文件（材质证明书、合格证等），符合设计要求，并应进行外观检查。

4）工序关键环节控制

（1）检查施工作业人员技术交底和班前安全交底记录。

（2）检查土壤质量和换填厚度是否符合设计及方案要求。

（3）检查植物品种、直径、高度，草籽种类是否符合设计要求。

（4）检查地坪标高、坡度是否符合设计要求。

（5）检查树坑开挖深度、间距是否不符合设计及方案要求；定期对植物、草坪进行浇水、养护。

三、质量风险管理

建筑工程质量风险管理见表 4-25。

表 4-25　建筑工程质量风险管理

序号	管控内容	建设单位	监理	施工单位
1	人员			
1.1	专职质量检查员到位且具有质检资格	监督	确认	报验
1.2	测量工、挖掘机、打夯机等机械操作手、电工上岗证、资格证应满足作业要求，并已履行报验程序	监督	确认	报验
1.3	特种设备（挖掘机等）操作手具备特种作业操作证，人员配备与报验人员名单一致	监督	确认	报验
2	设备、机具			
2.1	现场施工设备（挖掘机、推土机）应报验合格，保证设备正常运转，并具有设备保养记录	必要时检验	确认	报验
2.2	现场检测工器具（全站仪、GPS、经纬仪、水平仪、钢尺）应报验合格，并在有效检定日期内	必要时检验	确认	报验
2.3	挖掘机、推土机、打夯机等进场机具设备、性能规格与施工方案相符，设备运转正常，保养记录齐全	必要时检验	确认	报验
2.4	检测工器具数量满足现场要求，检定证书应处于有效期内，并已报验合格	必要时检验	确认	报验
3	材料			
3.1	混凝土原材料报验合格并具有完整的质量证明文件	必要时验收	确认	报验
3.2	钢筋、水泥、砂、石等的合格证、质量证明文件、复检报告齐全，材料的外观质量、品种、数量、规格符合设计要求	必要时验收	确认	报验
3.3	灰土配比、碎石级配等已报验合格，满足设计要求	必要时验收	确认	报验
3.4	砂浆、混凝土配合比报告应满足设计要求	必要时验收	确认	报验
4	施工方案			
4.1	现场有经过审批合格的地基处理施工方案	必要时审批	审查/审批	编制、审核

第四章　站场工程质量管理

续表

序号	管控内容	建设单位	监理	施工单位
5	地基处理			
5.1	地基处理的回填土分层压实、桩基长度和数量应满足规范及设计文件要求	监督	见证	施工
5.2	地基处理后标高应符合设计要求	监督	平行检查	施工
5.3	地基处理试验结果应符合设计要求（如回填土压实度、地基承载力检测等）	监督	平行检查	施工
6	测量放线			
6.1	高程控制桩点应与交桩高程数据一致	监督	平行检查	施工
6.2	测量放线建筑物的长度、宽度轴线及外内边线应符合设计要求	监督	平行检查	施工
6.3	建筑物纵向、横向轴线及开间尺寸应与图纸一致，各轴线间距偏差应符合规范要求	监督	平行检查	施工
7	基槽验收			
7.1	开挖前建筑物轴线控制桩应移植并有效保护	监督	平行检查	施工
7.2	基底标高及基槽（坑）边坡比应符合设计要求	监督	平行检查	施工
7.3	基底土应保持原土结构状态，无扰动、无积水，当采用机械开挖时，需保留200～300mm厚度的人工挖掘修整层	监督	平行检查	施工
7.4	基槽（坑）尺寸应符合设计要求	监督	平行检查	施工
8	钢筋混凝土施工			
8.1	钢筋制作的弯钩、弯折应符合规范要求	监督	平行检查	施工
8.2	受力钢筋的规格、数量、位置、间距、排距、弯钩角度、连接方式、接头位置、数量、搭接长度和同一区段内的接头百分率应符合规范要求	监督	平行检查	施工
8.3	受力钢筋的混凝土保护层厚度应符合设计要求	监督	平行检查	施工
8.4	箍筋、横向钢筋和构造钢筋的规格、间距、形式、弯钩角度及弯钩平直段长度应符合设计要求	监督	平行检查	施工
8.5	纵向受力筋弯起点的位置，弯曲角度、平直长度及安装质量应符合设计要求	监督	平行检查	施工
8.6	检查钢筋保护层垫块；双层钢筋网支撑马蹬的设置可靠牢固	监督	平行检查	施工

续表

序号	管控内容	建设单位	监理	施工单位
8.7	钢筋焊接焊缝不得有质量缺陷，搭接处采用满焊；机械连接应平直，伸入套筒长度两端应均匀	监督	平行检查	施工
8.8	浇筑混凝土前，模板及其支架应牢固，模板内应清理干净，预埋件、预留孔洞已安装到位	监督	平行检查	施工
8.9	浇筑现场应随机抽取混凝土试件，做同条件养护和标准养护试件，数量应符合规范要求	监督	见证	施工
8.10	在混凝土浇筑过程中，应观察模板、支架、钢筋、预埋件和预留孔洞的情况，当发现有变形、移位时，应及时采取措施进行处理	监督	巡视	施工
8.11	拆模后，检查结构、设备基础的混凝土尺寸及偏差应符合规范和设计要求	监督	平行检查	施工
9	模板工程			
9.1	属于危险性较大分部分项工程或超过一定规模的危险性较大的分部分项工程模板工程及支撑体系专项方案应经过监理审批	审批	审批	编制、论证
9.2	监理机构应编制专项监理细则	有必要时审批	编制	
9.3	检查模板所用的材料，保证工程结构和构件各部分形状尺寸和相互位置的正确，具有足够的承载能力，刚度和稳定性	监督	平行检查	施工
9.4	模板及支架在安装过程中，设置防倾覆的临时固定设施。跨度≥4m的梁、板，模板应起拱，无设计时可按跨度的1～3梁起拱	监督	平行检查	施工
9.5	固定在模板上的预埋件、预埋孔、预留洞不得遗漏，中心线位置、尺寸符设计要求	监督	平行检查	施工
10	砌筑工程			
10.1	砖的品种、砌筑砂浆的配合比，强度等级必须符合设计要求	监督	平行检查	施工
10.2	砌筑前，必须校核放线尺寸。砌筑砖前，普通砖应提前1～2天浇水湿润。严禁使用干砖或处于吸水饱和状态的砖砌筑。烧结类块体的相对含水率60%～70%；混凝土多孔砖及混凝土实心砖不需要浇水湿润，但在气候干燥炎热的情况下，宜在砌筑前喷水湿润。其他非烧结类块体的相对含水率40%～50%	监督	平行检查	施工
10.3	砌体应上下错缝，内外搭砌，砌体水平、竖向灰缝的砂浆应饱，灰缝厚度、砌体垂直度等符合设计要求	监督	平行检查	施工
11	地下防水工程			
11.1	地下防水工程所使用防水材料的品种、规格、性能等必须符合现行国家或行业产品标准和设计要求。检查防水材料、外加剂及其配合比必须符合设计要求。防水卷材与胶结材料必须符合要求和施工规范规定	监督	确认	施工
11.2	卷材防水层及其变形缝，预埋管件等细部做法必须符合设计要求和施工规范规定	监督	平行检查	施工

第四章 站场工程质量管理

续表

序号	管控内容	建设单位	监理	施工单位
11.3	基层牢固,表面洁净,阴阳角呈圆弧形或钝角,冷底子油涂布均匀	监督	平行检查	施工
11.4	卷材的搭接长度应符合设计及规范要求	监督	平行检查	施工
11.5	防水卷材细部构造应符合设计及规范要求	监督	平行检查	施工
11.6	有机防水涂料基面应干燥。涂料防水层在转角处、变形缝、施工缝、穿墙管等部位做法必须符合设计要求	监督	平行检查	施工
11.7	防水混凝土结构的变形缝、施工缝、后浇带、穿墙管、埋设件等设置和构造必须符合设计要求	监督	平行检查	施工
11.8	工程隐蔽前,应由施工单位通知有关单位进行验收,并形成隐蔽工程验收记录;未经监理单位或建设单位代表对上道工序的检查确认,不得进行下道工序的施工	监督	旁站	施工
11.9	施工缝用止水带、遇水膨胀止水条或止水胶、水泥基渗透结晶型防水涂料和预埋注浆管必须符合设计要求。设置位置符合设计及规范要求	监督	平行检查	施工
12	钢结构			
12.1	检查所有零件、部件、构件的品种、规格必须符合设计要求,钢结构防火涂料品种技术性能、厚度符合设计要求。高强度大六角头螺栓连接副和扭剪型高强度螺栓连接副出厂时应分别随箱带有扭矩系数和紧固轴力(预拉力)的检验报告	监督	确认	施工
12.2	施工单位对其首次采用的钢材焊接材料焊接方法焊后热处理等进行焊接工艺评定,并应根据评定报告确定焊接工艺	监督	确认	施工
12.3	高强度大六角头螺栓连接副终拧完成1h后48h内应进行终拧扭矩检查	监督	见证	施工
12.4	检查钢结构中主体结构的整体垂直度和整体平面弯曲,钢屋架桁架、梁及受压杆件的垂直度和侧向弯曲矢高的允许偏差应符合规定值	监督	平行检查	施工
12.5	钢结构涂装前钢材表面应用喷砂或抛丸除锈、涂料厚度应符合设计要求和国家现行有关标准规定	监督	平行检查	施工
13	门窗工程			
13.1	检查门窗规格、几何尺寸应符合规范要求	监督	平行检查	施工
13.2	铝合金门窗安装必须牢固,预埋件的数量、位置、埋设连接方法必须符合设计要求。关闭严密,间隙均匀,开关灵活	监督	平行检查	施工
13.3	人造木板门的甲醛释放量;建筑外墙的气密性能、水密性能和抗风压性能应进行复验,且结果合格	监督	见证	施工

续表

序号	管控内容	建设单位	监理	施工单位
13.4	埋件和锚固件；隐蔽部位的防腐和填嵌处理；高层金属窗防雷连接节点应进行隐蔽工程验收。在砌体上安装门窗严禁采用射钉固定。推拉门窗必须牢固，必须安装防脱落装置	监督	平行检查/旁站	施工
13.5	玻璃层数、品种、规格、尺寸、色彩、图案和涂膜朝向应符合设计要求	监督	平行检查	施工
14	抹灰及粉刷工程			
14.1	抹灰的等级及适用范围应符合设计要求，抹灰工程采用的砂浆品种，应按设计要求选用	监督	确认	施工
14.2	各抹灰层之间的抹灰层与基体之间必须黏结牢固，无脱层、空鼓；面层不得有爆灰和裂缝（风裂除外）等缺陷（空鼓而不裂的面积不大于200cm² 者可不计）	监督	平行检查	施工
14.3	室内墙体阳角处须按照设计要求做泥砂浆护角	监督	确认	施工
14.4	墙体粉刷前，检查基层腻子应平整、坚实、牢固、无粉化起内墙腻子的黏结强度应符合规范的规定；卫生间墙面必须使用耐水腻子	监督	平行检查	施工
14.5	检查抹灰总厚度大于或等于35mm时的加强措施；不同材料基体处的加强措施	监督	平行检查	施工
15	屋面工程			
15.1	检查屋面找平层厚度、排水坡度符合设计或规范要求	监督	平行检查	施工
15.2	找平层突出屋面结构的连接处和转角处，做成圆弧形或钝角，整齐平顺	监督	平行检查	施工
15.3	屋面保温（隔热）材料的强度、密度、导热系数、标贯密度或干密度和含水率及配合比必须符合设计要求和规范规定	监督	确认	施工
15.4	屋面铺贴防水卷材前，应按设计要求涂刷基层处理剂	监督	确认	施工
15.5	卷材铺贴方向和搭接宽度应正确，接缝严密，并不得出现皱褶、气泡、空洞、起鼓和翘边。平行于屋脊的搭接缝，应顺流水方向搭接；垂直于屋脊的搭接缝应顺导风向搭接	监督	平行检查	施工
15.6	密封防水部位的基层应牢固、表面应平整，不得有裂纹、蜂窝、麻面、起皮和起砂现象；密封材料嵌填影密实、连续、饱满、黏结牢固，不得有气泡、开裂、脱落等缺陷	监督	平行检查	施工
15.7	瓦屋面必须铺置牢固。在大风及地震设防地区或屋面坡度大于100%时，应按设计要求采取固定加强措施。瓦屋面顺水条、挂瓦条、搭接宽度、挑出墙面的长度等应符合规范要求	监督	平行检查	施工
15.8	检查屋面有无渗漏，积水和排水系统应通畅。屋面防水工程完工后，应进行感官质量检查和雨后观察或淋水、蓄水试验，不得有渗漏和积水现象	监督	平行检查/见证	施工

第四章 站场工程质量管理

续表

序号	管控内容	建设单位	监理	施工单位
16	道路工程			
16.1	路基开工前应做好测量工作,其中包括导线、中线、水准点复测、横断面检查与补测、增设水准点等	监督	平行检查/见证	施工
16.2	路基填土必须分层填筑压实,不同性质的土不得混填,严禁有翻浆、弹簧现象。密实度应符合设计要求	监督	见证	施工
16.3	沥青混合料油石必须准确、拌和均匀、色泽一致,不得有焦枯结块现象,碾压顺序和沥青混合料温度必须符合规范规定,施工缝必须密实平整,纵向接缝必须在摊铺后立即进行碾压,横向接缝必须沿接缝进行碾压	监督	见证	施工
16.4	混凝土应见证取样,混凝土强度、防冻等级应符合设计要求	监督	见证	施工
17	装饰装修工程			
17.1	对装饰装修材料检查验收,并对部分材料进行抽样、见证、送检,对色彩和材质有严格要求的材料须结合设计要求认真核对色号,并留取小样、以备必要时检查核对	监督	见证	施工
17.2	检查装饰装修工程的轴线与标高,对现场装饰装修制作安装质量及隐蔽工程施工质量检查验收	监督	平行检查	施工
17.3	格栅吊顶标高、尺寸、起拱和造型应符合设计要求,且应安装牢固	监督	平行检查	施工
17.4	轻质隔墙与顶棚和其他墙体的交接处应采取防开裂措施	监督	平行检查	施工
17.5	检查细部工程安装符合设计要求,接缝严密吻合,不得有歪斜、裂缝、翘曲及损坏	监督	平行检查	施工
17.6	检查防静电地板材质、规格、外观是否设计要求;接地铜母排截面尺寸和紫铜带截面、紫铜带网格尺寸和焊接质量应符合说设计、规范要求;紫铜带应压在地板支柱下,紫铜带通过压接方式连接到端子板上;防静电活动地板对地电阻应符合设计、规范要求	监督	平行检查	施工
18	绿化工程			
18.1	检查土壤质量和换填厚度是否符合设计及方案要求	监督	平行检查	施工
18.2	检查植物品种、直径、高度、草籽种类是否符合设计要求	监督	确认	施工
18.3	检查树坑开挖深度、间距是否不符合设计及方案要求;定期对植物、草坪进行浇水、养护	监督	平行检查	施工
19	施工记录			
19.1	现场施工记录数据采集上传及时,内容完整、真实、准确		验收	填写

第五章　质量验收与创优管理

第一节　概述

一、机制介绍

（一）基本概念

1. 建设工程施工质量验收

是指依据设计、合同及相应施工规范技术规定，完成相应工程项目施工后，在施工单位自行检查合格的基础上，参与建设活动的有关单位共同对检验批、分项工程、分部（子分部）工程、单位（子单位）工程的质量进行抽样检验，根据相关标准以书面形式对工程施工质量做出确认。

2. 检验批

是指按照同一的生产条件或按规定的方式汇总起来供检验用的，由一定数量样本组成的检验体。是工程施工质量验收的最小单元。

3. 检验

是指对检验项目中的性能进行测量、检查与试验等，并将结果与标准规定进行比较，以确定每项性能是否合格所进行的活动。

（二）质量验收管理规定

1. 建设工程质量管理条例

《建设工程质量管理条例》中规定，建设单位收到建设工程竣工报告后，应当组织设计、施工、工程监理等有关单位进行竣工验收。

建设工程竣工验收应当具备下列条件：

第五章　质量验收与创优管理

（1）完成建设工程设计和合同约定的各项内容；
（2）有完整的技术档案和施工管理资料；
（3）有工程使用的主要建筑材料、建筑构配件和设备的进场试验报告；
（4）有勘察、设计、施工、工程监理等单位分别签署的质量合格文件；
（5）有施工单位签署的工程保修书。
建设工程经验收合格的，方可交付使用。

2. 建设工程施工质量验收统一标准

《建设工程施工质量验收统一标准》的条款中规定：
（1）施工现场质量管理应有相应的施工技术标准，健全的质量管理体系、施工质量检验制度和综合施工质量水平考核制度。
（2）建筑工程应该按下列规定进行施工质量控制。
①建筑工程采用的材料、半成品、成品、建筑构配件、器具和设备应进行现场验收。
②各工序应按施工技术标准进行质量控制，每道工序完成后应进行检查。
③相关各专业工种之间，应进行交接检验，并形成记录。
（3）建筑工程质量应按以下要求验收。
①应符合本标准和相关专业验收规范的规定。
②应符合工程勘察、设计文件的要求。
③参加验收的各方人员应具备规定的资格。
④验收应在施工单位自行检查评定的基础上进行。
⑤隐蔽工程在隐蔽前应由施工单位通知有关单位进行验收，并形成验收文件。

3. 石油天然气建设工程施工质量验收规范

《石油天然气建设工程施工质量验收规范》规定了石油天然气建设工程各专业施工质量验收规范的通用准则、检验批、分项工程、分部（子分部）工程和单位（子单位）工程施工质量验收的内容、合格条件、组织和程序。该标准适用于石油天然气建设工程施工质量交工验收。

4. 检验批质量验收制度

1）检验批合格质量规定
（1）主控项目和一般项目的质量经抽样检验合格。
（2）具有完整的施工操作依据、质量检验记录。

检验批的质量验收包括了质量资料的检查和主控项目、一般项目的检验两方面的内容。

2）检验批按规定验收

（1）资料检查主要包括：

①图纸会审、设计变更、洽商记录；

②建筑材料、成品、半成品、建筑构配件、器具和设备的质量证明书及进场检（试）验报告；

③工程测量、放线记录；

④按专业质量验收规范规定的抽样检验报告；

⑤隐蔽工程检查记录；

⑥施工过程记录和施工过程检查记录；

⑦新材料，新工艺的施工记录；

⑧质量管理资料和施工单位操作依据等。

（2）主控项目和一般项目的检验。

检验批的合格质量主要取决于对主控项目和一般项目的检验结果。

主控项目是对检验批的基本质量起决定性影响的检验项目，因此必须全部符合有关专业工程验收规范的规定。

（3）检验批的抽样方案。

在制定检验批的抽样方案时，应考虑合理分配生产方风险（或错判概率 α）和使用方风险（或漏判概率 β）。

主控项目，对应于合格质量水平的 α 和 β 均不宜超过5%。

对于一般项目，对应于合格质量，α 不宜过5%，β 不宜超过10%。检验批的质量检验应根据检验项目的特点在下列抽样方案中进行选择：

①计量、计数或计量-计数等抽样方案；

②一次、二次或多次抽样方案；

③根据生产连续性和生产控制稳定性等情况，尚可采用调整型抽样方案；

④对重要的检验项目当可采用简易快速的检验方法时，可选用全数检验方案；

⑤经实践检验有效的抽样方案，如砂石料、构配件的分层抽样。

（4）检验批的质量验收记录。

检验批的质量验收记录由施工项目专业质量检查员填写，监理工程师（建设单位技术负责人）组织项目专业质量检查员等进行验收。

在制定检验批抽样方案时，对于一般项目，对应于合格质量水平的 α 不宜超过 5%，β 不宜超过 10%。

二、管道工程项目划分

油气管道工程项目的划分在工程开工之前完成。单项、单位（子单位）、分部（子分部）、分项、检验批应由建设单位组织监理、设计及施工承包商依据相关标准和规定进行项目划分。工程项目划分完成后，十日内由建设单位组织报工程质量监督机构备案，工程质量监督机构出具同意备案的意见后实施，项目划分如有内容增减或换版，应补充备案。

油气管道工程项目划分原则如下：

（一）单项工程划分

单项工程可划分为油气管道线路、站场、大型穿（跨）越、电力、自动化、通信和伴行路等。

（1）线路工程：包括管道线路、中小型穿越、公路铁路顶管穿越、阀室工程、地质灾害治理、水土保持等。

（2）站场工程：包括站内总图、建筑、装饰装修、消防及给排水、采暖通风空调、工艺管道、设备安装、储罐、电气、仪表安装、阴极保护工程等。

（3）大型穿（跨）越单项工程：包括定向钻、河流大开挖、跨越、盾构隧道、钻爆隧道、顶管隧道工程等。

（4）电力工程：包括输电线路等工程。

（5）自动化工程：包括项目自动化系统，具有独立使用功能的调控中心可作为一个单位工程。

（6）通信工程：包括线路通信工程和站场（阀室）通信工程。

（7）伴行路：包括伴行道路及附属设施。

（二）单位工程划分

单位工程可划分为线路工程、穿跨越工程、场站工程、通信工程、电力工程、伴行路工程、储罐工程和自动化工程等。

（1）线路工程：相邻站间或县区段或独立的施工单位承包区段或划定标段可划分为一个单位工程，线路单位工程一般包括线路、阀室、阴极保护、铁路公路河流等中小型穿（跨）越、输气线路干燥、清管测径及试压、连头等。

（2）穿跨越工程：宜按每一条单出图的大中型穿越跨越工程划分为一个

单位工程。

（3）场站工程：宜按一座场站划分为一个单位工程。当工程较复杂时，可增加子单位工程。

（4）通信工程：宜按线路工程或站场（阀室）施工段或合同项划分为一个单位工程。

（5）电力工程：宜按每座站场（阀室）输电线路工程划分一个单位工程。

（6）伴行路工程：宜按每标段伴行路及附属工程划分为一个单位工程。

（7）储罐工程：容积为 50000m^3 以下（不含 50000m^3）的立式储罐罐组或一个承包工程分区为一个单位工程。容积 50000m^3 及其以上立式储罐每台为一个单位工程。

8）自动化工程：宜按一个合同项划分为一个单位工程。

（三）分部工程划分

分部（子分部）工程应按工程种类（或专业性质）、结构部位（或工程部位）、线路区段、工艺系统或管道区段等进行划分。当分部工程较大或较复杂时，可按（设备）材料种类、施工特点、施工程序、专业系统及类别等划分为若干子分部工程。分部（子分部）工程划分应符合各专业质量验收技术规定。

（四）分项工程划分

分项工程应按主要工种、工序、材料、施工工艺、设备类别或台套等进行划分。分项工程可由一个或若干检验批组成。建筑面积小于 100m^2 建筑工程，可按一个分项工程进行检查评定。工程具体划分应符合各专业质量验收技术规定。

（五）检验批划分

检验批可根据施工、质量控制和专业验收的需要，按工程量、施工段等进行划分。工程具体划分应符合各专业质量验收技术规定。

第二节 工程质量验收

为便于控制、检查和检定工程质量，需将工程划分为若干单项工程，每个单项工程划分为若干单位工程，每个单位工程划分为若干分部工程，每个分部工程划分为若干个分项工程，每个分项工程划分为若干检验批。检验批

第五章　质量验收与创优管理

是工程的最小单位，检验批验收是工程质量验收的基础。

一、检验批

（一）概念

检验批是指按同一的生产条件或按规定的方式汇总起来供检验用的由一定数量样本组成的检验体。是工程施工质量验收的最小单元。

（二）验收方法

在检验批验收过程中，必须严格按有关验收规范要求对主控项目、一般项目进行抽样检验，并记录检验结果，同时应核查施工操作依据、质量检查记录的完整性，从而确定能够验收。

二、分项工程

（一）概念

分项工程是指按主要工种、材料、施工工艺、设备类别等进行划分的建筑单位。

（二）验收方法

在检验批验收的基础上，汇总各检验批质量验收结论，核查检验批质量验收记录完整性，以便决定可否验收。

三、分部工程

（一）概念

分部工程是指按专业性质、建筑部位确定的建筑单位。

（二）验收方法

在分项工程验收的基础上，汇总各分项工程质量验收结论，核查质量控制资料的完整性，以便决定可否验收。

四、单位（子单元）工程

（一）概念

单位工程，指只要具备独立施工条件并能形成独立使用功能的建筑物及构筑物。

（二）验收方法

在检验批、分项、分部工程验收的基础上，汇总分部工程质量验收结论，核查质量控制资料的完整性，以便决定可否验收。

五、质量验收标准

（一）检验批质量验收合格标准

（1）主控项目经抽样检验，全数符合相关专业质量验收规范规定。

（2）一般项目的质量经抽样检验有80%及其以上的检查点（处、件）应符合相应专业质量验收规范规定，其余检查点（处、件）也应基本接近相应专业质量验收规范规定。

（3）检验批质量验收记录由施工单位（分包单位）项目专业质量检查员填写，专业监理工程师（建设单位代表）组织施工单位项目专业质量检查员等进行验收，并按相关要求进行记录和做出验收结论。

施工单位检查验收结果可填写为"经检查，主控项目、一般项目均符合设计和《××××质量验收规范》的规定，评定合格"。监理（建设）单位验收结论可填写为"同意施工单位评定结果，该检验批验收合格"。

（二）分项工程质量验收合格标准

（1）分项工程所含的检验批的质量均应验收合格。

（2）分项工程所含的检验批的质量验收记录应完整。

（3）分项工程质量验收记录由施工单位专业质量检查员填写，专业监理工程师（建设单位代表）组织施工单位项目专业质量或技术负责人、专业质量检查员等进行验收，按相关要求做出验收结论。

施工单位检查评定结果可填写为"评定合格"。监理（建设）单位验收结论可填写为"验收合格"。

（三）分部工程质量验收合格标准

（1）分部（子分部）工程所含工程的质量均应验收合格。

第五章　质量验收与创优管理

（2）质量控制资料应完整。

（3）分部（子分部）工程质量验收记录由施工单位项目质量负责人按相关要求填写，总监理工程师组织施工单位项目质量或技术负责人及有关部门代表等进行检查验收。对影响结构安全的分部（子分部）工程验收，勘察、设计单位必须参加。表中施工单位检查评定结果可填写为"评定合格"，监理（建设）单位可填写为"验收合格"。

（四）单位（子单元）质量验收合格标准

（1）单位（子单位）工程所含分部（子分部）工程的质量均应验收合格。

（2）质量控制资料应完整。

（3）预试运营合格。

（4）单位（子单位）工程质量验收记录。

（五）验收不合格处理规定

（1）经返工、返修或更换流体管道、器具、装置和设备的检验批，应重新进行验收。

（2）经有资质的检测单位检测鉴定能够达到设计要求的检验批，应重新予以验收。

（3）经有资质的检测单位检测鉴定达不到设计要求，但经原设计单位计算核算认可能够满足结构安全和使用功能的检验批可予以验收。

（4）经返修或加固处理的分项、分部（子分部）工程，虽然改变外形尺寸但仍能满足结构安全和使用要求时，可按技术处理方案和协商文件的要求予以验收。

（5）当油气管道工程施工质量不符合相关规定，通过返工或加固处理仍不能满足安全、消防、节能、环境保护、重要使用要求的分部（子分部）工程及单位（子单位）工程，严禁验收。

第三节　创优管理

一、概述

创优工程是指创建国家及行业设立的工程建设领域跨专业的国家级、省部级质量奖的工程。

创优管理一般包含创优策划管理、创优组织体系、创优活动实施、创优内部评审、创优申报管理等五大部分内容，具体由建设单位项目部组织实施，各参建单位配合。

目前主要包括国家优质工程奖、中国建设工程鲁班奖（国家优质工程奖）、中国安装工程优质奖（中国安装之星）、石油优质工程奖和全国优秀工程设计等各类奖项。各奖项评选条件如下：

（一）国家优质工程奖评选条件

1. 参与国家优质工程奖评选的特点

参与国家优质工程奖评选的项目应为具有独立生产能力和完整使用功能的新建、扩建和大型技改工程。

2. 国家优质工程奖获奖项目应具备的条件

（1）建设程序合法合规，诚信守诺。

（2）创优目标明确，创优计划合理，质量管理体系健全。

（3）设计水平先进，获得省（部）级优秀设计奖或中施企协组织评定的工程建设项目优秀设计成果。

（4）获得工程所在地或所属行业省（部）级最高质量奖。

（5）科技创新达到同时期国内先进水平，获得省（部）级科技进步奖或科技示范工程。

（6）践行绿色建造理念，节能环保主要经济技术指标达到同时期国内先进水平。

（7）通过竣工验收并投入使用一年以上四年以内。其中，住宅项目竣工后投入使用满三年，入住率在90%以上。

（8）经济效益及社会效益达到同时期国内先进水平。

3. 具备国家优质工程奖评选条件且应符合的要求

具备国家优质工程奖评选条件且符合下列要求的工程，可参评国家优质工程金质奖。

（1）关系国计民生，在行业内具有先进性和代表性。

（2）设计理念领先，达到国家级优秀设计水平。

（3）科技进步显著，获得省（部）级科技进步一等奖。

（4）节能、环保综合指标达到同时期国内领先水平。

第五章 质量验收与创优管理

（5）质量管理模式先进，具有行业引领作用，可复制、可推广。

（6）经济效益显著，达到同时期国内领先水平。

（7）对推动产业升级、行业或区域经济发展贡献突出，对促进社会发展和综合国力提升影响巨大。

4. 参与中施企协组织的评选原则

参与中施企协组织的全过程质量控制的工程项目，按照"同等优先"原则评选。

5. 未能参与省部级（含）以上优秀设计奖的后续办法

未能参与省部级（含）以上优秀设计奖评选的工程项目，中国施工企业管理协会组织专家进行设计水平评审，对优秀设计项目以适当形式予以表彰，并可作为国家优质工程奖的评选依据。

6. 国家优质工程奖评选范围

长输油气管道长度100km以上，管径273mm以上，设有首末站及中间加压泵站。

（二）中国建设工程鲁班奖（国家优质工程）评选条件

1. 申报工程应具备的条件

（1）符合法定建设程序、国家工程建设强制性标准和有关省地、节能、环保的规定，工程设计先进合理，并已获得本地区或本行业最高质量奖。

（2）工程项目已完成竣工验收备案，并经过一年以上使用没有发现质量缺陷和质量隐患。

（3）工业交通水利工程、市政园林工程除符合本条（1）（2）项条件外，其技术指标、经济效益及社会效益应达到本专业工程国内领先水平。

（4）住宅工程除符合本条（1）（2）项条件外，入住率应达到40%以上。

（5）申报单位应没有不符合诚信的行为。申报工程原则上应已列入省（部）级的建筑业新技术应用示范工程或绿色施工示范工程，并验收合格。

（6）积极采用新技术、新工艺、新材料、新设备，其中有1项国内领先水平的创新技术或采用"建筑业10项新技术"不少于6项。

2. 对于已开展优质结构工程评选的项目的办法

对于已开展优质结构工程评选的地区和行业，申报工程须获得该地区或行业结构质量最高奖；尚未开展优质结构工程评选的地区、行业，对纳入创鲁班奖计划的工程应设专人负责，在施工过程中组织3至5名相关专业的专家，对其地基基础、主体结构施工进行不少于2次的中间质量检查，并有完备的检查记录和评价结论。

3. 申报工程的主要承建单位

申报工程的主要承建单位，是指与申报工程的建设单位签订施工承包合同的独立法人单位。

（1）在工业建设项目中，应是承建主要生产设备和管线、仪器、仪表的安装单位或是承建主厂房和与生产相关的主要建筑物、构筑物的施工单位。

（2）在交通水利、市政园林工程中，应是承建主体工程或是工程主要部位的施工单位。

（3）在公共建筑和住宅工程中，应是承建主体结构的施工单位。

4. 申报工程的主要参建单位

申报工程的主要参建单位，是指与承建单位签订分包合同的独立法人单位，其完成的建安工作量应占10%以上且超过3000万元。

5. 两家以上建筑企业联合承包一项工程

两家以上建筑业企业联合承包一项工程，并签订联合承包合同的，可以联合申报鲁班奖。

对于分标段发包的大型建设工程，两家以上建筑业企业分别与建设单位签订不同标段的施工承包合同，原则上每家建筑业企业完成的工作量均在20%以上，且不少于2亿元的，可作为承建单位共同申报。与建设单位签订分标段施工承包合同的建筑业企业，其完成的工作量不满足上述要求，但超过1亿元的，可申报参建单位。

对于投资20亿元以上的超大型建设工程，可由建设单位牵头组织，由各施工总承包单位共同申报。

（三）中国安装工程优质奖（中国安装之星）评选条件

（1）评选范围包括总承包类安装工程和专业承包类安装工程。总承包类安装工程指建筑业企业资质标准中施工总承包序列企业承包工程范围涵盖的安装工程；专业承包类安装工程指专业承包序列企业承包工程范围涵盖的安装工程。

（2）长输管道工程评选应符合"长度100km及以上，设有首末站及中间泵站，管径273～610mm的长输油气管道工程；长度80km及以上，设有1

第五章　质量验收与创优管理

座或以上泵站（首站、中间站或末站）、1座或以上中间阀室，管径610mm及以上的长输油气管道工程；总库容80000m³及以上、单体容积20000m³及以上的钢制成品油立式储罐及配套工程；单罐2000m³，总库容2万m³及以上的钢球罐及配套机电安装工程"。

（3）中国安装之星一般由主要承担申报工程施工任务的企业申报。申报工程由两家施工企业共同承包完成的，允许联合申报（机电总承包工程除外）；申报工程由多家施工企业共同承包完成的，应按完成工作量大小，由排序靠前的最多不超过三家企业联合申报；无法确定申报单位的，允许由建设单位申报。

联合申报的每家施工单位完成的工作量应不低于申报工程总工作量的30%。

（4）申报单位应是与建设单位或总承包单位签订了总承包合同、专业承包合同，具备相应企业资质的独立法人单位。

（5）申报中国安装之星参建的设计单位、监理单位应是申报工程的主要设计单位、监理单位，参建的施工单位完成的工程量应不低于申报工程总量的10%。

（6）申报工程的技术指标、经济效益应达到本行业或本地区同类同期工程先进水平；已完成竣工验收（备案），经过一年以上时间投产或运行后，管线、管网、设备及系统运转正常，没有发现影响使用功能或生产效能的质量缺陷和安全隐患。

（四）石油优质工程奖评选条件

（1）参评石油优质工程奖的项目，其设计水平、科技含量、工程质量、节能降耗、环保排放、综合效益应达到同期国内（或行业）先进及以上水平，工程实体质量优良、本质安全，并已同时获得局级及以上优秀设计奖和优质工程奖。

未能参与局级优秀设计奖和优质工程奖评选的项目，应由协会认可的、局级及以上单位提供能说明工程设计水平、技术水平、工程质量水平等的证明材料。

（2）参评石油优质工程奖的项目，须按照国家《招标投标法》及相关法律、法规规定，选择勘察设计、工程承包、施工、工程监理等承建单位，严格执行国家相关行业管理规定和政策。

（3）参评石油优质工程奖的项目，应制定有明确的创优目标和切实可行的创优计划及措施，并按照"绿色环保、生态文明、创建资源节约型、环境友好型社会"的原则，把节能降耗、环境保护的要求落实到工程建设的每一个环节。

（4）参评石油优质工程奖的项目，应为完成建设项目的竣工验收（包括消防、环境保护、职业卫生、安全、档案等专项验收和项目决算审计等专项验收以及建设项目的竣工验收会议）一年以上四年以内或项目建成投用连续运行一年以上四年以内的工程。

（5）参评石油优质工程奖的项目，申报资料应符合要求，包括项目的各项批复文件及证明材料齐全；工程交工资料、竣工资料和竣工验收资料以及投产验收手续资料齐全等。

（6）石油优质工程奖获奖项目依本办法产生。对取得科技创新成果显著、推动产品质量升级和行业发展贡献突出、工艺技术属国内（或行业）领先及以上水平的，可授予石油优质工程金奖荣誉。

（7）参评国家优质工程奖的项目从获得石油优质工程金奖项目中推荐；参评其他国家级优质工程奖项的项目，从获得石油优质工程奖的项目中推荐。

（五）全国优秀工程设计评选条件

1. 全国优秀工程设计奖评选范围

（1）建成并经过交（竣）工验收，且经过两年及以上（以项目建设单位或有关部门验收证明的日期为准）生产运营（使用）；季节性生产的项目，还需经过一个完整生产考核期的生产运营，已形成生产能力或独立功能的整体工程设计项目（包括新建、扩建和改建项目）。

（2）大型工程设计项目如矿井、水利工程、铁道、公路等，可按批准立项文件或批准的初步设计分期、分单项或以单位工程申报，按整个项目申报时，其子项目原则上不再另行申报。

（3）经规定程序审查批准并付诸实施的城乡规划项目及其他规划项目（如江河流域规划、水利工程专项规划等）。

2. 全国优秀工程建设标准设计奖评选范围

（1）经省、自治区、直辖市住房和城乡建设主管部门，国务院有关部门或行业协会审查批准出版的工程建设标准设计。

（2）经地方或行业标办审查、批准，出版发行的工程建设标准设计。

（3）申报项目须经过两年以上实际应用，且使用效果显著。

第五章　质量验收与创优管理

3. 引进国外（境外）技术或者中外合作设计的条件

引进国外（境外）技术或者中外合作设计建在我国境内的工程设计项目，由中方进行基础设计（建筑方案设计、初步设计）的项目可以申报。

4. 申报全国优秀工程勘察设计奖评选的项目必须具备的条件

（1）符合国家工程建设的法律、法规和方针、政策，严格执行工程建设强制性标准。采用突破国家技术标准的新技术、新材料，须按照规定通过技术审定。

（2）严格贯彻执行国家的产业政策，具有先进的勘察设计理念，其主导专业或多个专业采用适用、安全、经济、可靠和促进可持续发展的新技术，经实践检验取得良好的经济、社会和环境效益。

（3）获得省、自治区、直辖市住房和城乡建设主管部门，国务院有关部门或行业协会优秀工程勘察设计一等奖及以上奖项。

（4）符合基本建设程序，各项手续完备，取得建设规划、环保、节能、安全、消防、卫生、城建档案管理等相关审批、验收文件，以及项目建设单位、生产运行单位对工程勘察设计的书面评价意见。

（5）申报优秀工程勘察和优秀工程设计的单位，必须具有相应的工程勘察设计资质证书，且最近 3 年内没有发生过重大勘察设计质量安全事故。

5. 获奖项目的要求

获奖项目应对推动工程建设行业技术进步具有示范作用。金质奖项目主要技术成果指标应达到同期国际先进水平（申报单位应附查新报告），在技术创新方面有公认的突出成就；银质奖项目主要技术成果指标应达到同期国内领先水平（申报单位应附查新报告），在技术创新上有显著成就。

二、创优策划

创优策划主要包含创优规划编制、创优计划编制两部分内容。

（一）创优规划编制

创优规划编制由建设单位项目部负责组织编制，各参建单位应协助配合。创优规划应结合项目建设规模、建设标准、技术特点、QHSE 要求、工期安排、投资控制等内容，确定创优目标、组织机构和创优措施。

创优规划编制内容一般包括：

（1）编制说明。

（2）工程简介。

（3）建设单位和主要参建单位。

（4）创优指导思想。

（5）创优目标。

（6）创优组织机构和职责。

（7）创优措施。

（8）创优总体安排。

（二）创优计划编制

创优计划由参建单位根据建设单位的创优规划，结合自身工作任务具体组织编制，主要包含监理单位创优计划、设计单位创优计划、施工单位创优计划、无损检测单位创优计划。采用工程总承包模式的项目，总承包单位应单独编制总承包创优计划，创优计划编制内容可参考施工单位、设计单位创优计划。

1. 创优计划编制内容

（1）编制说明。

（2）项目简介。

（3）创优目标。

（4）创优组织机构和职责。

（5）创优措施。

（6）创优安排。

2. 编制要求和原则

（1）明确创优目标和指标。

（2）工程的结构类型符合国家、省（部）、集团、公司四级制定的优质工程评定和申报条件要求。

（3）创优计划的编写和审批原则同质量计划要求。

3. 编制内容

施工单位创优计划的编制内容主要包括编制说明、施工项目简介、施工创优目标、施工创优组织机构与职责、施工创优措施、施工创优计划。

1）编制说明

简要描述工程质量、工期、成本、安全管理达到的预期目标，工程最终

第五章　质量验收与创优管理

实现的成果,以及创优计划的编制依据。

2)施工项目简介

(1)工程概况。

①工程建设范围。

描述工程建设基本情况,包括建设规模、站场工程位置、线路工程走向,并附线路走向图;线路长度(km)、共设置线路截断阀室(座)、工艺站场(座)等实体工程量;管径(mm)、材质、设计压力(MPa)、设计温度(℃)等设计参数。

②工程建设特点。

根据相关要求,结合钢管性能指标、焊接工艺、施工组织和施工设备等要求,描述施工中拟采用的新工艺、新技术、新设备、新材料,以及采取的施工工法。

③工程建设难点。

分专业、分阶段,结合课题研究的成果应用、新技术应用技术可行性分析,叙述本工程建设难点。

(2)采用的新工艺、新材料、新方法的说明。

分别说明本项目采用的新工艺、新材料、新方法,根据可靠性分析方法,对采用的新工艺、新材料、新方法逐条进行分析。

3)施工创优目标

(1)工期进度目标。

计划开工日期为××年××月×日。预计施工工期为×日历天。

(2)工程质量目标。

确保单位工程竣工交验一次合格率100%;焊接一次合格率大于90%;防腐补口一次合格率大于98%;管道埋深一次合格率100%,争创"鲁班奖"或"石油工程优质奖"。

(3)安全文明目标。

明确项目的HSE管理方针、安全、环境保护、职业健康管理的具体控制目标。包括以下内容:

①安全(S)目标。在项目建设周期内,工业生产安全事故千人死亡率不超过0.02;千台车死亡率不超过0.4;杜绝一般事故A级及以上工业生产安全事故。

②环境(E)管理目标。杜绝重大及以上环境污染和生态破坏事件;废水(液)、固体废物、废气全部达标排放。各项环境保护指标达到经政府批准的《项

目环境影响报告书》要求的指标。

③职业健康（H）管理目标。杜绝重大及以上职业病危害事故；杜绝出现30人以上食物中毒事件、群体性传染病暴发和流行事件。

（4）技术创新目标。

全面推广应用某某新技术，提高工程建设效率和工程质量。

（5）投资控制目标。

项目投资控制在预定的限额目标内。

（6）信息化目标。

贯彻全数字化移交、全智能化运营、全生命周期管理的理念，实现"全过程管控、全信息化管理、全数字化移交"的目标。

4）施工创优组织机构与职责

（1）创优组织机构。

根据本工程具体情况，设置创优管理机构，明确项目经理为创优活动的第一责任人。项目部分别设置主管生产副经理、技术负责人以及质量技术管理部门，明确现场生产组、材料动力组、安装组、财务劳资组等机构，编制项目部组织机构图。

（2）施工项目部创优职责。

①施工单位应成立项目管理机构，建立现场质量责任制，按照合同约定配备满足工程需要的质量管理人员、标准规范、设备机具、设施、检测仪器等。

②施工单位应编制施工组织设计、质量计划，针对施工难点和关键工序制订施工方案，对工序、原材料、构配件、设备以及涉及结构安全的试块、试件等制订质量计划，确定施工过程中的质量控制点和控制措施。施工组织设计、施工方案、质量计划应经监理单位审核，并报建设单位审批。

③施工质量应严格执行施工操作人员自检、工序交接互检、专职质量检查员检查的质量"三检"制。施工单位应与工程进度同步做好工程质量检查记录，并按规定向监理单位申报核查。隐蔽工程等关键工序质量未经监理工程师签字认可，施工单位不得进行下一道工序的施工。施工单位对已完工程应有成品保护措施。

④施工单位是工程质量的直接责任者，严格按照规范设计，按照设计、规范要求施工，承担因自身原因所造成的一切质量问题的责任（尽管整个过程始终处于建设单位、监理、质量监督的连续监督之下，但这并不解除施工单位的任何质量责任）。

⑤接受建设单位、监理、质量监督等组织的质量监督、检查。

第五章　质量验收与创优管理

⑥做好施工单位内部施工过程质量监督，对自采物资质量负责，实施所有防止不合格品发生的质量管理控制活动，制定有效的纠正和预防措施，验明并改正施工中存在的不足。

⑦及时上报质量管理相关信息，促进现场质量管理提升。

⑧按照建设单位创优规划要求，编制本单位的创优计划并开展创优工作。

⑨负责招标文件及合同约定的其他事项。

5）施工创优措施

（1）质量管理措施。

通过完善的项目质量保证体系，采取有效的质量管控措施和先进的管理手段，有计划、有组织的对工程实体质量和质量保证文件检查、审核，确保实现工程创优质目标。按照设计图纸、施工技术交底、工艺执行、新材料、新工艺、新工法应用进行编制具体措施。主要说明为保证技术的可行性、先进性，总结施工新三化，包括全自动焊、机械化补口、数字无损检测、沉管施工方法应用。具体可按工程阶段和下列内容编制：

①采取的新技术、新工艺特点；

②质量管理制度保障措施；

③技术保障措施。

（2）采购管理控制措施。

说明一级、二级、自购采购计划过程实施管理措施，制定成品保护制度。

（3）安全管理措施。

①认真贯彻执行国家及集团各项安全管理法律法规及规章制度。

②在本工程施工前确定安全防范重点。对重点工程、关键部位、机电作业、高空作业及其他危险性较大的作业等，编制安全作业指导书。

③根据工地情况，做好施工场地平面布置，合理安排场地内临时设施，进行安全保卫工作，布置安全防护设施和统一的安全标志。

（4）环境保护管理措施。

①加强环境保护宣传教育，学习环境管理体系文件、地方政府环保法规及有关规定，增强环境保护的自觉性，提高全员环保意识。

②按照环境影响评价报告中列举的措施予以实施。如采取的土地生剥离、临时围挡、防水土流失等具体措施。

（5）投资控制措施。

按照施工图设计、设计变更和现场签证、优化施工技术方案、合理制定进度款申请、支付程序和流程等管理内容进行编制具体措施。

（6）数字化管理措施。

按照建设单位数字化移交管理计划，制定施工采集数据标准及相关要求。

6）施工创优计划

说明施工阶段的创优策划、创优实施、创优总结三个阶段的具体部署，明确技术交底、关键部位和重点工序的实施及管控安排。

三、创优组织机构

（1）建设单位项目部负责项目创优的组织与管理，应成立项目创优领导小组，建设单位项目经理担任创优领导小组组长，成员应包括建设、监理、设计、施工、无损检测等单位的项目负责人。

（2）创优领导小组负责项目创优活动的组织协调，协调各单位创优工作职能及界面，主持召开创优工作会议，组织创优申报材料的审核。

（3）建设单位应成立项目创优管理办公室，负责创优日常工作，落实创优领导小组决议，负责项目创优申报，保证信息的及时传递，指导参建单位创优活动开展。

（4）参建单位应成立相应的工程创优组织机构，组织编制本单位项目创优计划，落实项目创优措施，组织实施创优活动，收集和汇总项目创优相关资料，协助配合项目创优申报。

（5）创优领导小组应定期组织创优活动阶段性检查，核查创优规划和创优计划实施完成情况，对未达到要求的应及时予以纠正，形成阶段性创优工作总结。

四、创优活动实施

（一）创优工作启动

（1）创优规划批准发布后，建设单位应组织参建方召开创优工作启动会，明确各方职责和管理要求。

（2）参建各方应按照创优规划、创优计划组织开展全员培训和教育活动，树立全员参与共同创建优质工程责任意识。

（3）参建各方宜通过会议、宣传标语、展板等多种形式宣传项目创优工作目标、措施及活动要求。

第五章　质量验收与创优管理

(二) 围绕创优主题开展活动

(1) 针对工程的难点与特点,在设计理念、管理模式、新技术、新工艺、新方法等方面提炼本项目的创优主题及要点,作为创优活动的实施重点。

(2) 围绕创优主题及要点组织开展全面质量管理活动(含 QC 小组活动等),鼓励全员参与创优活动。

(3) 加强对施工难点、重点部位或工序的质量、安全、环境、投资控制管理,使难点、重点部位或工序成为工程质量管理的要点和亮点,及时总结形成施工工法、专利及专有技术成果等。

(4) 各参建单位应严格执行施工工艺,组织工程质量验收和技术资料归档。

(三) 建立健全项目管理文件,完善 QHSE 保障机制

(1) 建设单位项目部应按照有关规定组织编制《项目管理手册》《项目质量计划》《项目 HSE 计划》等管理文件,规定参建各方工作界面和职责,建立完善协调机制,部署 QHSE 管理工作。

(2) 监理机构应按合同约定编制《监理规划》《监理实施细则》等管理文件,建立开工审查、图纸会审、报审报验、质量抽检、工程计量、质量安全监督、投资控制等程序,明确质量、HSE、投资、进度管理方法及措施。

(3) 设计单位宜针对项目实际情况,明确设计编审、设计交底、设计变更、现场服务等管理要求。

(4) 施工单位应编制《施工组织设计》《项目质量计划》《HSE 两书一表》、专项施工方案等管理文件,明确员工培训、技术交底、风险管控、材料检验、质量三检、成品保护、数据采集及移交等管理要求。

(5) 无损检测单位应编制《施工组织设计》《项目无损检测方案》,明确底片评审、试块校验、检测结果采集上传管理要求。

(四) 过程监督及总结

(1) 建设单位应定期组织开展创优工作检查与考核,可与工程检查同步进行,对检查中发现的不符合项,由建设单位或监理机构下发整改通知,限期整改闭合。

(2) 设计单位应在初步设计基础上细化施工图设计,严格执行设计校审、设计交底、设计变更、设计服务等制度,结合设计创优目标及时总结设计过程中的经验及创新成果。

（3）监理单位应按照创优计划，针对项目特征细化监理工作方法，创新监理手段，及时总结监理工作亮点。

（4）施工单位、无损检测单位应按照创优计划，针对项目特点优化、细化工法，宜采用焊接自动化、防腐补口机械化、无损检测数字化、工地智能化、工厂预制化等手段，提升工程质量水平，提高施工工效，削减作业风险，总结形成新的工法及技术成果。

（5）建设单位、参建单位应按创优规划、创优计划组织开展创优工作交流及阶段性工作总结，总结创优经验，分享创优活动成果，针对创优工作中存在问题提出改进意见，安排部署落实。

（五）资料收集及管理

（1）建设单位、参建单位应按《国家优质工程奖评选办法》《中国建设工程鲁班奖（国家优质工程）评选办法》《全国优秀工程勘察设计奖评选办法》《中国安装工程优质奖（中国安装之星）评选办法》《企业优质工程奖评审实施办法》等规定创优资料目录收集、整理、归档相关创优资料。

（2）建设单位及参建单位的项目文件管理应执行对纸质资料、影像资料进行有效管理，防止遗失或损坏。

五、创优内部评审

（1）建设单位、参建单位应按照优质工程创优规划/计划，组织对创优资料进行内部评审，对照附录B审查资料完整性。

（2）建设单位应组织监理单位、专家对创优资料进行综合评审，各单位应按照内部评审专家意见及时修改完善申报资料，积极配合申报工作。

六、创优申报管理

（一）管理

（1）建设单位统一组织国家优质工程奖的申报及材料编制。

（2）参建单位获得各级优秀设计奖、工程质量奖后应及时报建设单位备案。

（二）申报

申报工程应满足以下条件要求：

第五章　质量验收与创优管理

（1）申报优质工程评选的项目应通过项目竣工验收，并投入使用一年以上四年以内。

（2）申报国家优质工程的项目，应获得省部级优质工程奖。

（3）申报省部级优质工程奖的项目，应获得局级及以上的优秀设计奖或工程质量奖。

（4）申报国家优质工程奖的项目，应获得省部级及以上优秀设计奖或中施企协评定的优秀设计成果、省部级及以上的工程质量奖最高奖。

（5）申报国家优质工程金质奖的项目，应获得国家级优秀设计奖或中施企协评定的优秀设计成果一等奖，应获得省（部）级科技进步一等奖。

第六章 质量案例

第一节 常见质量问题

统计管道近年来发生的各类常见质量问题，将其分为以下两大类。

一、实体类问题

（一）无损检测

1. 底片错漏评

在完成的2173448道焊口底片复评中，发现错漏评焊口1097道，错评率0.50‰。

错漏评焊口缺陷类型一共涉及12种，其中未熔合缺陷最多，为471道、占比42.94%，具体详见表6-1。

表6-1 错漏评缺陷统计表

序号	缺陷类型	数量/道	所占比例/%
1	未熔合	471	42.94
2	气孔	113	10.3
3	条状夹渣	99	9.02
4	圆形缺欠	94	8.57
5	烧穿	43	3.92
6	裂纹	40	3.65
7	条形欠缺	36	3.28
8	条形气孔	35	3.19
9	内凹	30	2.73
10	未焊透	26	2.37
11	内咬边	9	0.82
12	其他缺陷	101	9.21
合计	12种	1097	100

第六章　质量案例

2. 底片缺失、损毁

1）无损检测单位保存不当损毁

无损检测单位在保管检测底片过程中存在底片发黄、缺失、损毁等保管不当的现象。如某无损检测公司，2013年1月由于底片库房电线短路发生火灾导致工程的焊口底片、资料损毁。

2）无损检测单位到期自主销毁

按照SY/T 4109—2013《石油天然气钢质管道无损检测》的规定，"底片的保存期不得少于7年。7年后，若用户需要可转交用户保管。"但多数无损检测单位在销毁底片前未联系建设单位或运行单位。

3. 未严格执行检测工艺

包括参考线绘制不合规、黑度曝光不合规等。

4. 黑口问题

施工安装记录与内检测成果不一致。

5. 焊口与检测结果不一致

存在两道焊口检测底片影像完全一致、焊口检测错误或底片造假现象。

（二）焊接

对2008—2017年质量事故统计发现，54起质量事故中，因焊接缺陷导致的质量事故21起，超过事故总数的35%。对一些重点工程检查结果进行分析，发现焊接质量问题占30%以上。

问题主要表现为以下几个方面。

1. 未严格执行焊接工艺

主要表现在连头口、金口强行组对、预热或层间温度不够、焊接填充层数不够、焊接方向错误以及焊接工序间隔时间不符合要求等。

2. 焊接材料保管、使用不当

焊接材料未履行进场报验和复检、焊接材料保管不当、焊材用错等方面。焊接材料与焊接质量有着直接的联系，焊接材料性能不合格、干燥度不够、焊材用错最终会带来大量的焊接缺陷。

3. 焊工资质不足

现场部分焊工施焊范围与资质或上岗证不符等。

4. 焊缝外观成型问题

主要是余高、错边超标，打磨焊缝余高伤及母材等。

5. 焊接准备或措施不足

主要为组队前管内清洁不彻底、冬季焊后保温措施不足等。

（三）防腐

1. 防腐材料复检不及时

防腐材料复检不及时主要为由于防腐材料需进行120天耐热水浸泡实验，多数施工在未完成该实验的情况下就用于现场施工。

2. 外观成型差

防腐热收缩套外观成型差主要表现为碳化、褶皱、搭接长度不够等问题。

3. 剥离强度不够或数量不足

主要表现为防腐剥离实验不合格或者未按规范要求进行剥离实验。

（四）下沟、回填

下沟回填问题主要表现为回填后防腐层破损、管道埋深不足、中线偏离等。

（五）水工保护

水工保护问题主要体现在未按图施工及质量不合格方面。

（六）材料与设备问题

1. 管材制造缺陷

管材制造缺陷主要体现在管材产品缺陷导致试压爆裂及管口外观不符合规范要求进而对焊接造成影响等。

2. 设备制造缺陷

因设备制造存在缺陷，如：阀门泄漏，小球阀堵头硬度、强度过低造成该零件滑丝失效；法兰锻造阶段，法兰毛坯中存在夹渣物造成法兰颈部纵向开裂等，而引发天然气泄漏。

第六章　质量案例

二、项目管理类问题

（一）设计管理

通过对 25 个油气管道工程建设项目设计问题进行梳理，共计发现 279 个设计质量问题。主要为勘察不实、设计经验不足、内部衔接不畅、未响应评价结果等。

1. 勘察不实

勘察不实往往引起后续变更增多，甚至造成控制性工程穿越方式的变更。

2. 设计经验不足

设计人员不熟悉、不掌握文件要求，导致现场无法满足施工需要。

3. 设计内部衔接不足

由于设计是分专业进行，各设计专业若不充分沟通，最后体现在现场专业施工无法成为统一整体。

4. 未响应评价结果

主要是对防洪评价、环评、安评等成果结合不足，导致后期验收无法通过，甚至造成严重质量事故。

（二）采办管理

1. 产品质量不合格和监造不严

以往油气管道工程因材料产品导致的事故／事件时有发生，主要为管件、阀门、绝缘法兰等，根据对近几年质量事故／事件统计，因材料设备原因导致的质量事故／事件约占 38%。主要表现为：原材料进场检验不严，生产过程工艺控制不到位，不合格品控制不到位，违规生产，监造履职不到位，运输过程与储存保护不到位，现场验收不严格等。

2. 分包商无资质或质量文件不全

产品材料不合格的主要原因是由于分包商无资质或产品材料质量证明文件不全。

（三）施工管理

1. 承包商未按投标承诺派遣资源

对 37 个 EPC/PC 检测发现，不可替换人员替换率达 36%，其中有 14% 未经批准。对于机组资源，EPC/PC 在配置时未按合同执行，普遍存在先松后紧现象，前期机组资源投入较少，后期为了赶工集中增加资源的现象。

2. 现场"低老坏"问题重复发生

承包商现场质量安全管控不严，管理人员"低老坏"问题持续发生。

3. 违反或逾越管理程序

以往油气管道工程因施工单位违反程序导致的事故/事件时有发生，主要为对管线私割私改、私自返修等，根据对近十年质量事故/事件不完全统计，因施工单位违反程序导致的质量事故/事件约占20%。

4. 违反焊接工艺

根据近十年数据统计，油气管道建设项目和生产运行中共发生质量事故47起。其中焊接缺陷19起，占40.4%；产品质量缺陷18起，占38.3%；其他施工质量问题10起，占21.3%。因违反焊接工艺导致的焊接事故/事件依然是主要问题。

5. 施工分包不合规

近几年审计问题中转分包问题尤为突出，主要体现在以下三方面：一是存在主体工程分包问题。如以劳务分包的形式将线路工程中管道焊接、防腐补口和站场工程中的管道工艺及设备安装等主体工程进行分包。二是转/分包商不具备相应资质或超资质范围。某管道施工分包商超资质范围承包道路穿越工程、土石方开挖工程，或者承担了超越资质范围以上的土石方开挖量的工程。还有以劳务分包方式将部分工程分包给不具备劳务分包资质的分包商。三是应招标但未招标选择分包商或者招标过程不规范。个别的水工保护工程，单项估价超过限定数额，没有按照合同约定通过公开招标或邀请招标，而是通过谈判方式选定分包单位；个别施工承包商在组织管线土石方和水工保护、站场及阀室土建工程分包的招标中，未进行标段划分而将整个分包工程同时对多家施工单位进行招标，招标不规范。

（四）监理管理

1. 监理体系管理不完善

监理体系管理不完善主要表现为监理资源不足、体系文件编制不符合要求、组织培训不符合要求等。某某线审计报告显示某某等五位同志均不具备监理工程师执业资格，却分别对某某压气站，某某标段等检验批质量进行了

第六章 质量案例

验收评定并签字认可。

2. 未按投标承诺派遣监理人员和设备

监理单位不履行投标承诺，频频更换不可替代、关键岗位监理人员，也反映出现阶段高素质的监理人才匮乏。如国家审计署跟踪审计报告中，某某段监理投标文件中承诺不可替换人员14人实际到位4人，某某线监理12名不可替换人员有8人被替换等。

3. 部分监理现场管控避重就轻，履职不到位

2012年某某项目经理部组织的飞检发现351项不符合项，质量安全整顿大检查中检查组在现场发现的主要问题以及现场发出停工令4份，现场监理都未能发现和提出。将监理提出HSE问题种类与飞检对比，劳保穿戴类问题占监理提出问题总量的14.3%，而在飞检中其所占比例不到3.4%，对于事关工程建设质量和安全的严重不符合项，监理在现场没能发现或发现得较少，没有起到应有的预警管控作用。

4. 未严格监督承包商按图或标准规范施工

施工单位没有严格按照施工图和设计文件施工造成质量问题，现场监理未能有效监控。通过对某某线等典型项目分析，施工质量问题一直是项目遗留问题整改的主要问题，在投产条件检查的问题清单中所占比例基本在80%以上。某某线下沟某机组现场下沟作业时，管沟开挖不符合规范的要求，采取野蛮下沟方式强行下沟，现场监理未制止。

5. 监理无损检测管理缺失

部分监理对无损检测管理重视不够，存在管理松懈现象，未能按照投标承诺、合同要求对无损检测进行动态管理。

（五）进度控制

统计21个建设项目，40个未按期投产段中对进度影响因素进行梳理，最主要的问题在于外协难点问题、长周期设备滞后、控制性工程或瓶颈工程未完工和工程工期制定不合理五个方面。

1. 外协难点制约工程如期投产

外协难点问题占据了影响因素中的47.37%。虽然目前项目建设程序已经逐步达到了合法、合规建设，但是随着物价的不断上涨，百姓的诉求也在不断地增加，地方相关手续的办理也越来越严格，而建设过程中所遇到的外协

难点问题往往异常复杂。

2. 长周期设备滞后带来进度风险

长周期设备滞后占据了影响因素中的19.3%。近年来，项目集中建设，"国产化设备"进一步要求，长周期设备采购较为集中，国内厂商建设能力有限，出现了不同程度的滞后。如互联互通建设项目，压缩机基本都出现了供货滞后。

3. 控制性工程或瓶颈工程未完工

控制性工程或瓶颈工程未完工占据了影响因素中的17.54%。控制性工程、瓶颈工程风险高、技术难度大，出现质量问题基本没有返工的时间。

4. 工程工期制定不合理

工程工期制定不合理占据了影响因素中的9%。在工期计划的制定中，未充分识别外协、采办带来的风险，未针对工效进行系统分析，导致计划可操作性不强，滞后、偏差现象不断出现。

（六）投资控制

通过整理近年来大型输油气管道工程的投资控制情况，主要问题表现如下。

1. 外协费用不可控导致投资增加

外协费用不可控导致投资增加。外协费用概算时一般为项目总投资的10%，但在实际项目建设过程中，部分项外协费用最后接近项目总投资的20%。

2. 勘察设计不到位导致投资增加

勘察设计不到位导致投资增加。设计勘察不深、地质资料不详对后期施工有着重大影响，特别是对定向钻、隧道、盾构等大型三穿工程，往往地质条件决定着施工的成败。

3. 不按图纸施工导致投资增加

施工经验不足或不按图纸施工，导致施工成本增加。施工中施工单位风险识别不到位，不按图施工，致使工程建成后，安全运行风险加大，无法通过验收。

（七）外协管理

1. 外协风险识别不足

项目开工建设，未对整体外协形式进行调查、评估，对大的外协重难点进行有效识别，导致外协工作处于被动，将所有外协重难点放在建设后期处

第六章　质量案例

理是影响按期投产的关键所在。

2. 外协费用审批流程长

外协作为合规管理的重点，建设单位对外协赔偿费用审核严格、谨慎，往往采取会议集体决定方式进行，导致赔偿时间过长，权属人要求发生变化，外协工作难度增加。

3. 沿线"三抢"现象突出、阻工严重

随着油气管道建设的不断建设，政府对管道规划集中，致使征地工作难度增加，各方利益交织错综复杂，部分社会人员基于掌握的路由信息，抢栽、抢建、抢种。

（八）信息管理

1. 项目管理系统功能不完全

项目管理平台在建设阶段主要功能为采集施工过程资料、生成竣工资料（正在开展竣工资料电子化试点），但对数据应用、进度管理等方面功能还需要完善，做到工程建设全过程、全方位系统平台。

2. 智能工地建设不完善

按照《智能管道建设管理要求》、招标文件要求，作业场地设置"智能工地"监控、采集和传输系统，具备 4G/5G 无线传输功能、足够的存储空间，具备和招标人中心系统接入、调用的功能，焊机具备焊接工况参数存储、上传功能，并和焊口、焊接层数相对应等。

3. 现场"二维码"管理不到位

"二维码"管理是推进现场规范化管理的重要部分，但在对各项目质量督查中发现，各项目对"二维码"管理均未引起重视。

4. 数据采集、审核不及时

在各类检查过程中，发现现场数据采集、上传、监理审核不及时。

（九）竣工资料

存在竣工资料不真实、与工程实际信息不符、与施工进展同步性差等问题。

（十）结算

存在结算资料提交不及时，不执行结算计划安排；施工方案脱离实际，签证工程量虚高；承包商结算工作管理不到位等问题。

(十一) 竣工验收

存在对项目竣工验收不重视，导致项目验收滞后；土地"三证"办理难度大、工程结算存在争议、部分项目安全、环保协调难度大等问题。

第二节　典型案例

一、焊接

案例一：某工程站场防喘阀法兰和大小头焊接裂纹事故

1. 事故描述

某工程站场防喘阀法兰与大小头焊接过程中在焊缝熔合区出现裂纹。法兰与大小头焊接时有两组出现裂纹，其中一组在早晨焊缝打底焊结束后，停顿数小时，下午再进行填充焊接时发现出现裂纹；另一组在打底焊接完毕后，准备进行填充焊时发现裂纹。

2. 事故分析

1）施工承包商违规操作、违章作业而导致的施工质量责任事故

（1）焊接时焊缝中存在杂质元素是造成环焊接头焊缝开裂的主要原因之一。

（2）焊接预热不充分或焊接时冷却速度较快致使焊缝组织中产生淬硬组织马氏体，并在组对结构应力及焊接拘束力的共同作用下产生的冷裂纹是环焊接头焊缝开裂另一主要原因。

2）管理责任

（1）某 PMC 项目部。

①对某公司防喘阀法兰壁厚与管件壁厚严重超标问题处理欠妥，PMC 总部管理不严谨，未及时针对问题函件回复处理，且某公司防喘阀法兰端口加工图纸（PC 项目分部提供）也未见设计确签。

②某工程建设监理有限公司某某压气站监理项目部监理人员对实物质量把关不严，管理失控，设备开箱验收记录没见证质量证明文件即签字放行。

第六章 质量案例

③现场监理对关键焊接过程旁站监理记录中没有焊前、焊接中、焊接后关键控制点的实测数据,且对现场施焊的主要工艺参数电弧电压高于焊接工艺规程要求没有及时发现。

④现场监理对某公司防喘阀法兰壁厚与管件壁厚严重超标问题没引起高度关注,某公司法兰端口加工进场后没进行验证。

(2)某工程建设有限公司。

①焊接所用设备超过检定有效期,设备是否具有良好的工作状态和安全性无法确认。

②现场焊工执行焊接工艺不严格,所施焊的主要工艺参数电弧电压稍高,不符合焊接工艺规程要求。

③根据失效分析报告显示在断口裂纹源处有杂质元素存在,存在焊接时的外来污染。

④用于根焊焊丝(ER50-6)Cr含量标准值≤0.15,实测值为0.20,超出标准值。

3. 事故教训

(1)技术管理。一是梳理采购产品应符合法律法规、行业标准、技术规范及检验标准等程序性要求,确保工程建设采购产品合法合规,以及准确性。二是根据设备性能、影响工程结构安全程度等,对设备进行风险等级分类,并结合风险等级分类情况,具体提出不同的质量控制要求,做到有针对性。三是量化设备材料技术参数设置要求,尤其是大型设备主要构配件技术参数,防止技术参数不清晰,在法律法规、技术规范等方面存在漏洞。

(2)采办管理。加强设备材料采购阶段合法合规性,规避可能存在的风险。一是逐步完善与委托采购单位之间的委托采购协议,进一步细化各自职责界面,明确采购责任,违约责任等内容。二是要求委托采购单位必须配备质量监督管理人员,及时对采购产品进行质量把关,确保符合技术要求,以及能够随时协调处理现场产品存在的质量问题。三是无论甲供物资还是乙供物资,都要结合法律法规、技术规格书要求,以及项目质量管理要求,量化招标文件及合同质量控制条款,落实供应商质量责任,规避各种法律风险及管理风险。四是在合同中明确分包商要求,尤其是大型设备采购招标,严格控制分包商范围,且对投标商提供的分包商清单进行审核批准。同时,必须明确未经建设单位同意,不得擅自更换分包商,或者是出现与投标承诺、合同规定不符现象,将严格追究供应商责任,且其应承担全部责任。五是对部分关键分包商应加大现场生产抽产力度，抽查分包商实际生产能力，生产环境、生产过程质量控制、产品检验等重要环节，以及产品随箱附带质量证明文件、合格证、说明书等齐全，保证产品生产过程质量受控，为产品验收奠定基础。

（3）设备材料现场验收管理。采购前期，要通过合同签订将文件规定传达给供应商、PMC、监理、EPC承包商等单位，要求严格落实要求。重点强化技术要求及规格复杂的设备物资现场验收，必须经过联合组织验收。对于需要进行复检的材料，要索取复检报告，检测结果合格方可投入工程使用。

（4）施工过程质量控制。一是梳理现有的焊接工艺规程，对不能覆盖到的要及时进行补充。二是加强对现场施工过程的控制管理，对站场施工，技术交底工程非常重要，明确技术交底的具体要求，采用"三化"方式固化技术交底的模板；正确理解"过程监督、成果确认"监理模式的含义，审核监理细则时，要对监理细则中监理在站工作安装方面采取的监理方式满足要求进行认真研究，确保监理控制的不缺位。三是对容易出现问题的环节及关键环节，项目部要在制定项目质量计划时，要明确检查的项目，有针对性地开展检查工作。

（5）产品质量问题处理管理。建立完善的质量问题处理程序，明确不同质量问题处理的责任单位。当现场发现产品存在质量缺陷或是问题后及时上报。各单位要认真汲取上述质量事故教训，举一反三，深入查找本单位质量体系运行过程中存在的缺失和不足，排查采购、制造与施工环节质量与安全隐患，研究制订有效的纠正预防措施，及时堵塞管理漏洞，做到防微杜渐，确保同类事故不再重复发生。

案例二：某工程管线试压泄漏质量事故

1. 事故概况

2012年3月20日15：40，某工程二标段监理组冯某某、常某某两位监理人员在BA095号桩段管线上水期间进行现场巡视检查时，发现管沟地面有水流出现，随即将此情况电话上报了某工程二标段监理部，监理部杨某某接到此报告后，随即通知某工程二标段EPC项目部经理助理亢某某，要求某工程二标段EPC项目部立即组织进行开挖确认工作。经确认，桩号12#阀室至BA109桩，长度2.87km，在上水过程中发生管线本体泄漏，事件发生时管线上水压力约4MPa。由于此处所处地理位置比较特殊，存在安全隐患比较大，当日开挖到21：30时，停止开挖工作。于3月21日上午8：00时继续进行开挖作业，直至 11：00 时，漏水管线全部开挖完毕。

2. 事故分析

1）直接原因

泄漏钢管本体上存在补焊缺陷是造成本次管线试压上水泄漏的直接原因。

2）间接原因

（1）施工单位。

施工承包商违规操作、违章作业而导致的施工质量责任事故。

（2）EPC 项目部。

对于现场施工管理不严，日常监督力度不够，未能进行有效的监督控制，现场野蛮施工，EPC 总承包商在质量管理和控制上存在过失。

（3）建设公司。

①对焊接机组施工人员管理不到位，导致部分机组人员不按程序施工，在管材本体进行修补作业。

②管沟回填过程，电火花检漏未能及时发现存在的缺陷。

③隐蔽检查过程，也未能及时发现存在的修补迹象。

（4）某项目管理有限公司。

①泄漏处为沟下作业，现场监理对管沟回填工程涉及的电火花检测、隐蔽检查等环节，重视程度不够，风险意识不强。

②现场监理对管沟回填过程监督力度不够，尤其是对于现场机械文明操作，人员尽职监控不到位。

3. 事故教训

（1）EPC 承包商应强化对现场的监督力度，确保各施工承包商能够严格执行项目管理文件，尤其是施工机组严格遵守各项工艺规程，杜绝不按工艺规程等文件操作、野蛮施工等现象发生。

（2）EPC 承包商应加强对各施工承包商的培训教育，提升各级管理、基层操作等人员的质量意识，能够在管理过程、现场操作过程自觉约束质量行为，杜绝逾越各项管理规定与要求。

（3）加强各施工工序间的交接管理，以及隐蔽工程的验收管理。各道施工工序完成后，经自检合格，交给下道施工工序，必须进行交接验收，否则不准进入下道施工工序。对于隐蔽工程，必须严格履行相应的程序，监理等相关方见证验收完成后，方可进行隐蔽工程施工。

二、无损检测

案例一：某某原油管道环焊缝射线检测底片复查问题

1. 问题描述

据资料统计，某原油管道核查焊口数量为61979道，发现存疑焊口20道，其中制管焊缝间距不合格2道，疑似危害性影像，需复拍验证焊口8道，其他不合格焊口10道。

2. 问题分析

1）工程建设期间，对疑似危害性缺陷处置措施

射线拍片时受透照角度、缺欠在焊缝中的位置等因素影响，有时缺欠在底片上显示的影像不能直观判断出其性质。当底片上发现疑似危害性缺陷时，一定不能轻易放行（特别是在6点位焊渣、飞溅较多的部位）。此次核查过程中，共发现8道口需要进行复拍验证，其中绝大部分为疑似裂纹等危害性缺陷。针对此类疑似缺陷，建议处置措施如下：

（1）安装过程中及时复拍验证。

管道工程安装过程中复拍验证便于操作，复拍时变化不同角度、不同透照电压、不同透照方式，将各次透照底片进行对比分析，可以很大程度地提高缺陷判定准确性，确认缺陷性质。

（2）增加其他检测方法辅助判断。

通过超声波检测（如UT、PAUT等）有针对性地对疑似缺欠进行二次检测，也可以大幅度提高缺陷的判定准确性。

（3）返修处理。

通过多种方法仍无法判断缺陷的性质时，如仍认为可能是危害性缺陷，为消除隐患，确保管线安全运行，应做返修处理。

2）底片评定人员能力水平、责任心问题

底片核查过程中，发现部分评片员对于缺欠的定量、定性存在错误，因定性、定量、定级错误导致的不合格焊口共计10道，这既反映出评片人员的能力水平问题，也反映出相关人员的责任心问题。

3. 改进措施

1）焊口底片复评执行标准

焊口底片复评执行工程建设期间管道安装和无损检测标准，故如在工程

第六章 质量案例

建设期间,评定为Ⅲ级和Ⅲ级以上,以及组对不符合规范的焊口应按照设计文件要求返修或割口。对于已经运行的管道,则要考虑多方面因素。

2)焊口开挖复拍评定原则

焊口开挖后复拍采用的是双壁单影外透照方式,检测灵敏度往往低于中心周向曝光。底片评定时,一定要与焊口原底片对照评定,且要严格执行"哪个底片发现的缺陷严重,按哪个底片进行评定"的原则;

对于某些仅通过射线检测仍不易判定的缺陷,采用其他检测手段辅助判定。比如:使用PAUT(相控阵超声波检测)辅助判定未熔合、疑似裂纹等危害性缺陷;使用PT(渗透检测)辅助评定表面未熔合缺陷。

3)"质量关注"方式

部分存疑焊口,鉴于风险隐患较小,我们给出的处置建议是"质量关注",质量关注的方式要根据运行单位管理要求、管道的输送压力、该焊口的具体情况(焊口所处位置、焊口类型)来确定。

比如:这次对该口进行了开挖复拍,复拍底片与原焊口底片进行比对,发现缺陷没有变化扩展,这次暂时不用处置该焊口,5年后(或利用管道检修周期)对该焊口再次复拍,与原焊口底片进行比对,如果缺陷仍无变化扩展,同时,该焊口所处位置平坦、管沟稳定,可基本断定该缺陷为稳定的"死缺陷",该口可作为正常焊口管理。如任何一次复拍发现缺陷有变化,则进行返修处置。

4)在役运行管道存疑焊口处置建议

焊口的失效往往是多种风险隐患的叠加造成的,所以对于已经运行的管道,处置措施不仅仅要考虑焊口质量本身,还需要考虑运行工况、地理环境等因素。比如焊口本身存在未焊透缺陷(但不超标),但这个焊口处在陡坡地段,焊口组对时可能存在一定应力,如果恰好雨季时周边发生管沟扰动,未焊透缺陷就可能发展成裂纹而导致焊口失效。相反,即使焊口存在超标缺陷,但如果其他条件稳定,缺陷只要不变化发展,就暂时不用处置。故建议对于不合格焊口除根据射线检测底片评定之外,最好根据GB 32167《油气输送管道完整性管理规范》等相关标准对焊口做综合评价分析,以确定最终的处置决定。

案例二:某天然气管道工程环焊缝错评、漏评质量事件

1.问题描述

某天然气段包括1干线7支线。干线全长约1727km,设计压力10MPa,

管径1016mm，全线主要采用X80级钢管。2017年9月—2018年4月，组织相关单位对某天然气管道工程合计24.4万道焊口环焊缝底片进行了复查，涉及错评、漏评焊缝138道，错评、漏评率0.056%。对管道长周期安全运行埋下一定隐患。

2. 原因分析

1）直接原因

（1）无损检测底片评定人员技术水平不足。评片人员经验不足，责任心不强，技术水平有待提高。

（2）无损检测底片审核把关不到位。

无损检测射线底片评定后，必须要经过审核程序，无损检测报告需经评片人和审核人共同签字。该天然气管道出现了138道错评、漏评焊口，这也体现了底片审核人员把关不到位。对无损检测公司人员进行访谈时，发现其重点只对关键焊口的射线底片进行了复评。

（3）施工高峰期，评片人员和审核人员工作量过大，疲劳状态下工作。

2）间接原因

（1）检测单位追求检测效率、放松检测质量、不严格按照检测工艺操作。

该天然气段某无损检测公司检测报告中曝光时间为0.8min，而射线透照工艺卡中曝光时间为1.2～2min，为了提高检测效率，缩短了曝光时间，没有达到最优工艺，底片灵敏度也达不到最佳值，会造成缺陷影像不清晰，评定困难。

（2）无损检测监理工程师职责履行不到位。

不论监理细则还是人员访谈，都表明监理单位对普通焊口的底片抽查比例不低于15%，对"三口"等特殊焊口底片抽查的比例为100%。而无损检测监理均抽查了错评漏评中的特殊焊口，监理人员仍未发现底片存在错评漏评。所提供的记录套用检测公司的评定数据，不能有效履行无损检测监理职责。

（3）招标文件降低了无损检测监理工程师底片抽查比例要求。

该天然气段工程监理招标文件要求："监理工程师每周至少对检测单位的底片和评片质量进行一次核查，对合格焊口底片抽查15%，对不合格焊口、返修、四口底片100%核查"。但《无损检测质量管理办法》（管建【2011】187号）第八条规定，监理对正常口的抽查比例不少于20%。招标文件减低了对无损检测监理工程师抽查焊口比例的要求，导致监理单位的监理实施细则均按15%比例抽查底片，达不到要求。

第六章 质量案例

3）管理原因

（1）检测单位配备的评片、审片人员不能满足投标文件承诺。

调查发现，无损检测单位实际评片、审片人员数量与投标文件承诺的人员数量相差较大。该项目某检测公司投标承诺配备射线Ⅱ级检测人员10人，施工组织设计中只配备了5人。评片、审片人员配备过少，导致了现场评片、审片人员工作量过大，过度疲劳。

该项目另外一家检测公司评片人田某、孙某等5人均不在投标文件承诺的评片人员名单内，却都在检测报告上签了字。该项目某检测公司施工组织设计中要求"RTⅢ级人员进行复审"，但实际3名审核人中只有1人为RTⅢ级，其余2人均为RTⅡ级，审片人员资质与施工组织设计中的要求不符。

（2）监理单位对无损检测监理工程师工作质量缺乏有效的监管措施。

监理单位对无损检测监理工程师的工作质量缺乏严格考核制度，甚至监理无损检测记录只有底片质量的评价，无底片评定情况的描述。

（3）建设单位对无损检测人员配备管理不到位。

3. 改进措施

（1）从历年来管道焊口开裂分析来看，未熔合是造成焊口开裂的重要原因，未熔合缺陷也是危害性仅次于裂纹的焊接缺陷。建议在以后的大型管道工程中，对于连头口、金口、三穿（大中型河流穿跨越、二级以上公路穿越、铁路穿越等）等关键部位，在标准要求基础上，不允许出现未熔合缺陷，提供无损检测评定标准，确保关键部位的焊接质量。

（2）建议对大型长输管道工程评片、审片人员的管道工程无损检测经历、评片年限做出规定，确保评片、审片人员的工作经验，提高评片准确率。

（3）无损检测监理工程师的日常底片抽查记录未纳入工程竣工资料管理，多年后资料缺失，无法追溯。建议今后将无损检测监理工程师对射线底片的抽查作为平行检验对待，规范无损检测监理平行检验记录内容，作为监理竣工资料存档管理。对于不需要纳入竣工资料管理的自检、自查记录，相关单位也应在本单位存档，并约定保存年限，超过年限后征得业主同意方可销毁。

案例三：某管道项目无损检测抽检错评、漏评问题

1. 问题描述

（1）XQⅢ-AJ039+M071，2012.7.3，3050～3100两气孔间评未熔合评定不当，应为裂纹和未熔合，返修片模糊不清。

（2）XQ-AKO49G-4-M103-T001-G 焊口原评 40 处未焊透 5mm，160 处圆缺 3 点，2 级合格。复评 30～70 处存在根部断续线形影像。

（3）XQⅢ-AKO49G-4+MO27，两张片的搭接部位有疑似裂纹影像的缺陷，但紧贴焊缝的底片搭接部位被人为裁剪掉，造成 1900～1950 处漏检，行为拙劣。

（4）检测 7 标错评问题明显：连头口编号为 XQⅢ BB018+T006-W-A2：台账为 1660 处烧穿 D＜TD，记录为 1600 处烧穿 1660 处烧穿，报告为 1660 处烧穿 D＜TD，1 级。台账、记录、报告三者的评定信息都不一致。

（5）恶性质量问题。2013 年 7 月 29 日—31 日，某检测单位共计签发 3 份 16 道口返修通知单，其中 11 道口应描述缺陷范围，却只标注了点位；另外 XQ-BF010M015 号焊口原评 1430 处烧穿，而返修通知单 1430 处烧穿由于对缺陷位置描述错误，导致三分部 1 机组有 4 道口缺陷返修不彻底或错返。

2. 原因分析及处理方法

错判、漏判问题对于检测单位属于严重的质量管理问题，充分说明检测单位没有严格执行"一评一审"制度，必须坚决杜绝。除了加大对此类问题的责任处理外，还需明确监理检测工程师日常的监督管理要求，"监理复评"机制需要真实的落实到位。

第七章　质量管理创新发展

油气管道工程建设应以本质安全为导向、以质量管控为核心，统筹谋划、系统联动，以技术和管理创新推动管道工程建设的高质量发展。近年来智慧管网建设、无人机技术的迅速发展，结合云计算、大数据和物联网等信息化技术手段，实现设计、采购、施工、竣工全环节深入管控，全面提升工程质量，使油气管道工程施工质量管理创新发展迈入新的阶段。本章节主要从智慧管网建设、智能工地建设、样板引路等角度介绍相关质量管理创新发展情况。

第一节　智慧管网建设

一、智慧管网定义

智慧管网是在标准统一和管道数字化的基础上，以数据全面统一、感知交互可视、系统融合互联、供应精准匹配、运行智能高效、预测预警可控为特征，依靠先进信息技术的支持，以物联网、云计算、大数据和人工智能为代表的新一代信息技术，为油气管网向全面优化、智能化发展提供了重要的技术基础。

二、智慧管网总体架构

为支撑智慧管网能力形成，需要全面应用物联网、数字孪生、大数据、人工智能等技术，并对现有信息系统功能提升和架构改造，解决现有信息系统功能应用相互孤立、数据无法有效共享的问题，按照感知层、数据层、知识层、应用层重构形成融合统一的总体架构，如图7-1所示。

图 7-1　总体设计架构图

感知层：建立全面监测管道本体、周边自然环境、站场设备、工艺状况的物联网系统，实时监测油气管网运行工况。

数据层：构建及应用智慧管网数字孪生体，集成物联网及 SCADA 系统数据，与机理模型和大数据分析实现运行趋势预测和潜在风险发现。

知识层：构建覆盖油气管网管理及技术的知识网络，使用人工智能技术发掘隐性知识，实现知识网络动态更新，与管理体系结合支持科学决策。

应用层：为各业务领域各层级用户定制数据和知识集合支持专业应用，根据下游用户特性提供个性化管输路径等方案，合理利用剩余管输能力。

三、智慧管网建设目标

智能管道是智慧管网的建设基础，智慧管网是智能管道的最终目标。通过推进业务数据由零散分布向统一共享、信息系统由孤立分散向融合互联、风险管控模式由被动向主动、资源调配由局部优化向整体优化、运行管理由人为主导向系统智能的"五大转变"，实现油气管网"全数字化移交、全智能化运营、全业务覆盖、全生命周期管理"，形成"全方位感知、综合性预判、一体化管控、自适应优化"的能力，保障油气管网安全高效运行。

第七章　质量管理创新发展

全方位感知：站场工艺及关键设备运行数据自动采集；管道本体及周边环境监测数据自动采集；物资接验、仓储、物流、领用数据自动采集；施工现场作业过程数据采集；外部市场需求及资源供给数据自动获取。

综合性预判：基于管网运行状态，综合运用统计和机理分析结合方式对管网运行趋势进行预判。

一体化管控：控制系统与信息系统数据融合，管理体系与知识网络融合，支持生产经营一体化高效管控。

自适应优化：根据运行状态及趋势，综合考虑安全及效益管理目标，适应生产经营各要素变化，实现主动优化。

第二节　施工智能化建设

当前智慧管网建设包含设计数字化、采办智能化、施工智能化、生产调度智能化、运营智能化五大部分。施工智能化是油气管道工程施工阶段的重要工作内容之一，依托信息系统与智能工地建设，实现对工程建设过程的实时视频监视、感知和数据采集，真实准确反映现场作业过程，应用自动焊接、智能检测、智能测径、智能评片等新技术应用，提高工程质量和效率，及时完整进行资料数字化移交归档，提高过程管控能力，确保工程建设质量。通过施工智能化建设，实现以下目标：

（1）实时掌握现场作业情况，避免作业过程不规范。
（2）实时监视施工机具工况数据，发现问题，及时预警。
（3）施工数据现场采集，关键数据自动输出，确保数据真实、准确。
（4）掌握重点区域人员和设备情况，确保安全作业。
（5）提高施工设备智能化水平，降低人员劳动强度，提高工程质量和效率。
（6）施工全过程数据完整数字化移交和归档，确保过程可追溯。

一、信息系统应用方案

信息系统是支持管道工程建设管理业务的核心应用系统和协同工作平台，为管道运营管理和资产完整性管理业务提供与工程建设相关的数据。功能架构设计如图 7-2 所示。

图 7-2　功能架构示意图

（一）施工资源管理

依托信息系统，搭建人员管理子系统与设备管理子系统，通过二维码、RFID 等实现对关键施工人员、施工机具设备的集中式管理。结合现有的全生命周期数据规定和项目管理规定，搭建项目关键人员、机具设备资源库，建立入库、进场、离场和出库机制，实现对资源的动态管控。利用二维码和电子标签技术，辅以人员管理助手等终端工具，及时获取工程现场人力资源的配置情况，结合工程部署实现资源的优化和平衡，准确识别现场资源关键信息和动态，强化入场合规性、配置合理性和适用性。

1. 人员管理

人员入场报验前收集人员的基本信息，建立人员信息档案库。基于人员信息库，对人员的培训认证、报验入场、证件配发、现场检查、退场、评价等各环节形成闭环管理。应用施工管理助手，并在重点区域设置监视和红外装置，结合人员电子标签，在作业过程中收集人员的业务动态数据，如重点区域进出入、违规操作记录、现场检查记录等，实现人员信息档案库的动态管理。

（1）电子标签工作证管理：人员 RFID 电子标签或电子标签工作证由建设单位按照项目要求统一制作配发。人员 RFID 电子标签工作证适用于油气管

第七章 质量管理创新发展

道线路和站场工程;电子标签工作证适用于钻爆隧道、隧道等工程。

(2)培训管理:质量管理人员应按照项目相关培训要求进行专业培训。

(3)进场管理:人员所属单位应按照项目RFID电子标签及电子标签应用规定,将现场人员基本信息录入信息系统,并将资质证书等作为附件扫描件上传。

(4)报验、报审管理:设计单位、采办服务商、供应商/厂家、施工单位、无损检测单位等现场人员所属单位应在人员进场前,通过人员库向监理机构提出人员进场报验申请;监理人员所属单位应在开工前,通过人员库向建设单位提出人员审核申请;建设单位应通过信息系统,对监理报审人员进行审核,审核通过的人员方允许生成人员RFID电子标签或电子标签,人员进入项目人员库。监理机构应通过信息系统,对报验人员进行审核,审核通过的人员方允许生成人员RFID电子标签或电子标签,人员进入项目人员库。人员发生变化时,人员所属单位应按本规定重新履行报验、报审程序。

(5)违规行为采集与记录:检查人员发现现场人员有不良行为,应通过项目管理助手扫描现场人员RFID电子标签,根据项目要求,记录现场人员违规行为,经建设单位核实确认后,录入人员库;记录现场人员违规行为时,应详细描述现场人员违规的过程,必要时拍照留痕。

(6)离场管理:施工单位和检测单位人员离场前,应按照项目RFID电子标签及电子标签应用规定的相关要求填报相关信息,将离场人员通过人员库报送监理机构;监理机构通过人员库审核批准后,施工单位和检测单位人员方可离场;监理人员离场前,应按照要求填报相关信息,将离场人员通过人员库报送建设单位,建设单位通过人员库审核批准后,监理人员方可离场。

2.机具管理

监理机构和施工单位通过利用设备电子标签和二维码,基于机具设备档案库,应用施工管理助手,对设备的报验入场、维修保养、检定、现场检查和出场等环节进行闭环管理,实现机具设备年检、定期校验、周期性维修保养的自动提醒功能。

(1)施工机具设备入库管理:机具所属单位将机具数据录入信息系统,并将机具合格证、检定证书、保养证明等扫描件同步上传。

(2)施工机具报验审核管理:设备报验应按招标、投标文件、合同协议,以及《特种设备安全监察条例》《中石油天然气股份有限公司特种设备安全管理办法》的有关要求进行审核。

（3）施工机具进场管理：监理机构审核通过的机具可以进场，机具转场到下一个标段，施工单位应办理进场手续，监理机构验证二维码信息，核实内容包括机具的规格型号、年检、校验、维修保养记录等。机具进场状态应由监理人员在机具库进行实时更新。

（4）施工机具年检、校验、维修保养管理：机具年检、校验应满足国家、行业及集团公司相关管理规定。施工单位应将机具年检、校验信息实时更新到项目机具库，年检、校验过期应立即责令其停止使用该机具，合格后可继续投入使用；机具维修保养信息实时更新到项目机具库，监理机构发现未按期维修保养的情况，应立即责令其按规定维修保养。

（5）施工机具离场管理：施工机具使用完毕，施工单位应向监理机构提出机具转场或者离场申请，获得批准方可离场；监理人员日常检查如果发现二维码信息与设备铭牌不符、年检和校验过期等不合规情况应责令离场。监理人员应将设备离场信息同步更新到机具库，并且记录不合规行为。

（6）定位管理：每天施工作业前，施工单位应通过项目管理助手扫描机具二维码，将机具定位坐标信息更新到机具库。

（7）违规处罚管理：机具二维码信息与铭牌不符，机具年检、校验过期，建设单位应对该机具所属单位进行"警告"，监理人员应按照规定在机具库中对被通报批评的施工单位标记通报记录。

通过人员机具二维码或 RFID 建立现场施工资源实体与档案库数据关系。对于系统用户，通过专业 APP 扫码解析标签内人员机具编码，利用现场网络调用数据库内人员机具内详细信息达到人员资质核查、身份认证、机具报验检修核查等目的，也可通过 APP 业务功能反写现场管理数据到人员机具档案库中。而普通用户或者是在无网络情况下的系统用户，通过微信、QQ 等软件可查看封装在二维码内的基本信息，辅助用户现场检查。

（二）项目管理助手应用

项目管理助手是信息系统功能的延伸，是信息系统的移动端应用 APP，用于工程建设管理，覆盖业主、监理、检测、施工等各参建单位，支持现场管理的信息系统配套移动客户端，包括对建设期现场施工技术数据、质量管控数据、HSE 管控数据、资源（人机具）管控数据等项目全过程数据进行实时采集、传输及综合展示分析，及时发现工程质量共性和突出问题。通过执行最小单元管理，减少质量问题的发生，满足现场管理者对项目现场工作的有效管控和指导等需求。项目管理助手以信息系统为基础平台，提取元数据、

第七章　质量管理创新发展

基础数据和业务数据,通过移动终端、网络传输、二维码/RFID标签等基础设施为业务层提供数据支撑,同时业务层各项业务管理所产生的过程数据回流到信息系统平台中,最后基于信息系统平台,经过专业分析工具,形成可视化展示图表,包括统计图表、分析图表和图文可视化。

1. 应用版本

针对不同类型的用户,提供差异化的应用版本,围绕多层级的用户需求,设计三个版本支持数据采集、项目管理、项目群综合分析等。

项目群版:面向建设单位,支持项目群综合分析,包括进度、质量、资源、专项分析等内容。

项目版:面向工程项目部及监理单位,支持项目管理,包括进度管理、质量管理、资源管理、现场检查等内容。

施工版:面向现场施工单位,支持数据采集,包括数据、视频、图片采集等内容。

2. 业务功能

1)综合功能

通过现场采集的施工数据与业务过程管理数据,经过后台整理与分析,利用专业的统计分析工具,形成准确、清晰的业务可视化分析图表,辅助进行项目管控。主要的业务功能包括:施工进度、施工质量、焊接专项分析、缺欠分析、工程不符合项、施工资源(人机具)、数字化移交、违规人员、工程动态、专题报告、物资到货等。

2)监理功能

监理工作主要服务于现场工程监理,为其提供快捷、高效的现场管理工具。主要功能包括监理任务获取、巡视检查、旁站检查、平行检验、见证取样、不符合项、通知单等各项管理工作,实现检查工作标准化、流程化、模板化,进而规范监理工作;通过对每一个监理行为引入标准、规范、指南等文件指引监理工作,对检查内容提供逻辑判定、数据引用、下拉框选择、自动形成判定结果和固化语言等形式,辅助现场监理工作,强化留痕意识,现场监理工作有记录、留痕迹,切实保障监理工作能落到实处。通过监理记录和单位工程划分(检验批)的关联、电子归档目录的自动关联,自动形成各项目统一的电子档案记录,规范监理资料归档。

3)业主检查

主要服务于现场工程业主,因业主检查随机性较强,固在功能设计上比较简便、灵活；针对每一项检查内容进行结构化处理并附拍照功能；按照工程焊接、补口、下沟、检测等关键工序设置检查内容，包括人机料检查、质量检查、HSE 检查；在检查过程中出现不合格项，系统会自动生成不符合项记录，发送监理组织整改。

4）不符合项管理

实现不符合项 PDCA 的管理模式，主要包括不符合项新增、不符合项跟踪、不符合项整改、不符合项关闭、通知单等；不符合项来源由两部分组成，一种是检查数据中自动获取不符合项，一种是新增不符合项，功能设计要求"不符合项描述"与"整改描述"必须进行拍照。

5）人员管理

建立统一规范的工程人员档案库，人员档案库的基础上，利用移动设备，结合二维码识别技术进行工程现场人员上岗管理、人员报验管理、人员资质检查、人员清点、重点场所进场管理、人员违规采集、会议签到等各项管理活动。工程现场人员信息和行为实时采集，形成个人行为历史记录并同步更新个人档案，建立人员行为劣迹考核制度，实现工程人员精细化管理。

6）机具设备管理

建立统一规范的工程机具设备档案库，基于机具设备档案库，利用移动设备，结合二维码识别技术对现场机具设备的报验、入场、施工、离场等各环节进行业务管理，实现对工程现场机具设备动态监控与管理，完成设备在项目上的全生命周期管理。

7）施工动态

针对关键施工工序及各类质量管控要素，在施工时通过移动设备拍摄现场照片，并辅以文字说明，以图文并茂的形式展现工程现场施工动态。

8）数据采集

作为全生命周期数据库数据集的移动客户端，在移动端设计结构化表单，并结合二维码扫描技术，可快速获取相关本体数据，实现现场施工数据实时采集和入库，如施工人员扫描管材二维码后可快速获取管材信息，防腐/检测人员扫描焊口二维码可快速获取焊口信息等；施工单位完成数据采集后，上报给现场监理，现场监理当即核实数据准确性，审批通过后数据入库，进而提高数据采集的工作效率和数据准确性。

9）竣工资料生成与审批

实现移动端自动生成电子化竣工资料，并可进行流转及签字，通过结构

第七章　质量管理创新发展

化竣工资料表单,在数据采集完成后,实现一键生成电子竣工资料,并根据设定的审核流程提交相关负责人;负责人收到电子竣工资料后,视情况通过或退回,若通过则附带本人签字,不通过则退回编制人。

10)物资管理

满足物资的收货、开箱验收、库存盘点、发货等环节业务管理,实现物资的批量收发货、快速扫描轻松盘点、自动汇总统计、开箱全程影像资料存储、在线调度等,降低工作难度,提高仓储管理水平。

业务功能范围和用户范围见表7-1和表7-2。

表7-1　业务功能范围

综合分析	监理工作	业主检查
不符合项管理	人员管理	机具设备管理
数据采集	物资管理	竣工资料电子化

表7-2　用户范围

建设单位	数据中心	综合分析与决策
现场项目部	监理单位	现场项目管理
施工单位	检测单位	现场数据采集

(三)项目管理可视化

通过大屏可视化展示油气管道建设施工线路走向图,并以管道施工走向线路图为基础展示各标段、施工机组、施工机具资源等分布情况和工程进展形象化展示等;以可视化的方式展示预热、焊接、防腐实时工况信息、历史信息和报警信息。可视化展示的具体内容如下。

(1)基础信息展示:项目概况、参建单位工程量、高程三个方面。项目概况包括管道起止点位置、管道长度、管径及设计压力、站场及阀室分布情况,数据来源于设计单位;参建单位工程量包括施工标段、施工单位及工程量、监理单位及工程量、检测单位及工程量;高程展示包括管道沿线高程变化。

(2)施工过程可视化展示:展示每天重点施工工序(焊接、检测、补口、回填、穿跨越)的工程进度以及对应控制点的远程视频监控。平面图与设计模型的关联方式是施工数据,以桩号+相对位置定位。

(3)施工资源可视化展示:能够以不同符号在平面图展示固定地点(堆管厂、冷弯管预制厂、参建单位驻地及中转站),同时底部列表展示施工机组(焊接机组、检测机组、防腐机组、补口机组）基本情况。

（4）竣工测量回流：施工单位将带坐标的数据回流给设计单位，施工过程定期展示脱密后的竣工数据。

二、智能工地建设方案

为提高过程管控能力，确保工程建设质量，利用物联网和移动应用技术，通过现场部署无线局域网络，结合二维码、电子标签、摄像头、智能终端等设备，实现对工程建设过程的实时视频监视、智能感知和数据采集，真实准确反映现场作业过程，及时完整进行资料数字化移交归档。智能工地要素如图7-3所示。

（一）现场组网建设

需要在线路焊接机组、防腐机组和站场施工区域组建Wi-Fi覆盖，并通过4G/5G信号/宽带网络与互联网数据互联。站场施工现场位置相对固定，根据实际情况利用有线宽带或4G/5G卡实现，管道沿线山地多处设置通信基站，4G/5G信号良好，可利用4G/5G卡实现数据互联。

施工现场通过无线局域网接入现场固定摄像头、无人机、执法记录仪拍摄，并将视频数据存储到施工现场的网络存储设备中，为施工数据现场移交、工况数据现场展示、施工情况远程监控等提供有力保障。

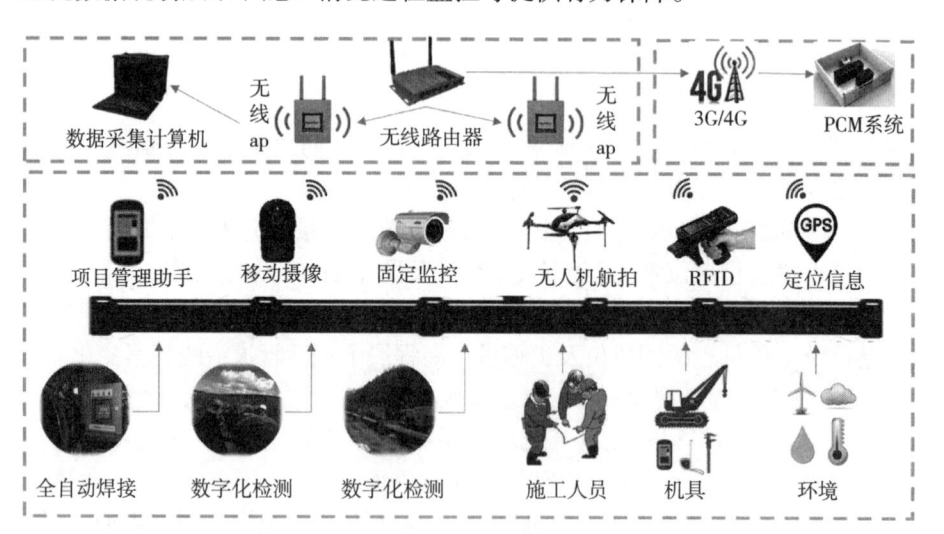

图7-3 智能工地要素

第七章 质量管理创新发展

单机组组网工程量见表 7-3。

表 7-3 现场组网程量表（单机组）

序号	设备名称	单位	数量	备注
1	4G/5G 流量卡	个	若干	按需配置
2	4G/5G 工业路由器	台	1	按需配置
3	商务宽带	路	1	按需配置
4	交换机（支持 POE 供电）	台	1	
5	室外无线 AP	台	2	
6	UPS 电源（1kVA，后备时间 4h）	套	1	
7	发电机	套	1	
8	机柜	面	1	

（二）站场工地视频监控建设

工地前端系统主要负责现场图像采集、录像存储、报警接收和发送、网络传输。

前端监控设备主要包括分布安装在各个区域的鹰眼全景相机、高清网络摄像机和网络硬盘录像机，用于对建筑工地的全天候图像监控、数据采集和安全防范，满足对现场监控可视化、报警方式多样化和历史数据可查化的要求。

工程施工现场部署视频监控系统，对现场整体情况，各关键工序的作业情况实时监控，加强对现场施工的监管，使关键工序的质量行为可追溯、查询，整体提升质量管控水平。

站场施工的视频监视可考虑设定 3 个固定监视和 1 个机动监视，其中 3 处固定监视设计为鹰眼摄像头，分别布置在对角围墙上及进站处，鹰眼摄像头布置高度不低于 5m，用于监视场内整体的施工情况，如场地平整、土建施工、建筑施工等；一处固定监视安装在工艺设备区附近，在工艺设备安装过程中，设置一个高清摄像头，用于进行工艺主要设备安装施工的实时监控。在整个站场施工过程中，设置一个可移动的机动监控摄像头，使用布控球套装，当围墙对角高清摄像头无法监视到的地点，或重点质量施工管控点，或其他管理要求设置的监控点，则使用可移动的机动监控摄像头，机动摄像头可布置在三脚架上，根据实际管理需要进行移动监控。在整个站场施工过程中，可给监理人员配置执法仪，当围墙固定监视无法监视到的地点，或重点质量施工管控点旁站，根据实际管理需要进行移动监控。

现场摄像机通过有线或者无线方式接入现场搭建的局域网，实现摄像机本地、远程存储和实时监视。站内视频监视布置如图7-4所示。

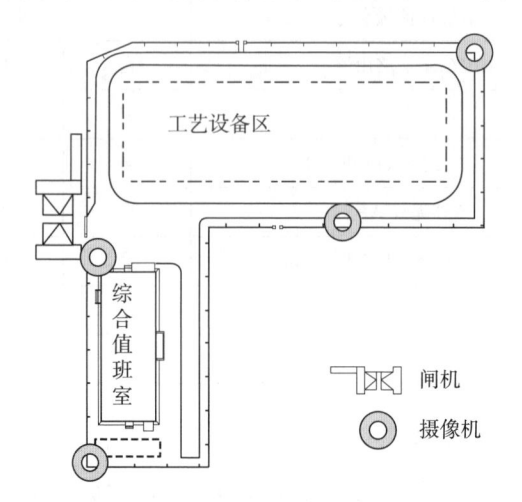

图7-4 站内视频监视布置示意图

站场视频监控主要工程量见表7-4。

表7-4 站场视频监控工程量表

序号	产品名称	技术规格	单位	数量
1	环型鹰眼	星光级环型鹰眼：800万1/1.8"，镜头5mm×4，水平180°、垂直84°，最低照度0.002Lux，防护等级IP66	台	2
2	高清球形摄像机	200万像素，最低照度0.002Lux，防护等级IP66	台	1
3	高清布控球套装	分辨率：1080；支持昼夜监控、支持背光补偿、支持SD卡存储、支持4G/5G卡接入等	台	1
4	监控立杆	5m	根	3
5	硬盘录像机	8路H.265、H.264混合接入，4盘位，1个HDMI、1个VGA，1个千兆网口，2个USB口，支持智能检索/浓缩播放/车牌检索/人脸检索/视频摘要回放/分时段回放/超高倍速回放/双系统备份	台	1
6	监控级硬盘	3.5英寸 4TB IntelliPower 64M SATA3	个	4

（三）线路视频监控建设

线路工程施工现场部署视频监控系统，对现场整体情况，各关键工序的

第七章 质量管理创新发展

作业情况实时监控,加强对现场施工的监管,使关键工序的质量行为可追溯、查询,整体提升质量管控水平。施工单位需参照智能工地建设范围,智能工地线路段需在机组作业面和焊接棚内建设视频监控,并配备 NVR 和存储硬盘进行现场数据存储,作业面监控采用布控球,放置工棚顶,监控施工作业面画面。线路智能工地如图 7-5 所示。

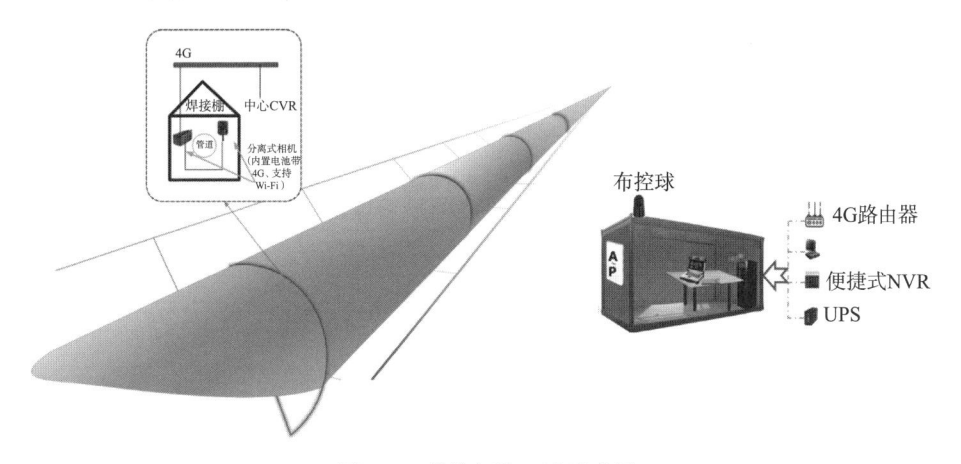

图 7-5 线路智能工地示意图

焊接棚内摄像头采用分离式摄像头,根据实际情况自行调整角度,每个焊接棚内管道两侧各安装 1 个摄像头。

防腐施工时采用"布控球+三角支架"移动摄像头进行监控,4 个摄像头分别放置在喷砂除锈、中频加热、底漆涂刷、红外回火施工侧位。

管沟开挖、回填、管道下沟时采用"布控球+三角支架"移动摄像头进行监控,安装在施工作业面一侧,从沟上向下俯视,保证可清晰拍摄施工作业过程。

大开挖施工采用"布控球+三角支架"移动摄像头进行监控,安装在施工机组前进方向一侧向下俯视,保证可清晰拍摄施工作业过程。布控球内部配置存储卡及 4G/5G 流量卡,用于数据本地存储及实时上传。

定向钻施工时采用外部摄像头监控入土点、出土点定向钻作业,安装于钻机旁板房或操作间房顶上,向下俯视监控钻机定向钻作业,保证可清晰拍摄施工作业过程;采用内部摄像头监控定向钻作业操作间,安装于操作间内,保证可清晰拍摄操作人员操作过程。定向钻开钻前开始监控,摄像头应 24 小时连续记录作业过程,主要监控施工人员有无佩戴劳保防护用品,现场有无其他质量、安全隐患。

顶管穿越施工作业主要采用"布控球+三角支架"移动摄像头进行监控，安装在沟上，向下俯视发送沟，保证可清晰拍摄施工作业过程。顶管作业前开始监控，主要监控施工人员有无佩戴劳保防护用品，现场有无其他质量、安全隐患。

现场摄像机通过无线方式接入现场搭建的局域网，实现摄像机本地、远程存储和实时监视。对于局域网无法覆盖的机组，摄像机通过4G/5G信号实现远传。

主要工程量见表7-5。

表7-5 线路视频监控工程量表

序号	设备名称	设备参数	数量	备注
机组作业面全景监控配置				
1	布控球套装	分辨率：1080；支持昼夜监控、支持背光补偿、支持SD卡存储、支持4G/5G卡、Wi-Fi接入等	1	视频的传输利用现场组建的Wi-Fi
2	便携式NVR	当现场无4G/5G网络但有局域网时使用，包含存储和断电续传功能	1	硬盘容量根据摄像头数量及工程周期自行计算
焊接棚监控配置				
1	分离式摄像头	支持Wi-Fi、4G/5G接入，像素130万以上	2	
2	存储卡	容量根据工程周期自行计算	1	进行视频存储
防腐机组作业面全景监控配置				
1	布控球套装	分辨率：1080；支持昼夜监控、支持背光补偿、支持SD卡存储、支持4G/5G卡、Wi-Fi接入等	4	视频的传输利用现场组建的Wi-Fi
2	便携式NVR	当现场无4G/5G网络但有局域网时使用，包含存储和断电续传功能	1	硬盘容量根据摄像头数量及工程周期自行计算
3	4G/5G流量卡		4	无Wi-Fi时视频画面网络传输
返修、连头、下沟、穿跨越等机组配置				
1	布控球套装	分辨率：1080；支持昼夜监控、支持背光补偿、支持SD卡存储、支持4G/5G卡、Wi-Fi接入等	4	布控球主机、主、备用电池、金属手提箱等
2	三角支架		4	用于临时搭建布控球安装
3	4G/5G流量卡		4	无Wi-Fi时视频画面网络传输
4	存储卡	容量根据工程周期自行计算	4	进行视频存储

第七章 质量管理创新发展

（四）机具工况数据采集

结合管道沿线地形情况分析，对于部分相对连续平坦的地区推荐采用自动焊方式，其余地段均采用半自动焊接。

1. 设备与人员配置

工程涉及施工设备包括按照机具工况数据采集的要求，机具工况数据采集需要在全自动焊机（外焊机、内焊机）设备上加装数据自动采集、传输模块，以到达数据自动采集移交要求。现场上位机和中心级 PCM 系统集成 ePipeView 软件，用于设备工况参数的展示，具体情况见表 7-6。

表 7-6 设备与系统配置

序号	设备名称	加装模块/系统情况
1	全自动外焊机	电流电压等传感器、A/D 模块、无线发射模块等
2	全自动内焊机	电流电压等传感器、A/D 模块、无线发射模块等
3	现场上位机	安装 ePipeView 软件，用于接收设备参数
4	中心级 PCM	安装中心级 ePipeView 软件，用于接收各机组设备参数

备注：部分设备加装扫码枪，设备工作前扫描设备二维码、人员二维码、焊口二维码。

应设置专人负责机具工况数据的采集管理工作，对现场的无线网络进行管理和维护，保障数据采集和无线传输工作的正常运行，以保证工况数据采集的真实性、及时性、准确性、完整性。安装方案如图 7-6 所示。

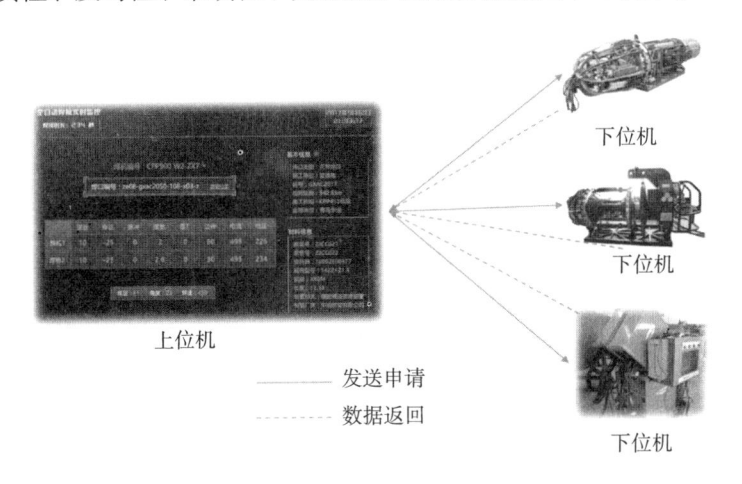

图 7-6 安装方案示意图

具体人员配置（单机组）见表7-7。

表7-7 人员配置（单机组）

序号	人员	数量	工作职责
1	设备厂家支持人员	1	负责设备参数的设置
2	机具工况数据管理员	1	负责现场网络配置、数据系统初始化配置
3	实施管理组移交管理员	1	负责机具数据采集移交监督

2. 调试安装

在各设备开始施工前，由专业技术人员负责设置设备参数，包括由设备改造单位完成无线传输模块IP设定、传输模块程序烧录；由机具工况数据管理员设定数据接收端IP、路由器IP及子网掩码等；接收端数据处理程序由数据处理负责单位专业技术人员设置。施工设备工况参数通过工况采集监视系统进行展示。

3. 全自动焊机数据采集范围

（1）全自动外焊机工况数据采集。包括：焊口编号、设备编号、人员编号、焊接速度、焊接角度、焊枪焊接电流、焊枪焊接电压、焊枪焊接送丝速度。

（2）全自动内焊机工况数据采集。包括：焊口编号、设备编号、人员编号、焊接方向、焊枪焊接电流、焊枪焊接电压、焊枪焊接送丝速度。

4. 防腐设备数据采集范围（机械化防腐机组）

（1）除锈设备工况数据采集。包括：焊口编号、设备编号、人员编号、主气罐压力。

（2）中频加热设备工况数据采集。包括：焊口编号、设备编号、人员编号、0点钟温度。

（3）红外加热设备工况数据采集。包括：焊口编号、设备编号、人员编号、6点钟温度。

5. 各阶段数据关联

为方便数据的存储和分析，外焊机、内焊机设备实现与焊口、施工人员关联，关联的方式如下：

（1）设备加装扫码枪。在设备上加装扫码枪，扫描焊口编号二维码、工序二维码、人员二维码，以实现数据关联。

（2）移动终端扫描人员、设备二维码。移动终端扫描设备二维码、人员二维码、焊口编号二维码，通过现场Wi-Fi传输至现场数据采集计算机，并

第七章 质量管理创新发展

在前 PCM 系统中进行完整展示。

6. 工况数据移交

通过局域网可将采集的数据发送到全生命周期系统，全生命周期系统终端进行数据接收，供施工单位管理层或建设单位实时监控焊接过程中的各项数据，同时将数据存储到数据库，以便进行历史数据查询。

（五）人员出入管理

人脸识别技术目前被广泛应用在各个领域，它将计算机图像处理技术与生物统计学原理融合于一体，利用计算机图像处理技术从视频中提取人像特征点，利用生物统计学的原理进行分析建立数学模型，即人脸特征模板。利用已建成的人脸特征模板与被测者的面像进行特征分析，根据分析的结果来给出一个相似值，通过这个值即可确定是否为同一人。在站场进出重点区域设置配备人脸识别模块的智能闸机，通过预制本工程在册人员相关信息，全员通过人脸识别进出场，系统自动关联匹配在册人员，从而实现智能管理。在入口处安装无障碍通道机，闸机通道前后方设置人脸识别模块，通道机通过网络与现场电脑连接，智能闸机软件应纳入视频监控平台统一管理，录入和存储人员进出入数据和监控照片视频。

通道系统为人脸识别无障碍通道系统，员工无须刷卡，自然通过即可，快速方便。通道系统为双向通道，对不同区域划定不同的等级并设置相应的干系人名单，分配不同的权限。当人员通过通道时，系统会自动识别进出方向，标记人员状态为进场或者离场。通过人员编号调取的基本信息，如岗位、单位等并显示在现场 LED 屏幕上。

在人员通过通道的同时进行录像，记录进场时人员着装、安全措施、设备配置情况，并与人员进场记录统一存储。

当非系统录入用户通过通道时，通道会发出闪光报警，提醒通道管理员。

每日作业前，利用机组固定视频探头通过人脸识别功能核验现场人员报验，重点检验特种作业人员资质满足规定要求。闸机通道如图 7-7 所示。

人员进出入记录实时移交信息系统，可随时进行报表统计，管理者可以在线看到进出通道口的实时监控画面，可以在自己的电脑前实时查看进出详细记录并能生成报表打印，提高了管理的实时性。无障碍通道系统支持脱机使用，内部有存储芯片，可以自动存储进出信息，并能在连接计算机后自动上传记录。

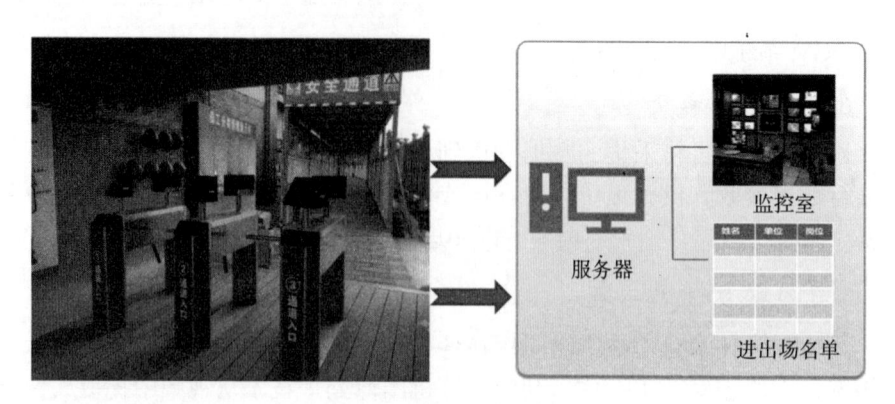

图 7-7　闸机通道示意图

（六）人员/车辆定位

站场建设工地设置人员、机械定位系统，对人员、机械进行控制管理。施工区域（周界设置电子基站）的人员、车辆可以实时显示定位（员工帽子顶部放置定位器，出基站有效区后无效），能够切实有效的监控人员、施工车辆位置。人员定位如图 7-8 所示。

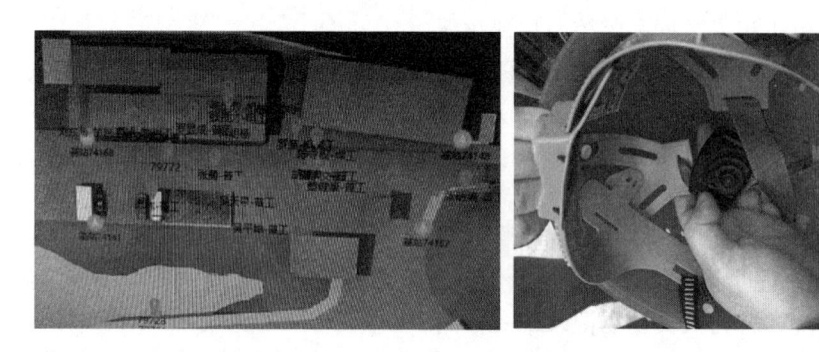

图 7-8　人员定位示意图

（七）电子标签应用

1. 机具管理

基于机具设备档案库，应用施工管理助手，对设备的报验入场、维修保养、检定、现场检查和出场等环节进行闭环管理。

（1）施工机具设备入库管理。

（2）施工机具报验审核管理。

（3）施工机具进场管理。

（4）施工机具年检管理。

（5）施工机具校验管理。

（6）施工机具维修保养管理。

（7）施工机具离场管理。

（8）定位管理。

2. 人员管理

基于人员信息库，应用施工管理助手，对人员的培训认证、报验入场、证件配发、现场检查、退场、评价等各环节形成闭环管理。

通过在重点区域设置监视和红外装置，结合人员电子标签，记录进出场人员、岗位、时间等信息，保证作业人员安全。

（1）电子标签工作证管理。

（2）培训管理。

（3）进场管理。

（4）违规检查管理。

（5）离场管理。

3. 管材管件二维码

管材出厂时，粘贴了管材二维码，二维码封装了管号（唯一编码）、管材属性等信息，为管材管理、施工过程管材信息应用等提供了数据入口。管材二维码的应用可参照中油管道《油气管道工程线路钢管和感应加热弯管数据二维码规定》。使用施工管理助手录入焊口数据时，扫描管材二维码快速录入前后管号。

在连头、割口施工前的短节预制过程中进行短节管号、长度、施工日期等短节数据采集，数据同步移交全生命周期数据库，并在数据采集完成后，生成、打印、粘贴短节管号二维码。粘贴位置及要求参考《油气管道工程线路钢管和感应加热弯管数据二维码规定》的相关要求，如果短节存在原钢管二维码，则短节管号二维码紧邻原钢管二维码下方粘贴。

在管道转角焊接施工前的冷弯管预制过程中进行冷弯管号、角度、施工日期等短节数据采集，数据同步移交全生命周期数据库及承包商数据仓库，并在数据采集完成后，生成、打印、粘贴冷弯管号二维码。冷弯管号二维码紧邻原钢管二维码下方粘贴。

4. 焊口编号二维码

在布管修口之后，将产生焊口编号。使用移动数据采集终端进行焊口编号登记，先后扫描修口管材二维码、组对管材二维码，按照焊口编号生成规则，生成焊口编号二维码。通过蓝牙连接便携式打印机，打印焊口二维码标签。标签纸表面采用亚银聚酯薄膜覆盖的不干胶。焊口编号二维码标签作为唯一的身份标识，后续与之相关的各工序/工位作业时，通过扫码自动获取焊口标识，并将数据有效的关联起来。

（八）智能巡检管理

1. 智能执法记录仪巡检

现场施工时采取智能安全帽和胸前佩戴执法仪形式进行巡检执法管理。现场管理人员利用执法记录仪进行现场视频拍摄回传或录像，实现项目管理人员在驻地通过一体化管控平台对现场各个点施工过程进行实时和离线远程管控和调度指挥。

智能安全帽是一个让现场作业更智能的综合管控设备。采用了物联网、移动互联网、人工智能、大数据和云计算等技术，让前端现场作业更加智能，让后端管理更加高效；同时实现前端现场作业和后端管理的实时联动、信息的同步传输与存储以及数据的采集与分析。前端现场操作人员可以用语音或智能手戴操控智能头戴上的 FM 对讲、电话、Wi-Fi、热点、录像、拍照、照明灯、人脸识别、红外成像、RFID、安全防护预警等功能，及时将数据和后台对接，实现后端实时监控前端，并将收集的数据进行有效分析，以提高工作和管理效率，降低企业运营成本。

智能安全帽由传统安全帽（帽壳、帽衬、下颏带、后箍）及智能电子模块组成，含有微型处理器或者微型控制器，有数据采集、存储计算与无线通信等功能。

智能安全帽有下列功能：

（1）可以监测到现场人员不戴安全帽的行为。
（2）可以监测到人员倒地等不正常行为。
（3）具有 GPS 定位功能。
（4）有一键 SOS 求救功能。
（5）有数据采集、本地存储、运算及无线传输能力。

执法记录仪又称现场执法影像记录仪/警用执法记录仪/现场执法记录

第七章　质量管理创新发展

仪/单警执法视音频记录仪。通过提供有效的现场影像资料，供案件指挥、侦破和检察机关取证。具有体积小，便于携带，待机时间长等功能，其主要功能如下。

（1）录像：具备录像功能，可拍摄视频，是执法仪的核心功能。视频分辨率不低于704X576或720X480，帧数不低于25帧/秒，分辨力不低于320线。

（2）拍照：支持单拍、连拍。

（3）录音：音频录制。

（4）红外夜视：开启夜视功能后，有效拍摄距离不低于3m，并能看清人物面部特征，具有红外补光功能的设备，红外补光范围在3m处应覆盖摄录画面70%以上面积。

（5）数字变焦：可放大视频、拍照，最高16倍。

（6）广角拍摄：最高可达170°广角。

（7）图文回放：以时间、格式等方式浏览和回放存储的视频、音频、照片等信息的功能。

（8）北斗/GPS定位：可接收卫星数据并提供定位信息，部分4G/5G型号执法仪，还具备行动轨迹查询功能。

（9）对讲机：可利用执法仪完成实时通话，部分仪器还具备集群对讲功能。

（10）激光定位：执法仪自带激光射线，可辅助拍摄视频或照片。

应佩戴执法记录仪或带有视频影像记录功能的智能安全帽实时摄录检查过程，保留视频影像证据。检查结束后2个工作日内将视频影像资料上传平台存档备查。巡检执法如图7-9所示。

图7-9　巡检执法示意图

表 7-8　巡检执法配置

序号	设备名称	单位	数量	功能	备注
1	可穿戴智能安全帽	个	8	数据采集、本地存储、运算及无线传输	
2	执法记录仪	套	8	录像、拍照、录音、夜视、对讲	

2. 无人机巡检管理

近年来，无人机在管道行业巡检方面得到广泛应用，管道自动化巡检技术因其独特的优势受到国内外研究机构及相关部门的广泛关注。但随着巡检任务需求的不断增长，以及市面上所能选择的无人机平台及载荷类型越来越多，为了应对不同的需求，就需要广泛对比不同类型无人机的性能，从而优选出适合不同行业需求的无人机类型。经性能对比及机型选择建议，本项目优先选购海康无人机，有网情况下无须进行视频接口开发就能实现与现有监控中心实时视频流对接。满足现场先行先试的要求。

无人机监控设备安装完毕之后，通过特定的数据接口直接回传视频至可视化监控中心，可将现场采集的视频传输到视频管理平台存储系统，实现无人机视频与 8700 视频管理平台的无缝接入。

工业级多轴无人机可分为四、六、八旋翼等，一般螺旋桨数量越多越平稳，具有灵活、体积小、质量轻、可悬停和垂直起降等优点；常采用锂电池，续航时间 30min 左右，负载能力 10kg 以下。本项目建设期间可通过技术服务方式使用行业级无人机技术服务，利用专业图像处理软件，在施工前和施工后分别生成管道中心线两侧各 200m 无人机正摄影像，实现管道建设前后中心线两侧高后果区、人口密集区、地貌恢复情况的监控。

在施工期间无人机在管线大开挖、管线焊接及防腐、管沟开挖及回填、站场施工时应至少每 2h 飞行一次，每次飞行时长不得少于 15min。

三、施工全数字化移交方案

以信息系统为依托，搭建竣工资料电子化子系统，围绕"现场采集、实时确认、逐日归档、统一组卷"的整体思路，实现竣工资料与施工过程同步生成，如实反映施工全过程。

（一）数据移交范围

施工阶段数字化移交主要包括施工图设计、物资采办、外协、施工、监理、检测、试运投产、竣工验收，移交内容见表 7-9。

第七章 质量管理创新发展

表 7-9 施工图设计数据移交

业务	结构化数据	非结构化数据	
		管道实体数据	管理数据
施工图设计	各专业技术数据，勘察、测量技术数据	说明书、安装图纸、技术规格书、数据单等和三维模型成果	施工图会审、交底、变更等文件
物资采办	物资本体技术参数信息	试验报告、质量证明、安装手册等文件	招标、合同、监造、调拨等文件
外协	——	外协手续及文件	进展信息	——
施工	施工作业过程工序技术数据	进展信息	开工准备、施工组织、过程及记录文件
竣工图	焊口、穿跨越、人手孔、桩等测量信息	——	——
监理			旁站、巡视、平行检查、质量验收、不符合项等文件
检测	——	检测报告、返修通知单等文件	无损检测结果及底片采集
试运投产	——	——	专项验收手续和协议、投产组织管理、投产申请与实施等管理文件
专项验收	各类专项验收的环节节点数据	——	专项验收申报、审核、验收等文件
竣工验收			竣工验收实施方案、总结报告、审查意见等管理文件

（二）数据移交要求

（1）按照"谁产生、谁录入"的原则，由业务源头单位积累成果数据，过程中数字化移交至信息系统中，并对移交成果负全面责任。

（2）针对施工阶段产生的结构化数据需在当日移交至信息系统并完成审核，过程自动采集数据需实时移交至信息系统。

（3）针对施工非结构化数据按照文件产生的时间分批次移交，由监理把控移交进度。

（4）严格执行数据规定、移交指南等标准文件要求，保证移交成果数据的准确性、完整性、真实性和及时性。

（5）针对含坐标信息施工测量等涉密数据移交（通过线下加密移动存储设备进行移交），各单位将各自数据按照标准格式整理后拷贝到加密移动存储设备中，送往监理单位审核，审核通过后由建设单位移交信息系统项目组录入。

（三）数据移交方式及流程

数据移交主要通过移动端、PC、设备自动采集至信息系统，再由信息系统统一向数据中心移交。以无损检测结果及检测底片的采集与移交为例，数据移交流程如图 7-10 所示。

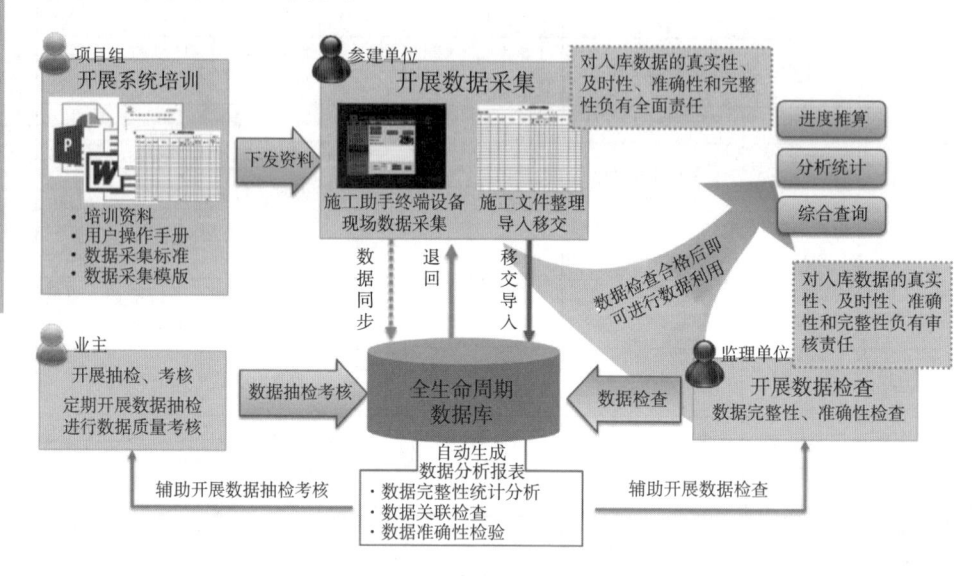

图 7-10　数据移交流程图

1. 无损检测结果及检测底片的采集工作流程

管道施工中焊接为重要一环，而焊接质量决定着管道运行的安全，目前大部分焊缝采用射线底片模式，存在底片不易保存、容易损坏、不便分析的问题，为满足工程焊缝质量排查、事故追随调查等需求，需将传统射线检测底片进行电子化扫描并入库，实现检测结果数据与成果文件挂接。工作流程见表 7-10。

表 7-10　工作流程

序号	工作项	工作内容	责任单位
1	下发工作要求通知	向各工程项目下发工作要求通知	建设单位
2	组织开展扫描工作	按照工作要求通知，组织相关单位开展扫描入库工作	建设单位
3	底片扫描工作	按照整体要求，伴随工程开展底片扫描工作；定期将扫描的电子化文件，提交对应工程监理单位审核	各工程项目检测单位

第七章 质量管理创新发展

续表

序号	工作项	工作内容	责任单位
4	电子化底片复核	工程监理对检测单位提交的电子化底片进行100%复核，并抽查20%与原片进行比对；定期将复核后满足质量要求的电子化底片进行归档，形成复核确认单，返回检测单位整改并完成入库	工程监理
5	底片抽检、查看	对入库的电子化底片进行抽检	建设单位 第四方检测单位

2. 无损检测数据采集流程

无损检测管理由施工单位无损检测申请开启流程，监理、检测、施工单位通过系统完成后续审批及下发、执行工作，通过线上流转全流程过程资料与成果数据比对，及时发现私割、私改、隐瞒不报导致系统数据不真实情况。

检测过程中产生检测记录直接在系统上进行维护，而后系统按照焊口质量状态做出判断，针对不合格焊口辅助生成"返修通知单"，减少纸质版文件流转过程中重复填报的工作量，减少由于手工抄录造成的错误；系统流转过程文件可进行打印，进行纸质存档。整体流程如图7-11所示。

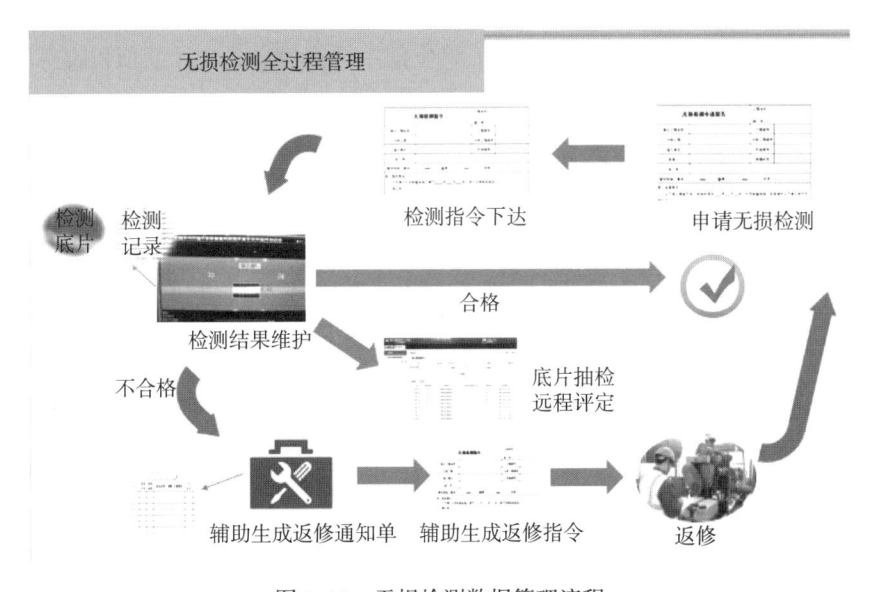

图7-11 无损检测数据管理流程

（四）数据利用方案

1. 形成项目数据库建立虚拟管道

通过建设过程的数字化移交，在工程实体建成后，同步形成与本体一致的虚拟管道，为生产运行、管道完整性管理提供准确完整的建设期数据。

2. 数据回流指导施工

运行期进行的更新改造、维修维护等数据，通过回流促进规划、设计、施工能力提升。

3. 生成竣工资料

实现竣工资料电子化，竣工资料与施工过程同步生成，如实反映施工全过程。

4. 施工可视化展示

施工数据搭建可视化展示系统，可全面、直观、形象地展示工程概况、管道走向、标段划分、机组定位、施工进展、施工数据等内容，提高工程项目管理的效率和水平，为实现工程数字化建设、数字化运营、可视化管理、科学化决策提供信息化支撑手段，推进具有"感知交互可视"的智能管道建设。

5. 建立施工单位评价体系

根据施工单位在项目中各项行为记录，从人员技能、经验、劣迹，作业安全、效率等方面进行综合考评，建立施工单位信用评定体系。在后续项目招标时，将投标单位的信用评定，作为评标的组成部分。

四、竣工资料电子化

竣工资料电子化范围包括项目从立项开始到竣工验收各阶段产生的立项文件、勘察测量、设计、外协、采办、施工文件等，涵盖建设单位、设计单位、监理单位、各施工承包商、质量监督等各项目参建单位，竣工资料的形式包括电子文档、图片影像、图纸模型等。

竣工资料电子化工作以全数字化移交工作为基础，以信息系统为依托，搭建竣工资料电子化子系统，实现油气管道工程各业务阶段各参建单位竣工资料的电子化管理。打破施工记录类竣工资料传统生成方式，按照"现场采集、实时确认、逐日归档、统一组卷"的思路，对程序类、记录类表格重新梳理和分析，明确数据采集字典，优化数据采集、审核、归档的程序，实现随工

第七章　质量管理创新发展

程建设进展，同步形成数字化的竣工资料，进行集中统一化管理。

（一）现场数据采集

依据工艺规程、标准规范、项目管理要求，对程序类、记录类表格重新梳理和分析，明确数据采集项和数据采集表单，利用项目管理助手现场采集施工数据，焊接、防腐工况数据可通过机具自动采集传输至数据库内，做到能自动采集不人工采集，能自动引用不再次录入，能自动选择不手工填写，能自动生成不人工操作，降低现场数据采集强度。

采集的数据分为两类，一类为与检验批质量检测记录相关联的数据，另一类为施工过程数据，可以追溯施工过程。对于第一类数据，采集后直接关联到竣工资料表单，生成电子化的竣工资料，经过相关单位签字后，进入全生命周期数据库。对于第二类数据，采集后经监理/业主审核后，进入全生命周期数据库，按照数据一次采集，多次"消费"的思路重新组合提取，按照固定表格格式形成竣工资料表。

（二）数据推送与签署

严格遵循国家电子签名法及档案管理法等相关规定，提供合法、安全、专业的电子签名服务，签署行为合法有效。系统集成数字证书的数字签名及验签服务，并支持用户文件的本地签署。系统提供可信时间源的时间戳签名服务，对文件的每次签署和变化加盖时间戳，证明文件在该时间的变化。生成电子版竣工资料后，按照竣工资料审批流程要求，提供推送功能。推送功能包括施工单位、检测单位、监理单位内部不同角色人员的相互推送，以及施工单位、检测单位、监理单位之间的相互推送，利用电子签章技术，实现竣工资料与施工过程的同步生成。

（三）竣工资料表单自动生成

基于施工数据终端采集工具和工况数据自动采集方式形成的施工数据库，分析竣工资料与施工数据的业务逻辑和算法逻辑，在整个数据库范围内建立多表环境下的关联规则和求解算法，提取或计算关键数据源并按照固定表格样式生成竣工资料表。竣工资料组合的最终格式是按照现有竣工资料规定格式的word版。系统需要与MS word无缝集成，提供word表格编辑技术及html文件编辑技术。在系统中按照竣工资料现有格式开发一套对应的模板，模板中部署数据源ID地址，实现数据的快速筛选与链接。

(四)归档管理

建立符合归档要求及功能需求的归档管理模块。采集形成的竣工资料，按照项目划分规则，在全生命周期数据库内以目录树的形式归档和组卷。采取在线或离线两种方式移交国家综合档案馆、地方档案部门和集团公司档案管理系统。施工竣工资料存档如图7-12所示。

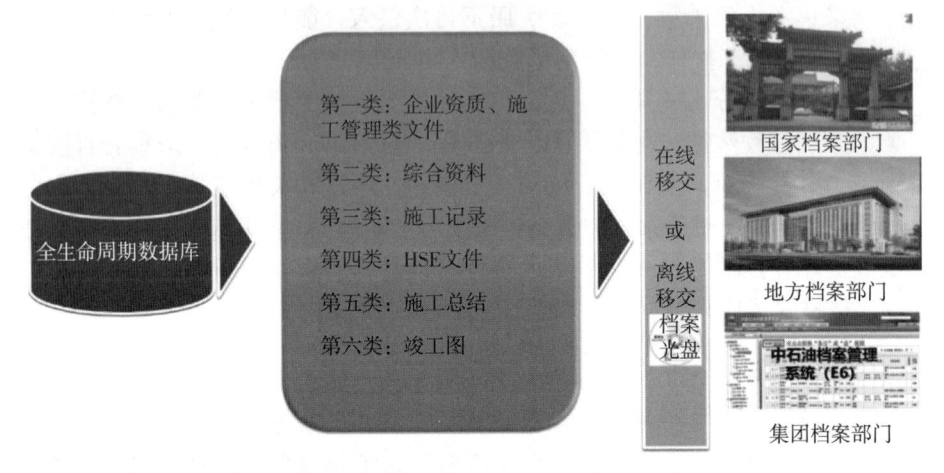

图7-12 施工竣工资料存档示意图

第三节 样板引路

样板引路，是指针对量大面广的关键工序，在作业前做出示范实物样板，并按照实物样板开展标准化作业的质量管理活动，旨在统一操作要求，促进质量管理提升。

一、样板引路的目的和意义

(一)目的

样板引路的目的在于最大限度地消除工程质量通病和有效地促进工程施工质量整体水平提高。主要体现在以下几个方面：

（1）通过制作工程实体样板，明确施工工艺、构造做法、工程质量通病

第七章　质量管理创新发展

消除的措施。如制作管道组对焊接、无损检测、防腐补口等工序的实物样板及直观图示说明，明确施工技术要点。

（2）纠正施工人员的错误操作。通过样板，使施工人员很直观地明确工程施工做法，原有技术交底工作都是文字性的，而目前施工人员文化水平普遍比较低，对文字理解存在一定的偏差，且在以往工作中存在一些错误的操作手法，样板引路可引导施工人员学习好的施工方法，从而达到提高工人技术水平的目的。

（3）强化质量意识。在工地施工现场设置工程实体样板，使工程各参建单位管理人员时刻谨记工程质量的重要性，调动所有参建人员争创优良工程的积极性。样板引路、实物交底能最快捷地提高参建人员的质量意思，营造一个人人争优的良好氛围。

（二）意义

推广样板引路的意义主要体现在以下几个方面：

（1）可以使得设计进一步优化。通过"样板引路"，可以使建设单位、施工单位提早发现设计方案在总体布置、所选材料等方面的不足之处，对设计进行修改完善，选择最佳方案，提高设计的准确性和可靠性，从源头控制，最大限度地避免工程返工而带来的工期延长、费用增加等问题，从而达到降低工程成本、提高施工效率的目的。

（2）可以获得更多的工程质量通病防治手段。质量通病的产生原因很多，材料、设计、施工方面等诸多环节都会涉及，通过实施"样板引路"，可预先找到质量通病存在的原因，从而可以相应地制定出消除质量通病的预防措施和方法，最大限度地规避质量通病的产生。

二、样板引路的方法

（一）样板策划

1. 策划

（1）建设单位和监理单位根据工程现场实际情况协商确定样板施工的工序后，建设单位组织编制样板引路策划方案，内容应包含样板工程清单、材料样板清单、工作流程、实施步骤、管理要求和处罚细则等内容。

（2）建设单位组织参建单位学习样板引路管理制度，明确管理要求，推进样板引路工作的全面开展，并根据策划方案要求在样板施工前组织编制详细、有针对性的样板施工技术交底方案，并对相关单位负责人进行技术交底。

（3）样板施工前由项目部组织项目专业工程师、监理单位总监及专业监理工程师、施工单位项目负责人和技术负责人共同讨论，并确定该工程各项工序样板施工作业方法和施工工艺、质量要求。

2. 标准

样板工程标准包括过程质量控制标准、质量检查验收标准和现场安全文明施工标准，确保样板工程质量的高标准。

1）过程质量控制标准

要求施工单位根据标准规范和设计要求将作业指导书进行标准化、规范化，编制简单易懂的作业清单，经监理单位审批后实施，同时报建设单位备案。施工单位应在标准化施工专项方案中明确人员管理、临时设施管理、标识管理、资料管理、现场管理等相关要求。标准化施工专项方案经监理单位审批后实施，同时报建设单位备案。

2）质量检查验收标准

质量行为、实体质量、数据质量和质量资料样板应满足国家和行业有关标准规范、设计要求，以及建设单位编制的程序文件和各专业质量检查标准。

3）安全文明施工验收标准

施工单位必须全面贯彻安全管理和文明施工的要求，推行科学管理方法，做好施工现场的各项管理工作，满足国家法定、地方规定、合同约定的要求。施工现场要做到统一规划、统一标准，以现场管理推进工程整体质量的管理。

（二）创建样板

1. 创建

（1）施工单位根据建设单位管理要求编制样板作业指导书，内容包含样板工程技术质量要求、样板规格、制作地点、实施单位、验收要求和注意事项等内容。

（2）施工单位落实样板工程工作要求，组织技术、质量等专业人员编制样板作业实施方案和样板作业指导书并组织落实，对样板工程施工条件检查确认。

（3）样板作业实施方案和样板作业指导书应报监理单位审核，报建设单位批准后实施。

第七章　质量管理创新发展

（4）施工单位对作业人员进行详细交底，施工作业人员按照标准化清单作业实施。

（5）建设单位、监理单位对样板工程施工全过程进行控制、检查。

2. 验收评选

（1）施工单位对完成的首件样板先自检，自检合格后申请建设单位验收，经建设单位组织监理、设计、采办、施工等有关单位进行验收，验收合格后树为样板工程，并进行大面积推广实施。

（2）如果首件样板未达到预期效果，参验各方应分析原因，如果是施工质量问题，要求按预定工艺重新制定样板；如果是工艺原因，则调整工艺、标准后，要求按新的工艺制作首件样板并重新组织验收。

（3）施工单位经建设单位批准后的样板工程可以申报参评样板工程。

（4）管道成员企业工程部组织建设项目部、监理单位和施工单位，对各单位申报的样板工程质量检查验收和评比，评出全项目样板工程。

（三）样板引路

1. 总结

对样板工程进行总结，确定样板的好做法和好经验，经整理的文件和影像资料，明确各样板工程标准，清晰表述样板施工工艺、控制要点、质量要求，并详细记录验收过程、验收结论，作为后续同类工程进行质量控制和人员培训的实物样本。

2. 推广

由建设单位将样板工程总结材料下发各施工单位，施工单位参照样板工程组织施工，建设单位、监理单位负责监督，并对其进行检查，推进样板工程在全项目的推广实施。

（四）表彰奖励

对被评选为全项目样板工程的施工单位发放证书，在全项目公开表彰，将评选结果作为质量优秀施工单位评选的重要条件，通过营造争创样板工程的氛围，促进质量管理水平的提高，从工程质量上保证工程的本质安全。

参考文献

[1] 牟宗浩. 石油天然气管道施工质量管理[J]. 科技资讯, 2017, (27): 88-93.

[2] 余晓华. 油气管道工程是施工质量控制与管理[J]. 中国石油和化工的标准与质量, 2013, (02): 100-115.

[3] 齐超. 油气管道施工焊接质量管理研究[J]. 石化技术, 2016, (03): 10-11.

[4] 孙奕芬. 油气长输管道工程建设质量管理技术[M]. 北京: 石油工业出版社, 2016.

[5] 中国石油管道公司. 油气长输管道工程现场质量检查手册[M]. 北京: 石油工业出版社, 2011.

[6] 陈连山. 长输油气管道施工技术[M]. 北京: 石油工业出版社, 2009.

[7] 牟丽君. 探讨天然气管道工程施工建设质量管理[J]. 环渤海经济远眺, 2020, (01): 49-53.